数据博弈论

刘文奇　著

科学出版社

北京

内 容 简 介

数据是人为创造的，它必然受到人的掌控，其形态必然受人类行为的影响，而人类行为总是受利益的驱使. 在赛博时代，社会主体之间存在对数据掌控力的巨大差别，导致广泛的信息不对称，以及由此造成的利益差异化和博弈行为. 本书运用系统科学理论和方法研究了数据博弈，即围绕数据掌控力的竞争与合作行为. 全书包括公共数据博弈经济学原理(第 2 章)、供应链预测数据共享博弈(第 3 章)、分布式大系统中的公共数据共享博弈(第 4, 5, 6 章)、数据共享信任博弈与电子证据区块链(第 7, 8 章)和智能体交互式群体学习系统(第 9 章)等内容. 书中给出了数据博弈中产生合作行为的条件和维持社会信任的一些方法，为提升公共数据治理水平和数据价值利用率提供了有价值的建议.

本书适合系统科学、数据科学与大数据技术及人工智能领域的研究生、教师和其他研究人员阅读参考.

图书在版编目(CIP)数据

数据博弈论/刘文奇著. —北京: 科学出版社, 2024.6
ISBN 978-7-03-076928-2

Ⅰ. ①数… Ⅱ. ①刘… Ⅲ. ①数据处理 Ⅳ. ①TP274

中国国家版本馆 CIP 数据核字(2023)第 207600 号

责任编辑: 王丽平 范培培 / 责任校对: 彭珍珍
责任印制: 张 伟 / 封面设计: 无极书装

科学出版社 出版
北京东黄城根北街 16 号
邮政编码: 100717
http://www.sciencep.com

北京建宏印刷有限公司印刷
科学出版社发行 各地新华书店经销

*

2024 年 6 月第 一 版 开本: 720×1000 1/16
2025 年 1 月第二次印刷 印张: 20 1/4 插页: 2
字数: 400 000

定价: 188.00 元
(如有印装质量问题, 我社负责调换)

作者简介

刘文奇，男，1965 年生，云南省云龙县人，昆明理工大学教授，博士生导师，系统科学一级学科博士点学术带头人，数据科学与大数据技术专业国家"双万计划"一流本科专业建设点负责人. 主持完成国家自然科学基金面上项目等多项国家级课题. 以第一作者或通讯作者在《中国科学》、*IEEE Transactions on Cybernetics* 等权威学术期刊上发表论文 20 多篇，出版《数据博弈论》《高等运筹学》等 4 部学术著作. 研究成果发展了公共数据博弈、变权分析和分布式群体学习等模型，是公共数据治理领域重要的研究者之一，成果入选国家自然科学基金委员会"双清论坛". 担任国家"双一流"学科建设方案评审专家、学位与研究生教育评估专家和中国管理现代化研究会理事，入选中国人工智能学会优秀会员等. 多次担任中国系统科学大会专题研讨会主席、会前专题主席、大会报告主持人，以及其他全国性学术大会程序委员会主席等.

前　言

赛博空间 (cyberspace, CP), 狭义地也叫网络空间, 是哲学和计算机领域中的一个抽象概念, 指在计算机以及计算机网络里的虚拟现实. 尽管赛博空间的属性尚存争议, 但我们已经无可辩驳地身处其中, 人类已经进入了赛博时代. 在赛博时代, 数据资源已经成为继资本、劳力和自然资源之后的关键经济要素, 甚至在数字经济中占主导地位. 赛博型社会的基础内核便是在网络条件下对"数据"的掌控, 其中也包括对网络的掌控. 数据是人为创造的, 它必然受到人的掌控, 其形态必然受人类行为的影响, 而人类行为总是受利益的驱使. 虽然有证据表明人类具有与生俱来的合作倾向, 但众多主体之间的利益冲突自始至终是显而易见的, 并早已成为政治经济学的基本假设. 哈耶克的研究表明, 信息不对称性是导致传统政治经济学原理破缺和计划经济失败的根本原因. 众所周知, 数据是信息的载体和知识自动化的基础. 在赛博时代, 信息的不对称主要源于数据掌控力的差异. 一个数据掌控力不对称的典型例子是, 互联网正为赛博社会积累着最为关键的行为数据, 跨国互联网企业通过大数据可以很容易为一个 ID 建立用户画像, 并对比其社交圈数据来准确预估他的社会阶层、近段时间的地理位置, 乃至决定对用户所在的社区和人群推送何种广告及投入多少服务资源, 但在整个过程中, 作为数据提供者的用户完全失去对自身数据的掌控, 甚至被赛博社会彻底遗弃. 因此, 在赛博社会, 利益的竞争与合作很大程度上表现为数据掌控力的竞争与合作, 我们把这种竞争与合作统称为数据博弈.

由于网络时代数据生产和流动的复杂性, 数据博弈的研究显得非常重要, 但又存在很多困难. 面对数据博弈的复杂性, 系统科学思想和理论必将提供方法论和发挥实践指导作用. 作为当代系统科学重要组成部分, 钱学森的复杂巨系统理论和系统分析与综合集成方法, 尤其大成智慧学思想与大成智慧工程方法, 必将大放异彩. 在赛博空间中, 数据的产生、存储、流动和运用是信息系统、物理系统和社会系统高度融合的产物, 并通过软硬件新技术使外部世界的触角深入到人的内心世界, 促成了日益紧密的脑机互联, 进而奠定大成智慧的数据基础. 与此同时, 人的思维和受控的机器也会不可避免地给他们所创造的数据打上人类动机的烙印, 并自然而然地将人类的社会经济博弈投影到数据博弈. 人类社会的组织架构和功能必然映射出数据博弈的层次结构与演化规律; 人类的社会经济行为和动机必然投影到数据博弈中数据的价值判断和操控数据的意愿并最终影响到数据的可用性; 人类社会的国家主权、个人隐私权等政治博弈必然投影到领网主权博弈和数据主权博弈. 信息系统、物理系统和社会系统高度融合也决定了数据博弈表现出多主体、多维度、多尺度、随机性等属性. 因此, 数据博弈是折射赛博空间复杂性的一面镜子, 本书的研究只是从这面镜子的管中一窥而已, 我们的研究成果更是沧海一粟罢了. 这些成果的取得既得益于作者长期学习系统科学理论的心得, 又受到作者多年从事数据技术开发和各行业数据咨询服务所得经验的启发, 初步建立了复杂大系统数据治理、分析和应用的博弈论基础. 其中, 主要成果部分发表于《中国科学: 信息科学》和 *IEEE Transaction on Cybernetics* 等中外期刊, 或应用于国家质量技术监督数据管理和公安立体化防控体系并取得较好的效果.

承蒙系统科学界同仁的长期支持, 特别是中国科学院数学与系统科学研究院郭雷院士的鼓励, 我鼓起勇气将微薄的研究成果汇集成书并呈送给读者. 由于能力有限, 在成书之日, 我终有挂一漏万之感. 诚惶诚恐之际, 首先, 我真诚感谢郭雷院士和王丽平编辑不遗余力的帮助; 其次, 我还感谢国家自然科学基金对我申请的面上项目 "中国公共数据库数据质量控制的粒化方法" 的立项资助 (项目批准号:61573173) 和云南省教育厅对昆明理工大学系统科学一级学科博士学位授权点的专项经费资助 (项目编号: 1305/1095202000012); 最后, 我还要感谢昆明理工大学系统科学学科和数据科学中心全体同仁支持, 尤其感谢我的历届研究生李萌、柯淑雅、王琪和余红媛所奉献的出色的合作研究成果, 以及研究生施水玲、邹海明、于平、陈源等认真细致的图文录入和校对工作.

刘文奇　谨识
2023 年 7 月

目　　录

第 1 章　数据科学的体系

1.1　什么是数据

数据是指人为创造的对客观世界的表示方式, 是通过观察或实验得来的对现实世界的时空、事件、对象及关系、概念等的描述和反映.

这样的定义未必很准确, 为了理解数据这个概念, 还需要从其内涵上加以解读.

人为创造是数据的特征之一, 它和语言、文字、音乐、绘画等一样, 表达了人们对客观世界的认识. 数据是信息的载体. 它的存在依赖于一定的载体, 内容的再现需要借助一定的工具 (如计算机软件、显卡、通信网络等), 内容的理解需要有特定的规则, 而且必须受过专业训练才能掌握这些规则. 从载体上看, 数据和语言、文字等有一定的相似性 (如纸张), 但是载体的类型更多, 特别是现在电子数据的光、电、量子等载体; 从内容上看, 数据记录的内容更广、形式更加多样化, 通过数字化、电子化方法, 可以把其他形式的记录转化为数据, 成为不同的数据类型, 如视听材料、文本等.

数据表现为一种符号序列, 按照一定的解析方式与现实世界中事物发生关联.

数据的分类方法很多, 主要分为以下几种.

按载体类型, 分为纸质数据和电子数据, 电子数据又可细分为模拟数据、数字数据等. 本书所言的数据, 除非特别指明, 均指电子数据.

按获取方式, 分为人工数据和机器数据, 人工数据包括人工录入的电子表格、电子商务数据、电子办公流程数据、网上发帖等, 机器数据则借助各种机器 (传感器、雷达、卫星、双源 CT 等) 自动生成.

按文本类型, 分为普通文本、音频、视频等, 不同的文本展示的环境不同, 例如视频文本必须用视频播放器播放, 相同的文本还可以按不同的格式保存.

按获取时间类型, 分为点数据和流数据、面板数据和时间序列数据.

按量化类型, 分为数值数据和非数值数据, 数值数据又可分为连续型数据和离散型数据.

1.2　数据的历史

数据的历史可以追溯到远古时代. 远古时代, 数据往往和语言、文字等混淆在一起, 甚至与实物记录混淆在一起, 如结绳记事、图腾、木刻、石刻、岩画都可以视为原始的数据存在方式.

模拟数据时代: ① 数字——结绳记事、算盘等; ② 文本数据——竹简、造纸印刷; ③ 音频数据——留声机; ④ 静止图像——画像、照相机; ⑤ 运动图像数据——摄影机; ⑥ 各种物理量、化学量——温度计、称重模拟传感器等 (图 1.1 和图 1.2).

图 1.1　结绳记事

(a) 留声机　　　　　　　　　　　(b) 照相机

图 1.2　最早的声像设备 (留声机, 爱迪生, 1877 年; 照相机, 涅浦斯, 1822 年)

电子数据时代: 电子计算机、数码相机、数字传感器、网络、智能手机、读写器等 (图 1.3 和图 1.4).

大数据时代: 声光电一体化、信息物理融合网络化、量子化综合运用 (图 1.5—图 1.7).

图 1.3 第一台电子计算机 (宾夕法尼亚大学, 1946 年)

图 1.4 阿帕网 (ARPANET)(美国国防部高级研究计划署, 1969 年)

(a)   (b)

图 1.5 (a) 空警 2000 (2006 年), (b) 墨子号量子通信卫星 (2017 年)

图 1.6 神威·太湖之光 (中国科学院, 2016 年)

图 1.7 物联网

1.3 从数据到信息、知识再到智能

数据、信息、知识和智能是现代社会使用频率最高的概念. 它们的内涵之间有很多重叠, 但我们可以适当加以区分. 四者之间主要区别就是抽象层次由高到低. 数据是最低层次的抽象, 知识是最高层次的抽象, 智能则是新知识的产生或知识自动化, 例如, 机器翻译、无人机编队、定理的机器证明和因果分析等.

数据是对事物的抽象化, 是信息的载体. 零散的、原始的、错误的数据是没有意义的, 数据经过清洗仍然是数据, 只有经过解释和理解才有意义. 从数据层次提升到信息的层次后, 才给数据赋予了意义, 提升的方法包括数据的聚类、关联性分析等. 从信息层次加以提升才能形成知识, 比如形成概念、命题、推理等. 运用知识和思维的定式 (规则) 可以产生新的知识, 这就是知识自动化, 其中就包括机器学习、机器翻译、机器作曲、机器写诗等, 这些技术成为人工智能的基本部分. 知识的自动化涵盖了知识的符号表达、网络表达和行为表达, 分别对应于人工智能的符号主义、连接主义和行为主义学派.

信息所涉及的范畴更加广泛, 从日常生产、消费、服务到技术细节都涵盖其中. 数据是一系列符号的组合, 当这些符号被用来指示某些事物及它们之间的关联, 则成为信息. 数据科学所研究的正是从数据形成知识的整个过程, 包含对数据的采集、分类、录入、存储、处理、统计、分析、融合、呈现、可视化等. 下面三个例子说明了从数据到信息的提升过程的复杂性.

例 1.1 公安案件串并[1]. 刑事侦查中串并案信息处理是一个为侦察员快速提供串并案依据的辅助分析的信息处理过程. 对案件信息、涉案人员、涉案物品、线索、通缉通报、生物特征等数据预处理后, 进行综合查询分析, 筛选出案件之间的相同点、相似点 (信息), 对它们之间的相同特征进行概率分析, 提出串并案处理建议, 侦察员根据系统建议进行分析决策, 将结果进行登记, 作为案件侦查的辅助手段, 为侦查办案提供信息支持. 串并案信息处理主要以案件事件数据处理和分析为核心, 针对具体案件, 通过人员、涉案车辆、现场痕迹等相关串并参数进行人工或自动干预, 通过此类参数的某些特征, 如相关人员 (群) 的可能出入场所、居住场所、相关物证 (包括微量物证) 的原存放位置, 确定其相关区域分布和高危人群, 为侦察员缩小排查范围提供依据. 通过相关串并参数的局部或全部组合进行串并查询, 针对查询结果进行分析, 通过类似案件找出串并条件依据, 确定其可否串并的结论. 对已确定可串并的案件, 进行串并案的分析和总结, 主要完成信息布控、串并参数提取与分析、串并查询分析、指定相关因素串并、串并案决策等功能. 串并分析信息处理集成了数据的统计、综合查询、智能分析、批量比对等技术. 串并案以逻辑库、数据仓库知识库、综合信息模型数据库等为基础, 整合串并逻辑, 为侦查人员快速提供信息, 综合分析案件之间的相同、相似点及顺序, 根据串并逻辑进行案件之间特征关联分析及相似值计算, 形成证据链以辅助进行案件逻辑推理.

例 1.2 目标威胁估计[2]. 威胁估计 (threat assessment, TA) 是指挥员作战决策过程中重要的环节, 它是建立在目标状态与属性估计以及态势估计基础上的高层信息融合技术. 威胁估计反映敌方兵力对我方的威胁程度, 它依赖于敌方兵力作战、毁伤能力、作战企图以及我方的防御能力. 威胁估计的重点是定量估计敌方作战能力和敌我双方攻防对抗结果, 并给出敌方兵力对我方威胁程度的定量描述. 威胁估计是一种综合评估过程, 它不仅需要考虑敌方某些威胁元素, 还要充分考虑到战场综合态势及双方兵力对抗后可能出现的结果. 威胁估计主要包括四个方面的内容: 数据准备、综合环境判断、威胁等级评估、目标威胁等级评判函数.

(1) 数据准备. 以空中预警机为中心, 如图 1.8, 通过陆基雷达、海基雷达、空基雷达、卫星等数据收集和数据融合系统, 收集到特定范围内的异常目标及其参数, 形成各种数据链.

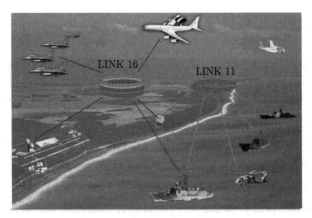

图 1.8　预警平台与数据链

(2) 综合环境判断. ① 进攻能力推理, 通过身份识别查询平台数据库, 知晓敌方平台类型 (如某种类型的隐形战斗轰炸机), 找到该类型平台作战能力的描述, 便可知道该型号飞机的概况, 如它的性能参数、携带的武器类型等, 可获得平台的电子作战能力和硬武器杀伤力、摧毁能力的有关数据, 最后综合分析和推理得出敌方平台的进攻能力的有效描述. ② 平台意图推理, 即根据敌方平台的进攻能力、速度、航向以及敌方战略、战术意图和作战目标, 推断出敌方平台的可能行为. ③ 时间等级推理, 判断敌方平台经多长时间才能对攻击目标实现有效攻击. 可根据平台当前的位置、速度、飞行方向, 计算出敌方平台对我方实施攻击的时间. 通常将时间划分为若干个等级, 时间越短, 等级越高.

(3) 威胁等级评估. 划分威胁等级考虑的主要因素: 威胁估计是一个非常复杂的问题, 如何确定威胁等级以及确定威胁等级时要考虑的因素均是十分重要的问题. 但是由于准确判断其威胁等级的复杂性, 我们考虑以下一些主要因素, 有六个方面: 敌方平台携带的武器类型, 通常按杀伤力划分威胁等级; 我方保卫目标的重要程度; 敌方平台距我方保卫目标的距离; 平台的数量, 根据敌方平台的数量、位置和类型, 可以计算出总的攻击能力; 敌方平台的到达时间, 即敌方平台从当前位置到达我方所需的时间越短, 威胁程度越高, 到达时间可根据平台速度和当前位置进行计算; 威胁等级的确定, 即综合考虑以上各种因素来确定威胁等级, 根据具体平台来决定具体考虑哪些因素.

(4) 目标威胁等级评判函数. 针对战场侦察警戒的具体应用背景, 主要对战场环境下出现的目标给出威胁等级定量描述, 假设只涉及空中目标, 则本事例涉及空中目标类型为轰炸机、战斗机、预警机、直升机, 分别表示为 HZ, F, Y, Z. 评估威胁等级的特征参量包括目标识别结果、目标距我方距离、目标速度、目标行为的预测. 相应的威胁函数定义为

(a) 目标距离威胁函数

$$\mu_1(r) = \begin{cases} 1, & r \geqslant r_2, \\ 7\exp\left(-\dfrac{r-r_1}{r_2-r_1}\right), & r_2 > r \geqslant r_1, \\ 7, & r < r_1 \end{cases}$$

对应于不同类型的目标, 其参数 r_1 和 r_2 是不同的, 针对具体目标, 综合考虑目标作战半径和威胁区域等因素可确定参数如下

$$HZ: r_1 = 5\text{km}, r_2 = 100\text{km}; \quad F: r_1 = 10\text{km}, r_2 = 70\text{km}$$

$$Y: r_1 = 100\text{km}, r_2 = 300\text{km}; \quad Z: r_1 = 5\text{km}, r_2 = 15\text{km}$$

(b) 目标速度威胁函数

$$\mu_2(v) = \begin{cases} k_1\left[0.3 + \dfrac{3}{5}\dfrac{v-v_1}{v_2-v_1}\right], & v_1 < v < \dfrac{v_2-v_1}{2}, \\ k_2\left[0.6 + \dfrac{4}{5}\dfrac{v-\dfrac{v_2-v_1}{2}}{v_2-v_1}\right], & \dfrac{v_2-v_1}{2} < v < v_2 \end{cases}$$

同样, 不同空中目标 v_1 和 v_2 的取值也是不同的, 针对具体目标, 综合考虑目标作战半径和威胁区域等因素可确定参数如下

$$HZ: v_1 = 170\text{km/s}, v_2 = 300\text{km/s}; \quad F: v_1 = 230\text{km/s}, v_2 = 350\text{km/s}$$

$$Y: v_1 = 200\text{km/s}, v_2 = 250\text{km/s}; \quad Z: v_1 = 25\text{km/s}, v_2 = 40\text{km/s}$$

(c) 目标行为预测威胁函数.

目标的行为预测一般是由一些抽象语言描述的, 必须将其量化后处理. 对于空中目标, 目标可能行为预测包括运输、巡逻、侦察、指挥、支援、轰炸、攻击, 其威胁等级依次升高, 以 7 为最高威胁等级, 0 为最低威胁等级, 记为 μ_3 (action), 可将其量化如下: 无敌方飞机 $\to 0$; 运输 $\to 1$; 巡逻 $\to 2$; 侦察 $\to 3$; 指挥 $\to 4$; 支援 $\to 5$; 轰炸 $\to 6$; 攻击 $\to 7$.

(d) 目标识别威胁函数识别出目标的型号类别, 则可以获知目标的作战能力, 这也是影响目标威胁等级评估的重要因素. 在完成了目标识别的基本功能的基础上, 通过知识库可以较为全面地获知目标当前的作战性能. 因此, 根据对目标的识别结果和知识库中关于目标携带的武器类型、主要无线电设备性能, 可以获得平

台的电子作战能力和硬武器的杀伤、摧毁能力的有关数据, 最终确定根据目标识别结果给出的目标威胁等级. 设战场侦察警戒信息融合系统中, 预先在知识库中给定了不同型号目标的威胁因子, 记为 $\mu_4(\text{target})$, 其值在 0 到 7 之间, 这里不再具体列出.

至此, 可以获取关于某目标的威胁评判向量:

$$\mu = (\mu_1(r), \mu_2(v), \mu_3(\text{action}), \mu_4(\text{target}))^{\mathrm{T}}$$

1.4 数据科学体系

数据科学、数据科学家和数据工程师, 是当下最流行的称谓. 数据科学 (data science, DS) 是以数据作为研究对象的现代科学分支, 其体系已经很庞大[3]. 从科学层面的数据学、数据博弈到技术层面的数据的攫取、预处理、数据建模、数据分析到数据可视化, 已经形成多领域交叉的横断学科 (图 1.9、图 1.10), 并深刻影响到人工智能、防灾减灾. 不同的学科从不同的角度研究自然和社会现象, 虽然它们的对象不同, 但是数据描述都是必不可少的. 随着数据科学的迅速发展, 观测和分析方法不断进步, 数据方法已经成为与模型方法、逻辑方法和实验方法并列的主要科学研究方法. 科学研究活动除了问题驱动, 也出现了数据驱动. 也就是 "为什么" 和 "看到什么" 并行不悖. 以城市交通研究为例, 传统的研究以交通网络的结构、行人与车辆流向和速度、上下班时间分布等作为建模参数, 建立数学模型, 从机理上模仿交通过程, 着重探讨交通为什么拥堵、在哪里会拥堵. 而数据驱动的交通研究则根据无人机观测、全球定位系统 (GPS) 和智能手机中的移动轨迹数据直接观测到拥堵地点和拥堵程度并实时进行预测和前馈控制, 而不是当事后诸葛亮.

图 1.9　数据科学的图腾: 九带犰狳

图 1.10 数据科学体系

数据科学与大数据技术是一门新兴学科. 计算机软硬件技术、互联网和物联网的高速发展, 催生了大量以数据为中心的应用. 科学研究、社会治理、国家安全、金融、商业、智能制造等各个领域和行业, 都面临着 "大数据" 的机遇和挑战[4,5].

1.4.1 赛博时代的数据科学

赛博空间, 狭义地也叫网络空间, 是哲学和计算机领域中的一个抽象概念, 指在计算机以及计算机网络里的虚拟现实. 其本意是指以计算机技术、现代通信网络技术, 甚至还包括虚拟现实技术、人工智能等信息技术的综合运用为基础, 以数据、信息、知识和智能行为等为内容的新型空间. 它是人类在数据基础上用知识创造的纯人工或人工与自然高度耦合的虚拟世界. 在这个世界中, 个体之间可以充分地进行知识的交流. 赛博空间一词是控制论 (cybernetics) 和空间 (space) 两个词的组合, 由居住在加拿大的科幻小说作家威廉·吉布森在 1982 年发表的短篇小说《全息玫瑰碎片》中首次创造出来, 并在后来的小说《神经漫游者》中普及. 随着互联网的普及, 生活中到处都可以看到赛博空间的影子, 其中最有代表性的就是网络游戏. 美国有一款非常流行的网络游戏《第二人生》, 游戏里有和真实世界几乎一样的社会体系, 各种司法机构、服务设施和商业组织应有尽有, 它们的功能就和真实世界的一样. 在很多人眼里, 游戏中的世界就是另一个真实的世界. 就像它的名字一样, 这款游戏正在成为很多人的 "第二人生".

事实上, 相较于科幻小说作家, 我国系统科学家钱学森对赛博空间有科学的精确阐述, 即大成智慧. 1992 年 11 月 13 日, 钱学森在一次谈话中提出了大成智慧工程和大成智慧学的思想. 他认为, 我们现在搞的从定性到定量综合集成技术, 是要把人的思维、思维的成果, 以及人的知识、智慧和各种情报、资料、信息统统集成起来, 可以叫大成智慧工程. 大成智慧工程, 实际上是计算机通过信息网络的信息处理与集体人脑思维的信息处理, 两者紧密结合起来, 形成一个人为的开放复杂巨系统. 在这个知识系统中, 通过各种信息和生动的形象以及模拟的预想现象等, 可以拓宽人们的视野, 使人接触到广泛的世界, 更准确地把握各种复杂巨系统的微观与宏观、现象与本质、相对稳定与持续发展的内在规律等. 将这一工程进一步发展, 在理论上提炼成一门学问, 就是大成智慧学, 是如何使人获得智慧与知识, 提高认识世界和改造世界能力的学问. 大成智慧学与以往关于智慧或思维学说的不同在于: 它是以马克思主义辩证唯物论为指导, 利用信息网络, 以人-机结合的方式, 集古今中外智慧之大成的学问. 大成智慧现在提出来, 是有技术基础的, 这就是信息革命. 钱老在 2001 年 3 月 20 日接受《文汇报》记者专访时, 简洁地指出, 结合现代信息技术和网络技术, 我们将能集人类有史以来的一切知识、经验之大成, 大大推动我国社会物质文明和精神文明建设的发展, 实现古人所说 "集大成, 得智慧" 的梦想. 智慧是比知识更高一个层次的东西了. 如果我们在 21 世纪真的把人的智慧都激发出来, 那我们的决策就相当高明了. 中国系统科学家顾基发先生更加明确地指出, 大成智慧工程, 其实质是第五次产业革命 (信息革命, 即以 Cyber Science 为基础) 和科学技术体系的构建, 形成了人–机结合的思维体系.

认真分析钱老的系统科学和大成智慧学思想, 可以简单归纳得出, 赛博世界就是物理、社会和心灵三个世界的统一. 这个统一的过程可以用图 1.11 和图 1.12 形象地概括出来.

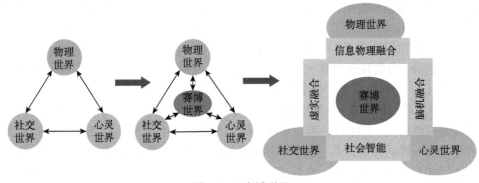

图 1.11 赛博世界

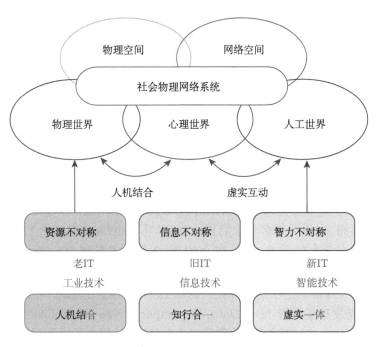

合一体：人机结合，知行合一，虚实一体

图 1.12 合一体

从计算机科学、信息科学到赛博科学的演进过程如图 1.13 所示.

马克·维瑟三个计算时代的人机关系	*m*-to-1 大型主机	1-to-1 个人计算机	1-to-*m* 普适计算机
计算单元 存在形式 主要目的 处理内容 中心目标 基本行为	大型主机 大型 计算 数值/数据 快速精确 被动	个人计算机 小型/便携 信息 媒体/流数据 丰富即时 交互	物+云 不可见 赛博 内容/大数据 感知自动 主动
研究领域 计算科学	计算机科学	信息科学	赛博科学

图 1.13 从计算机科学、信息科学到赛博科学的演进

11

1.4.2　发展数据科学的必然性

1. 大数据产业发展的迫切需求

当前, "大数据" 这一术语已经远远超越了当初的互联网或信息技术 (IT) 的技术范畴, 变成了一个时代的标志. 大数据时代的到来有其必然性. 随着计算和通信取得长足进步, 无线通信、传感器网络和互联网相互深度融合, 数据的存储管理和分析处理就自然成为关注的焦点. 全球信息总量每两年就增长一倍左右, 2011 年, 全球被创建和被复制的数据总量有 1.8ZB, 到 2020 年, 全球所管理的数据将达到 35ZB. "大数据" 概念的提出意味着信息技术领域的重点由 "计算" 转为 "数据"[6].

学术界、工业界甚至政府机构都密切关注大数据问题, 并对其产生浓厚的兴趣. 就学术界而言, 世界著名学术期刊 *Nature* 早在 2008 年就推出 "Big Data" 专刊. 另一个著名学术期刊 *Science* 在 2011 年 2 月推出专刊 "Dealing with Data", 主要围绕科学研究中大数据的问题展开讨论.

2012 年 1 月份的达沃斯世界经济论坛上, 大数据是主题之一, 该次会议还特别针对大数据发布了报告 "Big Data, Big Impact: New Possibilities for International Development", 探讨了新的数据产生方式下, 如何更好地利用数据来产生良好的社会效益.

2012 年 3 月份, 美国奥巴马政府发布了 "大数据研究和发展倡议"("Big Data Research and Development Initiative"), 投资 2 亿美元以上, 正式启动 "大数据发展计划".

2013 年 5 月, 联合国一个名为 "Global Pulse" 的倡议项目发布报告 "Big Data for Development: Challenges and Opportunities", 该报告主要阐述大数据时代各国特别是发展中国家在面临数据洪流的情况下所遇到的机遇与挑战, 同时还对大数据的应用进行了初步的解读.

"互联网 +" 和 "人工智能 +" 等新质生产力已经上升为国家战略, 演变为新经济的核心概念.《中华人民共和国国民经济和社会发展第十三个五年规划纲要》特别指出, 把大数据作为基础性战略资源, 全面实施促进大数据发展行动, 加快推动数据资源共享开放和开发应用, 助力产业转型升级和社会治理创新. 深化大数据在各行业的创新应用, 探索与传统产业协同发展新业态新模式, 加快完善大数据产业链. 加快海量数据采集、存储、清洗、分析发掘、可视化、安全与隐私保护等领域关键技术攻关. 促进大数据软硬件产品发展. 完善大数据产业公共服务支撑体系和生态体系, 加强标准体系和质量技术基础建设. 2020 年 3 月, 中共中央政治局常务委员会召开会议, 提出加快 5G 网络、数据中心、工业互联网、人工智能及相关的能源互联网、城际高铁和城市轨道交通等新型基础设施建设进程. 新基建以信息网络为基础, 面向高质量发展需要, 提供数字转型、智能升级、融合创新等服务的基础设施体系.

大数据继在科学研究 (如地球科学、生命科学、高能物理研究等) 和商业领域 (如行为分析、趋势分析、行情预测、社团发现、精准营销、商品推荐等) 获得巨大成功之后, 已经被社会各个层面广泛认可, 开始从线上走到线下, 越来越多的人从企业管理、社会治理、科学研究等领域来探讨大数据的应用.

与互联网的出现一样, 大数据不仅是信息技术领域的一场革命, 它将在全球范围内启动透明政府、加速企业创新、引领社会变革. 据埃森哲公司调查了 600 家英美公司发现, 33% 的企业表示正在积极使用大数据, 有 2/3 的公司已经任命了负责数据管理和分析工作的高管.

2. 创新驱动发展的迫切需求

以我国为例, 随着社会经济发展进入新常态, 经济发展必将从中高速进入中低速, 生产制造从中低端转向中高端. 在新常态下, 如何有效促进经济结构调整, 借助信息化促进就业的稳定和经济平稳发展呢? 新时期的数据科学与技术发展深刻影响到生态文明建设、消费增长、产品竞争力提升等. 与以前的 "信息化带动工业化" 以及稍后的 "两化融合" 等信息化战略相比, 新型的信息化是在移动互联网的环境下提出来的, 有着深刻的云计算和大数据背景.

自从斯诺登 "棱镜门" 事件以来, 世界各国 (包括美国的盟国) 都高度重视网络 (空间) 安全问题, 中国成立了国家网络安全领导小组, 负责制定和指导关键任务信息系统及其安全的规划和建设. 习近平总书记指出, 没有网络安全就没有国家安全.① 目前, 我国的核心信息系统主要还是运行在来自美国的 IT 垄断企业的基础系统和平台之上, 如何摆脱这种技术依赖是 IT 业界和关键应用行业的当务之急. 针对这种状况, 互联网业界从成本考虑, 提出了 "去 IOE" (即摆脱对 IBM 主机、Oracle 高性能数据库以及 EMC 高端存储的依赖). 对于国家核心信息系统, 这不仅仅是成本问题, 更是安全问题. 因此, "技术先进、企业领先、安全可靠、自主可控" 已经成为我国发展信息技术和系统的基本战略.

3. 复合型高端大数据人才匮乏, 数据科学与技术创新面临瓶颈

信息技术作为发展最快的领域, 人才市场需求的变化也最为明显. 2006 年是一个转折点, 这个转折点的标志性事件是, 百度作为国内互联网企业, 第一次对国内高校的毕业生给出了比老牌的跨国 IT 企业更高的薪酬. 在那之前, 国内高校的大多数毕业生是以拿到那些著名跨国 IT 企业提供的职位为追求目标的. 其深层次的原因在于, 国内的信息系统都是架构在这些跨国 IT 企业的基础系统或平台之上的, 国内的 IT 企业实际上就是系统集成商或是解决方案提供商, 所有源头的

---

① 来源于中国政府网: https://www.gov.cn/xinwen/2014-02/27/content_2625112.htm.

核心技术都没有掌握在我们手里, 我们培养的 IT 人才要做的就是用好垄断企业的系统和平台, 充其量需要再做些简单的二次开发. 垄断企业对优秀人才的吸引也进一步削弱了我国自主创新和研发的能力.

以百度、阿里、腾讯、字节跳动等为代表的中国互联网企业在商业上取得了被世人认可的巨大成功, 这对于我国信息技术产业以及其他相关领域的影响也同样巨大. 当然, 互联网企业不是 IT 企业, 因为它不提供诸如硬件、软件或是咨询服务、解决方案等传统 IT 企业提供的产品, 它只是第三产业中的信息服务业企业. 但是, 对互联网企业而言, IT 能力是其核心竞争力. 互联网企业的 IT 能力建设不依赖于传统的 IT 企业, 这一事实有着非凡的意义. 一是破除迷信, 打破了 IT 界以往对于传统垄断性 IT 企业的盲目崇拜, 以为那些高端的技术和系统是垄断性企业的独门秘籍, 是我们所望尘莫及的; 二是解放思想, 使各行各业可以效仿互联网业界, 针对自身的应用需求, 融会贯通利用掌握的 IT 知识和开源技术, 从应用需求出发, 从硬件体系结构到网络架构再到软件系统直至应用软件, 量身定制所需要的 IT 系统和平台. 这带来的不仅仅是成本的降低, 更重要的是可以对创新型商业模式的开发提供有效的支持. 商业模式是服务业企业的生命线, 创新型商业模式的开发依赖于 "数据科学家", 企业 IT 能力的建设依赖于 "系统架构师".

在我国, 虽然暂时的经济下行没有影响 IT 的就业形势, 但是市场上对 IT 人才的需求与高校能够提供的人才相比还是有很大的差距, 这表现在企业所需要的合格的 "系统架构师" 和 "数据科学家" 很难直接从学校招聘到. 这一点在高校表现尤为明显, 课堂和实验室学的东西远离市场需求, 厌学频发. 因此, 在当前的大数据时代, 能从数据中分析挖掘出有价值信息的 "数据科学家" 正在成为各行各业最需要的人才. 特别是能运用统计分析、信息管理、分布式处理等技术, 从大量数据中提取出对业务有意义的信息, 以易懂的形式传达给决策者的数据科学与工程领域的研究人员、商业数据分析师和首席信息官.

一方面, 我国原有的统计学教育通常拘于社会经济统计范畴, 主要运用以数理统计和实验等方法对数值型数据进行统计分析, 这种数据分析与应用基本上以公共部门和大型机构应用需求为导向, 对满足个体数据分析需求很少关注, 更不能提供个性化的数据服务. 面对网络时代产生的各类数据, 无论是从数据类型还是从数据量来讲, 以统计学为基础的数据分析与应用很难适应大数据的分析处理, 而且随着数据进入民众的日常生活, 以大数据分析应用为基本需求的数据服务模式已经被政府和商家广泛关注. 数据服务的个性化需求已经成为数据服务产业化的原始动力, 适应这种数据服务产业化过程而产生的数据科学与大数据技术人才需求已经超出了原有统计学人才适应范围, 急需培养具有综合能力的、新型的数据业务专业技术人才. 另一方面, 由于在大数据时代数据本身已经成为复杂的研究对象, 围绕数据资源化进程的数据资源开发利用已经超出了传统计算机科学与技术的范畴, 使得数据科学与大数据技术逐渐独立成为一门崭新的学科. 原有的计算机学科更注重硬件、通信及应用软件技术, 不是重视广泛存在于计算机系统和网络中的数据价值. 这就需要数据科学与大数据技术从原有的统计学和计算机科学中独立出来, 形成以数据作为研究开发对象的新兴学科.

1.5 大数据技术

1.5.1 什么是大数据

大数据的概念起源于 2008 年 *Nature* 上的名为 "Big Data" 的专题, 继而迅速得到各领域专家的响应. 不同的研究人员从不同的角度对大数据进行了定义, 比较有代表性的有如下三种:

(1) Kusnetzky Dan 在 "What is 'Big Data' " 一文中提出, 大数据是指所涉及的数据量巨大, 无法通过人工在合理的时间内截取、管理、处理并整理成人类所能解读的信息.

(2) 维克托·迈尔-舍恩伯格等在《大数据时代》一书中认为, 大数据是一种方法, 即不用随机分析法 (抽样调查) 这样的捷径, 而是采用全部数据进行分析的方法.

(3) 大数据研究机构高德纳 (Gartner) 的报告指出, 大数据是一种海量的、快速增长的、多样化的数据资产. 这种资产需要用新的模式和方法进行处理和分析才能有助于决策者提高决策力、洞察力, 并能快速进行在线的流程优化.

这些定义各有侧重, 但都失之偏颇. 大数据的特点可以用 4V 来描述, 即规模性、高速性、多样性和价值稀疏性.

(a) 规模性 (volume): 耗费大量存储、计算资源, 大数据之大体现在数据存储和计算均需耗费大量规模的资源. 例如, 美国航空航天局收集和处理气候观察、模拟数据达到 32PB; 谷歌公司索引页面的网页总数超过 1 万亿; 个人信用评级 (FICO) 的信用卡欺诈监测系统保护全世界超过 18 亿个活跃的信用卡账户.

(b) 高速性 (velocity): 增长迅速, 需实时处理. 例如, 大型强子对撞机实验设备中包含了 15 亿个传感器, 平均每秒收集超过 4 亿条实验数据; 谷歌每秒收到超过 3 万次的用户查询请求; 新浪微博每秒收到 3 万条微博. 而在感知、传输、决策、控制这一闭环控制过程中, 对数据处理的实时性有着极高的要求, 通过传统数据库查询方式得到的 "当前结果" 可能已经没有价值, 只有最新的数据才有价值.

(c) 多样性 (variety): 在大数据背景下, 数据来源和形式上的多样性愈加凸显, 除了非结构化的文本数据外, 也存在位置、图片、音频、视频等数据. 另外, 数据的来源也具有多样性, 从网络日志、物联网、移动设备、传感器到基因图谱、医疗影像、天体运行轨迹、交通物流数据等. 大数据中的多样性已经超越了传统数据管理中心的异构数据库, 不仅是模式和模型的不一样, 数据存在的形式也不同. 比如, 存在文本数据、多媒体数据、机器数据和用户行为数据等, 处理它们的技术也存在差异.

(d) 价值稀疏性 (value): 一方面, 价值总量大, 知识密度低. 大数据以其高价值引起了广泛关注. 全球著名的咨询公司麦肯锡报告称, 如果能够有效地利用大数据来提高效率和质量, 预计美国医疗行业每年通过数据获得的潜在价值可超过 3000 亿美元, 能够使美国医疗卫生支出降低 8%. 另一方面, 虽然大数据价值高, 但是知识密度非常低. 谷歌公司首席经济学家 Hal Varian 认为, 数据是广泛可用的, 所缺乏的是从中提取出知识的能力. IBM 高级副总裁兼首席技术官 Dietrich 认为, 利用推特数据获取对每个产品的评价时, 往往上百万条记录中只有很小的一部分真正讨论这款产品.

只有经过高度分析的大数据才可以产生新的价值, 需要根据实际背景设计大量适应上述特征的大数据算法. 正因为如此, 有人说大数据时代就是算法的时代, 软件工程师将让位于数据工程师 (算法设计者).

1.5.2 大数据算法

有人说, 今天是算法为王的时代, 算法设计师将代替软件工程师, 这有一定的道理.

在问题求解过程中, 我们首先面对的是可计算问题. 收到一个问题之后, 首先要判定这个问题是否可以用计算机进行计算. 从可计算性理论的角度, 很多问题是无法计算的, 比如判断一个程序是否含有死循环, 是否存在能够杀死所有病毒的软件. 大数据上的可计算性判定和普通算法是一样的. 但是, 由于大数据的特性, 可计算性还面临一些资源约束, 包括物理空间约束、时间约束等[7].

大数据集上求解问题的过程如图 1.14.

定义 1.1 (算法) 算法是满足下列条件的计算: ① 有穷性/可终止性, 即有限步内必须停止; ② 确定性, 即每一步都是严格定义和确定的动作; ③ 可行性, 即每一个动作都能够被精确地机械执行; ④ 输入, 即有一个满足给定条件的输入; ⑤ 输出, 即有一个满足给定约束条件的结果.

定义 1.2 (大数据算法) 在给定资源约束下, 以大数据为输入, 在给定时间约束内可以计算出给定问题结果的算法.

这个定义和传统的算法定义有相同的地方. 大数据算法也是一类算法, 有输入、有输出, 而且算法必须是可执行的, 也必须是机械执行的计算步骤. 所不同的是, 大数据算法是有资源约束的, 在 100KB 数据集上可行的算法在 100MB 数据集上是不可行的, 最常见的错误是内存溢出. 另一个区别是, 大数据算法以大数据

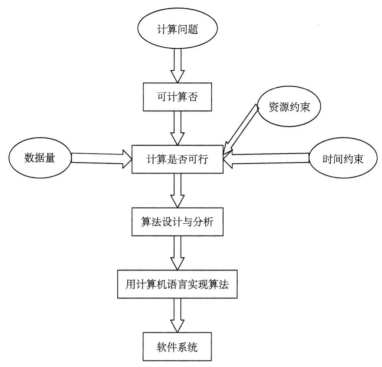

图 1.14　大数据集上求解问题过程

为输入, 不是传统的小规模数据输入; 第三个区别是大数据算法必须在给定的时间约束之内产生结果.

大数据算法可以不是什么呢?

(1) 大数据算法可以不是精确算法. 在有些情况下, 能够证明对于给定的输入数据的规模和计算资源约束确实不可能得到精确解.

(2) 大数据算法可以不是内存算法. 由于数据量大, 在很多情况下, 把所有数据都放入内存中几乎是不可能的. 因为对现在的个人计算机来说, 内存规模在 GB 级, 高档一点的并行机或服务器也就是 TB 级, 这个规模对于许多应用中的数据量是远远不够的, 必须使用外存或网络存储. 因此, 大数据算法可以不仅仅在内存中运行.

(3) 大数据算法可以不是串行算法. 有的时候, 单独一台计算机很难处理大规模数据, 需要多台机器协同并行计算, 即并行算法. 一个典型的例子就是谷歌公司产品中的计算, 为了支持搜索引擎, 谷歌公司需要处理大规模来自互联网的数据, 因而大数据里面的很多重要概念是谷歌提出来的, 例如并行平台 MapReduce. 谷歌公司的数据规模太大, 再好的机器也无法独自处理, 需要成千上万台机器构成一个服务器集群来并行处理.

大数据算法不仅仅是什么?

(1) 大数据算法不仅仅是基于 MapReduce 算法. 讲到大数据算法, 很多人就会想到 MapReduce. MapReduce 上的算法确实在很多情况下适用于大数据, 而且更确切地说, MapReduce 上的算法是一类很重要的大数据算法, 但不是大数据算法的全部.

(2) 大数据算法不仅仅是云计算平台上的算法. 说到大数据, 很多人可能会想到云计算, 云上的算法是不是大数据算法呢? 确切地说, 云上的算法不全是大数据算法, 有的算法不是面向大数据的, 例如与安全性相关的算法和计算密集型算法都不是大数据算法. 而且, 大数据算法也不全是云上的算法, 大数据算法可以在单机上实现, 甚至可以在手机或传感器等计算能力很差的设备上实现.

(3) 大数据算法不仅仅是数据分析和挖掘中的算法. 数据分析和数据挖掘是大数据技术中比较热门的概念, 也确实是重要的领域. 之所以用得比较多, 是因为其商业价值显而易见. 然而, 大数据算法还包括数据攫取、清洗、查询、数据融合和可视化等算法.

(4) 大数据算法不仅仅是数据库中的算法. 提到大数据, 自然会立刻想到它与数据管理密切相关, 因而会认为大数据算法是数据库中的算法. 其实, 不完全是这样, 虽然数据库中的算法是大数据算法的重要组成部分, 但不是全部. 除了涉及数据库, 大数据算法还涉及数学理论、算法复杂性、可信计算、机器学习等算法.

1.5.3 大数据算法的应用

当今社会已经处于大数据时代, 我们通过一些例子说明大数据算法的应用.

(1) 预测中的大数据算法. 如何利用大数据进行预测? 一种可能的方法是从多个数据源 (比如社交网络、互联网和物联网等) 攫取和预测有关的数据, 进行适当的清洗与融合, 然后根据预测主题建立统计模型, 通过训练集学习得到模型中的参数, 再基于模型和参数进行预测[8]. 其中, 每一步都将涉及大数据算法. 在数据获取阶段, 由于从社交媒体和互联网/物联网中获取的数据量很大, 需要从非机构化数据 (如文本、图像) 中提取关键词或特征, 形成结构化数据, 其中需要大量的大数据信息提取算法; 在参数学习阶段, 需要机器学习算法, 如梯度下降算法等, 尽管传统的机器学习有相应的算法, 但是这些算法复杂度通常比较高, 不适合处理大数据. 因此, 需要面向大数据的新的机器学习算法来完成.

(2) 推荐系统中的大数据算法. 当前推荐系统已经成为商务智能中的热门研究领域, 广泛应用于产品推荐、广告推送、新闻推送, 乃至政治选举. 当前线上、线下商品和用户数量巨大、交易频繁, 导致需要处理的数据量巨大. 例如, 淘宝用户和商品数量都达到了 TB 级. 基于这样大规模的数据进行商品推荐需要能够处理大数据的推荐算法. 例如, 为了减少处理数据量的奇异值分解 (SVD), 基于以前有哪些用户购买这个商品和这些用户购买这些商品的信息构成的矩阵, 这个矩阵阶数非常高, 以至于进行推荐时无法进行计算, 需要设计有效的大数据算法.

(3) 商业情报分析. 首先要从互联网或者企业自有数据仓库中发现与需要分析的密切相关的内容, 继而根据这些内容分析出有价值的商业情报, 在很多情况下这一系列操作需要计算机来完成, 必须设计出相应算法. 很多时候, 面临的数据规模十分庞大, 甚至企业的数据仓库规模就已经十分庞大, 比如沃尔玛的数据仓库就达到 PB 级.

(4) 舆情分析中的大数据算法. 当今世界恐怖主义泛滥, 社会稳定也成为各国政府关心的问题.

(5) 科学研究中的大数据算法. 科学研究中涉及大量的统计计算, 如利用回归分析发现统计量之间的相关性, 利用序列分析发现演化规律.

第 2 章　数据经济学与数据资产

2.1　博弈论基础

经典的博弈论, 也叫对策论或竞赛论 (game theory), 源于瓦尔拉斯 (Walras) 提出的经济学中一般平衡理论. 因此, 在经济学中博弈论也称均衡理论或平衡理论. Walras 平衡理论考虑了消费者、生产者和投资者三方构成的经济系统, 并得出在完全竞争条件下竞争平衡的存在性. 在完全竞争条件下, 上述三方中任何一方在选择策略 (行动方案) 的时候都要考虑其他两方的选择, 同时他的选择也将影响其他两方各自的选择. 我们之所以不把这里的选择叫作决策, 是因为在这样的经济系统中三方是互相制约和利益冲突的, 任何一方都不可能达到效用最大化, 除非有一方居于绝对权威. 由于利益的根本冲突, 他们不可能真正结盟来达到整体利益的最大化, 甚至不能进行任何可能的协商或采用群决策中的过半数票决制等社会选择的方式形成统一行动. 所以, 多方对抗中的选择问题不同于最优化问题和决策问题. 这是 Walras 理论的精神所在. 冯·诺依曼 (Von Neumann) 和莫根施特恩 (Morgenstern) 在《博弈论与经济行为》一书中首先建立了抽象数学模型并将其应用于分析经济问题. 德布鲁 (Debreu) 用博弈论从数学上严格证明了 Walras 的结论, 并因此获得了诺贝尔经济学奖. 由于在经济学上的成功应用, 博弈论在 20 世纪 40 年代后迅速发展, 而且在社会经济、军事、政治等领域有了愈加广泛的应用[9-11].

我们先回顾一下博弈的简单情形, 即矩阵对策, 也叫二人有限零和对策. 设利益互相冲突的两个决策者, 在其他条件都确定的情况下, 唯一不确定的是对手的选择. 在一场角逐中, 第一个局中人的纯策略集为 $S_1 = \{\alpha_1, \alpha_2, \cdots, \alpha_m\}$, 第二个局中人的纯策略集为 $S_2 = \{\beta_1, \beta_2, \cdots, \beta_n\}$. 若在选择结果中, 第一个局中人所得就是第二个局中人所失, 并且设第一个局中人采用纯策略 $\alpha_i (i = 1, 2, \cdots, m)$ 且第二个局中人采用纯策略 $\beta_j (j = 1, 2, \cdots, n)$ 时, 第一个局中人所得为 u_{ij}(第二个局中人所得为 $-u_{ij}$). 因此, 可以将选择问题描述为 $(S_1, S_2; U)$, 其中

$$U = \begin{array}{c} \\ \alpha_1 \\ \alpha_2 \\ \vdots \\ \alpha_m \end{array} \begin{array}{cccc} \beta_1 & \beta_2 & \cdots & \beta_n \end{array} \\ \left(\begin{array}{cccc} u_{11} & u_{12} & \cdots & u_{1n} \\ u_{21} & u_{22} & \cdots & u_{2n} \\ \vdots & \vdots & & \vdots \\ u_{m1} & u_{m2} & \cdots & u_{mn} \end{array} \right)$$

按照各自的目标, 选择的规则是寻找矩阵 U 的平衡点 (鞍点)$(\alpha_{i^*}, \beta_{j^*})$, 规则为

$$\max_{\alpha_i} \min_{\beta_i} u_{ij} = \min_{\beta_j} \max_{\alpha_i} u_{ij} = u_{i^*j^*} = U(\alpha_{i^*}, \beta_{j^*})$$

有时这样的平衡点不存在, 而且允许重复对局, 那么两个局中人的策略改为混合策略, 即各自纯策略的分布, 第一、第二个局中人的混合策略空间依次为

$$S_1^* = M^m = \left\{ p = (p_1, p_2, \cdots, p_m)^{\mathrm{T}} \Bigg| \sum_{i=1}^m p_i = 1, 0 \leqslant p_i \leqslant 1, i = 1, 2, \cdots, m \right\}$$

$$S_2^* = M^n = \left\{ q = (q_1, q_2, \cdots, q_n)^{\mathrm{T}} \Bigg| \sum_{j=1}^n q_j = 1, 0 \leqslant q_i \leqslant 1, i = 1, 2, \cdots, n \right\}$$

其中 p_i 为第一个局中人选择纯策略 $\alpha_i (i = 1, 2, \cdots, m)$ 的概率, q_j 为第二个局中人选择纯策略 $\beta_j (j = 1, 2, \cdots, n)$ 的概率, p 和 q 分别称为第一、第二个局中人的混合策略. 此时平衡选择的规则是寻找函数

$$F : S_1^* \times S_2^* \to R, \quad (p, q) \mapsto F(p, q) := p^{\mathrm{T}} U q = \sum_{i=1}^m \sum_{j=1}^n u_{ij} p_i q_j$$

的平衡点 (鞍点), 规则为

$$\max_{p \in S_1^*} \min_{q \in S_2^*} p^{\mathrm{T}} U q = \min_{q \in S_2^*} \max_{p \in S_1^*} p^{\mathrm{T}} U q = F(p^*, q^*)$$

根据 Von Neumann 鞍点定理, 这样的平衡解 (p^*, q^*) 是存在的.

当然, 实际中的大量博弈问题并不满足矩阵对策的条件. 比如, 不满足矩阵对策的零和性.

例 2.1 囚徒困境. 两个犯罪嫌疑人被捕并受到指控, 但除非至少一个人招认, 警方并无充足证据将其按罪判刑. 警方把他们关入不同的牢室, 并对他们说明不同行动带来的后果. 如果两个人都不坦白, 将均被判为轻度犯罪, 入狱一个月; 如果双方都招认, 都将被判入狱 6 个月; 最后, 如果一人招认而另一人拒不坦白, 招认的一方将马上获释, 而另一人将被判入狱 9 个月, 即所犯罪行 6 个月, 干扰司法加判 3 个月. 囚徒面临的问题可用表 2.1 所示的双变量矩阵表来描述 (正如同一个矩阵一样, 双变量矩阵可由任意多的行和列组成, "双变量" 指的是在两个局中人的博弈中, 每一单元格有两个数字分别表示两个局中人的收益).

在此博弈中, 每一囚徒有两种策略可供选择: 坦白 (或招认)、不坦白 (或沉默), 在一组特定的策略组合被选定后, 两人的收益由表 2.1 所示双变量矩阵中相

应单元的数据所表示. 习惯上, 行代表的局中人 1 (即为囚徒 1) 的收益在两个数字中放前面. 列代表的局中人 2 (即为囚徒 2) 的收益置于后. 这样, 如果囚徒 1 选择沉默, 囚徒 2 选择招认, 那么囚徒 1 的收益就是 -9 (代表服刑 9 个月), 囚徒 2 的收益就是 0 (代表马上开释). 显然, 双变量矩阵中每个元素的两个数字之和未必等于 0. 所以此对策问题不满足零和性. 如果两个嫌疑人在被捕前商定了攻守同盟, 那么进警局后选择 "招认" 意味着背叛, 选择 "沉默" 意味着合作. 因此, "囚徒困境" 博弈也是合作博弈的基本模型.

表 2.1　囚徒困境

		囚徒 2	
		沉默	招认
囚徒 1	沉默	$-1, -1$	$-9, 0$
	招认	$0, -9$	$-6, -6$

2.1.1　静态博弈

下面给出博弈的标准式表述.

在博弈的标准式表述中, 每一局中人同时选择各自的一个纯策略, 所有局中人选择的策略的组合决定了每个局中人的收益.

博弈的要素包括: ① 博弈的局中人; ② 每一局中人可供选择的纯策略集; ③ 针对所有局中人可能选择的纯策略组合, 每一局中人获得的收益; ④ 信息对称.

一般地, 讨论 n 个局中人的博弈, 其中局中人从 1 到 n 排序, 设其中任一局中人的序号为 i, 令 S_i 代表局中人 i 可以选择的纯策略集合 (称为 i 的策略空间), 其中任意一个特定纯策略用 S_i 表示 (在不引起混淆的情况下, 纯策略也简称策略, 注意与混合策略相区别). 令 $(s_1, \cdots, s_n)$ 表示每个局中人选定一个策略形成的策略组合, u_i 表示第 i 个局中人的收益函数, $u_i(s_1, \cdots, s_n)$ 即为局中人选择策略 $(s_1, \cdots, s_n)$ 时第 i 个局中人的收益.

将上述内容综合起来, 我们得到:

定义 2.1　在一个 n 人博弈的标准式表述中, $N = \{1, 2, \cdots, n\}$ 为局中人集合, 局中人的策略空间为 $S_1, \cdots, S_n$, 收益函数为 $u_1, \cdots, u_n$, 我们用

$$G = \{S_1, \cdots, S_n; u_1, \cdots, u_n\} \tag{2.1.1}$$

表示此博弈.

注意: ① 尽管上面提到在博弈的标准式中, 局中人是 "同时" 选择策略的, 但这并不意味着各方的行动也必须是同时的, 只要是每一局中人在选择行动时不知道其他局中人的选择就足够了, 像上例中牢室里分开关押的囚徒可以在任何时间

做出他们的选择. ② 尽管这里博弈的标准式只用来表示局中人行动时不清楚他人选择的静态博弈, 但在后面我们就会看到标准式也可以用来表示序贯行动的博弈, 只不过另一种变通的方式, 即博弈的扩展式表述更为常用, 它在分析动态问题时也更为方便. ③ 局中人的纯策略集可以是无限集. ④ 信息状况对博弈是很重要的, 经典博弈论都要求各方具备共同知识.

下面介绍如何着手分析博弈论问题.

先说重复剔除. 我们从囚徒困境这个例子开始, 因为它较为简单, 只需要用到理性的局中人不会选择严格劣策略这一原则.

在囚徒困境中如果一个嫌疑人选择了招认, 那么另一人也会选择招认, 被判刑 6 个月, 而不会选择沉默从而坐 9 个月的牢; 相似地, 如果一个嫌疑人选择沉默, 另一人还是会选择招认, 这样会马上获释, 而不会选择沉默在牢里度过 1 个月. 这样, 对第二个囚徒讲, 沉默相对于招认来说是劣策略. 也就是, 对囚徒可以选择的每一策略, 囚徒选择沉默的收益都低于选择招认的收益.

我们还注意到, 对任何双变量矩阵, 上例中的收益的具体数字 $0, -1, -6, -9$ 换成任意的 T, R, P, S, 只要满足 $T > R > P > S$, 上述结论依然成立.

定义 2.2 在标准式的博弈 $G = \{S_1, \cdots, S_n; u_1, \cdots, u_n\}$ 中, 令 S_i' 和 S_i'' 代表局中人 i 的两个可行策略 (即 S_i' 和 S_i'' 是 S_i 中的元素). 如果对其他局中人每一个可能的策略组合, i 选择 S_i' 的收益都小于其选择 S_i'' 的收益, 则称策略 S_i' 相对于策略 S_i'' 是严格劣策略, 即对任意 $(s_1, \cdots, s_{i-1}, s_{i+1}, \cdots, s_n) \in (S_1 \times \cdots \times S_{i-1} \times S_{i+1} \times \cdots \times S_n)$, 有

$$u_i(s_1, \cdots, s_{i-1}, s_i', s_{i+1}, \cdots, s_n) < u_i(s_1, \cdots, s_{i-1}, s_i'', s_{i+1}, \cdots, s_n) \tag{2.1.2}$$

在不引起混淆的情况下, 我们可以采用简单的记法

$$S_{-i} := (S_1 \times \cdots \times S_{i-1} \times S_{i+1} \times \cdots \times S_n), \quad s_{-i} := (s_1, \cdots, s_{i-1}, s_{i+1}, \cdots, s_n) \tag{2.1.3}$$

式 (2.1.2) 可记为

$$\forall s_{-i} \in S_{-i}, \quad u_i(s_i', s_{-i}) < u_i(s_i'', s_{-i}) \tag{2.1.4}$$

理性的局中人不会选择严格劣策略, 因为他 (对其他人选择的策略) 无法做出这样的推断, 使这一策略成为他的最优选择. 在囚徒困境中, 一个理性的局中人会选择招认, 于是 (招认, 招认) 就成为两个理性局中人选择的结果, 尽管 (招认, 招认) 带给双方的收益 (payoff) 都比 (沉默, 沉默) 要低. 囚徒困境的例子还有很多应用, 后面将讨论它的变形.

现在, 我们来看理性局中人不选择严格劣策略这一原则是否能解决其他博弈问题.

例 2.2 考虑如表 2.2 所给的博弈, 局中人 1 有两个可选策略, 局中人 2 有三个可选策略, 即 $S_1 = \{上, 下\}$, $S_2 = \{左, 中, 右\}$. 对局中人 1 来讲, "上" 和 "下" 都不是严格占优的: 如果局中人 2 选择 "左", 则 "上" 优于 "下" (因为 $1 > 0$), 但如果局中人 2 选择 "右", "下" 就会优于 "上" (因为 $2 > 0$). 但对局中人 2 来讲, "右" 严格劣于 "中" (因为 $2 > 1$ 且 $1 > 0$), 因此理性的局中人 2 是不会选择 "右" 的. 那么, 如果局中人 1 知道局中人 2 是理性的, 他就可以把 "右" 从局中人 2 的策略空间剔除, 即如果局中人 1 知道局中人 2 是理性的, 他就可以把表 2.3 所示博弈视同为表 2.2 所示博弈.

表 2.2

		局中人 2	
	左	中	右
局中人 1 上	1,0	1,2	0,1
下	0,3	0,1	2,0

表 2.3

		局中人 2
	左	中
局中人 1 上	1,0	1,2
下	0,3	0,1

在表 2.3 中, 对局中人 1 来讲, "下" 就成了 "上" 的严格劣策略, 于是, 如果局中人 1 是理性的, 并且局中人 1 知道局中人 2 是理性的, 这样才能把原博弈简化为表 2.3 所示的博弈, 那么局中人 1 就不会选择 "上".

如果局中人 2 知道局中人 1 是理性的, 并且局中人 2 知道局中人 1 知道局中人 2 是理性的, 从而局中人 2 知道原博弈简化为表 2.3 所示博弈. 故局中人 2 就可以把 "下" 从局中人 1 的策略空间剔除, 剔除后得表 2.4 所示博弈. 但这时对局中人 2, "左" 又成为 "中" 的一个劣策略, 仅剩的 (上, 中) 就是此博弈的结果.

表 2.4

		局中人 2
	左	中
局中人 1 上	1,0	1,2

上面的过程可称为 "重复剔除严格劣策略". 尽管此过程建立在理性局中人不会选择一个劣策略这一合乎情理的原则之上, 它仍有两个缺陷.

第一, 每一步剔除都需要局中人之间相互了解的更进一步假定, 如果我们要把这一过程应用到任意多步, 就需要假定: "局中人是理性的" 是共同知识. 这意味着, 我们不仅需要假定所有局中人是理性的, 还要假定所有局中人都知道所有局中人是理性的, 如此等等, 以至无穷.

第二, 这一方法对博弈结果的预测经常是不精确的.

例 2.3 对表 2.5 所示的博弈就没有可以剔除的一个劣策略. 既然所有策略都经得住对严格劣策略的重复剔除, 该方法对分析博弈将出现什么结果毫无帮助.

表 2.5

	左	中	右
上	0, 4	4, 0	5, 3
中	4, 0	0, 4	5, 3
下	3, 5	3, 5	6, 6

再说纳什 (Nash) 均衡. 针对重复剔除严格劣策略的上述缺陷, 我们自然希望获得一种关于博弈的某种解, 使之具有下列性质: ① 存在性; ② 唯一性; ③ 稳定性 (非劣性). 关于稳定性, 可以这样理解: 在这种解中, 每一局中人选择的策略必须是针对其他局中人选择策略的最优反应, 因此, 没有局中人愿意独自离弃他所选定的策略, 表现出 "策略稳定" 或 "自动实施" 特征. 也就是说, 这种解中, 对每个局中人, 其选定的策略不会在重复剔除严格劣策略过程中被剔除.

每一局中人选择的策略是针对其他局中人选择策略的最优反应, 即所有局中人处于 "策略稳定" 或 "自动实施", 没有局中人愿意独自放弃他所选定的策略, 这样的状态称为 Nash 均衡. 下面是 Nash 均衡的准确定义.

定义 2.3 在 n 个局中人标准式博弈 $G=\{S_1,\cdots,S_n;u_1,\cdots,u_n\}$ 中, 如果纯策略组合 $\{s_1^*,\cdots,s_n^*\}$ 满足: 对每一局中人 i, s_i^* 是 (至少不劣于) 他针对其他 $n-1$ 个局中人所选策略 $\{s_1^*,\cdots,s_{i-1}^*,s_{i+1}^*,\cdots,s_n^*\}$, 有

$$\forall s_i\in S_i,\quad u_i(s_1^*,\cdots,s_{i-1}^*,s_i^*,s_{i+1}^*,\cdots,s_n^*)\geqslant u_i(s_1^*,\cdots,s_{i-1}^*,s_i,s_{i+1}^*,\cdots,s_n^*) \tag{2.1.5}$$

则称策略组合 $\{s_1^*,\cdots,s_n^*\}$ 是该博弈的一个 Nash 均衡.

换言之, s_i^* 是以下最优化问题的解:

$$\max_{s_i\in S_i} u_i(s_1^*,\cdots,s_{i-1}^*,s_i,s_{i+1}^*,\cdots,s_n^*),\quad i=1,2,\cdots,n \tag{2.1.6}$$

式 (2.1.5) 和式 (2.1.6) 也可以写成

$$\forall s_i\in S_i,\quad u_i(s_i^*,s_{-i}^*)\geqslant u_i(s_i,s_{-i}^*),\quad i=1,2,\cdots,n \tag{2.1.7}$$

定理 2.1 在 n 个局中人的标准式博弈 $G=\{S_1,\cdots,S_n;u_1,\cdots,u_n\}$ 中, 如果策略 $\{s_1^*,\cdots,s_n^*\}$ 是一个 Nash 均衡, 那么它不会被重复剔除严格劣策略所剔除.

证明 用反证法. 假定一个 Nash 均衡解为 $\{s_1^*, \cdots, s_n^*\}$, 且某个局中人 i 的纯策略 s_i^* 在重复剔除严格劣策略的过程中第一个被剔除掉了. 那么 S_i 中一定存在尚未被剔除的策略 s_i'' 严格优先于 s_i^*, 即

$$\forall s_{-i} \in S_{-i}, \quad u_i(s_i^*, s_{-i}) < u_i(s_i'', s_{-i})$$

又由于 s_i^* 是均衡策略中第一个被剔除的策略, 均衡策略中其他局中人的策略尚未被剔除, 于是 s_{-i}^* 作为一个特例, 下式成立

$$u_i(s_1^*, \cdots, s_{i-1}^*, s_i^*, s_{i+1}^*, \cdots, s_n^*) < u_i(s_1^*, \cdots, s_{i-1}^*, s_i'', s_{i+1}^*, \cdots, s_n^*) \quad (2.1.8)$$

但是式 (2.1.8) 和式 (2.1.7) 是矛盾的! □

定理 2.2 在 n 个局中人的标准式有限博弈 $G = \{S_1, \cdots, S_n; u_1, \cdots, u_n\}$ 中, 如果重复剔除严格劣策略剔除了除策略组合 $\{s_1^*, \cdots, s_n^*\}$ 外的所有策略, 那么策略组合 $\{s_1^*, \cdots, s_n^*\}$ 为该博弈唯一的 Nash 均衡.

证明 由定理 2.1, 已经证明了一部分, 即已经证明了: 任何其他的 Nash 均衡必定同样未被剔除, 已证明了在该博弈中 Nash 均衡的唯一性.

现在需要证明的只是: 如果重复剔除严格劣策略剔除了除 $\{s_1^*, \cdots, s_n^*\}$ 之外的所有策略, 则该策略是 Nash 均衡.

反证法. 假定通过重复剔除严格劣策略剔除了除 $\{s_1^*, \cdots, s_n^*\}$ 外的所有策略, 但该策略 $\{s_1^*, \cdots, s_n^*\}$ 不是 Nash 均衡. 那么一定有某一局中人 i 在他的策略集 S_i 中存在 s_i, 使式 (2.1.7) 不成立, 但 s_i 又必须是在剔除过程某一阶段的一个劣策略. 上述两点的正规表述为: 在 S_i 中存在 s_i, 使

$$u_i(s_1^*, \cdots, s_{i-1}^*, s_i^*, s_{i+1}^*, \cdots, s_n^*) < u_i(s_1^*, \cdots, s_{i-1}^*, s_i, s_{i+1}^*, \cdots, s_n^*) \quad (2.1.9)$$

并且在局中人 i 的策略集中存在 s_i', 在剔除过程中的某一阶段

$$u_i(s_1, \cdots, s_{i-1}, s_i, s_{i+1}, \cdots, s_n) < u_i(s_1, \cdots, s_{i-1}, s_i', s_{i+1}, \cdots, s_n) \quad (2.1.10)$$

对所有其他局中人在该阶段剩余策略可能的策略组合 $(s_1, \cdots, s_{i-1}, s_{i+1}, \cdots, s_n)$ 都成立.

由于其他局中人的策略 $(s_1^*, \cdots, s_{i-1}^*, s_{i+1}^*, \cdots, s_n^*)$ 始终未被剔除, 于是下式作为 (2.1.10) 的一个特例成立

$$u_i(s_1^*, \cdots, s_{i-1}^*, s_i, s_{i+1}^*, \cdots, s_n^*) < u_i(s_1^*, \cdots, s_{i-1}^*, s_i', s_{i+1}^*, \cdots, s_n^*) \quad (2.1.11)$$

如果 $s_i' = s_i^*$ (即 s_i^* 是 s_i 的严格占优策略), 则 (2.1.11) 和 (2.1.9) 相互矛盾, 这时证明结束.

如果 $s_i' \neq s_i^*$, 由于 s_i' 在最终被剔除掉了, 则一定有其他策略 s_i'' 在其后严格优先于 s_i'. 这样, 在不等式 (2.1.10) 和 (2.1.11) 中分别用 s_i' 和 s_i'' 换下 s_i 和 s_i' 后仍然成立. 再一次, 如果 $s_i'' = s_i^*$ 则证明结束. 否则, 还可以构建两个相似的不等式. 由于 s_i^* 是 S_i 中唯一未被剔除的策略, 重复这一论证过程, 最终一定能完成证明. □

对于无限博弈, Nash 均衡的存在性需要一些条件.

上面的定理 2.1 和定理 2.2 表明, Nash 均衡解是这样一种博弈的解, 它可以对非常广泛类型的博弈结果做出更严格的判断. 在有限博弈中, 局中人的 Nash 均衡策略绝不会在重复剔除严格劣策略的过程中被剔除掉, 而重复剔除劣策略后所留策略却不一定满足 Nash 均衡策略的条件, 即 Nash 均衡是一个比重复剔除严格劣策略要强的解的概念. 以后我们还将证明在扩展式的博弈中 Nash 均衡对博弈结果的判断也可能是不精确的, 从而还需要定义条件更为严格的均衡概念.

设想有一标准式博弈 $G = \{S_i, \cdots, S_n; u_1, \cdots, u_n\}$, 如果策略组合 $\{s_1', \cdots, s_n'\}$ 不是 G 的 Nash 均衡, 就意味着存在一些局中人 i, s_i' 不是针对 $\{s_1', \cdots, s_{i-1}', s_{i+1}', \cdots, s_n'\}$ 的最优反应策略, 即在 S_i 中存在 s_i'', 使得 $u_i\{s_1', \cdots, s_{i-1}', s_i', s_{i+1}', \cdots, s_n'\} < u_i\{s_1', \cdots, s_{i-1}', s_i'', s_{i+1}', \cdots, s_n'\}$. 这就可以从 Nash 均衡导出一种协议的原则: 对给定的博弈, 如果局中人之间要商定一个协议决定博弈如何进行, 那么一个有效的协议中的策略组合必须是 Nash 均衡的策略组合, 否则, 至少有一个局中人会不遵守该协议.

为了更准确地理解这一概念, 下面求解几个例题. 考虑前面已描述过的例 2.1—例 2.3 中, 对三个标准式博弈寻找博弈 Nash 均衡的一个最直接办法就是简单查看每一个可能的策略组合是否符合定义中不等式 (2.1.5) 的条件. 在两人博弈中, 这一方法开始的程序如下: 对每一个局中人, 并且对该局中人每一个可选策略, 确定另一局中人相应的最优策略. 表 2.5 中, 对局中人 i 的每一个可选策略, 在局中人 j 使用最优反应策略时的收益下面画了横线. 例如, 如果列局中人选择 "左", 行局中人的最优策略将会是 "中" (因为 4 比 3 和 0 都要大), 于是在双变量矩阵 (中, 左) 单元内行局中人的收益 "4" 下画一条横线. 以此类推, 可得表 2.6. 如果在一对策略中, 每一局中人的策略都是对方策略的最优反应策略, 则这对策略满足不等式 (2.1.5)(亦即双变量矩阵相应单元的两个收益值下面都被画了横线). 此时 (下, 右) 是唯一满足 (2.1.5) 的策略组合. 同样的过程可得到囚徒困境中的策略组合 (招认, 招认) 和例 2.2 中的策略组合 (上, 中). 这些策略组合就是各自博弈中唯一的 Nash 均衡.

由于重复剔除严格劣策略并不经常会只剩下唯一的策略组合, Nash 均衡作为比重复剔除严格劣策略更强的解的概念. 策略组合 $\{s_i^*, \cdots, s_n^*\}$ 是一个 Nash 均衡, 它一定不会被重复剔除严格劣策略所剔除, 但也可能有重复剔除严格劣策略无法剔除的策略组合, 其本身却和 Nash 均衡一点关系都没有. 为理解这一点, 例 2.3 所示博弈, Nash 均衡给出了唯一解 (下, 右), 但重复剔除严格劣策略却没有剔除任何策略组合, 什么结果都有可能出现.

表 2.6

	左	中	右
上	0, 4	4, 0	5, 3
中	4, 0	0, 4	5, 3
下	3, 5	3, 5	6, 6

下面的例子说明, 有些情况下, 纯策略意义下的 Nash 均衡可能有多个.

例 2.4 性别战博弈. 关于这一博弈的传统表述是一男一女试图决定安排一个晚上的娱乐内容. 不在同一地方工作的帕特和克里斯必须在听歌剧和看职业拳击赛中选择其一, 帕特和克里斯都希望两人能在一起度过一个夜晚, 而不愿意分开, 但帕特更希望能一起看拳击比赛, 克里斯则希望能在一起欣赏歌剧, 如表 2.7 双变量矩阵所示.

表 2.7 性别战博弈

		帕特 歌剧	拳击
克里斯	歌剧	2, 1	0, 0
	拳击	0, 0	1, 2

对此博弈, (歌剧, 歌剧) 和 (拳击, 拳击) 都是 Nash 均衡.

以上定理和例子表明, 比起重复剔除严格劣策略的过程产生的解而言, Nash 均衡解有以下优点, 但也存在一些未解决的问题.

优点: (1) 对有些博弈可以存在唯一的 Nash 均衡解;

(2) 如果局中人之间能就给定的博弈达成一个可执行的协议, 那么该协议也一定是一个 Nash 均衡;

(3) 在一些存在多个 Nash 均衡的博弈中, 有一个均衡比其他均衡明显占优, 这时, 多个 Nash 均衡的存在本身也不会引出其他矛盾.

问题: (1) 没有提及博弈论不能提供唯一解的可能情况;

(2) 没有考虑不能达成协议的可能情况.

比如, 在上面讲的性别战博弈中, (歌剧, 歌剧) 和 (拳击, 拳击) 没有明显占优, 这说明 Nash 均衡对有些博弈并不能提供唯一解, 局中人之间也不能就该博弈的解的执行达成协议.

在存在这些问题的博弈中, Nash 均衡的作用就大大减弱了.

例 2.5 古诺 (Cournot) 双头垄断模型.

古诺 (1838 年) 早在一个多世纪之前就已提出了类似于 Nash 均衡的概念, 但只是在特定的双头垄断模型中. 古诺的研究现在已成为博弈论的经典文献之一, 同时也是产业组织理论的重要里程碑. 这里, 我们只讨论古诺模型的一种非常简单的情况, 并在后面的例子中涉及这一模型的不同变形. 通过本例可以说明: ① 如何把对一个问题的非正式描述转化为一个博弈的标准式表述; ② 如何通过计算解出博弈的 Nash 均衡. 下面是模型的具体描述.

令 q_1, q_2 分别表述企业 1 和企业 2 生产的同质产品的产量, 市场中该产品的总供给为 $q = q_1 + q_2$. 令

$$p(q) = \begin{cases} a - q, & q < a, \\ 0, & q \geqslant a \end{cases}$$

表示市场出清时的价格. 设企业 i 生产 q_i 的总成本 $C_i(q_i) = cq_i$ $(i = 1, 2)$, 即企业不存在固定成本, 且生产每单位产品的边际成本为常数 c, 这里假定 $c < a$. 根据古诺的假定, 两个企业同时进行产量决策.

为求出古诺博弈中的 Nash 均衡, 首先要将其化为标准式的博弈. 双头垄断模型中当然只有两个局中人, 即模型中的两个垄断企业. 在古诺的模型里, 每一企业可以选择的策略是其产品产量, 假定产品是连续可分割的. 由于产出不可能为负, 每一企业的策略空间就可表示为 $S_i = [0, \infty)$, 即包含所有非负实数, 其中一个代表性策略 s_i 就是企业选择的产量 $q_i \geqslant 0$. 也许有的读者提出特别大的产量也是不可能的, 因而不应包括在策略空间之中, 不过由于 $q \geqslant a$ 时, $p(q) = 0$, 任一企业都不会有 $q_i \geqslant a$ 的产出.

要全面表述这一博弈并求其 Nash 均衡解, 还需企业 i 的收益表示为它自己和另一企业所选择策略的函数. 假定企业的收益就是其利润额, 这样在一般的两个局中人标准式博弈中, 局中人 i 的收益 $u_i(s_i, s_j)$ 就可写为

$$u_i(q_1, q_2) = q_i[p(q_1 + q_2) - c] = q_i[a - (q_1 + q_2) - c], \quad i = 1, 2$$

在一个标准式的两人博弈中, 一对策略 (s_1^*, s_2^*) 如是 Nash 均衡, 则对每个局中人 i, s_i^* 应该满足

$$u_i(s_i^*, s_j^*) \geqslant u_i(s_i, s_j^*)$$

上式对 S_i 中每一个可选策略 s_i 都成立, 这一条件等价于: 对每个局中人 i, s_i^* 必须是下面最优化问题的解:

$$\max_{s_i \in S_i} u_i(s_i, s_j^*)$$

在古诺双头垄断模型中, 上面的条件可具体表述为: 一对产出组合 (q_1^*, q_2^*) 若为 Nash 均衡, 对每一个企业 i, q_i^* 应为下面最大化问题的解:

$$\max_{0 \leqslant q_i \leqslant \infty} u_i(q_i, q_j^*) = \max_{0 \leqslant q_i \leqslant \infty} q_i[a - (q_i + q_j^*) - c]$$

设 $q_j^* < a-c$ (下面将证明该假设成立), 企业 i 的最优化问题的一阶条件既是必要条件, 又是充分条件, 其解为

$$q_i = \frac{1}{2}(a - q_j^* - c)$$

那么, 如果产量组合 (q_1^*, q_2^*) 要成为 Nash 均衡, 企业的产量选择必须满足

$$\begin{cases} q_1^* = \dfrac{1}{2}(a - q_2^* - c) \\ q_2^* = \dfrac{1}{2}(a - q_1^* - c) \end{cases}$$

解这一方程组得 $q_1^* = q_2^* = \dfrac{a-c}{3}$, 均衡解的确小于 $a-c$, 满足上面的假设.

对这一均衡的直观理解非常简单. 每一家企业当然都希望成为市场的垄断者, 这时它会选择 q_i 使自己的利润 $u_i(q_i, 0)$ 最大化, 结果其产量将为垄断产量 $q_m = (a-c)/2$ 并可赚取垄断利润 $u_i(q_i, 0) = (a-c)^2/4$. 在市场上有两家企业的情况下, 要使两企业总的利润最大化, 两企业的产量之和 $q_1 + q_2$ 应等于垄断产量 q_m, 比如 $q_i = q_m/2$ 时, 就可满足这一条件. 但这种安排存在一个问题, 就是每一家企业都有动机偏离它: 因为垄断产量较低, 相应的市场价格 $p(q_m)$ 就比较高, 在这一价格下每一家企业都会倾向于提高产量, 而不顾这种产量的增加会降低市场出清价格 (为更清楚地理解这一点, 参见图 2.1, 并检验当企业 1 的产量为 $q_m/2$ 时, 企业 2 的最佳产量并不是 $q_m/2$).

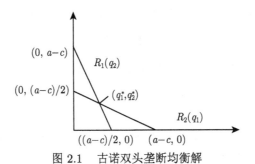

图 2.1　古诺双头垄断均衡解

在古诺的均衡解中, 这种情况就不会发生. 两企业的总产量要更高些, 相应地使价格有所降低.

在图 2.1 中, 假定企业 1 的策略 q_1 满足 $q_1 < a-c$, 企业 2 的最优反应函数为

$$R_2(q_1) = \frac{1}{2}(a - q_1 - c)$$

类似地, 如果 $q_2 < a - c$, 企业 1 的最优反应函数为

$$R_1(q_2) = \frac{1}{2}(a - q_2 - c)$$

这两个最优反应函数只有一个交点, 其交点就是最优产量组合 (q_1^*, q_2^*).

2.1.2 动态博弈

前述博弈的标准式中, 局中人是 "同时" 选择策略的, 或者不同时但彼此不知道对手是否已经做出了选择. 这里我们将考虑另一种博弈的情形, 局中人 "不同时" 做出选择, 含有多阶段或重复的博弈, 即动态博弈. 博弈论学者运用 "扩展式博弈" 的概念把这种动态的情形模型化. 这种扩展式博弈很清晰地表明了局中人采取行动的次序, 以及局中人在做出决定之前所知道的信息. 局中人所知道的信息将被分为收益函数的共同知识和关于其他局中人行动的信息.

这里我们仍集中分析完全信息的博弈 (即局中人的收益函数是共同知识的博弈). 完全信息的动态博弈又分为完全且完美信息的动态博弈和完全但不完美信息动态博弈. 所谓的完全且完美信息的动态博弈是指, 在博弈进行的每一步当中, 要选择行动的局中人都知道这一步之前博弈进行的整个过程; 所谓完全但不完美信息动态博弈是指, 在博弈的某些阶段, 要选择行动的局中人并不知道在这一步之前博弈进行的整个过程. 所有动态博弈的中心问题是可信任性.

例 2.6 手雷博弈. 作为不可置信的威胁的一个例子, 考虑下面两步博弈. 第一步, 局中人 1 选择支付 1000 美元给局中人 2 还是一分不给; 第二步, 局中人 2 观察局中人 1 的选择, 然后决定是否引爆一颗手雷把两人一块儿炸死. 假设局中人 2 威胁局中人 1, 如果他不付 1000 美元就引爆手雷, 如果局中人 1 相信这一威胁, 他的最优反应是支付 1000 美元, 但局中人 1 却不会对这一威胁信以为真, 因为它不可置信: 如果给局中人 2 一个机会, 让他把威胁付诸实施, 局中人 2 也不会选择去实现它, 这样局中人 1 就会一分不付.

动态博弈的简单情形是两阶段博弈: 首先局中人 1 行动, 局中人 2 先观察到局中人 1 的行动, 然后局中人 2 行动, 博弈结束. 手雷博弈即属这一类型, 斯塔克尔伯格 (Stackelberg) 于 1934 年提出的双头垄断模型, 里昂惕夫 (Leontief) 于 1946 年提出的有工会企业中的工资和就业决定模型亦属这一类博弈. 我们定义此类博弈的逆向归纳解 (backward induction outcome) 并简要讨论它与 Nash 均衡的关系.

比较复杂一些的是三阶段博弈: 首先局中人 1 和局中人 2 同时行动, 接着局中人 3 和局中人 4 观察到局中人 1 和局中人 2 选择的行动, 然后局中人 3 和局中人 4

同时行动, 博弈结束. 这里, 由于包含局中人 3 和局中人 4 的 "同时" 行动, 意味着此类博弈有不完美信息. 这需要引入这种博弈的子博弈精练解 (subgame-perfect outcome) 概念, 它是逆向归纳方法在此类博弈中的自然延伸. 戴蒙德 (Diamond) 和迪布维格 (Dybvig) 于 1983 年提出的银行挤提模型、拉齐尔 (Lazear) 和罗森 (Rosen) 于 1981 年提出的锦标赛模型当属此类.

动态博弈的另一类是重复博弈 (repeated game), 它指一组固定的局中人多次重复进行同一给定的博弈, 并且在下次博弈开始前, 局中人都可以观察到前面所有博弈的结果. 这里分析的中心问题是 (可信的) 威胁和对以后行为所做的承诺可以影响到当前的行为. 我们给出重复博弈中子博弈精练 Nash 均衡的定义, 并将其逆向归纳解和子博弈精练解联系起来, 此类研究将以无限次重复博弈中的无名氏定理 (folk theorem) 为理论基础. 这类博弈论模型中, 包括著名的弗里德曼在 1971 年的古诺双头垄断企业相互串谋模型, 夏皮罗 (Shapiro) 和斯蒂格利茨 (Stiglitz) 在 1984 年的货币政策模型.

从理论上讲, 作为分析一般的完全信息动态博弈所需要的工具, 可以不区分信息是否是完美的. 通过动态博弈的扩展式表述, 定义一般博弈中的子博弈精练 Nash 均衡. 重点在于, 一个完全信息动态博弈可能会有多个 Nash 均衡, 其中一些均衡也许包含了不可置信的威胁或承诺, 子博弈精练 Nash 均衡是通过了可信性检验的均衡.

1. 完全且完美信息动态博弈理论: 逆向归纳法

两阶段完全且完美信息动态博弈, 是指博弈满足如下假设:

(1) 第一阶段: 局中人 1 从可行集 S_1 中选择一个行动 s_1;

(2) 完美信息: 局中人 2 观察到局中人采取的行动 s_1;

(3) 第二阶段: 局中人 2 观察到 s_1 之后从可行集 S_2 中选择一个行动 s_2;

(4) 完全信息: 两人的收益分别为 $u_1(s_1, s_2)$ 和 $u_2(s_1, s_2)$.

完全且完美信息动态博弈的主要特点是: ① 行动是按顺序发生的; ② 下一步行动选择之前, 所有以前的行动都可以被观察到; ③ 每一可能的行动组合下局中人的收益都是共同知识.

我们通过逆向归纳法求解此类博弈问题.

当在博弈的第二阶段局中人 2 行动时, 由于其前局中人 1 已经选择行动 s_1, 他面临的决策问题可用下式表示

$$\max_{s_2 \in S_2} u_2(s_1, s_2)$$

假定对 S_1 中的每一个 s_1, 局中人 2 的最优化问题只有唯一解 $s_2^* := R_2(s_1)$, 为局中人 2 对局中人 1 的行动 s_1 的反应 (或最优反应). 由于局中人 1 能够和

局中人 2 一样解出局中人 2 的问题, 局中人 1 可以预测到局中人 2 对局中人 1 每一个可能的行动 s_1 所做出的反应, 这样局中人 1 在第一阶段要解决的问题可归纳为

$$\max_{s_1 \in S_1} u_1(s_1, R_2(s_1))$$

假定局中人 1 的这一最优化问题同样有唯一解 s_1^*, 称 $(s_1^*, R_2(s_1^*))$ 是这一博弈的逆向归纳解.

逆向归纳解不含有不可置信的威胁, 有两层含义: ① 局中人 1 预测局中人 2 将对局中人 1 可能选择的任何行动 s_1 做出最优反应, 选择行动 $R_2(s_1)$; ② 这一预测排除了局中人 2 不可置信的威胁, 这种局中人 2 的不可置信威胁是指他将在第二阶段到来时做出不符合自身利益的反应.

我们再来讨论一下关于逆向归纳解存在性的理性假定. 逆向归纳解存在意味着博弈在完成第二阶段后终止, 即局中人 1 不再行动, 是因为他相信局中人 2 是理性的, 而且局中人 2 也知道局中人 1 是理性的. 更为完整地表述为关于局中人具有理性的共同知识: 所有局中人都是理性的, 并且所有局中人都知道 "所有局中人都是理性的", 并且所有局中人都知道 "所有局中人都知道 '所有局中人都知道 "所有局中人都是理性的" ' ", 如此等等, 以至无穷.

为了阐述理性假设的意义, 考虑下面的三步博弈, 其中局中人 1 有两次行动:

第一步: 局中人 1 选择 L 或 R, 其中 L 使博弈结束, 局中人 1 的收益为 2, 局中人 2 的收益为 0;

第二步: 局中人 2 观测局中人 1 的选择, 如果局中人 1 选择 R, 则局中人 2 选择 L' 或 R', 其中 L' 使博弈结束, 两人的收益均为 1;

第三步: 局中人 1 观测局中人 2 的选择 (并且回忆在第一阶段时自己的选择). 如果前两阶段的选择分别为 R 和 R', 则可选择 L'' 或 R'', 每一选择都将结束博弈, L'' 时局中人 1 的收益为 3, 局中人 2 的收益为 0, 如选 L'', 两人的收益分别为 0 和 2.

这一过程可以用博弈树表示 (图 2.2), 博弈树上每一枝的末端都有两个收益值, 左边代表局中人 1 的收益, 右边代表局中人 2 的收益.

为计算出这一博弈的逆向归纳解, 我们从第三阶段 (即局中人 1 的第二次行动) 开始. 这里局中人 1 面临的选择是: L'' 可得收益 3, R'' 可得收益 0, 于是 L'' 是最优的. 那么在第二阶段, 局中人 2 预测到一旦博弈进入第三阶段, 则局中人 1 会选择, 这会使局中人 2 的收益为 0, 从而局中人 2 在第二阶段的选择为: L' 可得收益 1, R'' 可得收益 0, 于是 L' 是最优的. 这样, 在第一阶段, 局中人 1 预测到如果博弈进入第二阶段, 局中人 2 将选择 L', 使局中人 1 的收益为 1, 从而局中人 1 在第一阶段的选择是 L 收益为 2, R 收益为 1, 于是 L 是最优的.

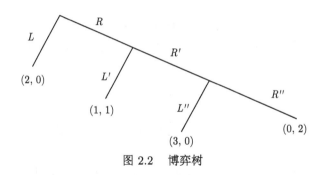

图 2.2   博弈树

上述过程求出博弈的逆向归纳解为, 局中人 1 在第一阶段选择 L, 从而使博弈结束, 即逆向归纳解预测到博弈将在第一阶段结束. 但论证过程的重要部分却是考虑如果博弈不在第一阶段结束时可能发生的情况. 比如在第二阶段, 当局中人 2 预测如果博弈进入第三阶段, 则局中人 1 会选择 L'', 这时局中人 2 假定局中人 1 是理性的. 由于只有在局中人 1 偏离了博弈的逆向归纳解, 才能轮得到局中人 2 选择行动, 而这时局中人 2 对局中人 1 的理性假定便不成立, 即如果局中人 1 在第一阶段选择了 R, 那么第二阶段局中人 2 就不能再假定局中人 1 是理性的了. 但这时局中人 1 在第一阶段选择了 R, 两个局中人都是理性的就不可能是共同知识. 局中人 1 仍有理由在第一阶段选择 R, 却不与局中人 2 对局中人 1 的理性假定相矛盾. 一种可能是 "局中人 1 是理性的" 是共同知识, 但 "局中人 2 是理性的" 却不是共同知识: 如果局中人 1 认为局中人 2 可能不是理性的, 则局中人 1 也可能在第一阶段选择 R, 希望局中人 2 在第二阶段选择 R', 从而给局中人 1 有机会在第三阶段选择 L''. 另一种可能是 "局中人 2 是理性的" 是共同知识, 但 "局中人 1 是理性的" 却不是共同知识: 如果局中人 1 是理性的, 但推测局中人 2 可能认为局中人 1 是非理性的, 这时局中人 1 也可能在第一阶段选择 R, 期望局中人 2 会认为局中人 1 是非理性的而在第二阶段选择 R', 期望局中人 1 能在第三阶段选择 R''. 逆向归纳中关于局中人 1 在第一阶段选择 R 的假定可通过上面的情况得到解释. 不过在有些博弈中, 对局中人 1 选择了 R 的更为合理的假定是局中人 1 确实是非理性的. 在这样的博弈中, 逆向归纳解在预测博弈进行方面就会失去其主要作用.

2. 完全非完美信息两阶段博弈理论: 子博弈精练

假定博弈的进行分为两个阶段, 下一阶段开始前局中人可观察到前面阶段的行动. 现在考虑每一阶段中存在着同时行动. 这种阶段内的同时行动意味着博弈包含了不完美信息. 但是, 此类博弈和前一段所讨论的博弈仍有着很多共同特性.

我们将分析以下类型的简单博弈, 称其为完全非完美信息两阶段博弈.

(1) 第一阶段: 局中人 1 和局中人 2 同时从各自的可行集 S_1 和 S_2 中选择行

动 s_1 和 s_2.

(2) 第二阶段: 局中人 3 和局中人 4 观察到第一阶段的结果 (s_1, s_2), 然后同时从各自的可行集 S_3 和 S_4 中选择行动 s_3 和 s_4.

(3) 收益为 $u_i(s_1, s_2, s_3, s_4), i = 1, 2, 3, 4$.

许多经济学问题都符合以上的特点. 例如, 银行的挤提、关税和国际市场的不完全竞争以及工作竞赛 (如一个企业中, 几个副总裁为下一任总裁而竞争). 还有很多经济学问题可通过把以上条件稍加改动而建立模型, 比如增加局中人人数或者允许同一局中人 (在一个以上的阶段) 多次选择行动. 也可以允许少于四个的局中人, 在一些应用中, 局中人 3 和局中人 4 就是局中人 1 和局中人 2; 还有的则不存在局中人 2 或者局中人 4.

沿用逆向归纳的思路, 我们来讨论解决此类问题使用的方法. 考虑到, 这里的博弈的最后阶段逆向推导的第一步就包含了求解一个真正的子博弈, 即给定第一阶段结果时, 局中人 3 和局中人 4 在第二阶段同时行动的博弈, 而不再是前一阶段求解单人最优化的决策问题. 为使问题简化, 我们假设对第一阶段博弈每一个可能结果 (s_1, s_2), 其后 (局中人 3 和局中人 4 之间的) 第二阶段博弈有唯一的 Nash 均衡, 表示为 $(s_3^*(s_1, s_2), s_4^*(s_1, s_2))$.

如果局中人 1 和局中人 2 预测到局中人 3 和局中人 4 在第二阶段的行动将由 $(s_3^*(s_1, s_2), s_4^*(s_1, s_2))$ 给出, 则局中人 1 和局中人 2 在第一阶段的问题就可以用以下的同时行动博弈表示:

(1) 局中人 1 和局中人 2 同时从各自的可行集 S_1 和 S_2 中选择行动 s_1 和 s_2;

(2) 收益情况为 $u_i(s_1, s_2, s_3^*(s_1, s_2), s_4^*(s_1, s_2)), i = 1, 2$.

假定 (a_1^*, a_2^*) 为以上同时行动博弈唯一的 Nash 均衡, 称

$$(s_1^*, s_2^*, s_3^*(s_1^*, s_2^*), s_4^*(s_1^*, s_2^*))$$

为这一两阶段博弈的子博弈精练解. 此解与完全且完美博弈中的逆向归纳解在性质上是一致的, 并且与后者有着类似的优点和不足. 如果局中人 3 和局中人 4 威胁在后面的第二阶段博弈中, 他们将不选择 Nash 均衡下的行动, 局中人 1 和局中人 2 是不会相信的. 因为当博弈确实进行到第二阶段时, 局中人 3 和局中人 4 中至少有一个人不愿把威胁变为现实 (恰好是因为它不是第二阶段博弈的 Nash 均衡). 另一方面, 假设局中人 1 就是局中人 3, 并且局中人 1 在第一阶段并不选择 s_1^*, 局中人 4 就会重新考虑局中人 3 (即局中人 1) 在第二阶段将会选择 $s_1^*(s_1, s_2)$ 的假定.

例 2.7 关税和国际市场的不完全竞争.

下面讨论国际经济学中的一个应用. 考虑两个完全相同的国家, 分别用 $i = 1, 2$ 表示. 每个国家有一个政府负责确定关税税率. 一个企业制造产品供给本

国的消费者及出口; 一群消费者在国内市场购买本国企业或外国企业生产的产品. 如果国家 i 的市场上总产量为 Q_i, 则市场出清价格为 $p_i(Q_i) = a - Q_i$, 国家 i 中的企业 (后面称为企业 i) 为国内市场生产 h_i, 并出口 e_i, 则 $Q_i = h_i + e_i$. 假设企业的边际成本为常数 c, 并且没有固定成本. 从而, 企业 i 生产的总成本为 $C_i(h_i + e_i) = c(h_i + e_i)$. 另外, 产品出口时企业还要承担关税成本 (费用): 如果政府 j 制定的关税税率为 t_j, 企业 i 向国家 j 出口 e_i 必须支付关税 $t_j e_i$ 给政府 j.

博弈的时间顺序如下: 第一, 两个国家的政府同时选择关税税率 t_1 和 t_2; 第二, 企业观察到关税税率, 并同时选择其提供国内消费和出口的产量 (h_1, e_1) 和 (h_2, e_2); 第三, 企业 i 的收益为其利润额, 政府 i 的收益则为本国总的福利, 其中国家 i 的总福利是国家 i 的消费者享受的消费剩余、企业 i 赚取的利润以及政府 i 从企业 j 收取的关税收入之和:

$$\pi_i(t_i, t_j, h_i, e_i, h_j, e_j) = [a - (h_i + e_j)]h_i + [a - (e_i + h_j)]e_i - c(h_i + e_i) - t_j e_i$$

$$W_i(t_i, t_j, h_i, e_i, h_j, e_j) = \frac{1}{2}Q_i^2 + \pi_i(t_i, t_j, h_i, e_i, h_j, e_j) + t_i e_j$$

假设政府已选定的税率分别为 t_1 和 t_2, 如果 $(h_1^*, e_1^*, h_2^*, e_2^*)$ 为企业 1 和企业 2 的 (两市场) 博弈的 Nash 均衡, 对每一个企业 i, (h_i^*, e_i^*) 必须满足

$$\max_{h_i, e_i} \pi_i(t_i, t_j, h_i, e_i, h_j^*, e_j^*)$$

由于 $\pi_i(t_i, t_j, h_i, e_i, h_j^*, e_j^*)$ 可以表示为企业 i 在市场 i 的利润与在市场 j 的利润之和, 而企业 i 在市场 i 的利润只是 h_i 和 e_j^* 的函数, 在市场 j 的利润又只是 e_i, h_j^* 和 t_j 的函数, 企业 i 在两市场的最优化问题就可以简单地拆分为一个问题, 在每个市场分别求解: h_i^* 必须满足

$$\max_{h_i \geqslant 0} h_i[a - (h_i + e_j^*) - c]$$

且 e_j^* 必须满足

$$\max_{e_i \geqslant 0} e_i[a - (e_i + h_j^*) - c] - t_j e_i$$

假设 $e_j^* \leqslant a - c$, 可得

$$h_i^* = \frac{1}{2}(a - e_j^* - c)$$

同时假设 $h_j^* \leqslant a - c - t_j$, 可得

$$e_i^* = \frac{1}{2}(a - h_j^* - c - t_j)$$

对每一个 $i = 1, 2, i \neq j$, 都必须同时满足上面两个最优反应函数, 从而我们解出关于四个未知数 $(h_1^*, e_1^*, h_2^*, e_2^*)$ 的四个方程式得

$$h_i^* = \frac{a - c + t_i}{3}, \quad e_i^* = \frac{a - c - 2t_j}{3}, \quad i = 1, 2 \qquad (2.1.12)$$

比较例 2.5 的古诺博弈, 两家企业选择的均衡产出都是 $(a - c)/3$, 但这一结果是基于对称的边际成本而推出的. 这里的均衡结果与之不同的是, 政府对关税的选择使企业的边际成本不再对称. 例如在市场 i, 企业 i 的边际成本是 c, 但企业 j 的边际成本则是 $c + t_i$. 由于企业 j 的成本较高, 它意愿的产出也相对较低. 但如果企业 j 要降低产出, 市场出清价格又会相应提高, 于是企业 i 又倾向于提高产出, 这种情况下, 企业 j 的产量就又会降低. 结果就是在均衡条件下, h_j^* 随 t_i 的提高而上升, e_i^* 随 t_i 的提高而 (以更快的速度) 下降.

在解出了政府选定关税之后, 其后第二阶段两企业博弈的结果, 可以把第一阶段政府间的互动决策表示为以下的同时行动博弈: 首先, 政府同时选择关税税率 t_1 和 t_2; 其次, 政府 i 的收益为 $W_i(t_i, t_j, h_1^*, e_1^*, h_2^*, e_2^*), i = 1, 2$, 这里 h_i^* 和 e_i^* 是 (2.1.12) 式所表示的 t_i 和 t_j 的函数. 现在我们求解这一政府间博弈的 Nash 均衡.

为简化使用的表示符号, 我们把 h_i^* 决定于 t_i, e_i^* 决定于 t_j 隐于式中, 令 $W_i^*(t_i, t_j)$ 表示 $W_i(t_i, t_j, h_1^*, e_1^*, h_2^*, e_2^*)$, 即政府 i 选择关税税率 t_i, 政府 j 选择关税税率 t_j, 企业 i 和 j 按上述的 Nash 均衡选择行动时政府 i 的收益. 如果 (t_1^*, t_2^*) 是这一政府间博弈的 Nash 均衡, 则对每一个 i, t_i^* 必须满足

$$\max_{t_i \geqslant 0} W_i^*(t_i, t_j^*)$$

其中

$$W_i^*(t_i, t_j^*) = \frac{(2(a - c) - t_i)^2}{18} + \frac{(a - c + t_i)^2}{9} + \frac{(a - c + 2t_j^*)^2}{9} + \frac{t_i(a - c - 2t_i)}{3}$$

于是, $t_i^* = (a - c)/3$. 这一结果对每一个 i 都成立, 并不依赖于 t_j^*. 也就是说, 在本模型中, 选择 $(a - c)/3$ 的关税税率对每个政府都是占优策略 (在其他模型中, 比如当边际成本递增时, 政府的均衡策略就不是占优策略). 把 $t_i^* = t_j^* = (a - c)/3$, 代入企业的 Nash 均衡解可得

$$h_i^* = \frac{4(a - c)}{9}, \quad e_i^* = \frac{a - c}{9} \qquad (2.1.13)$$

这就得到企业第二阶段所选择的产出. 至此, 我们已求得这一关税博弈的子博弈精练解为

$$t_1^* = t_2^* = \frac{a-c}{3}, \quad h_1^* = h_2^* = \frac{4(a-c)}{9}, \quad e_1^* = e_2^* = \frac{a-c}{9} \tag{2.1.14}$$

在子博弈精练解中, 每一市场上的总产量为 $5(a-c)/9$. 进一步分析我们会发现, 如果政府选择的关税税率为 0, 则每一市场上的总产量将为 $2(a-c)/3$, 等于古诺模型的结果. 从而, 市场 i 的消费者剩余 (它简单地等于市场 i 的总产量平方的一半), 在政府选择其占优策略时, 比选择零关税税率时要低. 事实上, 为 0 的关税税率是社会最优选择, 因为 $t_1 = t_2 = 0$ 是下式的解

$$\max_{t_1, t_2 \geqslant 0} W_1^*(t_1, t_2) + W_2^*(t_2, t_1)$$

于是, 政府就有动因签订一个相互承诺零关税税率的协定 (即自由贸易). 如果负关税税率, 即补贴, 是可行的, 社会最优化的条件是政府选择 $t_1 = t_2 = -(a-c)$, 这使得国内企业为本国消费者提供的产出为 0, 并向另一国家出口完全竞争条件下的产量. 这样, 由于企业 i 和企业 j 在第二阶段将按给出的 Nash 均衡结果行动, 政府在第一阶段的互动决策就成为囚徒困境式的问题: 唯一的 Nash 均衡是其占优策略, 但对整个社会却是低效率的.

3. 可观察行动的有限阶段重复博弈

现在, 我们分析在局中人之间长期重复相互往来中, 关于将来行动的威胁或承诺能否影响到当期的行动.

我们称每次重复进行的博弈为阶段博弈, 它们是构成重复博弈的基石. 假设阶段博弈是有限的完全信息静态博弈 $G = \{S_1, \cdots, S_n; u_1, \cdots, u_n\}$. 动态情形总是伴随着多阶段可观察行为博弈. 这种多阶段可观察行为博弈意味着:

(1) 所有局中人在阶段 k 选择其行动时, 都知道他们在以前所有阶段 $0, 1, 2, \cdots, k-1$ 所采取的行动;

(2) 所有局中人在阶段 k 都是同时行动的.

通常情况下, 我们会把博弈的 "阶段" 和时间区间加以区分, 但在很多具体的模型中二者有着密切的关系. 为了定义重复博弈, 先得定义重复博弈的策略空间和收益函数. 记 $s^{(t)} = (s_1^{(t)}, s_2^{(t)}, \cdots, s_n^{(t)}) \in \prod_{i=1}^n S_i$ 为 t 期实现的行动.

定义 2.4 对给定的阶段博弈 G, 令 $G(T)$ 表示 G 重复进行 T 次的有限重复博弈, 并且在下一次博弈开始前, 所有以前博弈的进行都可被观测到. $G(T)$ 的无贴现收益定义为 T 次阶段博弈收益的简单相加.

通过实例, 很容易获得如下定理.

定理 2.3 如果阶段博弈 G 有唯一的 Nash 均衡, 则对任意有限的 T, 重复博弈 $G(T)$ 有唯一的子博弈精练解, 即 G 的 Nash 均衡结果在每一阶段重复进行; 如果完全完美信息动态博弈 G 有唯一的逆向归纳解, 则对任意有限的 T, 重复博

弈 $G(T)$ 有唯一的子博弈精练解, 即 G 的逆向归纳解重复进行; 如果两阶段博弈 G 有唯一的子博弈精练解, 则对任意有限的 T, 重复博弈 $G(T)$ 有唯一的子博弈精练解, 即 G 的子博弈精练解重复进行.

为了说明定理 2.3 的意义, 我们来考虑几个具体的博弈案例.

例 2.8 考虑表 2.8 给出的囚徒困境的标准式, 假设两个局中人要把这样一个同时行动博弈重复进行两次, 且在第二次博弈开始之前可观测第一次进行的结果, 并假设整个过程博弈的收益等于两阶段各自收益的简单相加 (即不考虑贴现因素), 我们称这一重复进行的博弈为两阶段囚徒困境. 它属于完全非完美信息两阶段博弈, 这里局中人 3, 4 与局中人 1, 2 是相同的, 行动空间 A_3 和 A_4 也与 A_1 和 A_2 相同, 并且总收益 $U_i(a_1, a_2, a_3, a_4)$ 等于第一阶段结果 (a_1, a_2) 的收益与第二阶段结果 (a_3, a_4) 的收益简单相加. 而且, 两阶段囚徒困境满足假定: 对每一个第一阶段的可行结果 $(a_1, a-2)$, 在局中人 3 和局中人 4 之间进行的博弈都存在唯一的 Nash 均衡, 表示为 $(a_3^*(a_1, a_2), a_4^*(a_1, a_2))$. 事实上, 两阶段囚徒困境满足比上述假定更为严格的条件: 在一般的完全非完美信息两阶段博弈中, 允许其余第二阶段博弈的 Nash 均衡依赖于第一阶段的结果, 从而表示为 $(a_3^*(a_1, a_2), a_4^*(a_1, a_2))$, 而不是简单的 (a_3^*, a_4^*) (例如在关税博弈中, 第二阶段企业选择的均衡产量取决于政府在第一阶段所选择的关税), 但在此两阶段囚徒困境中, 第二阶段博弈唯一的 Nash 均衡就是 (L_1, L_2), 不管第一阶段的结果如何.

表 2.8

| | | 局中人 2 | |
		L_2	M_2
局中人 1	L_1	1, 1	5, 0
	M_1	0, 5	4, 4

根据求解此类博弈子博弈精练解的程序, 第二阶段博弈的结果为该阶段的 Nash 均衡, 即为 (L_1, L_2), 两人收益为 $(1, 1)$. 我们在此前提下, 分析两阶段囚徒困境第一阶段的情况. 由此, 两阶段囚徒困境中, 局中人在第一阶段的局势就可归纳为表 2.9 所示的一次性博弈, 其中, 第二阶段的均衡收益 $(1, 1)$ 分别被加到两人第一阶段每一收益组合之上. 表 2.9 所示的博弈同样有唯一的 Nash 均衡: (L_1, L_2). 从而, 两阶段囚徒困境唯一的子博弈精练解就是第一阶段的 (L_1, L_2) 和随后第二

表 2.9

| | | 局中人 2 | |
		L_2	M_2
局中人 1	L_1	2, 2	6, 1
	M_1	1, 6	5, 5

阶段的 (L_1, L_2). 在子博弈精练解中, 任一阶段都不能达成相互合作 (M_1, M_2) 的结果.

这里需要说明的是, Nash 均衡解的唯一性是重复博弈的子博弈精练解存在的充分但非必要条件.

例 2.9 考虑阶段博弈 G 有多个 Nash 均衡的情况, 如表 2.10 所示. 策略 L_i 和 M_i 与表 2.8 所示的囚徒困境完全相同, 为了说明阶段博弈 Nash 均衡解的唯一性并非重复博弈 Nash 均衡解存在的必要条件, 我们增加了策略 R_i 使阶段博弈有了两个纯策略 Nash 均衡: 其一是囚徒困境中的 (L_1, L_2), 另外还有 (R_1, R_2).

表 2.10

	L_2	M_2	R_2
L_1	1, 1	5, 0	0, 0
M_1	0, 5	4, 4	0, 0
R_1	0, 0	0, 0	3, 3

这个例子中凭空给囚徒的困境增加了一个均衡解当然是很主观的, 但在此博弈中我们的兴趣主要在理论上, 而非其经济学意义. 我们将看到, 即使重复进行的阶段博弈像囚徒的困境一样有唯一的 Nash 均衡, 但当重复博弈无限次进行下去时, 仍表现出这里所分析的多均衡特征. 从而, 本节在最简单的两阶段情况下分析一个抽象的阶段博弈, 以后再分析由有经济学意义的阶段博弈构成的无限重复博弈也就十分容易了.

设表 2.10 表示的阶段博弈重复进行两次, 并在第二阶段开始前可以观测到第一阶段的结果, 我们可以证明在这一重复博弈中存在一个子博弈精练解, 其中第一阶段的策略组合为 (M_1, M_2). 假定在第一阶段局中人预测第二阶段的结果将会是下一阶段博弈的一个 Nash 均衡, 由于这里的阶段博弈有不止一个 Nash 均衡, 因而局中人可能会预测根据第一阶段的不同结果, 在第二阶段的博弈中将会出现不同的 Nash 均衡. 例如, 设局中人预测如果第一阶段的结果是 (M_1, M_2), 第二阶段的结果将会是 (R_1, R_2), 而如果第一阶段中其他 8 个结果的任何一个出现, 第二阶段的结果将会是 (L_1, L_2), 那么局中人在第一阶段所面临的局势就可归为表 2.11 所示的一次性博弈, 其中在 (M_1, M_2) 单元加上了 $(3, 3)$, 在其余 8 个单元各加上 $(1, 1)$.

表 2.11

	L_2	M_2	R_2
L_1	2, 2	6, 1	1, 1
M_1	1, 6	7, 7	1, 1
R_1	1, 1	1, 1	4, 4

在表 2.11 的博弈中有 3 个纯策略 Nash 均衡: (L_1, L_2), (M_1, M_2) 和 (R_1, R_2). 这个一次性博弈中的 Nash 均衡对应着重复博弈的子博弈精练解. 表 2.11 中的 Nash 均衡 (L_1, L_2) 对应着重复博弈的子博弈精练解 $((L_1, L_2), (L_1, L_2))$, 因为除第一阶段的结果是 (M_1, M_2) 外, 其他任何情况发生时, 第二阶段的结果都将是 (L_1, L_2). 类似地, 表 2.11 中的 Nash 均衡 (R_1, R_2) 对应了重复博弈的子博弈精练解 $((R_1, R_2), (L_1, L_2))$. 重复博弈的这两个子博弈精练解都简单地由两个阶段博弈的 Nash 均衡解相串而成. 但表 2.11 里的第三个 Nash 均衡结果却与前两者存在质的差别: 表 2.11 中的 (M_1, M_2) 对应的重复博弈子博弈精练解为 $((M_1, M_2), (R_1, R_2))$, 因为对 (M_1, M_2) 之后的第二阶段结果预期是 (R_1, R_2), 亦即正如我们前面讲过的, 在重复博弈的子博弈精练解中合作可以在第一阶段达成.

下面是更为一般的情况: 如果 $G = \{S_1, \cdots, S_n; u_1, \cdots, u_n\}$ 是一个有多个 Nash 均衡的完全信息静态博弈, 则重复博弈 $G(T)$ 可以存在子博弈精练解, 其中对每一 $t < T$, t 阶段的结果都不是 G 的 Nash 均衡.

这个例子要说明的主要观点是, 对将来行动所做的可信的威胁或承诺可以影响到当前的行动. 这也说明了子博弈精练解的概念对可信性的要求并不严格. 例如, 在推导子博弈精练解 $((M_1, M_2), (R_1, R_2))$ 时, 假定如果第一阶段的结果是 (M_1, M_2), 则参与双方都预期 (R_1, R_2) 将是第二阶段的解, 如果第一阶段出现了任何其他 8 种结果之一, 第二阶段的结果就会是 (L_1, L_2). 但是, 由于第二阶段的博弈中 (R_1, R_2) 亦为可选择的 Nash 均衡, 而相应的收益为 $(3, 3)$, 这时选择收益为 $(1,1)$ 的 (L_1, L_2) 看起来就比较愚蠢了. 不严格地看, 局中人双方进行重新谈判似乎是很自然的事. 如果第一阶段的结果并不是 (M_1, M_2), 从而双方第二阶段的行动应该是 (L_1, L_2), 那么每一个局中人可能会理性地认为过去的反正已经过去了, 在余下的阶段博弈中就会选择双方都偏好的均衡行动 (R_1, R_2). 但是, 如果对每个第一阶段的结果, 第二阶段的结果都将是 (R_1, R_2) 的话, 则第一阶段选择 (M_1, M_2) 的动机就被破坏了: 两个局中人在第一阶段面临的局势就可以简化表示为表 2.10 所示阶段博弈的每一单元格中的收益都加上 $(3, 3)$ 后形成的一次性博弈, 于是, i 对 M_j 的最优反应就成为 L_i.

例 2.10 为说明这一重新谈判问题的解决思路, 考虑表 2.12 所示的博弈. 同样, 对这一博弈的分析只为了说明问题, 而不考虑其经济学含义, 从这一杜撰的博弈中我们得出的有关重新谈判的观点, 亦可应用于对无限重复博弈中重新谈判的分析. 这里的阶段博弈在表 2.10 的基础上又加上了策略 P_i 和 Q_i, 从而阶段博弈有了四个纯策略 Nash 均衡: (L_1, L_2) 和 (R_1, R_2), 同时又增加了 (P_1, P_2) 和 (Q_1, Q_2). 与上例相同, 和 (L_1, L_2) 相比, 局中人双方都更倾向于选择 (R_1, R_2).

但更重要地, 表 2.12 的博弈中, 不存在一个 Nash 均衡 (x, y), 使局中双方选择策略时, 与 (P_1, P_2) 或 (Q_1, Q_2) 或 (R_1, R_2) 相比, 都更倾向于选择 (x, y). 我

们称 (R_1, R_2) 帕累托优于 (Pareto-dominates)(L_1, L_2), 而且 (P_1, P_2), (Q_1, Q_2) 和 (R_1, R_2) 都处于表 2.12 所示博弈的 Nash 均衡收益的帕累托边界 (Pareto frontier) 之上.

表 2.12

	L_2	M_2	R_2	P_2	Q_2
L_1	1, 1	5, 0	0, 0	0, 0	0, 0
M_1	0, 5	4, 4	0, 0	0, 0	0, 0
R_1	0, 0	0, 0	3, 3	0, 0	0, 0
P_1	0, 0	0, 0	0, 0	$4, \frac{1}{2}$	0, 0
Q_1	0, 0	0, 0	0, 0	0, 0	$\frac{1}{2}, 4$

设想表 2.12 的阶段博弈重复进行两次, 且在第二阶段开始前可以观测到第一阶段的结果. 进一步假设局中人预期的第二阶段结果如下: 如果第一阶段的结果为 (M_1, M_2), 第二阶段将是 (R_1, R_2); 第一阶段 (M_1, ω), 其中 ω 为除 M_2 之外的任意策略, 则第二阶段将为 (P_1, P_2); 第一阶段 (x, M_2), 其中 x 为除 M_1 之外的任意策略, 则第二阶段将为 (Q_1, Q_2); 第一阶段 (y, z), 其中 y 为除 M_1 之外的任何策略, z 为除 M_2 之外的任何策略, 则第二阶段将为 (R_1, R_2). 那么 (M_1, M_2), (R_1, R_2) 就是重复博弈的子博弈精练解, 因为先选 M_i, 接着选 R_i, 每个局中人都可得到 $4 + 3$ 的收益, 但在第一阶段偏离这一选择而选 L_i, 却只能得到 $(5 + 1)/2$ (选择其他行动的收益甚至更低). 更为重要的是, 前一例子中遇到的困难在这里并没有出现. 在基于表 2.10 的两阶段重复博弈中, 对一个局中人在第一阶段不守信用的惩罚, 只能是在第二阶段的帕累托居劣均衡, 从而同时惩罚了惩罚者. 在这里与之不同的是, 有三个均衡处于帕累托边界之上, 且其中之一可以奖励参与双方在第一阶段的良好行动, 另外两个则可以在惩罚第一阶段不守信用者的同时, 奖励惩罚者. 从而, 一旦在第二阶段有必要实施惩罚, 惩罚者就不会再考虑选择阶段博弈的其他均衡, 于是也就无法说服惩罚者就第二阶段的行动进行重新谈判.

2.2 信息不对称与知识的价值

经济学研究什么? 传统经济学教科书上讲, 经济学是研究稀缺资源的有效配置的. 从更广义的角度看, 比较现代的观点认为, 经济学是研究人的经济行为的. 与其他的行为不同, 经济学家认为, 在经济行为过程中, 人是理性的. 理性人是什么意思呢? 理性人是指经济人有一个明确的偏好, 并且在面临给定的约束条件下最大化自己的偏好. 正是理性人的假设使得经济学家得以运用数学工具描述人的经济行为. 新古典经济学认为, 价格制度是解决经济人冲突并达成合作的最有效的制度. 形成完整的价格制度, 需要有两个基本的前提: ① 市场参与者的数量足够多, 从而市场是竞争性的; ② 参与者之间是信息对称的.

从 2.1 节的博弈中隐含一个基本假设, 就是信息对称. 要给出一个严格的信息对称的定义并不容易, 它涉及很多经济学的学说, 博弈论中的关于信息的假设就有很多, 而且并不容易理解. 我们可以简洁但不十分准确地说, 信息对称就是, 作为参与者, 你知道的其他人也知道, 即在经济活动中, 市场具备充分的信息共享机制. 或者说, 市场或博弈的所有参与者具有完全相同的共同知识.

我们知道, 数据是信息的载体, 信息是知识的重要组成部分. 在信息基础上, 加上常识和基于信息与常识的逻辑系统及其真值演算, 构成完整的知识体系. 我们可以狭义地理解为信息就是知识. 由此说来, 信息对称的前提就是充分的数据共享. 当然, 只有充分的数据共享还不足以达到信息对称. 要达到信息对称, 所有参与者还必须具有相同的数据挖掘能力、相同的常识和相同的逻辑系统. 在现实生活中, 仅参与者之间的数据共享就难以达到, 其中有与生俱来的隐私保护动机、数据成本、数据资产收益就足以造成巨大的数据鸿沟, 并由此衍生出巨大的信息鸿沟.

比信息对称更弱一点的概念是博弈论中的所谓完全信息. 完全信息也是一种共同知识, 它可以被表述为两个要件:

(1) 在理性假设下, 每个参与者对所有其他参与者的特征 (包括策略空间、支付函数等) 是完全了解的.

(2) 所有参与者知道, 所有参与者知道所有参与者知道, 所有参与者知道所有参与者知道所有参与者知道······

信息对称需要满足两个条件: ① 所有参与者具有共同知识; ② 具有完全的信息共享机制.

完全的信息共享机制意味着每个参与者都没有私人信息, 或者每个参与者的信息都能及时而无损失地传导给所有参与者.

信息不对称不仅是指那种绝对意义上的信息不完全, 即由于认识能力的限制, 人们不可能知道在任何时候、任何地方发生任何情况, 而且是指 "相对" 意义上的不完全, 即市场经济本身不能够生产出足够的 "共同知识" 并有效地配置资源.

作为一种有价值的资源, 信息不同于普通商品. 人们在购买普通商品时, 先要了解它的价值, 看看值不值得买. 但是, 购买信息商品却无法做到这一点. 人们之所以愿意出钱购买信息, 是因为还不知道它, 一旦知道了它, 就没有人会愿意再为此进行支付. 这就出现了一个困难的问题: 卖者让不让买者在购买之前就充分地了解所出售的信息的价值呢? 如果不让, 则买者就可能因为不知道究竟值不值得而不去购买它; 如果让, 则买者又可能因为已经知道了该信息也不去购买它. 在这种情况下, 要能够做成 "生意", 只能靠买卖双方的并不十分可靠的相互信赖: 卖者让买者充分了解信息的用处, 而买者则答应在了解信息的用处之后即购买它, 因而在市场交易中会导致道德风险, 使得市场效率低下, 在一定程度上限制了市场的作用.

完全信息是信息对于双方来说是完全公开的情况下, 双方在所决定的决策是同时的或者不同时但在对方做决策前不为对方所知的.

新凯恩斯学派认为, 每个市场参与者的经济决策所需的信息并不是一个恒量, 而是一个可以创造的变量, 市场参与者不可能在某个时点上共同拥有初始信息、阶段信息或终止信息. 这样, 在现实经济活动中不可能存在一个所谓的能够无偿提供完全信息的拍卖人.

更重要的是, 在现实经济中, 信息的传播和接受都需要花费成本, 而市场通信系统的局限和市场参与者释放市场噪声等客观与主观因素的影响也都将严重阻碍市场信息的交流和有效的传播. 结果, 价格信息不可能及时传递给每一个需要信息的市场参与者, 而每个市场参与者所进行的交易活动及其结果也不可能及时地通过价格体系得到传递. 因而, 市场价格不可能灵敏地反映市场的供求状况, 市场供求状况也不可能灵敏地随着价格的指导而发生变化, 市场机制可能因此失灵.

由于不完全信息条件下市场价格机制可能失灵, 市场参与者之间供求关系也就有可能不通过价格体系达到均衡状态. 这样, 只有通过实物形式的市场条件才能够使市场达到均衡. 然而, 隐含完全信息条件的新古典学派的理论则认为, 市场机制是完备的, 市场均衡可以通过价格形式而实现.

很明显, 在新凯恩斯学派的理论中, 市场均衡只能是在不完全信息条件下的均衡, 并且由于存在信息成本, 达到均衡的主要调节机制只能是实物形式, 而不是价格形式的. 这样, 一般均衡所要求的市场参与者之间信息无差别条件就被差别信息普遍存在于市场参与者之中的条件所取代, 随之而来的假设完全信息均衡模型被信息经济学中各种不完全信息的均衡模型所取代.

斯蒂格利茨曾在 1985 年对现有不完全信息条件下的各种经济分析模型做过一次概要的总结, 他将不完全信息的经济分析模型划分为 9 种. 我们在此基础上将不完全信息的经济分析模型归纳为以下 4 种模型.

模型 1 考察具有不利选择和道德风险条件下市场价格的不完全信息, 如静态的不完全信息和动态的不完全信息, 这主要涉及:

(1) 市场 (产品、劳动力或资本借贷等) 中买卖商品特性的不完全信息;

(2) 保险市场上有关个人从事经济活动的不完全信息;

(3) 市场参与买卖的双方在长期或短期的不完全信息状态下的经济活动, 如雇主与雇员在不完全的长期或短期信息环境下的经济行为;

(4) 信息自由流动时买卖双方利用信息所做出的决策活动, 如传递信息涉及数量 (教育量、保险量等) 时, 或者涉及价格时决策者的行为.

此外, 这类模型还考察了在不同信息环境下信息对经济主体行为的影响. 例如, 是获得信息的经济主体先采取决策行为 (如保险市场上保险公司不了解申请保险人的特性但又向市场提供一组合同), 还是未获得信息的经济主体先采取行为 (如个人在知道雇主以教育水平甄别雇员时, 在雇主提供就业机会之前先获得一定水平的教育) 等问题.

模型 2 考察市场信息的传递形式对经济活动的影响. 在某些情况下, 市场信息的传递可能是由某些人进行的, 也有可能不是由某些人而是由许多人组成的群体进行的. 这时, 市场价格可能传递有关市场供求关系的自然状态的信息.

然而, 在另外一种情况下, 某个具体活动所传递的信息取决于其他个体所采取的行为. 例如, 在指定的劳动市场上申请工作的个人所传递的信息, 取决于他获得该工作的概率, 而此概率又依赖于劳动市场上申请该工作的人数. 更深入地分析, 申请该工作的人数受制于以下多种因素: 社会就业率 (失业率)、工作技术程度、工资率、经济发展程度和提供该工作信息的传播范围与影响等. 也就是说, 一种经济信息的传递有可能依赖于另一种经济信息的传递.

模型 3 考察市场买卖双方信息不完全或者买卖者单方信息不完全条件下的经济行为. 如雇员了解公司的生产特性和发展趋势, 而公司雇主却不了解雇员的私人信息. 或者买卖一方采取了道德风险, 而另一方并没有这样. 这些是单方信息不全的模式. 又如雇员和雇主双方都彼此不了解对方的有关信息, 或者买卖双方采取道德风险, 这些就是双方信息不全的模式.

模型 4 考察不完全信息条件下竞争市场的均衡问题, 同时研究与竞争均衡联系的非竞争均衡, 垄断或垄断性竞争市场, 以及工资率、失业和国际贸易等论题. 此外, 不完全信息条件下的经济波动和经济发展模式也属于这类模型的分析主题.

信息经济学, 从本质上讲是非对称信息博弈理论在经济学上的应用. 非对称信息 (asymmetric information) 是指在博弈中某些参与者拥有但另一些参与者不拥有的信息. 可以说, 博弈论研究的问题是: 给定信息结构, 什么是可能的均衡结果? 信息经济学研究的问题是: 给定信息结构, 什么是最优的契约安排? 对后者, 说得明白一些, 信息经济学研究什么是信息不对称情况下的最优交易契约, 故又称契约理论, 或机制设计理论.

利奥尼德·赫维奇 (Leonid Hurwicz, 1917—2008), 机制设计理论之父, 2007 年诺贝尔经济学奖获得者. 1960 年, 他以一篇题为 "资源配置中的最优化与信息效率" 的论文拉开了机制设计理论研究序幕, 陆续发表 "信息分散的系统" "资源分配的机制设计理论" 等论文, 从而奠定了机制设计理论的基本框架. 其系统性工作见于 *Designing Economic Mechanisms* (Cambridge University Press, 2006 年) 一书. 经济机制设计理论主要研究, 在自由选择、自愿交换、信息不对称及决策分散化的条件下, 能否设计一套经济机制 (游戏规则或制度) 来达到既定目标, 并且能够比较和判断各种机制的优劣性. 世界上有很多现实和理论上的经济机制, 如市场经济机制、计划经济机制、公有制、私有制、集体合作制、混合所有制、边际成本定价机制等. 经济机制设计理论把各种经济机制放在一起进行研究, 研究对象大到对整个经济制度的一般均衡设计, 小到对某个经济活动的激励机制设计. 在经济学文献中, 经济学家认为一个好的经济制度应满足三个要求: ① 它导致了资源的有效配置; ② 有效地利用了信息; ③ 能协调各个参与者的利益 (即所谓的 "激励兼容"). 这三个要求也就是一个经济机制优劣评价和选择的基本标准. 不同的经济机制会有不同的信息成本、不同的利益激励和不同的资源配置结果.

机制设计研究的困难主要源自信息不对称和分散决策. 用现在流行的说法是分布式多经济人 (economic agent) 的决策问题. 代理人 (agent) 和委托人 (principal) 的差异在于个体之间存在差异性, 最基本的差异就是信息差异. 在博弈中, 将拥有私人信息的参与者称为代理人, 而将不拥有私人信息的参与者称为委托人. 机制运行使用的资源不同于生产和其他经济活动所使用的资源. 机制需要的信息数据 (informational data) 就是机制运行需要使用的现实资源成本. 赫维奇认识到, 早期经济理论争论所强调的经济环境信息, 以及类似过去积累的资源禀赋和商品存量、个人商品偏好等影响经济活动可能性的信息都分散在经济人之间. 在有信息传导通道的情况下, 那些不能观察到现行经济环境的部分特征的经济人除非与直接观察到自己没有观察到的特征的经济人进行沟通, 否则他就没有引导决策所需的信息. 因此, 创造或运行的机制包括获取信息、处理信息和交换信息. 另外, 赫维奇认为, 分散在经济人之间的私人信息可能导致激励问题.

机制设计理论的关键点在于将信息作为经济活动的资源要素之一. 信息作为一种资源, 有其特性: 在经济人之间进行信息交换过程中, 不可能做到信息对称. 也就是说, 在信息交换之前, 信息出让方不可能让受让方知道所交换的信息的内容, 而只能向受让方说明信息可能产生的价值, 受让方自然不能判断所交换的信息的真实性, 因为受让方一旦知道信息的内容, 就不会再为信息付出. 信息的不对称性可以从两个角度划分: 一是非对称信息发生的时间, 二是非对称信息的内容. 从非对称信息发生的时间看, 非对称性可能发生在当事人签约之前, 也可能发生在签约之后, 分别称为事前 (ex ante) 非对称和事后 (ex post) 非对称. 研究事前非对称信息的博弈模型称为逆向选择模型 (adverse selection model), 研究事后非对称信息的博弈模型称为道德风险模型 (moral hazard model). 从非对称信息的内容看, 非对称信息可能是某些参与者的行动 (action), 也可能是某些参与者的知识 (knowledge). 研究不可观测行动的模型称为隐藏行动模型 (hidden action model), 研究不可观测知识的模型称为隐藏信息模型 (hidden information model). 结合起来, 有 5 种典型的委托人-代理人模型.

(1) **隐藏行动的道德风险模型** (moral hazard with hidden action model) 签约时信息是对称的 (完全信息), 签约后, 代理人 (如雇员) 选择行动 (如努力工作), 自然 (world) 选择其状态 (state), 代理人的行动和自然状态一起决定某些可观测的结果 (如产量); 委托人只能观测到结果而不能观测到代理人的行动和自然状态本身. 委托人的问题是设计一个激励合同以诱使代理人从自身利益出发选择对委托人有利的行动. 一个简单的例子是雇主与雇员的关系中, 雇主不能观测到雇员是否努力工作和设备状况, 但可以观测到雇员的任务完成得如何, 因此, 雇员的报酬应该与其任务完成情况有关.

(2) **隐藏信息的道德风险模型** (moral hazard with hidden information model) 签约时信息是对称的. 签约后, 自然选择其状态 (可能是代理人的类型); 代理人观测到自然的选择 (即状态), 然后选择行动 (如向委托人报告自然的选择, 即或真或假的数据); 委托人观测到代理人的行动, 但不能观测到自然的选择. 委托人的问题是设计一个激励合同以诱使代理人在给定的自然状态下选择对委托人最有利的行动 (如真实地向委托人提供对自然状态的观测数据). 一个简单的例子是企业经理人员与销售人员的关系: 销售人员 (代理人) 知道客户的特征 (如订货量), 而企业经理 (委托人) 不知道; 经理设计的激励合同是要向销售人员提供刺激来促使后者针对不同的顾客选择不同的销售策略.

(3) **逆向选择模型** (adverse selection model) 自然选择代理人的类型; 代理人知道自己的类型, 委托人不知道 (因而信息是不完全的); 委托人和代理人签订合同. 一个简单的例子是卖者和买者的关系: 卖者 (代理人) 对产品的质量 (自然选择的状态) 比买者 (委托人) 有更多的知识.

(4) **信号传递模型** (signaling model) 自然选择代理人的类型; 代理人知道自己的类型, 委托人不知道; 为了显示自己的类型, 代理人选择某种信号; 委托人在观测到信号之后与代理人签订合同. 一个简单的例子是企业雇主与雇员的关系: 雇员知道自己的能力, 雇主不知道; 为了显示自己的能力, 雇员选择接受教育的水平, 雇主接受雇员受教育的水平并支付相应薪资.

(5) **信息甄别模型** (screening model) 自然选择代理人的类型; 代理人知道自己的类型, 委托人不知道; 委托人提供多个合同供代理人选择, 代理人根据自己的类型选择一个最适合自己的合同, 并根据合同选择行动. 一个简单的例子是保险公司和投保人的关系: 投保人知道自己的风险, 保险公司不知道, 因此, 保险公司针对不同类型的潜在投保人制定了不同的保险合同, 投保人根据自己的风险特征选择一个保险合同.

信号传递模型和信息甄别模型是解逆向选择问题的两种不同的方法. 实际上, 上述各种模型并没有严格的定义, 而且分类上还存在一些争议. 例如迈尔森 (Myerson) 就建议将所有 "由参与人选择错误行动引起的问题" 称为 "道德风险",

所有 "参与人错误报告信息引起的问题" 称为 "逆向选择".

例 2.11 不同委托人-代理人模型的应用举例. 从表 2.13 交易的例子可以看出, 一种交易可能涉及多个模型.

表 2.13

模型	委托人	代理人	行动、类型或信号
隐藏行动的道德风险	保险公司	投保人	防盗措施
	保险公司	投保人	饮酒、吸烟
	股东	经理	工作努力
	经理	员工	工作努力
	员工	经理	经营决策
	债权人	债务人	项目风险
	住户	房东	房屋修缮
	房东	住户	房屋维修
	选民	议员或代表	是否真正代表选民利益
	公民	政府官员	廉洁奉公或贪污腐化
	原告/被告	代理律师	是否努力办案
	社会	罪犯	是否惯偷
隐藏信息的道德风险	股东	经理	市场需求/投资决策
	债权人	债务人	项目风险/投资决策
	企业经理	销售人员	市场需求/销售策略
	雇主	雇员	任务难易/工作努力
	原告/被告	代理律师	赢的概率/办案努力
逆向选择	保险公司	投保人	健康状况
	雇主	雇员	工作技能
	买者	卖者	产品质量
	债权人	债务人	项目风险
信号传递和信息甄别	雇主	雇员	工作技能/教育水平
	买者	卖者	产品质量/质量保证期
	垄断者	消费者	需求强度/价格歧视
	股东	经理	负债率/内部持股比
	保险公司	投保人	健康状况/赔偿办法

实际中, 在同一交易过程中的信息不对称是普遍存在的, 每个环节信息占优的一方可能不同. 因此, 实际的信息博弈模型会更加复杂一些. 特别在大规模的经济活动中, 经济活动参与者众多, 角色交叉, 各自占有部分私人信息, 从而产生利用这些私人信息获取利益的动机. 例如, 公共健康和环境保护这样的公共问题, 参与者各方角色就很复杂, 迄今为止经济理论 (包括机制设计) 还没有提供合理的模型, 其主要原因就是此类经济活动中信息不对称的情形更加复杂. 以环境保护为例, 众所周知的温室效应已经威胁到人类的生存环境, 但是仅对碳排放的控制就很难建模, 因为全球人类活动都会产生碳排放, 发达国家和发展中国家关系、生产者和消费者关系、产业之间的关系等等, 关系错综复杂. 其中, 对环境监测这样的技术领域而言, 围绕检测方式和数据共享展开的博弈就非常复杂, 导致大面积环

境监测数据造假等.

2.3 数据资产的效用

数据作为信息的载体, 其价值在于它所承载的信息. 当然, 并不是说数据的价值等于信息的价值. 因为绝大部分数据只有通过挖掘才能获取有用的信息, 而且这些信息还要进一步与其他信息, 如常识、经验、建模和逻辑推理等知识加以融合才能形成更为有效的信息系统. 也就是说, 数据的价值是信息价值的重要组成部分. 随着数据科学与技术的不断发展, 数据在信息中扮演的角色更加重要. 一方面, 由于我们所面临的自然现象和社会现象的复杂性, 传统的知识获取方法, 如数学建模方法, 有很大的局限性, 甚至对系统的运行机理知之甚少, 如癌细胞的形成与演变、雾霾的形成、厄尔尼诺现象的形成等, 故不能建立恰当的数学模型、物理模型、生物学模型等; 另一方面, 传统模型中涉及大量的参数或假设, 要获得较准确的模型参数或假设需要大量的数据做支撑, 模型的验证也需要更多的数据. 就逻辑推理而言, 也需要数据来支撑逻辑推理的前提和结论的验证. 因此, 数据不仅是信息的重要的来源, 而且信息的其他获取方式也离不开数据的支撑. 随着数据获取、传输、存储和数据挖掘技术的迅速发展, 数据驱动的作用越来越强大, 数据驱动对科学研究、社会经济发展支撑力达到前所未有的强度, 这已经成为数据时代的基本特征. 从这个意义上讲, 数据价值几乎等同于信息价值, 或者说数据的价值是信息价值的主要成分.

从经济学角度讲, 资源只有作为要素之一参与到经济活动中才具有资产的属性. 信息资源也不例外. 信息经济学原理说明, 信息是一种特殊的资源, 它的资产化也具有特殊的意义. 数据资源作为信息资源最为重要的组成部分, 数据资源的资产化的意义也是从信息经济学视角来解读. 在资源得以有效配置条件下, 数据资产的价值必须从数据资源在参与经济活动过程中所表现出来的经济效益来体现. 独立于市场资源有效配置和投资要素组合之外的数据资源没有经济价值. 这里说的经济价值是广义的, 它是满足人们消费或投资的效用的总和. 数据的价值是有无数据资源参与经济活动情况下的效用总和之差.

2.3.1 数据资产的消费效用

在消费过程中, 数据将产生三种作用: ① 使消费者的商品组合空间扩大; ② 使消费者的偏好发生改变; ③ 使消费者的财富增长从而改变财富约束. 例如, 以前你去餐馆消费, 你没有电子地图定位, 你就不知道附近的餐馆及其位置, 你只能在昆明理工大学餐厅按某种方式消费 (学校餐厅里的最优), 当你通过位置数据服务获得了附近餐馆的位置信息, 你的就餐选择的范围会扩大, 你可以到昆明理工大学附近的仕林街, 甚至呈贡老城区的餐馆就餐, 花同样的钱你就可能吃得更舒服 (效用更大). 再如, 你出行到市区的东风广场, 你可以有多种出行方式, 包括道路选择, 坐地铁、公交、网约车 (走彩云路或昆玉高速), 如果因为时间关系你已经选择了网约车而且走昆玉高速 (你觉得彩云路会花掉更多时间), 你运气不好在斗南路段堵车导致你花了更长时间, 所以你迟到了, 但是如果你通过百度数据服务查看到斗南路段的拥堵情况, 那么你会选择走彩云路或其他出行方式, 你就不会迟到.

设 X 为商品组合空间, $U(x)$ 为决策者的效用函数, p 为市场价格, W 为财富水平, Δ 为数据资产. 由于数据资产的作用, 导致商品组合空间变为 $X_\Delta = X \bigcup \Delta X$, 价格变为 $p_\Delta = p - \Delta p$, 财富水平变为 $W_\Delta = W + \Delta W$. 在数据是客观真实的情况下, 数据资产将导致如下诸情况至少一个发生:

(1) 商品组合更为丰富和个性化 (如智能制造带来的商品个性化), 即 $X \subset X_\Delta$;

(2) 数据将带来的信息导致共享经济效应、更加便捷商品流通和贸易、更大范围内的市场均衡, 即 $p_\Delta \leqslant p$;

(3) 数据所承载的信息带来直接的财富增长, 即 $W_\Delta \geqslant W$.

从而, 数据 Δ 将带来效用的增长

$$\Delta U = \max_{x \in X_\Delta, p_\Delta^{\mathrm{T}} x \leqslant W_\Delta} U(x) - \max_{x \in X, p^{\mathrm{T}} x \leqslant W} U(x) > 0$$

2.3.2 数据资产的投资效用

假定数据资产中的数据是真实可信的, 那么数据资产将通过投资决策的科学化使期望收益增加, 并最终体现为决策风险减小. 事实上, 除了数据资产直接引起的生产效率的提高 (供应链的可信性提高、物流的快捷化、能源调度带来的节能效果和智能制造应用等), 数据资产的间接投资效应体现为投资决策中的不确定性降低 (熵减), 从而降低决策风险.

在投资决策过程中, 影响决策的因素很多, 其中最为重要的是决策者的主观因素, 包括价值观、风险管理、认知能力等. 这些主观因素又与决策者的数据资源和信息获取能力密切相关, 数据在投资决策过程中的作用大小反映为数据的效用. 从随机决策的角度看, 信息表现为状态变量的先验分布、观察量的选择和数据资源. 单从逻辑上讲, 在决策者的认知能力一定的情况下, 数据资源越丰富、数据挖掘手段越先进, 决策的风险越小. 但是, 实际中, 数据资源是珍贵的, 数据的获得需要支付成本, 而且有时数据成本是高昂的, 数据成本又包括数据获取成本和数据处理成本. 我们姑且认为, 除了随机干扰, 在决策前取得的数据都是真实的 (即排除人为造假或受骗而获取的假数据等), 并且数据不需要进行挖掘可直接用于决策

过程. 当然, 现实中用于决策的数据来源是广泛的, 而且数据处理的方式也多种多样. 我们这样做, 是为了能从数学上建立狭义的数据价值模型.

贝叶斯 (Bayes) 分析是通过随机试验获得观察量 X 的观察值 x, 去改善先验分布 $\pi(\theta)$, 从而减少期望损失的. 但是, 数据获取需要支付成本. 从经济学上讲, 如果通过随机试验收集到的数据所带来的损失减少不足以支付观察成本, 那么收集数据是不划算的. 因此, 在进行正式决策之前需要判断是否有必要进行数据收集, 即进行关于数据收集的预决策, 此决策要素包括数据成本核算和数据的信息价值评估. 数据成本的核算与随机决策过程没有直接关系, 在实际中也千差万别. 因此, 在这里我们假定, 数据成本是已知的, 着重于评估数据的信息价值.

1. 含完全信息的数据价值

考虑理想状态, 即通过随机试验能够获得状态变量的完全信息. 此时, 观察量 X 是状态变量 Θ 本身或关于 Θ 的函数, 即通过随机试验获得状态变量 Θ 的观测值 θ. 在此观测值 θ 下, 选取最小损失的行动方案 (纯策略), 此时的决策规则为

$$\delta : \Theta \to A, \quad \Theta \mapsto \delta(\theta) : l(\theta, \delta(\theta)) = \min_{a \in A} l(\theta, a)$$

其风险为

$$r(\pi) = E^\theta[\min_{a \in A} l(\Theta, a)]$$

当决策者不对 Θ 进行观测时, 不知道状态变量的确切情况, 只能在纯策略集中选取期望损失极小化的纯策略, 此时的风险为

$$r'(\pi) = \min_{a \in A} E^\theta[l(\Theta, a)]$$

由于对每个 $a \in A$, $E^\theta[l(\Theta, a)] \geqslant \min_{a' \in A} l(\Theta, a')$, 故 $r'(\pi) \geqslant r(\pi)$.

定义 2.5 设状态变量 Θ 的分布为 $\pi(\theta)$, 损失函数为 $l(\theta, a)$, 则含完全信息的数据价值为

$$\mathrm{EVPI} = r'(\pi) - r(\pi) = \min_{a \in A} E^\theta[l(\Theta, a)] - E^\theta[\min_{a \in A} l(\Theta, a)] \tag{2.3.1}$$

特别地, 当状态变量 Θ 为连续型随机变量时, 我们清楚地看到

$$\begin{aligned}
\mathrm{EVPI} &= \min_{a \in A} E^\theta[l(\Theta, a)] - E^\theta[\min_{a \in A} l(\Theta, a)] \\
&= \min_{a \in A} \int_\Theta l(\theta, a)\pi(\theta)d\theta - \int_\Theta [\min_{a \in A} l(\theta, a)]\pi(\theta)d\theta \\
&= \min_{a \in A} \int_\Theta [l(\theta, a) - \min_{a' \in A} l(\theta, a')]\pi(\theta)d\theta \geqslant 0
\end{aligned}$$

例 2.12 设某群体中患某种疾病的比例为 5%, 这种疾病也可以不治而愈. 对某人而言, 有两种可能性: 患病 (θ_1)、不患病 (θ_2); 疑似病人可以采取的行动是: 进行治疗 (a_1)、不进行治疗 (a_2), 其损失矩阵为

$$
\begin{array}{c}
 \\
a_1 \\
a_2
\end{array}
\begin{array}{cc}
\theta_1 & \theta_2 \\
\begin{pmatrix} 1 & 3 \\ 5 & 0 \end{pmatrix}
\end{array}
$$

解 由已知, 患者情况的先验分布为 $\pi(\theta_1) = 0.05$, $\pi(\theta_2) = 0.95$, 完全信息的数据价值为

$$
\begin{aligned}
\mathrm{EVPI} &= \min_{a \in A} E^\theta[l(\Theta, a)] - E^\theta[\min_{a \in A} l(\Theta, a)] \\
&= \min\{1 \times 0.05 + 3 \times 0.95, 5 \times 0.05 + 0 \times 0.95\} - (1 \times 0.05 + 0 \times 0.95) \\
&= 0.25 - 0.05 = 0.2
\end{aligned}
$$

2. 含不完全信息的数据价值

在多数实际决策中, 由于决策环境的复杂性, 状态变量往往是不能直接被观察的, 如未来某个日期的天气、未来某个时刻的股市行情、未来某个时刻某种战略核导弹的作战效能情况等. 也就是说, 随机试验一般只能观察到与状态变量有统计关系的某些量. 此时, 随机试验获得的数据承载的是不完全信息. 例如, 通过血检观察患者的白细胞数, 通过加速老化试验观察到战略导弹某些金属部件和推进剂效能数据等.

对不完全信息的数据价值评估将按照 Bayes 风险来判断. 在 Bayes 风险下, 通过随机试验获得观察量 X 的观察值 x, Bayes 决策 $\delta^\pi(x)$ 是决策者的最优策略. 不进行观察时, 期望损失最小化带来的风险为 $r(\pi)$.

定义 2.6 设状态变量 Θ 的分布为 $\pi(\theta)$, 损失函数为 $l(\theta, a)$, 观察量为 X, Δ 为决策规则集, 则不完全信息的数据价值为

$$
\mathrm{EVSI} = r'(\pi) - r(\pi, \delta^\pi) = \min_{a \in A} E^\theta[l(\Theta, a)] - \min_{\delta \in \Delta} E^\theta[E^{x|\theta}(l(\Theta, \delta(x)))] \quad (2.3.2)
$$

例 2.13 油井钻探问题. 某矿业公司拥有某块可能藏有油气资源的区域的探矿许可证, 它可以选择自己钻井 (a_1)、无条件出租 (a_2)、有条件出租 (a_3). 钻井费用为 750 万元; 无条件出租可直接得租金 450 万元; 有条件出租时, 产量不足 200 万桶时不收租金, 产量在 200 万桶以上则每桶提成 5 元. 钻井后, 若有油, 开采需要投资采油设备费 250 万元. 可开采储量有四个状态: 丰富 (θ_1)、一

般 (θ_2)、贫 (θ_3)、无油 (θ_4). 根据地表物理勘探和经验等, 获得的可开采储量的先验分布为

$$\pi(\theta_1) = 0.10, \quad \pi(\theta_2) = 0.15, \quad \pi(\theta_3) = 0.25, \quad \pi(\theta_4) = 0.50$$

损失矩阵为

$$L = \begin{array}{c} a_1 \\ a_2 \\ a_3 \end{array} \begin{pmatrix} -6500 & -2000 & 250 & 750 \\ -450 & -450 & -450 & -450 \\ -2500 & -1000 & 0 & 0 \end{pmatrix}$$

可以通过地质勘探获得该地区地质构造类型, 地质勘探的费用为 120 万元. 四类地质构造类型依次记为 x_1, x_2, x_3, x_4. 似然函数 $f(x_i|\theta_j)$ 如表 2.14.

表 2.14

θ \ x	x_1	x_2	x_3	x_4
θ_1	7/12	1/3	1/12	0
θ_2	9/16	3/16	1/8	1/8
θ_3	11/24	1/6	1/4	1/8
θ_4	3/16	11/48	13/48	5/16

由 Bayes 公式计算, 得后验分布 $\pi(\theta_j|x_i)$ 如表 2.15.

表 2.15

θ \ x	x_1	x_2	x_3	x_4
θ_1	0.166	0.129	0.039	0
θ_2	0.240	0.108	0.087	0.107
θ_3	0.327	0.241	0.146	0.238
θ_4	0.267	0.522	0.728	0.655

Bayes 决策规则 δ^π 和相应信息如表 2.16.

表 2.16

x	$\delta^\pi(x)$	期望损失/万元	边缘分布 $m(x)$
x_1	a_1	−1157	0.351
x_2	a_1	−482.75	0.259
x_3	a_2	−330	0.215
x_4	a_2	−330	0.175

所以

$$r(\pi, \delta^\pi) = -1157 \times 0.351 + (-482.75) \times 0.259 + (-330) \times 0.215 + (-330) \times 0.175$$

$$= -659.8$$

另外, 容易计算

$$r'(\pi) = \min\{-512.5, -450, -400\} = -512.5$$

所以进行地质勘探获得的不完全信息的数据价值为

$$\text{EVSI} = r'(\pi) - r(\pi, \delta^\pi) = -512.5 - (-659.1) = 146.6 > 120(万元)$$

由于数据的价值大于数据获取的成本 (地质勘探费), 所以该公司选择进行地质勘探.

2.4　信息物理融合系统及其数据资产的乘数效应

2.4.1　一般信息物理融合系统

早期的计算机是专门用来进行数值计算和信息处理的单机系统. 时至今日, 我们也用计算机处理类似的任务, 但是随着嵌入式系统的出现, 计算机系统的作用已经今非昔比, 计算机无所不在. 嵌入式系统是指集成了计算机硬件、软件和各种嵌入式的外围终端, 为完成特定目的而设计的机电或电子系统. 嵌入式外围终端包括从小到手表、照相机、电冰箱、微创手术器械, 大到宇宙飞船、航空母舰等, 我们今天所能看到的工业产品几乎都属于嵌入式系统. 因为在这些系统中集成了大量传感器、读写装置、微控制器和相应的软件系统. 信息物理融合系统 (cyber-physical systems, CPS) 是对嵌入式系统一般意义的扩展. 信息物理融合系统的核心是由一些能够互相通信的计算设备组成的, 这些计算设备能够通过传感器和控制器与物理世界实现反馈闭环式交互. 这样的系统无所不在, 并且发展越来越迅猛, 从智能建筑、智能电网、智能医疗设备再到智能汽车, 甚至扩展到高级人–机结合的智慧城市、精准医疗、智能安防和无人战争体系, 都是信息物理融合系统[12].

自主移动机器人团队就是信息物理融合系统的一个典型例子. 给这个自主移动的机器人团队分配特定的任务: 它们要从未知的建筑平面图所示的某间屋子内识别和检索某一目标. 为了实现该目标, 每个机器人需要安装多种传感器, 用来收集关于物理世界的相关信息. 例如, 安装北斗导航系统接收器用于跟踪机器人的位置, 安装照相机用于获取周围环境的快照, 安装红外温度传感器用于检测人的存在. 该系统主要的计算问题是如何利用上述传感器所收集的数据来构造建筑物的完整地图, 这就要求机器人团队中的每个机器人都能够通过无线链路以协调方式进行数据交换. 机器人、障碍物和目标物的当前位置数据决定了每个机器人移动的规划. 机器人移动规划包括对每个机器人发出的高级命令, 诸如 "以时速 10 公里向西北方向匀速移动". 这样的指令需要转换为控制机器人移动的伺服电机的低级控制输入. 设计目标包括安全操作 (如机器人不能被障碍物或其他机器人绊倒)、任务完成 (如目标物被机器人找到) 和物理稳定性 (如每个机器人都应该是一个稳定的系统). 要构造这样一个多机器人协同系统来完成上述设计目标, 就需要从控制、计算和通信互相协同的方式来考虑设计策略.

尽管从 20 世纪 80 年代起一些特定形态的信息物理融合系统就在工业领域得以应用, 然而直到最近, 嵌入式系统产品的部件才随着处理器、无线通信和传感器等技术的成熟实现以较低成本就能具备较强性能. 人们逐渐认识到构造可靠的信息物理融合系统需要功能强大的数据平台和计算平台作为支撑, 而强大的数据平台和计算平台的开发需要更先进的工具和方法, 包括大数据技术和分布式计算等. 在 21 世纪初, 为了迎接这个挑战, 人们开始研究集成控制、分布式数据处理、计算和通信的系统方法论, 并形成了一个不同寻常的学科, 即信息物理融合系统.

信息物理融合系统的主要特征包括:

(1) 交互反应性;

(2) 并发性;

(3) 反馈控制;

(4) 实时性;

(5) 安全性.

2.4.2 物联网

物联网是指通过各种传感设备, 实时采集监控、连接、互动的物体或过程等各种需要的信息, 与互联网结合形成的一个巨大网络. 其目的是实现物与物、物与人的连接. 所有的物品与网络的连接, 方便识别、管理和控制.

在物联网应用中有三项关键技术.

(1) 传感器技术: 这也是计算机应用中的关键技术. 大家都知道, 到目前为止, 绝大部分计算机处理的都是数字信号. 自从有计算机以来就需要传感器把模拟信号转换成数字信号计算机才能处理.

(2) 射频识别 (radio frequency identification, RFID) 技术: 也是一种传感器技术, RFID 技术是融合了无线射频技术和嵌入式技术为一体的综合技术, RFID 在自动识别、物品物流管理有着广阔的应用前景.

(3) 嵌入式系统技术: 是综合了计算机软硬件、传感器技术、集成电路技术、电子应用技术为一体的复杂技术. 经过几十年的演变, 以嵌入式系统为特征的智能终端产品随处可见; 小到人们身边的电子手环大到卫星系统. 嵌入式系统正在改变着人们的生活, 推动着工业生产以及国防的发展.

如果把物联网用人体做一个简单比喻, 传感器相当于人的眼睛、鼻子、皮肤等感官, 网络就是神经系统用来传递信息, 嵌入式系统则是人的大脑, 在接收到信息后要进行分类处理. 这个例子很形象地描述了传感器、嵌入式系统在物联网中的位置与作用.

1. 传感器网络

传感器网络 (sensor network, SN), 即由大量集成了传感器、处理器、短距离通信模块的微小无线传感器节点, 部署在特定区域范围内, 通过一定的通信方式形成的分布式的多跳的自组织网络系统. 其主要功能是通过协作实现对覆盖区域内各种对象的感知、数据采集和处理, 并发送给观察者. 根据通信方式, 传感器网络可分为有线传感器网络和无线传感器网络.

下面以无线传感器网络为例, 说明无线传感器网络的体系结构、特点和应用.

(1) **无线传感器网络的体系结构**　如图 2.3 所示, 通常一个完整的无线传感器网络系统由三部分组成: 传感器节点 (sensor node)、汇集节点 (sink node) 和用户管理节点.

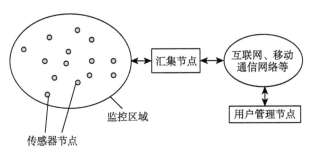

图 2.3　无线传感器网络体系结构

在图 2.3 中, 监测区域内随机部署的大量传感器节点通过自组织的方式构成传感器网络. 传感器节点把采集到的数据信息直接传输到汇集节点或通过多跳后传到汇集节点. 在传输的过程中数据可能被多个节点处理以方便数据的传输和后期的分析. 最后到达汇集节点的监测数据通过通用的公共网络 (如互联网、移动通信网络等) 发送到用户管理节点. 用户通过管理节点对传感器网络进行维护和管理, 发布监测任务以及收集监测数据等.

传感器节点是无线传感器网络最为重要的物理组成部分, 同时也使它区别于其他通信系统. 传感器节点自身的微型化、独立电池供电等特点, 使得它的功能较弱. 从网络功能上看, 传感器节点既可以进行本地数据的收集和处理, 又可以对其他节点转发过来的数据进行存储、管理和融合等处理, 并与网络中其他节点协作完成某些特定任务.

汇集节点连接着传感器节点组成的网络和其他外部的公共网络 (如互联网、移动通信网络等), 使两个不同通信协议的网络之间可以进行数据传输, 发布管理节点的监测任务. 因此, 汇集节点的处理能力、存储能力和通信能力等功能相对较强. 汇集节点可以是增强功能的传感器节点, 即配置足够的能量、更大内存和计算资源, 也可以是只带有无线通信接口的网关设备.

管理节点类似于计算机网络的客户端, 用户可以根据接收到的监测数据进行分析决策, 同时发送监测管理任务等. 常见的业务管理功能包括: 设备的认证、设备管理维护、日志统计、数据缓存、应用接口、应用服务器等.

(2) **无线传感器网络特点**　作为一种新的无线通信技术, 无线传感器网络具有显著的特征. 无线传感器网络具有以下特点.

(a) 网络节点数量大. 无线传感器网络的应用主要是对监测区域的监控, 因此, 节点数要比传统无线通信系统多很多. 正因为节点数量巨大, 特别是单个子网的数量较大, 所以对原有的通信技术中关注的标识、寻址、安全以及各协议层中的表示节点上限的参数都产生了巨大的影响. 当然大量的传感器节点组成的网络系统所获得的信息具有更大的信噪比, 提高监测的精确度, 降低单个传感器节点的精度要求, 使整个系统具有更强的容错性能. 为了应对大量的传感器网络节点需求, 无线传感器网络在标识寻址等设计方面会预留较大的空间. 多数传感器网络采用的多级寻址方法, 而在终端局域网络部分可以采用一些私有的地址协议, 以降低对骨干网络路由寻址的成本代价.

(b) 自组织多跳网络. 通常情况下传感器节点放置在无人看管的地方且放置完很少去检查, 因此, 无线传感器网络一般采用较为灵活的组网方式, 如多跳以及自组织. 在通信系统中节点到节点之间一般是直接连接的, 而传感器网络由于地形复杂以及节点发射功率有限, 有时候终端节点很难直接连接到目的节点进行通信. 这样可以通过一些中间节点进行中转, 相互配合组成一个多跳的网络, 每个节点除了处理自己的业务以外还要起到中转其他节点发来的数据信息, 可以说多跳网络是目前流行的云计算概念在通信领域的一个雏形概念. 在无线传感器网络中, 由于节点容易受到干扰或者其他的破坏导致预先配置的链路不可用, 所以在网络形成过程中引入了自组织的概念, 或者说动态地增加或减少节点, 使网络的拓扑结构随之动态地变化.

(c) 短距离无线连接. 无线传感器网络主要的应用场合在室内或者空间有限的区域, 因此, 在数据信息传输的时候每一跳连接的传输距离都不长 (大概在 100 米以内), 这样反而能够在最大程度上形成空间的复用. 同时, 因为每跳的距离有限, 无线传感器网络更多地采用自组织多跳的技术, 以扩大网络的覆盖面积. 对于在某些特殊的场合需要较大的传输距离的应用, 开发人员还可以在节点上外加射频信号放大器的方式使无线信号传播得更远.

(d) 低功耗无线传输. 当前绿色节能成为通信领域的一个重要目标, 无线传感器网络作为低功耗无线技术的代表也成为技术的研究重点, 要实现低功耗就必须在系统开发时考虑传播距离、组网形态等因素. 正因为无线传感器网络在自组织多跳技术和短距离无线传输的先天优势, 决定了他的单个节点的功耗不会太大, 从目前的工业应用提出的环保节能, 使低功耗的无线传感器网络的研究成为热点.

(e) 有限的电量、计算和存储能力. 由于工作环境复杂, 无线传感器节点大多采用电池供电, 使得传感器节点的电量极其有限. 另外, 传感器点在执行监测任务时采用大量的节点, 为了降低开发成本, 必然导致节点集成的处理器计算能力和存储能力不足. 这是传感器网络研究发展亟需解决的问题, 低功耗、集成度高的传感器节点也是以后重点研究的方向之一.

(3) **无线传感器网络的应用**　面对信息化时代的到来, 随着传感器网络技术的发展, 各种各样的应用服务随之产生, 无线传感器网络也以其独有的架构和特点被广泛应用于很多领域, 包括智能家居、智能抄表、医疗监护、环境监测等.

(a) 智能家居. 家庭中的各种电器、照明设备、水电器设施和安防系统通过无线传感器形成一个家庭控制网络. 这是无线传感器网络在智能家居里的典型应用, 也是无线传感器网络应用的一个潜在市场. 比起传统的家电遥控器, 传感器控制器有更好的移动性、精确性和远距离等特点. 在这个家庭网络中, 传感器的中心控制节点可以方便地监控各种设备, 包括遥控、诊断和固定更新, 并且能够通过网关与互联网连接, 让家庭用户方便地从远端访问控制家里的设备. 例如, 在炎热的天气里在回家前几十分钟就可以遥控打开空调对室内制冷降温, 并开启微波炉和冰箱准备晚饭的食物原料等.

(b) 医疗监护. 随着全球老年化的到来和越来越多的人群需求健康保健, 医疗开支已成为各国最为关注的问题. 无线传感器网络可以给患者佩戴各种传感器, 对人体的各项体征, 主要包括体温、脉搏、呼吸、血压等进行监测. 医生可以根据这些数据进行分析, 并给病人一些指导性的建议, 如果遇到突发情况可以直接调动医疗资源进行及时救助. 这些应用可以广泛地在社区、家庭和个人移动环境下展开, 使病人生活和医生工作紧密地结合在一起, 实现对病人实时监护.

(c) 环境监测. 地球环境问题, 包括温室气体、空气污染、水质质量以及地质灾害预防, 已成为各国共同面临的极大挑战, 无线传感器网络可以让传感器节点变得非常灵活而容易部署, 而且成本也比传统的有线监控系统低很多. 随着传感器技术的日益成熟, 未来可以很好地对环境参数进行实时监控和预测, 为人们的日常生活和安全保障提供必要的数据支持, 一定程度上减轻地震、泥石流、火灾等灾害的伤害.

(d) 军事应用. 无线传感器网络最初是由美国军方提出来的, 因此, 它最早的应用场景是在军事应用领域, 无线传感器网络具有布设速度快、可以自组拓扑网络、隐蔽性强和高容错等特点, 由于这些特点, 它在军事应用领域里有着舍我其谁的优势. 利用无线传感器网络能够实现对敌对兵力和装备的监控、战场的实时监视、目标的定位搜索等功能. 无线传感器网络受到大多数军事发达国家的普遍重视, 已经成为 C4ISRT (command, control, communication, computing, intelligence, surveillance, reconnaissance and targeting) 系统不可或缺的组成部分, 各国都投入到无线传感器网络的研究中, 不惜花费大量的人力和物力.

2. 射频识别

典型的射频识别 (RFID) 系统通常由读写器 (reader)、射频标签 (tag) 和数据管理系统三个部分组成. 射频标签一般由调制器、天线、编码器和存储器等部件构成; 读写器由控制模块、天线以及射频收发模块组成, 其中控制模块一般由微处理器、放大器、解码、纠错电路、时钟电路、接口电路以及电源电路构成. 在 RFID 系统工作的过程中始终要以能量为基础, 按照一定的时序方式来完成相关数据的交换. RFID 系统的基本模型如图 2.4 所示.

| RFID标签 | RFID读写器 | 无线网关 | 端系统 |

图 2.4   RFID 系统的基本模型

系统中 RFID 标签是数据信息的载体. 也就是说, RFID 系统的数据存储在 RFID 标签之中, 读写器是用于读取 RFID 标签信息的电子装置. 计算机端系统由中间件和应用系统软件组成. 标签和读写器之间的数据交换通过电磁场的交互来完成, 从而达到识别目标对象的目的.

RFID 标签通常由标签芯片和标签天线 (或线圈) 组成. 标签芯片相当于一个具有无线收发功能和数据存储功能的单片系统 (system on chip, SOC). 标签天线通常也集成在芯片上. RFID 标签一般存储有约定好格式的电子数据, 用来储存需要识别传输的数据. RFID 标签类似于条码技术中的条形码符号, 但与条码不同的地方是, RFID 标签具有能够自动或者在外力作用下, 把储存的数据主动发射出去的能力. RFID 标签的结构如图 2.5 所示.

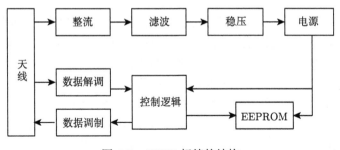

图 2.5 RFID 标签的结构

读写器是用来实现对 RFID 标签进行读写的电子装置, 具有读写显示、数据处理等功能, 也可与计算机或其他系统联合完成对电子标签的读取. 根据其支持的标签类型不同与完成的功能不同, 其复杂程度也不同. 一般由编码器、调制器、发射器、天线、接收器、解调器和解码器组成. RFID 读写器的基本结构框图如图 2.6 所示.

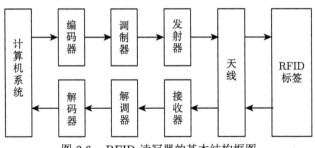

图 2.6 RFID 读写器的基本结构框图

读写器在 RFID 系统中扮演着重要的角色, 读写器主要负责与电子标签的双向通信, 同时接受来自主机系统的控制指令. 读写器的频率决定了 RFID 系统工作的频段, 其功率决定了射频识别的有效距离. 读写器根据使用的结构和技术不同可以是只读或读写装置, 它是 RFID 系统信息数据控制和处理中心. 读写器还能提供相当复杂的信号状态控制、奇偶错误校验与更正功能等.

射频识别系统的基本工作流程是: 由读写器通过发射天线发送特定频率的射频信号, 当电子标签进入有效工作区域时产生感应电流, 从而获得能量被激活, 使得电子标签将自身编码数据通过内置射频天线发送出去; 读写器的接收天线接收到从标签发送过来的调制信号, 经过天线调节器传送到读写器信号处理模块, 经解调和解码后将有效信息送至后台主机系统进行相关处理; 主机系统根据逻辑运算识别该标签的身份, 针对不同的设定做出相应的处理和控制, 最终发出指令信号控制读写器完成不同的读写操作.

首先, 读写器在一定区域内发射能量形成电磁场. 标签进入读写器的射频场后, 接收读写器发出的射频脉冲, 经过整流后给电容充电, 当电容电压经过稳压后就可以作为标签的工作电压. 标签的数据解调部分从接收到的射频脉冲中解调出命令和数据并送到逻辑控制部分. 逻辑控制部分接收指令完成存储、发送数据或其他操作. 如果需要发送数据, 则标签首先将数据调制后再从收发模块发送出去. 读写器接收到返回的数据后, 解码并进行错误校验来决定数据的有效性, 然后进行处理, 必要时还可以通过 RS232, RS422, RS485 等无线接口将数据传送到计算机. 读写器发送的射频信号除提供能量外, 通常还提供时钟信号, 使数据同步, 从而简化了系统的设计.

RFID 系统的数据读写操作严格按照 "主从原则" 进行. 读写器的所有动作均由应用软件系统来控制, 为了执行应用软件发出的一条指令, 读写器必须与一个标签建立数据通信. RFID 系统中读写器是主动方, 标签只响应读写器所发出的指令. 读写器的基本任务就是启动标签与读写器建立通信, 并在应用软件和标签之间传送数据. RFID 系统的工作原理如图 2.7 所示.

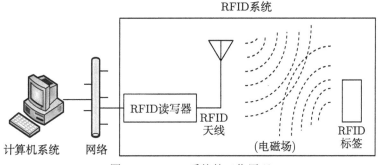

图 2.7　RFID 系统的工作原理

从电子标签到读写器之间的通信及能量感应方式来看, 系统一般可以分成两类, 即电感耦合系统和电磁反向散射耦合系统. 电感耦合通过空间高频交变磁场实现耦合, 依据的是电磁感应定律; 电磁反向散射耦合, 即雷达原理模型, 发射出去的电磁波碰到目标后发射, 同时目标信息被携带回来, 依据的是电磁波的空间传播规律.

电感耦合方式一般适合于中、低频工作的近距离射频识别系统, 典型的工作频率有 125kHz, 225kHz 和 13.56MHz. 利用电感耦合方式的识别系统作用距离一般小于 1m, 典型的作用距离为 10—20cm.

电磁反向散射耦合方式一般适用于高频、微波工作的远距离射频识别系统, 典型的工作频率有 433MHz, 915MHz, 2.45GHz 和 5.8GHz. 识别作用距离大于

1m, 其典型的作用距离为 4—6m. 电感耦合系统与电磁耦合系统如图 2.8.

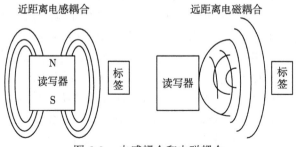

图 2.8　电感耦合和电磁耦合

2.4.3　信息物理融合能源系统

　　能源是人类生存和发展的重要基石, 是社会经济运行的动力和基础. 每一次工业革命都离不开能源类型和使用方式的革新, 其推动着人类社会的发展和进步. 目前, 第三次工业革命正在世界范围内发生, 而能源互联网是第三次工业革命的核心之一, 是未来能源行业发展的方向. 能源互联网的提出和发展具有深刻的环境、经济、社会、技术和政策等诸多驱动力, 既是能源系统自身发展的趋势, 也有外部对能源系统提出的迫切需求. 随着传统化石能源的逐渐枯竭以及能源消费引起的环境问题日益恶化, 未来人类发展与传统能源结构不可持续的矛盾不断尖锐, 世界范围内对能源供给与结构转变的需求愈发高涨, 从而催生新型能源结构与供给方式的提出. 以深度融合可再生能源与互联网信息技术为特征的能源互联网的提出, 将是实现能源清洁低碳替代和高效可持续发展的关键所在. 发展能源互联网将从根本上改变对传统能源利用模式的依赖, 推动传统产业向以可再生能源和信息网络为基础的新兴产业转变, 是对人类社会生活方式的一次根本性革命.《中华人民共和国国民经济和社会发展第十四个五年规划和 2035 年远景目标纲要》指出, 加快电网基础设施智能化改造和智能微电网建设, 提高电力系统互补互济和智能调节能力, 加强源网荷储衔接, 提升清洁能源消纳和存储能力, 提升向边远地区输配电能力, 推进煤电灵活性改造, 加快抽水蓄能电站建设和新型储能技术规模化应用[①].

　　物联网、数据科学与大数据技术、移动互联网等信息技术的飞速发展, 可为涵盖能源全链条的效率经济、安全提供有效支撑. 智能电网 (smart grid, SG) 在信息物理系统融合方面做了很多基础性的工作, 实现了主要网络的数据流和电力流的有效结合. 在能源互联网下, 信息系统和物理系统将渗透到每个设备, 并通过适当的共享方式使得每个参与方均能获取到需要的数据. 信息物理融合的能源系

---

① 来源于中国政府网, http://www.gov.cn/xinwen/2021-03/13/content_5592681.htm.

统必将产生巨大的价值, 第一阶段的价值体现在信息数据获取上; 第二阶段的价值体现在优化管理上, 通过多能协同优化和调度, 可以从整个能源结构的角度实现社会总体效益最大化; 第三阶段的价值体现在创新运营上, 在数据开放、共享的基础上, 运用互联网思维, 创新商业模式, 带动市场活力, 实现经济增量.

作为能源互联网的技术基础, 信息物理融合能源系统 (cyber-physical energy system, CPES) 是能源电力系统中的数据网络与能源电力物理系统高度融合与集成的最新发展. 虽然信息物理融合能源系统研究刚刚起步, 学术界对其结构 (包括物理结构和信息结构) 和主要功能尚未形成完全一致的观点. 一般认为, 信息物理融合能源系统主要由负责电能供应的智能电网和负责其他能源供需的企业能源系统、智能楼宇能源系统、智能家居能源系统等终端系统组成, 如图 2.9 所示.

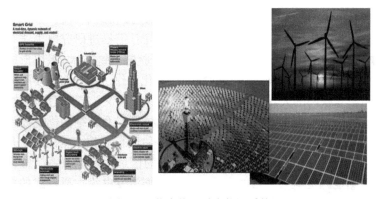

图 2.9　信息物理融合能源系统

数据驱动的能源革命的价值创新模式的出发点关键在于, 能源运营要充分运用互联网思维, 以用户为中心, 创造业务价值. 在具有活力的市场环境下, 包括能源生产、传输、消费、存储、转换的整个能源链相关方均能广泛参与, 必然会有一大批具有创新模式的能源企业脱颖而出, 比如能源增值服务公司、能源资产服务公司、能源交易公司、设备与解决方案的电子商务公司等, 从而带动能源互联网整体产业发展. 以能源消费环节为例, 传统的产业价值模式是能源供应商给能源消费者提供能源、可靠性和通用服务, 并从能源消费者获取收益. 而在能源互联网环境下, 除了能源、可靠性和通用服务外, 能源供应商还可以为能源消费者提供节能服务、环境影响消减以及个性化服务, 而能源消费者还可以在需要时反向为能源供应商提供能源、需求侧响应、本地化信息等, 从而使得数据流和资金流从单向变为双向. 另外, 还可以由第三方为其提供各种服务平台, 使得价值、信息和资金在这些平台上流转和交换, 如能源交易平台、能源聚合服务平台等等. 创新模式能源运营需要监管者能够致力于构建以传统电网为骨干, 充分、广泛和有效地利用分布式可再生能源, 满足用户多样化能源电力需求的一种新型能源体系结构与市场; 为运营者提供一个能够与能源终端用户充分互动、存在竞争的能源消费市场, 使其提高能源产品的质量与服务, 赢得市场竞争; 不仅为能源终端用户提供传统电网所具备的供电功能, 还为其提供一个可以进行各种能源共享的公共平台.

信息物理融合能源系统关键技术包括以下内容. ① **海量数据采集与传输技术**. 能源互联网需实现数据的快速、广泛、准确采集, 通过数据交互, 实现不同区域、不同类型的能源生产与消费者能量双向流动与优化控制. 在数据采集层面, 须从能源互联网应用需求出发, 研究低成本、低冗余、高可靠、可扩展、可定制的新型海量数据采集技术体系架构与高效传输处理核心技术理论; 研究新型能源互联网海量数据技术与信息物理系统数据、终端客户数据、物理网络数据的大数据处理与融合技术理论; 建立跨部门、跨行业的数据连接和共享机制, 数据采集和交换平台、数据存储和数据安全机制; 在数据传输层面, 需推进研究电力线频谱资源动态、高效地感知与使用; 降低对已有通信业务干扰等关键技术, 最终形成宽带电力线通信的技术标准体系并开展相关标准的产业化工作. 这对大规模的可持续能源利用、对能源互联网的大规模实际应用均具有重要意义. ② **信息物理能源系统融合技术**研究包括用户需求建模方法、系统演化模型、系统结构优化技术、系统接口与标准协议、多个信息物理能源系统的网络协同控制技术等. 建立开放的信息物理能源融合技术接口标准, 制定不同场景下的信息物理能源系统融合的技术性能指标. ③ **新能源发电云平台**的发展需对以新能源发电为主要形式的多能集成和以需求响应为代表的新型能源消费开展理论研究, 如新能源发电精准预测、基于大数据与行为心理学的负荷调度及结算、新能源发电优先的交易模型等. 研究这些理论在云平台上落地的关键技术. 建立开放的能源市场体系, 允许负荷聚类商、代理商等主体的出现. 在辅助服务市场相对完善的地区开展为确保新能源多发满发而调峰的传统电厂补偿、电动汽车充放电、负荷聚类商等形式的服务试点工程. ④ **虚拟发电厂**打破了传统电力系统中物理上发电厂之间以及发电和用电侧之间的界限, 充分利用网络通信、智能量测、数据处理、智能决策等先进技术手段, 有望成为包含大规模新能源电力接入的智能电网技术的支撑框架. 需加大在能源网络通信设备、能源数据采集设施、能源生产消费调控设备等基础设施的建设和投入, 支撑虚拟发电厂物理层面的建设. 需支持对分布式的能源的预测、区域多能源系统综合优化控制、复杂系统分布式优化等方面的研究, 支撑虚拟发电厂调控层面的建设. 需为虚拟发电厂正常参与到多能源系统的能量市场、辅助服务市场、碳交易市场等创造宽松的环境, 支撑虚拟发电厂市场层面的建设. ⑤ **多能流能量管理**. 能源互联网中具有多种能量生产、传输、存储和消费设备, 拓扑结构动态变化, 具有典型的非线性随机特征与多尺度动态特征, 为了实现对能源互联网内部能量

设备的 "即插即用" 管理以及多能源局域网之间的分布式协同控制, 需要在能源互联网中引入智能能量管理技术. 多能流能量管理技术涉及冷、热、电、气、交通等多学科跨领域联合攻关, 需要在基础理论方面开展深入研究, 重点突破多能流综合能源系统建模、多能流耦合状态估计、多能流联合潮流分析、多能流安全评估与预警、多能流优化调度与控制等关键技术难点. ⑥ **分布式协同控制**是能源互联网信息物理融合系统架构下的重要特征. 需重点研究分布式状态估计技术、分布式优化技术、分布式控制技术等关键基础理论, 对比集中式、完全分布式、集中分布式等不同模式的通信代价与实施效果, 确定不同应用场景下的最优技术路线. ⑦ **电动汽车协同技术**是指通过电动汽车与充电设施网络、电力网络、交通网络和新能源发电的协同, 达到方便用户出行、较少充电设施投资、优化电网运行、提高新能源发电消纳水平的目标. 重点研究电动汽车协同的通信与充电设施接口标准、电动汽车充放电智能调度技术和商业运营模式. ⑧ **需求侧互动技术**是建设能源互联网的关键技术之一, 主要研究多种形式能源集成的综合响应、基于大数据与行为心理学交叉学科的需求响应建模、需求响应资源辨识与量化、需求响应计量和需求响应参与辅助服务结算等关键技术的理论研究; 有待建立开放的能源市场体系, 允许负荷聚类商、代理商等的出现, 充分挖掘激发用户响应潜力, 允许并重视需求响应参与到系统调峰、调频等辅助服务市场. ⑨ **电池云**. 为了提高存量巨大、碎片化存在的电池储能设备 (如铅酸电池和电动汽车电池) 的利用率, 重点研究能量信息化与网络化管控技术研究, 通过互联网进行管控和运营以提高电池储能设备的有效利用率; 建立电池云运营平台和电池云的建设与使用补贴政策; 开展电池云理论在存量铅酸电池盘活利用和分布式电动汽车电池能量运营等行业中的应用试点工作.

数据驱动的信息物理融合能源系统的经济模式创新包括以下内容. ① **能源大数据分析**. 大数据技术成为云计算、物联网之后又一大颠覆性的技术革命. 能源互联网的发展与大数据密不可分. 能源互联网通过数据共享和分布式智能控制对整个网络的设备和设施进行及时监控, 同时对历史和实时数据进行充分挖掘以提升能源互联网的运行管理和性能优化. 需在能源大数据领域开展多源数据 (电、煤、油、气等能源领域数据及人口、地理、气象、经济、交通等其他领域数据) 集成融合与价值挖掘的关键数据科学与大数据技术研究, 开展能源大数据引导政府决策、企业业务水平与服务质量提升以及能源产业商业模式创新的高级应用研究. ② **能源网络虚拟化技术**. 能源互联网是面向广域部署、用户参与的大型网络系统, 融合能源流和信息流的调度与管理, 需要在基础理论方面开展深入研究. ③ **信息双向互动平台**. 用户参与并引导社会力量广泛参与是搭建能源互联网的关键, 可再生能源替代传统能源, 可以降低产品成本, 提高产品竞争力, 并创造更多的就业机会. 用户的广泛参与并不是说传统电力企业在能源互联网时代将扮演不重要的角色, 传统电力企业依旧是能源互联网的最主要承担者. 在能源互联网时代, 部分传统优质电力企业将充分利用在智能电网方面的丰富经验将成千上万个分布式能源生产企业或用户接入主干电网, 从而完成自身从传统的集电力生产、传输、运营于一体的单一电力能源生产商转型成为电网管理运营服务的运营商. 另外, 创新型企业也将在能源互联网领域搭建类似 "淘宝" 这样的能源互动交易平台, 从而真正实现能源的双向按需传输和动态平衡使用, 最大限度地适应新能源的接入和生产. ④ **能源交易平台技术**. 能源互联网的发展离不开市场机制, 需要能源交易平台的支撑. 未来需加强对能源市场机制的设计、能源交易体系的构建、能源市场化与自由交易对能源系统安全稳定影响等方面理论的研究. 鼓励多元的交易主体、商品和类型复杂相互作用的模拟交易平台开发, 对可能存在的各种问题进行推演分析, 确保交易机制设计的合理性. 降低能源市场的准入, 维持交易的活跃性; 推进能源数据的开放, 实现交易的透明化; 加强能源市场的监管, 保障交易的公平性. ⑤ **能源互联网金融** 是采用互联网的手段和方式, 为能源互联网的金融服务提供新的途径和支撑. 能源互联网金融技术涉及能源生产、传输、存储和消费等全生命周期追踪, 需与能源交易、调度、管理等技术紧密结合. 能源互联网金融的发展将在能源互联网的推进过程中发挥重大作用. 解决能源互联网领域信用及交易问题的一种可行方法为区块链技术. 区块链 (blockchain) 是可信数据的一个重要概念, 是一串使用密码学方法相关联产生的数据块, 每一个数据块中包含了过去十分钟内所有网络交易的信息, 用于验证其信息的有效性 (防伪) 和生成下一个区块. 在能源网络向能源互联网演进的过程中, 如何实现可信交易, 可追踪的能源生成、传输、交换、消费等全生命周期的追踪和管理, 区块链将起到重要的作用. 区块链技术将实现能源全生命周期的可信、可追踪, 并在此基础上产生可信的交换及交易.

2.4.4 智能制造系统

智能制造系统 (intelligent manufacturing system, IMS) 的本质特征是网络环境下的信息驱动与全过程人–机融合, 体现出个体制造单元的 "自主性" 与系统整体的 "自组织能力", 其基本格局是分布式多自主体智能系统. 相比而言, 传统制造的特点是能量驱动、人–机分离. 基于因特网的全球制造网络环境, 建构企业和用户的分布式网络化 IMS 的基本构架. 一方面通过智能体赋予各制造单元以自主权, 使其自治独立、功能完善; 另一方面, 通过智能体之间的协同与合作, 赋予系统自组织能力. 从智能制造系统的本质特征出发, 在分布式制造网络环境中, 根据分布式集成的基本思想, 应用分布式人工智能中多智能体系统的理论与方法, 实现制造单元的柔性智能化与基于网络的制造系统柔性智能化集成.

智能制造包含智能制造技术和智能制造系统. 智能制造系统的运行过程为:

第一步, 任一网络用户都可以通过访问该系统的主页获得该系统的相关信息, 还可通过智能制造软件填写和提交系统主页所提供的用户订单登记表来向该系统发出订单; 第二步, 如果接到并接受网络用户的订单, 智能体就将其存入全局数据库, 任务规划节点可以从中取出该订单, 进行任务规划, 将该任务分解成若干子任务, 将这些任务分配给系统上获得权限的节点; 第三步, 产品设计子任务被分配给设计节点, 该节点通过良好的人–机交互完成产品设计子任务, 生成相应的计算机辅助设计/计算机辅助工艺规划 (CAD/CAPP) 数据和文档以及数控代码, 并将这些数据和文档存入全局数据库, 最后向任务规划节点提交该子任务; 第四步, 加工子任务被分配给生产者, 一旦该子任务被生产者节点接受, 机床智能体将被允许从全局数据库读取必要的数据, 并将这些数据传给加工中心, 加工中心则根据这些数据和命令完成加工子任务, 并将运行状态信息送给机床智能体, 机床智能体向任务规划节点返回结果, 提交该子任务; 第五步, 在系统的整个运行期间, 系统智能体都对系统中的各个节点间的交互活动进行记录, 如消息的收发, 对全局数据库进行数据的读写, 查询各节点的名字、类型、地址、能力及任务完成情况等; 第六步, 网络客户可以了解订单执行的结果.

结合数控加工系统, 智能制造系统的分布式网络化原型系统由系统经理、任务规划经理、设计者和生产者等四类节点组成. 系统经理节点包括数据库和系统智能体两个数据库服务器, 负责管理整个全局数据库, 可供原型系统中获得权限的节点进行数据的查询、读取、存储和检索等操作, 并为各节点进行数据交换与共享提供一个公共场所, 系统智能体则负责该系统在网络与外部的交互, 通过 Web 服务器在因特网上发布该系统的主页, 网上用户可以通过访问主页获得系统的有关信息, 并根据自己的需求, 以决定是否由该系统来满足这些需求, 系统智能体还负责监视该原型系统上各个节点间的交互活动, 如记录和实时显示节点间发送和接收消息的情况、任务的执行情况等. 任务规划经理节点由任务经理和它的代理 (任务经理智能体) 组成, 其主要功能是对从网上获取的任务进行规划, 分解成若干子任务, 然后通过 "招标-投标" 的方式将这些任务分配给各个节点. 设计节点由 CAD 工具和它的代理 (设计智能体) 组成, 它提供一个良好的人–机界面以使设计人员能有效地和计算机进行交互, 共同完成设计任务. CAD 工具用于帮助设计人员根据用户要求进行产品设计; 而设计智能体则负责网络注册、取消注册、数据库管理、与其他节点的交互、决定是否接受设计任务和向任务发送者提交任务等事务. 生产者节点实际是该项目研究开发的一个智能制造单元系统, 包括加工中心和它的网络代理 (机床智能体). 该加工中心配置了智能自适应数控系统. 该数控系统通过智能控制器控制加工过程, 以充分发挥自动化加工设备的加工潜力, 提高加工效率; 数控系统还具有一定的自诊断和自修复能力, 以提高加工设备运行的可靠性和安全性, 且具有和外部环境交互的能力. 这种具有开放式的体系结构能够支持系统集成和扩展.

智能制造系统不仅能够在实践中不断地充实知识库, 而且还具有自学习功能及搜集与理解环境数据和自身数据的能力, 使之能够进行数据分析和规划自身行为, 形成完善可靠的信任链, 最大效能地集成供应链价值. 面对复杂多变的市场环境, 要实现高效率的供应链管理很不容易. 其中一个重要原因就是市场上每时每刻都出现大量的数据, 其中蕴含着丰富的机遇, 也预示着不小的风险. 但是, 供应链中的企业和用户往往不能及时、准确地掌握有用的信息, 因而在决策时十分茫然, 难以做出正确抉择. 这就要求各成员企业间应该进行充分的数据共享, 消除供应链系统内部数据的不确定性, 增强供应链企业和用户之间数据交互的可信性[13].

2.5　数据共享与共享经济

共享经济, 一般是指通过陌生人之间物品使用权暂时转移获得一定经济收益的一种新经济模式. 其本质是通过公共数据平台和信任机制整合线下各种资源, 如闲散物品、劳动力、教育医疗资源等. 传统的经济模式是通过熟人之间直接交易、线下中介或集中交易平台来实现资源整合并获取经济收益的. 因此, 传统的经济模式是一种熟人经济或担保经济. 传统经济模式建立在社会关系中熟人之间的信息传递与信任, 或者中介、集中线下交易平台的信息公开与资格认定实现的信息共享与信任基础之上, 从而解决经济活动中的信息不对称问题. 线下资源和经济活动主体都是实体, 交易中的信息不对称问题可以通过一定的机制设计得以解决. 在农业经济时代, 熟人经济是主流, 通过熟人交易或互助实现共享, 也可以通过社区集市, 如清明上河图里面的场景, 实现资源的整合从而达到共享. 工业经济时代, 随着物流和通信技术的发展, 传统的熟人经济活动范围得以扩大, 甚至达到全球化, 但集中式交易仍然是其主要特征, 其存在形式多样化, 包括期货市场、资本市场、货币市场、大型超市与大型会展等. 工业经济时代可以理解为围绕现代工业制造展开的生产、贸易、服务为内容的集中化经济模式.

在网络经济时代, 信息网络与物理网络、社会网络高度相互融合, 形成复杂的多重叠加的复杂网络, 共同构建了社会经济系统的结构, 实现了分布式多主体的协同, 共享经济也成为网络经济的一部分. 由于数据科学与计算机、通信和物联网技术的迅速发展, 信息网络的日益完善使得更大范围的信息共享成为可能, 而且数据资源本身也成为共享资源. 因此, 数据共享是共享经济的基础.

共享经济概念可以追溯到 20 世纪 70 年代费尔逊和斯潘思等提出的 "协作消费" (collaborative consumption). 共享经济的倡导者波兹曼和罗杰斯认为协同消费的核心是共享. 以数据科学、互联网、信息物理融合系统等为基础, 共享经济渗透到各个经济领域并产生了重要影响, 甚至改变了这些领域的业态, 如互联网金

融、能源互联网、人工智能等, 表现为 "协作消费"、"协作生产"、"协作学习" 和
"协作金融" 等具体的新经济模式 (表 2.17).

表 2.17　共享经济模式

类型	定义	子类	案例
协作消费	消费者与他人共同享用产品和服务而无须所有权	二手市场、产品服务体系、协作生活方式	滴滴快车、大众点评网
协作生产	多人合作参与产品设计、生产等	协作设计、协作制造、协作分配	猪八戒网、威客网
协作学习	互联网合作学习交流平台	公开课和课件、技能共享、知识众包	豆瓣网、知乎、维基百科、百度百科
协作金融	金融信用合作组织方式	众筹、互联网借贷平台、补充性货币、微粒贷、协作保险	蚂蚁金服、微众银行、QQ 币、比特币

　　共享经济的崛起直接改变了人们的生活与社会经济运行方式, 也对经济学研究提出了新的课题. 社会经济网络中的主体通过信息网络实现了需求与供给的直接匹配, 实现了互联网借贷平台直接交易, 产生了 "超效率市场". 虽然共享经济已经在我们身边并深刻影响了经济活动与其他社会生活, 但是迄今为止, 经济学家还未对共享经济的原理做出深入分析. 我们可以简单地运用边际理论做一些初步的解释. 以数据共享为基础信息共享, 共享经济模式比传统经济模式更好地解决了经济活动中的信息不对称问题. 数据共享与有效的数据治理形成的公共数据资源 (如地理信息系统、导航系统、环境监测系统和气象预报系统等) 及各种领域的社区数据公共产品本身的零边际成本 (包括零边际生产成本和零边际拥堵成本) 导致经济效率的规模效应零成本 (或接近零成本) 扩张. 这种规模效应的扩张具体体现为: ① 从产权经济学角度看, 共享经济依赖数据技术深入地分解和界定产权并降低交易成本, 从而实现了帕累托效率改善; ② 从信息经济学角度看, 由于经济数据共享有效减少了信息不对称, 有效地避免了市场失灵, 提高了市场配置资源的效率和灵敏度, 市场在更大范围和更长时间内达到均衡; ③ 从环境经济学角度看, 以数据共享为基础的共享经济模式有效避免了资源闲置和浪费, 提高了资源使用效率, 从而提高了经济活动的环境承载力; ④ 从供给经济学角度看, 通过数据共享, 共享经济模式通过智能制造和个性化服务等提高了市场供给侧的效率; ⑤ 从需求经济学角度看, 共享经济模式通过数据共享, 扩大或创造了需求; ⑥ 从组织经济学角度看, 共享经济中的供给侧组织通过数据共享实现了内部的高度协同, 组织效率成倍增长; ⑦ 从福利经济学角度看, 共享经济模式下社会福利政策更加精准, 社会各阶层更容易达成共识, 福利政策效率大幅提高.

    作为共享经济的基础,数据共享的范围非常广泛,既包括消费领域的、生产制造领域的、众包学习领域的、金融领域的相关数据共享,又包括更为宽泛的公共产品相关数据共享.实现数据共享的前提是参与共享经济活动的各方要达成数据共享共识,共享共识包括相关法律、法规、行业协会章程、数据标准及相关的社区制度.从技术上讲,要实现数据共享,首先,应建立一套统一的、法定的数据交换标准,规范数据格式,使用户尽可能采用规定的数据标准.如美国、加拿大等国家都有自己的空间数据交换标准,我国研究制定了国家的空间数据交换标准,包括矢量数据交换格式、栅格影像数据交换格式、数字高程模型的数据交换格式及元数据格式,该标准建立后,将对我国地理信息系统 (GIS) 产业的发展产生积极影响.其次,要建立相应的数据使用管理办法,制定出相应的数据版权保护、产权保护规定,各部门间签订数据使用协议,这样才能打破主体之间的数据壁垒,做到真正的数据共享.另外,数据共享与隐私保护是一对矛盾,彼此又互相依存,完善的隐私保护是数据共享得以实施的必要条件,关键在于如何维持数据共享和隐私保护之间的平衡.

    经济学家哈耶克认为,知识的分工乃是经济学中真正的核心问题.每个个体拥有部分知识,只有将所有个体的知识加以融合才能获得市场均衡所需要的共同知识.按新古典经济学的观点,只有市场价格才能真正实现各个主体知识的融合,从而达到均衡所需的共同知识.由于在实际的经济活动过程中,各个个体的知识是动态的,所以知识的融合也必须是动态的.在共享经济模式中的公共数据是共同知识的载体,所以数据共享也是一个从分散到融合的过程,其中涉及大量的数据融合机制设计和技术开发.分散于不同经济主体的零星数据得以融合与共享的另一个条件是主体之间的信任一致性.这种信任不仅影响数据共享阶段的隐藏数据风险控制,而且也影响着个体依据共同知识和个人效用最大化做出决策之后的行动道德风险控制.也就是说,信任一致性包含两个层面的信任,即数据博弈阶段的信任和行动阶段的信任,或者说是事前信任和事后信任,分别对应于信息隐藏风险和行动隐藏风险.数据共享阶段的信任一致性含有两个方面的共识,合作共识和数据融合共识.合作共识是指参与共享经济活动的各方在数据共享方面的合作意愿趋同;数据融合共识是指各方所贡献的分布式私有数据结果的共同认可(其中包括不一致数据之间达成某个结果的趋同).在数据共享阶段合作共识的形成是公共数据演化博弈的结果,属于公共数据演化博弈的范畴.数据融合共识则属于信息融合的范畴.二者都属于多智能体协同镇定的科学问题.

    在数据融合共识的形成过程中,可以有两种融合方式:一种是直接的数据融合;另一种是间接的数据融合,也称为信息融合.直接的数据融合方法研究已经有很多,是数据科学的重要研究领域,如军事应用中陆海空天多源数据融合、遥感应用中的数据多粒化和环境监测应用中的多传感器时空融合等.

2.5.1 间接的数据共享

间接的数据融合是个体 i 根据私有数据获得一定知识, 如关于某个随机变量 Θ 的分布 $\pi(\theta|\Delta_i)$ $(i \in N)$, 这里 $N = \{1, 2, \cdots, n\}$ 为参与共享经济活动的所有个体的集合. 为了书写方便, 记 $\pi(\theta|\Delta_i)$ 为 $F_i(i \in N)$. 对 $\{F_i\}_{i \in N}$ 直接进行融合的方式是, 取 $p_1, p_2, \cdots, p_n$ 是非负常数且 $\sum_{i=1}^{n} p_i = 1$, 用 $\sum_{i=1}^{n} p_i F_i$ 作为 Θ 的分布, 即社会分布, Stone 将这种线性组合称为 "意见池". 关键问题是, 这样的 $p = (p_1, p_2, \cdots, p_n)^{\mathrm{T}}$ 如何获取, 这需要在群体中形成共识. 这样的权重向量是否存在? 即群体是否可以就权重向量达成共识?

我们现在要考虑这个群体中的一个个体, 并讨论当这个个体 i 知道了其他人的后验分布 F_j $(i \neq j)$ 后其分布可能发生如何改变. 由于该群体不同成员拥有的数据不同, 他们的分布 $F_1, F_2, \cdots, F_n$ 通常由与 θ 相关的观测量 X 的不同观测值 (样本) 信息推断出来, 也会在成员之间有不同程度的专业反映. 因此, 如果个体 i 了解了群体中其他成员的分布 F_j $(i \neq j)$, 那么他自然会修改自己的主观分布 F_i 以适应群体内其他成员的信息和经验、意见和判断.

假设当个体 i 以这种方式修改他的主观分布时, 他修改后的分布将是该群体的成员的分布 $F_1, F_2, \cdots, F_n$ 的线性组合. 对 $i = 1, 2, \cdots, n$ 和 $j = 1, 2, \cdots, n$, 用 p_{ij} 来表示当 i 根据 j 的分布修改他的分布时的权重 (p_{ij} 也可理解为个体 i 对个体 j 的信任值). 假设对于每个 i, j, 都有 $p_{ij} \geqslant 0$, 且对每个 i 有 $\sum_{j=1}^{n} p_{ij} = 1$. 因此, 如果 i 可以借鉴群体中其他成员的主观分布 $F_1, F_2, \cdots, F_n$, 那么假设他愿意修改他的主观分布从 F_i 到 $F_{i1} = \sum_{j=1}^{n} p_{ij} F_j$, 权重 $p_{i1}, p_{i2}, \cdots, p_{in}$ 应该由个体 i 在赋予群体各成员 (包括他自己) 的意见的相对信任基础上, 而且在他并不知道其他成员的分布的情况下给出. 例如, 成员 i 觉得成员 j 的观测数据是比较可信的 (即其分布比较可信), 那么他会给成员 j 赋予一个较大的值 p_{ij}. 当然, 一般情况下, 如果成员 i 是自信的, 那么他会给自己的分布 F_i 赋予一个较大的权重 p_{ii}. 这样, F_{i1} 与 F_i 差别较小. 记随机矩阵

$$P = \begin{pmatrix} p_{11} & p_{12} & \cdots & p_{1n} \\ p_{21} & p_{22} & \cdots & p_{2n} \\ \vdots & \vdots & & \vdots \\ p_{n1} & p_{n2} & \cdots & p_{nn} \end{pmatrix}$$

另外, 记

$$F^{\mathrm{T}} = (F_1, F_2, \cdots, F_n), \quad F^{(1)\mathrm{T}} = (F_{11}, F_{21}, \cdots, F_{n1})$$

那么 $F^{(1)} = PF$.

按此规律, 建立迭代过程 $F^{(k+1)} = PF^{(k)}$, $F^{(k)\mathrm{T}} = (F_{1k}, F_{2k}, \cdots, F_{nk})$, $k = 1, 2, \cdots$, 有

$$F^{(k)} = P^k F, \quad k = 1, 2, \cdots$$

每个成员无限次进行修改, 如果可能的话, 直到 $F^{(k+1)} = F^{(k)}$, 再往后的修改不会改变任何成员的分布. 由于 P 满足 $\sum_{j=1}^{n} p_{ij} = 1 \ (i \in N)$, 故可将 P 视为正整数格子点上发生转移的马尔可夫过程 $\{X_k, k > 0\}$ 的状态转移概率矩阵. 当 $\{X_k, k > 0\}$ 存在平稳分布 $\pi = (\pi_1, \pi_2, \cdots, \pi_n)^{\mathrm{T}}$ 时, $\pi_j = \lim_{k \to \infty} p_{ij}^{(k)} > 0$, 即

$$\lim_{k \to \infty} P^k = \begin{pmatrix} \pi_1 & \pi_2 & \cdots & \pi_n \\ \pi_1 & \pi_2 & \cdots & \pi_n \\ \vdots & \vdots & & \vdots \\ \pi_1 & \pi_2 & \cdots & \pi_n \end{pmatrix}$$

此时, 平稳分布是线性方程组 $P^{\mathrm{T}}\pi = \pi$ 的唯一解. 例如, 当 $n = 3$ 时的情形, 若

$$P = \begin{pmatrix} 0.5 & 0.3 & 0.2 \\ 0.2 & 0.4 & 0.4 \\ 0.1 & 0.5 & 0.4 \end{pmatrix}$$

则由线性方程组

$$\begin{cases} 0.5\pi_1 + 0.2\pi_2 + 0.1\pi_3 = \pi_1, \\ 0.3\pi_1 + 0.4\pi_2 + 0.5\pi_3 = \pi_2, \\ 0.2\pi_1 + 0.4\pi_2 + 0.4\pi_3 = \pi_3, \\ \pi_1 + \pi_2 + \pi_3 = 1 \end{cases}$$

得平稳分布为 $\pi = (\pi_1, \pi_2, \pi_3)^{\mathrm{T}} = (0.2353, 0.4118, 0.3529)^{\mathrm{T}}$.

当 $\{X_k, k > 0\}$ 存在平稳分布 $\pi = (\pi_1, \pi_2, \cdots, \pi_n)^{\mathrm{T}}$ 时,

$$\lim_{k \to \infty} F^{(k)} = \lim_{k \to \infty} P^{(k)} F = \pi^{\mathrm{T}} F = F^*$$

即所有个体就状态变量 Θ 的分布达成一致的分布意见

$$\pi(\theta | \Delta_1, \Delta_2, \cdots, \Delta_n) = \sum_{i=1}^{n} \pi_i \pi(\theta | \Delta_i)$$

2.5.2 数据共享中的信任与声誉

共享经济中的数据共享是建立在参与者之间的信任和声誉基础上的. 在社会经济活动中, 行动的主体之间会存在一定的信息交互, 其中也包括数据共享, 对提供数据的一方往往存在被对方恶意利用数据并对己方造成伤害的风险. 因此, 任意一方有分享数据意愿的前提是他愿意承担被对方伤害的风险, 即信任对方. 如果根据参与共享经济活动的个体以往的经济活动成果 (如商业信用、财富水平等)、社会活动表现 (如参与公益事业、职业声望等) 和利益攸关方赋予他的信任等累积成为一定的社会声誉, 那么他们的社会声誉将在共享经济中发挥作用. 例如, 在网约车平台中, 需要参与共享经济的车主无犯罪记录、车辆性能良好和以往用户给予的良好评价等, 这实际上就是给参与共享经济的车主或驾驶人员赋予一定的社会声誉的初始值.

诚如前面所述, 社会主体之间的数据共享本质上是利益共享和风险共担, 既是经济行为也是社会行为, 同时还受心理因素的影响. 从经济学上讲, 在数据共享中, 信任他人意味着数据提供者必须承受易受对方行为伤害的风险, 承担易受伤害之风险的意愿亦是人际信任之核心. 从社会学上看, 数据共享过程中, 信任被认为是一种信息上的依赖关系, 相互依赖表示双方之间存在着数据交换关系, 无论交换数据内容为何, 都表示双方至少有某种程度的利害相关, 己方利益必须靠提供数据给对方才能实现. 从心理学上看, 数据共享过程中, 形成信任的经验是由个人价值观、态度、心情及情绪、个人魅力交互作用的结果, 是一组心理活动的产物, 数据分享是向他人暴露自己弱点的行为, 信任是在数据博弈中做出合作性选择的行为, 因而数据共享的双方的信任是不对称的和易变的. 因此, 我们说信任关系是局部的、近邻的、非对称和易变的. 也就是说, 在非完全数据共享网络中, 信任关系网络是一个有向加权的随机网络, 信任是网络中边的属性.

相对于信任, 声誉是对数据主体的一种综合性评价结果, 声誉是数据共享网络中顶点的属性. 在数据共享网络中, 主体声誉的评价具有全局性和相对稳定性. 在声誉的形成过程中, 主体的声誉除了受到利益攸关方的信任因素影响外, 还要受到主体的社会属性和自然属性影响, 包括主体的社会地位、公众形象、人脉、经济收入, 甚至个人健康、专业技能等. 声誉的相对稳定性有很多内涵, 其中之一意指网络社会的数据分享机制具有持久存在的特点, 任何数据节点都可能永久地存在于网络空间, 而无关乎这些数据节点本身被信任与否及程度高低. 在数据共享过程中, 主体的声誉多方面影响他的近邻对他的信任, 也是非线性的. 之所以说声誉的稳定性是相对的, 其中原因之一是, 事件触发的声誉崩塌会导致信任的消失或快速减弱. 例如, 对一个企业这样的经济主体而言, 声誉的累积是漫长的, 但是在互联网时代, 互联网带来的沟通便利, 极大地降低了以往的信息不对称. 一些以往

可以控制在一定范围内的 "隐秘" 的商业事件, 在无孔不入的互联网的面前无所遁
形. 一些负面新闻可以在几个小时内传遍大江南北, 而网民并不如传统媒体那般
容易受到企业和公关公司的影响, 一些 "行业内极为正常" 的举动可能一夜之间给
数据的信任带来灭顶之灾. 目前, 对数据共享领域的声誉评价还没有成熟的机制.
但是, 在某些行业内已经摸索出一些数据共享网络声誉评价模式.

需要指明的是, 并不是所有数据共享行为都跟信任和声誉有关. 其中, 主要有
强制的数据共享和被动的数据共享. 这类数据共享是广泛存在的. 强制的数据共
享的数据接受者可以是公权力部门或其他垄断性的组织机构. 在赛博时代, 跨国
互联网企业利用自己拥有的强大的平台和资本运行能力, 在用户不知情或不情愿
的情况下获取用户数据, 同时变相强行给用户推送数据.

从技术层面上讲, 信任和声誉是彼此关联的社会计算概念, 反映为存量和增量
相互作用的动力学系统. "社会计算" 是指支持跨社会集体 (如团队、社区、组织
和市场) 部署的数据收集、表示、处理、使用和传播的系统. 其中的数据不是 "匿
名的", 它与数据分享者相关联, 进而又与其数据参与者相关联. 数据提供者共享
的数据的可信性和可用性部分源于数据提供者的声誉和对数据接受者的信任, 而
且这种影响随着数据的流动而在整个网络上演变.

第 3 章 供应链的预测数据共享机制

本章将专门讨论供应链中预测数据共享的问题. 供应商请求制造商提供私人预测数据, 以帮助提高投资决策能力, 降低仓储成本或缺货损失. 为了确保充足的货源, 制造商有夸大预测数据的动机. 这种低成本、无约束且无法证实的预测数据获取方式称为 "廉价谈话". 根据经典博弈论, 制造商不提供真实预测数据且供货商不采纳这些预测数据, 即双方都不合作, 是 Nash 均衡. 然而, 在大量的受控实验中观察到, 即使在没有建立声誉机制和复杂合同的情况下, 供应链中的双方也会进行合作. 在此过程中, 双方采取合作策略的根本原因是信任和声誉. 在预测数据共享和供应链协调方面, 比较简单化的假设是: 供应链成员之间要么绝对彼此信任并且在共享预测数据时完全合作, 要么完全不信任对方. 但是, 在实际中, 供应链成员的态度可能不是完全信任或完全不信任, 而是这两个极端之间的折中, 即制造商会夸大未来需求数据但会适可而止, 供货商对制造商提供的共享数据的态度不可不信, 也不可全信. 此外, 我们认为: ①信任在预测数据共享中非常重要; ②信任会受到供应链环境变化的影响; ③信任会影响相关的决策. 为了更好地解释实际供应链中观察到的行为规律, 我们将运用博弈论对 "廉价谈话" 预测数据交互进行理论分析, 建立一种基于金钱和非金钱动机的信任分析模型. 该模型将量化信任和声誉, 并建立利用批发价合同来诱导有效的 "廉价谈话" 预测数据共享机制, 进而分析在预测数据共享中重复互动和信息反馈对信任与合作的影响. 最后讨论模型分析的结果对于制定供应链中有效的预测数据治理政策的作用.

3.1 供应链中的预测数据共享

预测数据共享是供应链管理中最活跃、最重要的研究领域, 因为预测数据会影响供应链中的基本决策. 例如, 供应商依赖客户提供的预测数据来确定原料或部件的备货量. 有时, 这种预测数据共享会以不加退订惩罚的订单形式出现. 供应链成员之间无法有效地共享预测数据导致了一些显而易见的失败. 例如, 思科是一家主要的网络设备供应商, 由于客户预测过高, 该公司在 2001 年不得不注销了21 亿美元的超额库存. 在半导体和航空航天等行业的过度乐观预测下, 也会影响整体供应链的表现. 尽管存在缺陷, 但大多数公司仍然通过可以取消的不稳定订单来共享无约束的预测数据, 反而比其他公司更有效.

在各种经济活动中, 共享无约束的预测数据也称为 "廉价谈话". 例如, 考虑一

个由供应商 (他) 和制造商 (她) 组成的供应链. 供应商在收到制造商的约束性采购订单之前, 依赖下游制造商的需求预测数据来制订一个稳妥的原料或部件生产 (备货) 计划. 这是因为制造商比供应商更靠近最终产品的市场, 所以她的需求预测数据比供应商的数据更准确. 为了保证充足的货源, 制造商经常有动机夸大她的预测数据. 从电子产品、半导体到医疗设备和商用飞机等很多行业, 预测数据常常表现出对市场需求的过度乐观. Crawford 和 Sobel[14] 的研究表明, 如果参与预测数据共享的公司之间在激励措施和激励水平方面相差甚远的话, 这种 "廉价谈话" 的数据交流不会给供货商带来有用的信息. 之后, 一些研究人员还研究了可以诱导可信数据共享的数据传递方式和机制设计. 同样, 为了使供应链的合作伙伴之间能够达成可靠的预测数据共享, 需要设计切实可行的契约使他们的金钱激励水平完全一致. 从机制设计理论上讲, 这样的契约必须完全规避事前隐藏信息和事后隐藏行为的风险.

如前所述, 尽管很多公司在运用 "廉价谈话" 的方式获取预测数据过程中都有过失败的经历, 但大多数公司还是会通过可免费取消的订单来共享预测数据. 为了较好地共享预测数据, 供应链的合作伙伴公司将会采取一些改善数据传播方式这类软性的办法, 如实施电子数据实时交换 (EDI) 与协作计划、及时补充修正预测数据等. 这些措施只是非强制性的、低成本的数据交互方式, 而不涉及复杂数据交换契约. 然而, 仅仅依赖这些软性的措施, 会导致一些公司的灾难性的失败, 从而促使它们寻求能被严格遵守的预测数据共享的机制. 换句话说, 供应链的伙伴公司似乎可以通过有效地运用附带简单批发价格合同的 "廉价谈话" 来实现预测数据共享. 在标准博弈论证明 "廉价谈话" 对达成预测数据共享无效的情况下, 如何通过 "廉价谈话" 对预测数据共享的有效性进行机制设计? 为什么简单的批发价格合同在容易操纵预测数据的环境中仍普遍存在? 我们将运用行为经济学的某些研究成果来回答这些问题, 从而说明机制设计等非金钱激励因素在预测数据共享中的意义.

一方面, 可以通过预定的采购合同 (可能包含某些预付款的条款) 来诱导可信的预测数据共享. 另一方面, 当数据交互双方有长期的关系并反复互动时, 也可以通过审查策略或触发策略来诱导对背叛者采取惩罚机制, 从而提高预测数据共享的可信度. 现在我们主要关心的是, 在供应链的合作伙伴之间没有签订复杂合同且没有建立信誉机制的情况下, 双方就预测数据共享的合作是否存在? 合作如何产生? 认真研究这些问题, 将帮助我们搞清楚在共享预测数据过程中影响供应链参与者合作行为的因素. 因此, 我们首先关注只有一个阶段数据交互的预测数据共享问题. 然后, 我们再进一步研究重复交互的预测数据共享问题, 分析哪些因素会影响合作伙伴在预测数据共享中的合作行为. 这些因素将促使 "廉价谈话" 带来的预测数据共享变得有效.

在下面的研究中, 我们尤其关注信任在促进预测数据共享方面所起的作用. 这里先对跨多学科的信任给出一个普遍认可的定义: 信任是一种心理状态, 它包括基于对他人意图或行为的积极期望而接受弱点的意图. 在本章中, 信任特指供应商依赖制造商的预测数据来决定产量的意愿. 一个完全信任制造商的供应商相信预测数据是真实的而且愿意据此做出自己的决策; 相反, 一个不完全信任制造商的供应商会不理睬制造商的预测数据, 或者根据他对预测数据的真实性判断更新他在下一阶段对制造商的私人预测的信任值, 如何更新信任值取决于他对制造商声誉的评估. 这里有一个相关的概念, 即声誉, 它反映了制造商夸大预测数据带来的负面效用. 一个完全值得信赖的制造商 (声誉值高) 从误导供应商的虚假预测数据中将强烈地体会到背叛行为的负作用, 这会促使她将其真实的预测数据共享出来; 一个不值得信赖的制造商 (声誉值低) 可以随意操纵她的预测数据而不会引起太多的负作用. 信任和声誉分别反映了一个人的内在信赖程度和外在信赖程度的连续型变量, 而不是简单的全有或全无.

在预测数据共享和供应链协调方面, 早期的文献隐含地假设供应链的成员彼此绝对信任, 即在共享预测数据时合作, 或者根本不信任对方. 我们认为这两个极端之间存在一个折中. 按照经典的博弈论, 在缺乏信任的情况下, 唯一的 Nash 均衡并不提供可信的预测数据共享: 制造商提供的数据独立于她的私人预测, 而供应商在确定产量时忽视了这个数据. 然而, 对实验和现实的观察表明, 供应链的合作伙伴在一定程度上存在信任并且可能以此实现合作. 与此同时, 这些观察也表明, 当伙伴之间并不完全彼此信任的时候, 他们的合作是不稳定的, 也就是说, 他们的合作行为可能还依赖于整个供应链环境. 但是, 相比由产品市场波动引起的环境不确定性影响, 信任和合作更多受到供应商自身的投资风险或能力脆弱性的影响. 或者说, 对信任与合作变化的影响, 供应商的内因大于外因. 供应商自身的投资风险和供货能力的脆弱性源于其自信心的潜在下降 (用供应商提高供应量的成本承受力来衡量).

在重复进行预测数据交互的情况下, 信任与合作会逐渐得到加强, 而且局部数据反馈 (如真实的需求) 足以引起制造商声誉变化. 从而说明, 当供应商在重复进行的预测数据交互过程中发现真实的市场需求时, 可以不必通过复杂的审查措施、审计策略或供货来保证预测数据共享的可信性.

下面还提供了一种信任的分析模型, 以便更好地揭示预测数据共享中的行为规律. 信任在支持合作行为中起着重要的作用. 在极端的情况下, 即成员要么完全信任对方, 要么相互合作, 或者根本不信任对方时, 没有必要建立预测数据共享中的信任与合作行为预测的模型. 但是, 在一般情况下, 供应链的合作伙伴不是一味地完全信任或完全不信任, 而是处在不断动态演化过程中, 因此需要建立模型来预测各阶段供应链合作伙伴的信任态度, 从而预测他们的合作行为. 本章中给出的"嵌入式信任模型"是此类模型中的一种, 它涵盖了非合作博弈论信任分析模型, 从而整合了"廉价谈话"预测沟通过程中金钱激励和非金钱激励诱发的合作动机. 在此模型中, 明确地刻画了供应商如何根据制造商所提供的私人预测数据来更新他的信任. 在预测数据欺诈无效的情况下, 该模型还刻画了制造商的信任值如何影响她操纵预测数据的动机. 嵌入式信任模型为供应商提供了获取良好且适合的预测数据的途径, 并能较准确预见到人对供应链环境变化的响应. 嵌入式信任模型量化了信任, 并精确描述了信任何时影响、如何影响合作伙伴在不可靠数据交换中的决策. 因此, 该模型还提供了在信任极为重要的实际商务环境中处理预测事务和制定合同谈判策略的有效方法. 例如, 帮助供应商通过简单的批发价合同和基于廉价谈话的预测数据共享实现有效的供应管理.

3.1.1 标准模型

在本节中, 首先, 我们分析单阶段的预测数据博弈, 以获得预测数据共享的标准模型. 其次, 我们在预测数据共享与合作的基础上, 在关于人类行为的五个假设条件下进行了受控实验, 对模型进行了验证.

"廉价谈话"预测沟通有用吗? 考虑一个供应商和一个制造商在批发价合同下进行数据交互. 在需求实现之前, 供应商来构建供应量. 需求由 $D = \mu + \xi + \varepsilon$ 给出, 其中 μ 为正常数, 表示平均市场需求; ε 表示市场不确定性. 设 μ 和 ε 都是共同知识, 即双方都知道 μ, 并且也知道 ε 是一个具有零均值的随机变量, 其概率分布函数为 $G(\cdot)$ 且 $[\underline{\varepsilon}, \overline{\varepsilon}]$ 上定义了概率密度函数 $g(\cdot)$. ξ 表示制造商的私人预测数据, 它对制造商是确定的. 由于制造商更接近市场, 制造商可能已经获得了这些数据. 但对供应商而言, ξ 是一个为零均值随机变量, 其概率分布函数为 $F(\cdot)$, 且在 $[\underline{\varepsilon}, \overline{\varepsilon}]$ 上定义了分布密度函数 $f(\cdot)$. 双方的交易过程的顺序如下: ①制造商观测到 ξ 的值, 并将其作为私人的预测数据向供应商提供预测报告 $\hat{\xi}$; ②供应商在单位成本 $c_K > 0$ 下构建产量 K; ③需求 D 实现, 制造商订货; ④供应商在单位成本 $c > 0$ 下生产 $\min(D, K)$, 且已交货的每单位收费 w; ⑤制造商收到订货, 并以固定单价 $r > 0$ 进行销售. 为了确保制造商生产是有利可图的, 我们假设 $r > c + c_K$ 且 $w \in [c + c_K, r]$.

对变量 K 和 ξ, 供应商和制造商期望的利润分别为

$$\Pi^s(K, \xi) = (w - c)E_\varepsilon[\min(\mu + \xi + \varepsilon, K)] - c_K K \tag{3.1.1}$$

$$\Pi^m(K, \xi) = (r - w)E_\varepsilon[\min(\mu + \xi + \varepsilon, K)] \tag{3.1.2}$$

如果供应商知道 ξ, 他将会通过设定供应量为

$$K^s(\xi) = \mu + \xi + G^{-1}\left(\frac{w - c - c_K}{w - c}\right) \tag{3.1.3}$$

来最大化方程式 (3.1.1). 事实上

$$F_{\min(\mu+\xi+\varepsilon,K)}(z) = P\{Y \leqslant z\} = 1 - P\{Y > z\}$$

$$= \begin{cases} 1, & z \geqslant K, \\ 1 - P\{Y > z\}, & z < K \end{cases}$$

$$= \begin{cases} 1, & z \geqslant K, \\ 1 - P\{\mu + \xi + \varepsilon > z\}, & z < K \end{cases}$$

$$= \begin{cases} 1, & z \geqslant K, \\ P\{\mu + \xi + \varepsilon \leqslant z\}, & z < K \end{cases}$$

$$= \begin{cases} 1, & z \geqslant K, \\ P\{\varepsilon \leqslant z - \mu - \xi\}, & z < K \end{cases}$$

$$= \begin{cases} 1, & z \geqslant K, \\ G(z - \mu - \xi), & z < K \end{cases}$$

对应的分布密度函数为

$$f_{\min(\mu+\xi+\varepsilon,K)}(z) = \begin{cases} 0, & z \geqslant K, \\ g(z - \mu - \xi), & z < K \end{cases}$$

故

$$E_{\varepsilon}\left[\min(\mu + \xi + \varepsilon, K)\right]$$

$$= \int_{-\infty}^{+\infty} z f_{\min(\mu+\xi+\varepsilon,K)}(z) dz$$

$$= \int_{-\infty}^{K} z g(z - \mu - \xi) dz + K \int_{K}^{+\infty} g(z - \mu - \xi) dz$$

$$= \int_{-\infty}^{K-\mu-\xi} (u + \mu + \xi) g(u) du + [1 - G(K - \mu - \xi)]K$$

$$= \int_{-\infty}^{K-\mu-\xi} u g(u) du + (\mu + \xi) \int_{-\infty}^{K-\mu-\xi} g(u) du + [1 - G(K - \mu - \xi)]K$$

$$
= \begin{cases} \mu + \xi, & K - \mu - \xi > \bar{\varepsilon}, \\ \int_{-\infty}^{K-\mu-\xi} u g(u) du + (\mu + \xi) G(K - \mu - \xi) \\ \quad + [1 - G(K - \mu - \xi)] K, & K - \mu - \xi \leqslant \bar{\varepsilon} \end{cases}
$$

当 $K - \mu - \xi < \bar{\varepsilon}$ 时,

$$
\frac{\partial \Pi^s}{\partial K} = (w - c)[(K - \mu - \xi) g(K - \mu - \xi) + (\mu + \xi) g(K - \mu - \xi) - K g(K - \mu - \xi)
$$

$$
\quad + (1 - G(K - \mu - \xi))] - c_K
$$

$$
= (w - c - c_K) - (w - c) G(K - \mu - \xi)
$$

令 $\dfrac{\partial \Pi^s}{\partial K} = 0$, 即得

$$
K^s(\xi) = \mu + \xi + G^{-1}\left(\frac{w - c - c_K}{w - c} \right)
$$

在这种情况下, 制造商有动机扭曲并可能夸大她提供的预测数据 ξ, 供应商有理由认为她的预测是不可信的. 因为制造商的利润 $\prod^m(K, \xi)$ 随供应商的产量选择 K 增加而增加. 所以, 为了保证充足的供应, 制造商发现诱导供应商最大化产量会使自己利益最大化. 如果供应商对制造商提供的信息 $\hat{\xi}$ 有绝对的信任, 他会相信预测 $\hat{\xi}$ 并且将其产量设为 $K^s(\hat{\xi})$, 对于 $\hat{\xi}$ 函数 $K^s(\hat{\xi})$ 是严格增加的.

值得注意的是, 从某种意义上讲, 即使供应商对制造商只是有一定程度的信任 (可能不完全信任), 由于他对制造商的预测数据的采信值 (比如按一定比率打折) 也会随 ξ 加而增加, 故他的供应量决策也将增加. 所以, 如果制造商知道供应商对她有一定程度的信任, 她也会有夸大她的预测数据的动机. 然而, 由于供应商预见到制造商的这一动机, 无论制造商是否说实话, 他宁可认为制造商的预测数据不可信而不加理会. 由于制造商也预见到供应商不会一味相信她, 她可能遵循另一种策略, 而不是无限制地夸大她的预测数据, 如此等等. 因此, 在双方数据信任博弈的均衡解中, 供应商认为预测数据是不可信的, 并且不再修正 $\hat{\xi}$, 虽然这个讨论直观地说明了为什么制造商的预测数据没什么用处, 但是这样的讨论既不完整也不正规. 因此, 这种不严谨的分析结论不能严格地排除双方采用预测数据共享策略的可能性. 在双方都采用预测数据共享策略时, 就会导致可信的数据披露. 下面将通过严格的分析说明, 双方在预测数据共享的信任博弈中 (不信任, 不提供较真实预测数据) 并不是 Nash 均衡, 甚至并不存在 Nash 均衡.

现在的问题是供应商不知道 ξ 的确定值. 制造商通过发布预测数据 $\hat{\xi}$ 来传达这一信息, 这里 $\hat{\xi}$ 可能与 ξ 不同. 由于制造商没有因给出 $\hat{\xi}$ 而产生直接成本 (如定金), 这个预测数据不是一个必须履行的承诺, 或者说制造商不会因给出虚假数据而承担损失. 由于市场的不确定性 ε, 供应商无法核实制造商是否如实汇报了她的私人预测数据, 这种 "廉价谈话" 是一种不完全信息动态博弈. 为了得到一个解, 我们沿用了完美 Bayes 均衡 (perfect Bayesian equilibrium, PBE) 的概念. 这个概念结合了子博弈完美均衡和 Bayes-Nash 均衡. 在完美 Bayes 均衡意义下, 尽管供应商和制造商都考虑他们的行为影响, 但他们仍然以最优响应对方的策略来最大化他们各自的预期利润. 供应商使用 Bayes 决策规则更新他对制造商的私人预测数据的信任. 当制造商可以可靠地传达她的私人预测数据时是否存在均衡解? 乍看起来, 当夸大预测数据的动机不是很明显的时候, "廉价谈话" 交流可能会使预测信息共享的信任博弈存在均衡解. 然而, 下面的定理表明, 在这个预测数据交互的信任博弈中, 均衡解是不存在的.

定理 3.1 在一个批发价合同中, 制造商通过 "廉价谈话" 将她的私人预测数据 ξ 传达给供应商, 达到唯一的均衡是双方都不合作, 不能实现可信的预测数据共享. 在这个均衡中, 制造商发布的 $\hat{\xi}$ 与 ξ 无关, 供应商没有对 ξ 进行更新, 并根据他之前的观念决定最佳产量, 即供应商的供应量为

$$K^a = \mu + (F \circ G)^{-1} \left(\frac{w - c - c_K}{w - c} \right) \tag{3.1.4}$$

其中, $F \circ G$ 是 $\xi + \varepsilon$ 的概率分布函数.

证明 在给出证明之前, 先给出完美 Bayes 均衡的准确定义. 用 $\phi(\hat{\xi}|\xi)$ 表示制造商给供应商提供预测数据的策略, 它是已知制造商已获得私人预测数据 ξ 的情况下, 制造商向供应商提供共享预测数据 $\hat{\xi}$ 的概率分布密度函数, 且 $\hat{\xi} \in \psi$ (ψ 为可能的报告预测值的集合), 即对所有 ξ, 均有 $\int_{\psi} \phi(\hat{\xi}|\xi)d\hat{\xi} = 1$. 用 $f(\xi|\hat{\xi})$ 表示供应商在获得制造商给出的预测数据并予以适当采纳的情况下的 ξ 的后验分布, $K(\hat{\xi})$ 表示供应商在获得制造商给出的报告时指定的供货策略. 如果 $\phi(\hat{\xi}|\xi)$, $K(\hat{\xi})$ 和 $f(\xi|\hat{\xi})$ 满足下列条件 (1)—(3), 则认为它们构成一个完美 Bayes 均衡.

(1) 对所有 ξ, $\phi(\hat{\xi}|\xi)$ 的支撑集 $\psi = \left\{ \hat{\xi}|\hat{\xi} = \arg\max_{\xi'} \Pi^m(K(\xi'), \xi) \right\}$, 亦即当 $\hat{\xi} \notin \psi$ 时 $\phi(\hat{\xi}|\xi) = 0$;

(2) 对所有 $\hat{\xi}$, $K(\hat{\xi}) = \arg\max_K \int_{\underline{\varepsilon}}^{\bar{\varepsilon}} \Pi^s(K, \xi) f(\xi|\hat{\xi})d\xi$;

(3) 供应商使用的后验 Bayes 分布 $f(\xi|\hat{\xi}) = \dfrac{\phi(\hat{\xi}|\xi)f(\xi)}{\int_{\underline{\varepsilon}}^{\bar{\varepsilon}} \phi(\hat{\xi}|y)f(y)\,dy}$, 若 $\int_{\underline{\varepsilon}}^{\bar{\varepsilon}} \phi(\hat{\xi}|y) \cdot$

$f(y)dy > 0$, 当 $\int_{\underline{\varepsilon}}^{\bar{\varepsilon}} \phi(\hat{\xi}|y)f(y)\,dy = 0$ 时, $f(\xi|\hat{\xi})$ 可取为任意一个概率分布密度函数. 相应的概率分布函数记为 $F(\cdot\,|\cdot)$.

下面, 我们来证明定理 3.1 的结论. 首先证明预测数据共享博弈存在无用数据的完美 Bayes 均衡解, 再来证明不存在任何能提供有用数据的完美 Bayes 均衡解. 这将意味着此预测数据共享博弈有且仅有无用数据的完美 Bayes 均衡解. 为了证明存在一个无用数据的完美 Bayes 均衡解, 我们考虑制造商的提交数据报告 $\hat{\xi}$ 与她的预测数据 ξ 相互独立这一特殊情形. 此时, 对所有 $\hat{\xi} \in [\underline{\xi}, \bar{\xi}], \hat{\xi} \in \psi$, 有 $\phi(\hat{\xi}|\xi) = \phi(\hat{\xi})$. 注意, $\phi(\hat{\xi}|\xi)$ 为 $[\underline{\xi}, \bar{\xi}]$ 上的均匀分布和 $\phi(\hat{\xi}|\xi)=\hat{\xi}(\xi) \equiv \xi_0$ (这里 $\xi_0 \in [\underline{\xi}, \bar{\xi}]$) 是两个特例. 针对如下供应商的信任结构及行动规则:

(1) 供应商根本不信任制造商. 制造商提供的预测数据报告 $\hat{\xi} \in \psi$, 且供应商收到预测数据报告 $\hat{\xi}$ 但不予理睬, 即 $f(\xi|\hat{\xi}) = f(\xi)$, 从而他设置供应量

$$K^a = \mu + (F \circ G)^{-1} \left(\frac{w - c - c_k}{w - c} \right)$$

(2) 供应商是保守的. 制造商提供的预测数据报告 $\hat{\xi} \notin \psi$, 供应商坚信 $\xi = \underline{\xi}$, 即 $P\{\xi = \underline{\xi}\} = 1$, 从而他设置供应量

$$K_0 = \mu + G^{-1} \left(\frac{w - c - c_K}{w - c} \right)$$

针对具体的信任结构, 为了证明上述策略构成一个完美 Bayes 均衡, 我们来证明对给定的信任结构, 双方的策略互为最优响应. 首先考虑 $\hat{\xi} \in \psi$ 的情形. 此时, $\phi(\hat{\xi}|\xi)=\phi(\hat{\xi})$, 故按 Bayes 规则, 供应商对 ξ 的信任满足 $f(\xi|\hat{\xi}) = f(\xi)$. 此时, 他的期望收益为 $\Pi^s(K, \xi) = (w - c)E_\varepsilon\left[\min(\mu + \xi + \varepsilon, K)\right] - c_K K$, 对应的期望收益最大化供应量为 K^a. 我们再考虑 $\hat{\xi} \notin \psi$ 的情形. 对给定的信任结构, 供应商的期望收益为

$$\Pi^s(K, \underline{\xi}) = (w - c)E_\varepsilon\left[\min(\mu + \underline{\xi} + \varepsilon, K)\right] - c_K K$$

其对应的最优供应量为 K^a. 所以, 在具体的信任结构下, 不管制造商如何给出她的预测数据报告, 供应商都不会参考和采纳制造商提供的预测数据.

反过来证明, 对制造商来讲, 她背离 $\hat{\xi} \in \psi$ 不会带来任何好处. 因为制造商的期望收益是供应商的供应量 K 的增函数. 所以, 只要我们能证明 $K^a > K_0$, 那么对上述供应商的行动规则, 如果她选择提供预测数据报告 $\hat{\xi} \notin \psi$, 那么她的期望收益将更少. 下面我们来证明 $K^a > K_0$.

事实上, 由于 $\xi + \varepsilon > \underline{\xi} + \varepsilon$, 因此, 对给定的数值 z, $\xi + \varepsilon < z$, 必有 $\underline{\xi} + \varepsilon < z$. 但是, 反之未必. 特别地, 当 $z \in [\underline{\xi} + \underline{\varepsilon}, \bar{\xi} + \bar{\varepsilon}]$ 时, $\{\xi + \varepsilon < z\} \subset \{\underline{\xi} + \varepsilon < z\}$. 所以

$$(F_H \circ G)(z) \leqslant G(z - \underline{\xi})$$

对 $\lambda=\dfrac{w-c-c_K}{w-c} \in (0,1)$ 取两个分布函数的分位点, 即有

$$\underline{\xi} + G^{-1}\left(\frac{w-c-c_K}{w-c}\right) < (F \circ G)^{-1}\left(\frac{w-c-c_K}{w-c}\right)$$

即得 $K^a > K_0$.

所以, 在供应商完全不信任制造商的信任结构下, 双方的完美 Bayes 均衡为 $(K^a, \hat{\xi} \in \psi)$. □

定理 3.1 表明, 在这个预测数据交互的博弈中, 所有可能的均衡解都是没有用的. 在均衡解中, 制造商达到均衡的汇报策略并不是唯一的. 她可以遵循一个策略, 对所有 ξ 发布一个定值 (例如, 总是把预测夸大到 $\bar{\xi}$), 或者她可以使她的汇报值在 $[\underline{\xi}, \overline{\xi}]$ 上服从均匀分布. 换言之, 制造商所遵循的任何均衡汇报策略都是不提供信息的. 该定理还表明, 所有均衡在经济上都是等价的. 这是因为在每个均衡解中, ①制造商发布的信息是无用的; ②供应商的产量 K^a 不依赖于制造商发布的信息; ③双方获得相同的预期利润.

作为标准模型, 我们将上述信息不对称的分散式供应链与信息不对称的集中式供应链进行比较. 给定 K 和 ξ, 集中式系统的预期利润是

$$\Pi^{cs}(K,\xi) = (r-c)E_\varepsilon\left[\min(\mu + \xi + \varepsilon, K)\right] - c_K K$$

最理想的产量是 $K^c(\xi) = \mu + \xi + G^{-1}\left(\dfrac{w-c-c_K}{w-c}\right)$. 由此产生的渠道效率是

$$v = \frac{\Pi^m(K^a,\xi) + \Pi^s(K^a,\xi)}{\Pi^{cs}(K^c(\xi),\xi)}$$

这就是在分散式供应链中供应商最优产量决策下的预期系统利润与在集中式系统中的最佳预期利润之间的比值.

3.1.2 模型假设

定理 3.1 提供了一个明确的数据共享预测. 它说明了, 当决策者是理性的, 且用 Bayes 规则更新信息, 在考虑彼此的行为时最大化各自的金钱回报并做出最优决策, 此时供应商和制造商在预测数据博弈中会做什么? 这个定理不管供应链的参数是什么都成立. 例如, 它不依赖于供应量成本的大小. 然而, 人类的决策通常偏离了新古典经济学理论的预测. 其实人们对很多竞争性经济活动的态度比经济学家或博弈论专家所期望的要更倾向于合作. 因此, 我们有理由怀疑人们比定理 3.1 的结果更有效地分享预测数据. 从而我们不认为定理 3.1 和它的预测价值看作是理所当然的, 而是根据下面的假设来进行实证检验.

假设 1 制造商发布的 $\hat{\xi}$ 与私人预测信息 ξ 有关, 也就是说 $\hat{\xi}$ 和 ξ 是正相关的.

假设 2 供应商根据 $\hat{\xi}$ 来决定产量, 即 K 与 $\hat{\xi}$ 呈正相关, 因此在公式 (3.1.4) 中 $K \neq K^a$.

假设 3 渠道效率高于定理 3.1 所预测的具有非对称预测信息的分散式供应链, 即它比 v 大.

关于上述假设, 运营管理文献中假设, 在共享预测数据时, 供应链成员要么拥有绝对的信任而完全合作, 要么完全不信任而根本不合作. 否定定理 3.1, 即支持假设 1—假设 3 表明, 人们在共享预测信息时表现出一定程度的信任和合作. 然而, 支持这些假设并不意味着认为人们绝对信任. 他们信任和合作的程度取决于他们所处的战略环境. 为了量化这种信任与合作程度, 我们还将引入后面的两个假设来分析供应链环境如何影响预测共享行为、信任和合作, 并通过渠道效率来衡量. 检测这些假设将有助于确定信任何时重要, 以及它如何影响预测共享决策和产生的渠道效率. 研究结果还将表明, 当人们共享数据时, 绝对信任和不信任之间是否存在连续性的过渡状态. 具体地说, 我们关注的是供应链环境中可能影响预测数据被夸大的两个因素, 以及由此产生的渠道效率变化. 第一个因素考虑了供应商在信任制造商的数据报告时所面临的潜在风险的影响; 第二个因素考虑了市场不确定性对行为的影响. 关于第一个因素, 正如 Rousseau 等[15] 所指出的, 风险或易变性是信任概念化的必要条件. 2004 年, Malhotra 等声称, 当潜在损失与减少信任相关联时, 双方之间的信任行为和合作更有可能发生. 在此背景下, 供应商承担了所有生产过剩的风险, 而在他的生产成本中, 信任制造商的预测数据所造成的潜在损失也在增加. 较高的供应成本可能会使供应商在设置高供应量方面更加保守. 因此, 制造商会有更多的理由扭曲或夸大她的私人预测数据, 以确保充足的供应. 在这种情况下, 可信的预测数据共享更难实现. 相反, 较低的供应成本会使供应商降低风险, 从而他更愿意信任制造商. 此时, 双方更有可能就预测数据共享合作, 渠道效率可能很高. 在实验中, 我们用供应成本作为控制变量, 并通过改变其大小来检验以下假设.

假设 4 较低的供应成本会导致: ①较低的预测数据夸大率; ②较高的渠道效率.

关于第二个因素, 在文献 Kollock[16] 和 Yamagishi 等[17] 中, 社会学家认为, 社会不确定性阻碍了信任行为. 根据这一文献, 社会不确定性会因个人内心不安定而存在. 这种内心的不安定性在以下两种场合下会表现出来: ①他或她的同伴有伤害他人的动机; ②个体无法预测他或她的同伴是否真的会采取伤害行动. 在本章中, 不断增加的市场不确定性使制造商有更多的理由夸大她的预测数据, 因为她更有可能面临需求增长和供应不足的问题. Gneezy[18] 和 Greene 等也认为,利用他人的信任行为带来的更高的潜在收益也可能导致更多欺骗[19,20]. 因此, 更高的市场不确定性会导致更高的社会不确定性. 这样, 可信地预测数据共享和合作是不可能的, 而且渠道效率很可能很低. 在我们的实验中, 我们将市场不确定性作为另一个控制变量来验证以下假设.

假设 5 低的市场不确定性会导致: ①较低的预测数据夸大率; ②较高的渠道效率.

此外, 我们还研究了供应成本和市场不确定性对预测共享和渠道效率的共同影响. 这项研究使我们能够了解这两个因素是否共同增加或减少了信任行为.

3.1.3 实验设计与实验结果

1. 实验设计

为了验证上述假设, 我们需要进行了一系列的实验. 具体操作上, 我们设定每个控制变量有两个级别的状态:

供应成本变量——低的供应成本 (C_L) 与高的供应成本 (C_H);

市场不确定性变量——低市场不确定性 (U_L) 与高市场不确定性 (U_H).

其中, 低 (高) 市场不确定性对应于一个小 (大) 范围 ε. 所有其他供应链参数在不同的处理过程中保持不变. 固定 ξ 在 $[-150, 150]$ 内服从均匀分布. 这样做可以确保供应商不了解制造商的私人预测数据.

Özer 和 Zheng 等进行了四项实验, 如表 3.1 所示. 每一个组别被标记为 $C_i C_j$, 其中 $i, j \in \{L, H\}$. 实验使用了组间设计, 即每个实验都对应一组特定的参数, 并有一组参与者. 根据 Özer 和 Zheng 等招募了斯坦福大学的学生进行实验. 为了参与实验, 学生们在阅读了实验说明后, 被要求通过一项基于网络的测试. 在实验当天, 向每个参与者提供了一个参考表, 以提醒他们事件的顺序和他们所处的具体处理的供应链参数. 参与者彼此不认识, 从他们进入实验室到他们离开实验室的时间, 不允许交谈. 在实验过程中, 参与者只通过计算机终端相互交流, 而且互相不知道和他们一起参与的人的身份. 每次实验包括 100 个周期或 100 次博弈. 在博弈的每个阶段, 每个参与者都随机地与另一个参与者配对. 在每一对参与者中, 随机选择一个参与者作为供应商, 另一个作为制造商. 这样就不会影响重复的博弈效果.

表 3.1

组别	供应成本	ε 的范围	参与人数	期数
$C_L U_L$	15	$[-25,25]$	8	100
$C_H U_L$	60	$[-25,25]$	8	100
$C_L U_H$	15	$[-75,75]$	8	100
$C_H U_H$	60	$[-75,75]$	8	100
总计		服从均匀分布	32	400

$$r = 100, \quad w = 75, \quad c = 0, \quad \mu = 250, \quad \xi \sim U[-150, 150]$$

在每个实验中, 在进行实际博弈之前对参与者进行了训练, 有一个实验人员在实验期间会向参与者解释计算机界面的任务和细节. 提供了一个决策支持工具来帮助供应商做出供应量决策. 在每一个周期中, 供应商都可以查验每种预决策的效果, 并且计算机显示了几种可能的需求、所实现的收益表、他至少获得这些收益的可能性.

在实际的周期中, 参与者有至少 30 秒的时间来做出决定. 简言之, 在每个周期的第一步, 计算机生成的私人信息 ξ 展示给制造商, 然后制造商再给供应商提交一份报告 $\hat{\xi}$. 第二步, 供应商在观察他搭档的报告后确定了产量. 决策后, 通过计算机实现市场不确定性 ε 以及各自的供应商和制造商的收益计算. 在每一阶段结束的时候, 参与者会观察到现实的需求、自己的决定以及他们的合作伙伴 (但不是其他参与者的), 他们自己的收益.

在每次实验结束后, 要求参与者完成一个实验后的问卷. 问题的设计是为了验证他们对实验的理解, 并获得对他们的决策见解. 最后, 除了 25 美元的参与费之外, 每个参与者都获得了与他所挣的全部实验收益成比例的报酬. 参与此实验的潜在收益从 0 美元到 171.50 美元不等. 值得注意的是, 参与者可能在供应商的角色中获得负回报. 如果参与者的全部实验结果为负值, 从参与费用中减去该金额, 直到总收益为 0 美元. 在实验中, 参与者的平均收入为 81.74 美元, 最低为 68.19 美元, 最高为 102.03 美元. 他们的全部实验结果并没有为负.

2. 实验结果

针对前述的几个假设, 在分析实验数据的基础上, Özer 和 Zheng 等给出相应的结果: ①人类行为表现出持续的信任; ②生产成本和市场不确定性对合作行为产生影响. 下面分别加以分析.

(1) **人类行为表现出持续的信任**. 针对假设 1—假设 3, 表 3.2 给出了制造商的预测数据报告、供应商的产能供应量决策以及所有实验的渠道效率的汇总统计数据. 首先, 我们观察到, 与其他组的实验相比, $C_H U_H$ (高生产成本和高市场不确定性) 的平均预测膨胀率相对较高. 为了观察这个结果, 我们注意到所有实验的平均私人预测数据 ξ 都接近于零. 因此, 在 $C_H U_H$ 中更高的平均预测报告 $\hat{\xi}$ 表示更高的平均预测膨胀. 其次, 我们观察到 K 在低生产成本实验中显著提高, 这表明参与者对生产成本的变化做出了正确的回应.

为了说明定理 3.1 与假设 1—假设 3 不相容, 试验中对 $\hat{\xi}$ 与 ξ 进行了回归分析, 结果说明它们之间存在强烈的正相关 (表 3.2 倒数第 2 列), 斜率均为正, 即假设 1 成立. 类似地, 对 K 和 ξ 进行回归分析, 结果也是强烈正相关的. 然而, 对 ξ

和 K^a 进行的 Wilcoxon 双边假设检验表明 K 明显偏离方程 (3.1.4) 给出的 K^a，即假设 2 成立. 最后，根据实验数据所做的单边假设检验表明，渠道效率显著高于预期，即假设 3 成立.

表 3.2

组别	制造商的预测数据报告			供应商确定的供应量			
	平均值	中值	标准差	平均值	中值	标准差	理论值 K^a
$C_L U_L$	24	29	86.92	270	270	85.98	340
$C_H U_L$	28	28	85.37	238	238	79.13	160
$C_L U_H$	21	21	93.37	273	280	93.2	341
$C_H U_H$	64	80	77.74	203	200	71.79	159

组别	渠道效率/%			参数回归		
	平均值	中值	标准差	理论值 K^a	$\hat{\xi}$ 的斜率	K 的斜率
$C_L U_L$	96	96	4.84	89	0.94	0.95
$C_H U_L$	93	97	11.81	65	0.96	0.88
$C_L U_H$	93	96	6.17	90	0.96	0.87
$C_H U_H$	78	88	16.19	67	0.65	0.63

注: 线性回归模型为 $\hat{\xi} = a_1\xi + b_1, K = a_2\hat{\xi} + b_2$.

因此，可以断言，基于标准模型的定理 3.1 并不能准确地预测人类的信任与合作行为. 否定定理 3.1 意味着可以接受假设 1—假设 3, 此即表明参与者之间倾向于就共享预测数据互相信任并进行合作. 然而，这并不意味着参与者之间彼此完全信任. 如果他们完全彼此信任，那么他们就会完全分享私人预测信息. 但是，实际上，实验数据并不支持假设 $K = \xi = \hat{\xi}$ (制造商的观测值、报告值和供应商的供应量完全一致). 图 3.1 和图 3.2 以可视化的方式表明参与者之间并不是完全信任和合作的. 图 3.1 说明制造商的报告明显夸大了他们的预测值；图 3.2 则表明供应商的供应量决策明显缩小了制造商的预测报告值. 图中每个圆圈对应于试验中的一次观察.

图 3.1 和图 3.2 中的对角线的斜率为 1, 其上的数据是制造商的报告值等于他们的预测值. 图 3.2 中的水平线实现了标准模型所给出的供应商的最佳供应量 K^a, 斜实线则表示当供应商相信制造商的报告时的最佳供应量，即方程 (3.1.3) 所给的 $K^s(\hat{\xi})$. 单边检验进一步显示了 4 组试验中供应量决策明显低于 $K^s(\hat{\xi})$.

上述观察表明，尽管制造商的报告给供应商提供了参考，但她并没有完全可信地共享她的预测数据，供应商也没有完全相信这些报告. 此外，通过比较双方都有相同的预测数据 (完全数据共享) 时的渠道效率，可以发现，一般的不完全的预测数据共享下的渠道效率明显低于预期，即

$$v^s = \frac{\Pi^m(K^s(\xi), \xi) + \Pi^s(K^s(\xi), \xi)}{\Pi^{cs}(K^c(\xi), \xi)} > \frac{\Pi^m(K^a, \xi) + \Pi^s(K^a, \xi)}{\Pi^{cs}(K^c(\xi), \xi)} = v$$

也就是说，供应链合作伙伴之间完全可信的预测数据共享并没有实现，双方实现

了有限的合作. 因此, 结合定理 3.1, 可以认为参与者的信任行为在没有信任和绝对信任之间具有某种连续性.

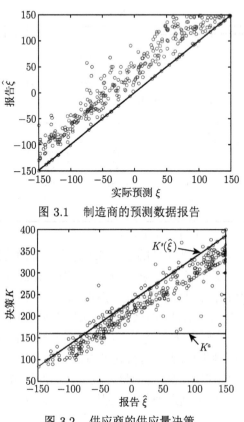

图 3.1　制造商的预测数据报告

图 3.2　供应商的供应量决策

(2) **供应成本和市场不确定性对合作的影响.** 针对假设 4 和假设 5, 使用一般线性随机效应模型 (GLM)[19,20] 对三个关键因变量的处理效果进行测试. 制造商的报告值、供应商的供应量决策, 以及由此产生的渠道效率如下

$$\hat{\xi}_{it} = \mu_1 + \lambda_C^m C_L + \lambda_U^m U_L + \lambda_{CU}^m C_L U_L + \lambda_x^m \xi_{it} + \lambda_T^m t + \delta_i + \varepsilon_{it} \tag{3.1.5}$$

$$K_{it} = \mu_2 + \lambda_C^s C_L + \lambda_U^s U_L + \lambda_{CU}^s C_L U_L + \lambda_x^m \hat{\xi}_{it} + \lambda_T^s t + \omega_i + e_{it} \tag{3.1.6}$$

$$E_{it} = \mu_3 + \lambda_C^e C_L + \lambda_U^e U_L + \lambda_{CU}^e C_L U_L + \lambda_x^e \xi_{it} + \lambda_T^e t + \zeta_i + v_{it} \tag{3.1.7}$$

在方程 (3.1.5) 和 (3.1.6) 中的下标 i 是参与者的标记, 方程 (3.1.7) 中的下标 i 则是参与者的组标记. 方程中的变量解释如下.

$\hat{\xi}_{it}$ 为制造商 i 发出的第 t 期的预测数据报告; K_{it} 为供应商 i 发出的第 t 期的供应量决策; E_{it} 为供应链合作伙伴 i 获得的第 t 期的渠道效率; C_L 为低供应量成本的指示变量, 即当数据来自低成本组时 $C_L = 1$, 否则 $C_L = 0$; U_L 为低市场不确定性的指示变量, 即当数据来自低市场不确定性组时 $U_L = 1$, 否则 $U_L = 0$; $C_L U_L$ 为低供应量成本与低市场不确定性相互作用的指示变量, 当数据来自高成本组或来自高市场不确定性组时 $C_L U_L = 0$, 其他情形则 $0 < C_L U_L \leqslant 1$; ξ_{it} 为制造商 i 观察到的第 t 期的私人预测数据; $\hat{\xi}_{it}$ 为制造商 i 提供的第 t 期的预测数据报告; 其余变量都为误差变量.

这里反映成本与市场交互作用的变量 $C_L U_L$ 被视为模型中的独立变量, 用于表达变量之间的相互作用. 考虑到试验中表现出来的制造商的私人预测数据和她的预测数据报告的正相关性, ξ_{it} 和 $\hat{\xi}_{it}$ 分别在 (3.1.5) 和 (3.1.6) 中作为独立变量, 而在同一个方程中另一个不再出现. 另外, 为了反映制造商的私人预测数据对渠道效率的影响, 将 ξ_{it} 作为方程 (3.1.7) 中的独立变量. 由于随着数据博弈的进行参与者在试验中将获得一定经验, 故各式中都含有时间变量的项, 用以反映出时间累积效应. 关于每个方程中两个误差项可解释为: 第一个误差项是个体 (或组) 误差, 反映了参与者个体的异质性, 如个体的风险偏好类型, 它与时间无关; 第二项则代表独立误差, 只跟个体的时间累积有关, 用以反映同一个体在不同时期决策的时间累积误差, 一般来讲, 随着时间后延, 参与者的经验增加, 误差项的方差变小.

表 3.3 总结了对模型 (3.1.5)—(3.1.7) 的回归分析结果, 给出了预测数据报告、供应量决策和渠道效率的估计值和标准差. 模型 (3.1.5) 中 ξ 的回归系数和 (3.1.6) 式中 $\hat{\xi}$ 的回归系数都为正, 证实了 $\hat{\xi}$ 与 ξ、K 与 $\hat{\xi}$ 的强正相关关系. 另外, 在渠道效率回归中 t 的系数绝对值很小, 说明试验中参与者的合作水平保持稳定. 相反, 在模型 (3.1.5) 和模型 (3.1.6) 的回归中, ξ 和 $\hat{\xi}$ 的系数绝对值较大, 并且从中可以看出, 随着时间推移, 制造商倾向于提高预测报告值, 供应商则倾向于减少供应量决策值. 然而, 进一步对每个个体数据的逐一分析表明, 少于三分之一的参与者在他们的决策中表现出对时间的累积效应. 在 Özer 和 Zheng 等的实验中, 他们对参与者实验后的问卷调查显示, 供应商在供应量决策中持保守态度, 而制造商则随时间推移增加了预测数据的报告值. 特别要指明的是, 在模型 (3.1.5)—(3.1.7) 中, 交互影响变量 $C_L U_L$ 的回归系数绝对值都较大, 说明低成本和低市场不确定性的交互作用对制造商的预测数据报告、供应商的产量决策和渠道效率都有较大影响. 或者说, 成本因素和市场因素的相互作用具有明显效应.

接下来, 我们将分别讨论供应成本对参与者决策、渠道效率的影响和市场不确定性对参与者决策、渠道效率的影响.

在上述模型中, 当市场不确定性高 ($C_L U_L = 0$) 且供应成本低时, C_L 的系数

λ_C^m, λ_C^s 和 λ_C^e 依次反映了市场不确定性高时低供应量成本 C_L 单独变化引起的预测数据报告、供应量决策和渠道效率的改变. 当市场不确定性低且供应成本低时, $\lambda_C^m + \lambda_{CU}^m$, $\lambda_C^s + \lambda_{CU}^s$ 和 $\lambda_C^e + \lambda_{CU}^e$ 分别反映了 C_L 复合变化 (包括与市场不确定性联合作用) 引起的预测数据报告、供应量决策和渠道效率的改变. 从表 3.3 中看出, 对制造商的预测数据报告 $\hat{\xi}$ 的回归而言, 系数 $\lambda_C^m = -44.152 < 0$ 且 $\lambda_C^m + \lambda_{CU}^m = -44.152 + 32.207 = -11.945 < 0$, 即两个系数都为负. 因此, 对给定的私人观测数据 ξ, 无论市场不确定性高低, 低的供应成本都会使制造商预测数据报告 $\hat{\xi}$ 的夸大程度降低. 由此验证了假设 4 ①, 即较低的供应成本会导致较低的预测数据夸大. 对于供应商的供应量决策 K, $\lambda_C^s = 107.623 > 0$ 且 $\lambda_C^s + \lambda_{CU}^s = 107.623 - 70.925 = 36.698 > 0$, 即两个系数都为正. 因此, 在供应成本较低的情况下, 供应商提高供应量的意愿增强. 对渠道效率而言, $\lambda_C^e = 15.108 > 0$ 且 $\lambda_C^e + \lambda_{CU}^e = 15.108 - 14.765 = 0.343 > 0$, 即两个系数都为正. 因此, 无论市场不确定性高低, 较低的供应成本都会导致渠道效率显著提高, 即验证了假设 4 ②. 综上所述, 不考虑市场的不确定性时, 供应成本的降低会使制造商夸大预测数据的动机减弱, 从而导致供应链中更为有效地实现预测数据共享合作. 换言之, 较低的供应成本有利于提高供应链中预测数据共享的可信度.

表 3.3

变量名	制造商的预测数据报告 $\hat{\xi}$		供应商确定的供应量 K		渠道效率/%	
	估计值	标准差	估计值	标准差	估计值	标准差
μ	57.867	7.919	159.491	7.437	79.677	1.073
C_L	−44.152	9.029	107.623	10.273	15.018	1.715
U_L	−28.588	9.043	65.577	10.275	14.367	1.971
$C_L U_H$	32.207	10.005	−70.925	14.523	11.765	2.142
ξ	0.878	0.009	—	—	0.018	0.004
$\hat{\xi}$	—	—	0.844	0.01	—	—
t	0.151	0.03	−0.218	0.031	0.023	0.013

下面来讨论假设 5. 在模型 (3.1.5)—(3.1.7) 中, 若市场的不确定性低 ($U_L \neq 0$), 那么 U_L 和 $C_L U_L$ 的系数之和, 即 $\lambda_U^m + \lambda_{CU}^m$, $\lambda_U^s + \lambda_{CU}^s$ 和 $\lambda_U^e + \lambda_{CU}^e$, 分别反映了 U_L 复合变化 (包括与供应成本联合作用) 引起的预测数据报告、供应量决策和渠道效率的改变. 当供应成本高 ($C_L = 0$) 时, 有 $C_L U_L = 0$. 此时, 对制造商的预测数据报告 $\hat{\xi}$ 的回归而言, U_L 的系数 $\lambda_C^m = -28.588 < 0$ (注意此时 $C_L U_L = 0$, 故 λ_{CU}^m 不起作用), 对供应商的产量决策 K 的回归而言, U_L 的系数 $\lambda_U^s = 65.577 > 0$ (注意此时 $C_L U_L = 0$, 故 λ_{CU}^s 不起作用). 说明当供应成本高时, 较低的市场不确定性将会使制造商的报告夸大预测数据的程度降低, 而供应商的供应量决策增大, 在二者联合作用下, 导致更高的渠道效率. 因此, 在供应成本低时, 模型验证了假设 5.

需要说明的是, 当市场的不确定性低且供应成本低时, 情况比较复杂, 不能简单地用 $\lambda_U^m + \lambda_{CU}^m$, $\lambda_U^s + \lambda_{CU}^s$ 和 $\lambda_U^e + \lambda_{CU}^e$ 的符号来说明假设 5. 事实上, 如果不考虑其他因素影响, 那么得出的结论是, 制造商会增大预测数据的夸大程度 ($\lambda_U^m + \lambda_{CU}^m = -28.588 + 32.207 = 3.619 > 0$), 且供应商会减少供应量 ($\lambda_U^s + \lambda_{CU}^s = 65.577 - 70.925 = -5.048 < 0$), 而渠道效率会增加 ($\lambda_U^e + \lambda_{CU}^e = 14.367 - 11.765 = 2.602 > 0$). 仅从实验结果中的三个系数看, 当市场的不确定性低且供应成本低时, 制造商更加夸大她的预测数据, 供应商减少他的产量, 但渠道效率提高 (供应链合作伙伴双方更接近定理 3.1 所指的均衡解, 那么渠道效率也会降低), 这似乎是一个自相矛盾的结论! 然而, 从表 3.2 中可以看到, 在低供应成本的试验中, 制造商的预测数据报告的夸大系数很小 (斜率不小于 0.94), 而且渠道效率很高 ($\geqslant 94\%$). 所以这种情况当属于假设 4 的结果, 得到了实验数据的支持. 究其原因, 当供应成本低时, 供应商信任制造商的预测数据报告所面临的潜在损失很小, 所以他宁可相信制造商的预测数据报告而提高供应量, 同时制造商也知道没有必要夸大他们的预测即可确保充足的供应. 从而导致供应商和制造商的高度合作. 在 Özer 和 Zheng 等的实验后问卷调查也显示了假设 5 的证据. 例如, 一位在 $C_L U_H$ 组实验中的参与者提到她在前几次博弈中大幅地夸大了预测, 后来她发现供应商并不保守之后随即在报告中减少了对预测数据的夸大. 另外, 在 $C_H U_L$ 组的试验中也发现, 当供应成本足够高时, 较低的市场不确定性将会导致预测数据夸大程度显著下降, 从而可以更加期望实现供应链的预测数据共享. 对模型及实验数据的进一步分析还表明了供应成本和市场不确定性如何影响 $\hat{\xi}$ 对 ξ、K 对 $\hat{\xi}$ 的依赖. 为了考察 $\hat{\xi}$ 对 ξ 的依赖, 在试验中比较了 $\hat{\xi}$ 与 ξ 的相关系数和 $\hat{\xi}$ 对 ξ 的回归系数 (斜率). 这两个值越大, 说明预测数据报告更能反映制造商私人预测数据. 类此, K 与 $\hat{\xi}$ 的相关系数和 K 对 $\hat{\xi}$ 的回归系数 (斜率) 越大, 说明供应商更依赖制造商的预测数据报告来确定供应量. 另外, 模型及实验还表明: 当供应成本和市场不确定性都很高时, 其他实验的因子 (如反映参与者的风险偏好的变量 δ 和 ω) 都有可能导致 $\hat{\xi}$ 对 ξ, K 对 $\hat{\xi}$ 的依赖增强; 当供应成本低或市场不确定性低 (但只有其一) 时, 其他实验因子 (如反映供应商经验影响的变量 e) 也会导致 K 对 $\hat{\xi}$ 的依赖增强, 但不显著影响 $\hat{\xi}$ 对 ξ 的依赖程度. 相反, 在市场不确定性较低时, 供应商往往更依赖 ξ 来决定供应量 K, 而制造商的合作倾向只在供应成本较高时增加.

3. 实验效果总结

根据对实验结果的分析, 可以认为, 人们的决定对供应成本的变化更为敏感. 较低的供应成本降低了制造商夸大预测数据的倾向, 并诱导供应商依赖制造商的预测数据报告做出供应量决策. 由此断言, 相比供应过剩, 供应商更担心供应不足. 因此, 供应商和制造商更有可能通过 "廉价谈话" 沟通进行合作和共享预测数据.

此外, 当供应成本较高时, 市场不确定性降低会大大增强双方的合作动机. 更低的市场不确定性使制造商没有动力去夸大她的私人预测数据. 因此, 供应商更依赖于预测报告来确定其供应量, 从而更有可能合作. 换言之, 当供应商的决策风险低 (即供应成本低) 时, 无论市场不确定性程度如何 (以市场波动的范围衡量) 及不确定性持续多久, 供应商的风险意识 (或担心过度信任对方会带来潜在损失) 不太会影响到双方预测数据共享和合作的效率. 相反, 只有当风险高 (即供应成本高) 时, 市场不确定性才会阻碍双方的合作. 值得注意的是, 即使存在最糟糕的合作背景下, 即供应成本高且市场不确定性也高的情况下, 制造商的预测数据报告仍然是有用的, 即使制造商夸大了她的私人预测数据供应商也不能完全无视她的预测数据报告. 注意到, 这个结论与定理 3.1 中的均衡解完全相反, 在那个均衡解中, 供应商将不采纳制造商的任何预测数据报告, 制造商也不提供任何有用的预测数据报告. 取而代之的是, 供应商在确定供应量时总会在某种程度上依赖或信任制造商的预测数据报告. 正是这种双方之间的信任的存在, 使得双方在信誉和复杂合同缺失的情况下仍有通过 "廉价谈话" 实现预测数据共享.

3.2　生产供应链信任嵌入模型

本节运用上述实验的观察和结论, 在假设 1—假设 5 的基础上, 建构一种新的分析模型, 以便更好地解释和评估预测沟通中供应链的行为.

我们先从供应商的信任结构开始. 先前我们假定供应商完全不信任制造商, 故完全无视她的预测数据报告, 此时 $f(\xi|\hat{\xi}) = f(\xi)$, 即按照 Bayes 决策规则, 供应商的供应量决策不依赖于 $\hat{\xi}$. 然而, 实验结果的分析表明, 供应商的供应量决策与制造商的预测数据报告呈正相关. 也就是说, 从统计意义上讲, 相比于收到一份低需求量的预测报告, 当制造商收到一份高需求量的预测报告时他更愿意确定更高的供应量. 因此, 实验证明, 在实践中供应商并不按 Bayes 决策规则行事, 而是按一定折扣将制造商的预测数据与原来的 ξ 的信息相融合, 以此更新 ξ 的分布. 根据实验观察, 供应商的信任影响了他处理制造商的预测数据报告的方式. 我们用信任因子 α^s 表示供应商对制造商的信任程度, 并且约定 $0 < \alpha^s < 1$. 由于我们认为制造商的预测数据报告总是有所夸大, 故需要用缩小的量加以消除, 消除量可以用一个在 $[\underline{\xi}, \hat{\xi}]$ 右截尾的随机变量 ξ_T 表示. ξ_T 只会在 $\hat{\xi}$ 的左侧取值, 即 $P\{\xi_T < \hat{\xi}\} = 1$, 故可以用它消除 $\hat{\xi}$ 夸大效应的影响. 为此, 我们提出一个供应商的嵌入式信任更新规则. 在此信任结构下, 当获得制造商的预测数据报告 $\hat{\xi}$ 后, 对预测需求量 ξ, 供应商不再采用使用的后验 Bayes 分布 $f(\xi|\hat{\xi})$, 而是采用另外一个后验分布, 即融合后验分布.

嵌入式信任更新规则　对于给定的预测数据报告 $\hat{\xi}$, 供应商认为 ξ 与信息融

合后的随机变量 $\xi' = \alpha^s\hat{\xi} + (1-\alpha^s)\xi_T$ 具有相同的分布, 其中 ξ_T 为 ξ 的 $\hat{\xi}$-右截尾变量, 服从 ξ 在 $[\underline{\xi},\hat{\xi}]$ 的右截尾分布, α^s 为信任因子, $0 \leqslant \alpha^s \leqslant 1$.

事实上, ξ_T 的分布函数 (或称累积分布函数) $F_{\xi_T}(z)$ 为 ξ 的分布函数 $F_\xi(z)$ 在 $[\underline{\xi},\hat{\xi}]$ 的截尾分布, 即

$$F_{\xi_T}(z) = P\left\{\xi_T \leqslant z, \xi_T \leqslant \hat{\xi}\right\} = \begin{cases} 0, & z < \underline{\xi}, \\ \dfrac{F_\xi(z)}{\displaystyle\int_{\underline{\xi}}^{\hat{\xi}} f(y)dy}, & \underline{\xi} \leqslant z \leqslant \hat{\xi}, \\ 1, & z > \hat{\xi} \end{cases}$$

其分布密度函数为

$$f_{\xi_T}(z\,|\hat{\xi}) = \begin{cases} 0, & z < \underline{\xi}, \\ \dfrac{f_\xi(z)}{\displaystyle\int_{\underline{\xi}}^{\hat{\xi}} f(y)dy}, & \underline{\xi} \leqslant z \leqslant \hat{\xi}, \\ 1, & z > \hat{\xi} \end{cases}$$

因此, 当 $0 < \alpha^s < 1$ 时, 在嵌入式信任规则下, ξ 的融合后验分布函数, 即 ξ 的融合随机变量 $\xi' = \alpha^s\hat{\xi} + (1-\alpha^s)\xi_T$ 的分布为

$$F_{\xi|\hat{\xi}}(z) = P\left\{\alpha^s\hat{\xi} + (1-\alpha^s)\xi_T < z\right\} = P\left\{\xi_T < \frac{z-\alpha^s\hat{\xi}}{1-\alpha^s}\right\} = F_{\xi_T}\left(\frac{z-\alpha^s\hat{\xi}}{1-\alpha^s}\right)$$

$$= \begin{cases} 0, & \dfrac{z-\alpha^s\hat{\xi}}{1-\alpha^s} < \underline{\xi}, \\ \dfrac{F_\xi\left(\dfrac{z-\alpha^s\hat{\xi}}{1-\alpha^s}\right)}{\displaystyle\int_{\underline{\xi}}^{\hat{\xi}} f(y)dy}, & \underline{\xi} \leqslant \dfrac{z-\alpha^s\hat{\xi}}{1-\alpha^s} \leqslant \hat{\xi}, \\ 0, & \dfrac{z-\alpha^s\hat{\xi}}{1-\alpha^s} > \hat{\xi} \end{cases}$$

$$
=\begin{cases}
0, & z < \alpha^s\hat{\xi} + (1-\alpha^s)\underline{\xi}, \\[2mm]
\dfrac{F_\xi\left(\dfrac{z - \alpha^s\hat{\xi}}{1 - \alpha^s}\right)}{\displaystyle\int_{\underline{\xi}}^{\hat{\xi}} f(y)dy}, & \alpha^s\hat{\xi} + (1-\alpha^s)\underline{\xi} \leqslant z \leqslant \hat{\xi}, \\[4mm]
0, & z > \hat{\xi}
\end{cases}
$$

对应的 ξ 的融合后验分布密度函数为

$$
f_{\xi'}(z|\hat{\xi}, \alpha^s) = \begin{cases}
\dfrac{1}{1-\alpha^s}\left(\displaystyle\int_{\underline{\xi}}^{\hat{\xi}} f(y)dy\right)^{-1} f\left(\dfrac{z - \alpha^s\hat{\xi}}{1 - \alpha^s}\right), & \alpha^s\hat{\xi} + (1-\alpha^s)\underline{\xi} \leqslant z \leqslant \hat{\xi}, \\[3mm]
0, & \text{其他}
\end{cases}
$$

值得注意的是, α^s 是供应商信任制造商的一个指数, 它代表供应商对制造商的信任程度, 并决定供应商对制造商的预测数据报告的相对信任. 如果 $\alpha^s=1$, 则供应商完全信任制造商; 反之, 如果 $\alpha^s=0$, 则供应商认为制造商的预测数据报告是需求量预测的上限 (注意, 这与供应商完全不相信制造商的意义有细微差别). 信任的程度包含人际关系系统一体中的任何价值, 包括了完全信任或完全不信任的特殊情况. 取右截尾随机变量 ξ_T 作为融合变量, 事实上承认了供应商坚信制造商有夸大私人预测数据的动机, 从而供应商坚信 $\hat{\xi}$ 是需求预测 ξ 取值的上限. 关于采用右截尾随机变量 ξ_T 作为融合变量的合理性, 也在 Özer 和 Zheng 等的实验后问卷调查中得以验证. 与没有进行右截尾融合的模型相比, 实验数据与融合右截尾模型拟合得更好. 在实际中, 合作伙伴的声誉也是很重要的, 但是当合作伙伴的声誉信息缺失或不可用时, 信任主要取决于一个人遵守社会规范、适应环境与追求共同价值观的表现. 信任的体验观[21, 22] 认为, 一个人的信任倾向是通过生活经历逐渐形成的, 并且不太可能在以此互动中发生改变. 在上述嵌入式信任更新规则的试验中, 根据 Özer 和 Zheng 等的设计, 供应商不能完全验证制造商的预测数据报告是否真实, 而是由于随机和匿名配对, 供应商也不可能奖励或惩罚制造商. 因此, 供应商与制造商的一次交互不太可能对供应商的信任值产生任何影响. 也就是说, 信任因子的取值只由市场环境决定, 相对于预测数据报告, 信任值是常数.

下面, 我们再讨论制造商的信任结构. 为了区别于供应商, 我们用信念概括制造商的信任状况. 尽管制造商可能不知道供应商的信任指数 α^s, 但是她可以对此有一定的猜测或信念, 用取值 [0,1] 的随机变量 α^m 及其分布加以描述, 并假定 α^m 的概率分布函数为 $H(\cdot)$, 对应的分布密度函数为 $h(\cdot)$. 另外, 我们还引入制造商的欺诈负面效用 $\beta|\xi - \hat{\xi}|$ 用以反映她谎报预测数据带来的负面影响, 其中参数 β

为制造商的信赖值, 别人对她越信赖她欺诈的代价 (负面效用) 越大, 即她谎报预测数据所带来的代价越大, 有 $\beta \geqslant 0$. 制造商的信赖值 β 也反映了她自我控制欺诈行为的动机或约束力, β 值越大, 她谎报私人预测数据的动机越弱. 欺诈的负面效用 $\beta |\xi - \hat{\xi}|$ 也可视为是制造商谎报私人预测数据的心理成本. 这种心理成本最早由 Gneezy 等提出. 事实上, 一般来讲, 供应商很难对 "廉价谈话" 中制造商的预测数据欺诈做出实质性惩罚, 因此, 这种心理成本是制造商内在因素造成的, 而不是博弈中理性的均衡策略的反映. 在 Özer 和 Zheng 等的试验中, 参与者是被随机配对的, 故彼此不知道对方的身份, 供应商也就不能奖励或惩罚制造商. 所以, 制造商的数据欺诈的负面影响被认为具有内在性. Ashraf 等的研究表明, 由于社会偏好或内部规范造成的无条件的善意在人们的可信度中具有决定性作用. 说明欺诈的负面效用反映了社会偏好和道德等非强制的约束力, 不是反映博弈中对方的惩罚.

在考虑了供应商和制造商的信任结构之后, 制造商和供应商的效用函数确定为:

(1) 制造商的效用函数

$$U^{\tau m}(\hat{\xi}, K, \xi) = (r - w)E_\varepsilon[\min(\mu + \xi + \varepsilon, K)] - \beta |\xi - \hat{\xi}| \qquad (3.2.1)$$

(2) 供应商的效用函数

$$U^{\tau s}(\hat{\xi}, K, \xi) = (w - c)E_{\xi_T, \varepsilon}[\min(\mu + \alpha^s \hat{\xi} + (1 - \alpha^s)\xi_T + \varepsilon, K)] - c_K K \qquad (3.2.2)$$

我们称此模型为信任嵌入式模型.

我们考虑两阶段的扩展式博弈. 博弈分为两个阶段来清晰地表明参与者采取行动的次序, 以及数据博弈参与者在做出决定前所知道的信息: 第一阶段, 由制造商提供她的预测数据报告 $\hat{\xi}$; 第二阶段, 供应商决定他的供应量 K. 博弈参与者的共同知识包括双方各自的支付函数 (效用函数)、信任结构和策略更新规则.

下面, 我们来讨论此完全信息动态博弈. 考虑到供应商不能对制造商造成实质性的惩罚, 所以动态博弈不含不可置信的威胁. 也就是说, 制造商不会担心供应商对她的数据夸大行为做出某种惩罚, 供应商也会认为制造商的预测数据报告具有参考价值而适当采信, 再一次博弈中制造商不用再次调整他的预测数据报告. 因此, 我们用逆向归纳解来讨论信任嵌入模型.

在预测数据博弈的第二阶段, 即供应商决定他的供应量 K 时, 由于制造商已经选择了她的预测数据报告 $\hat{\xi}$, 故供应商的决策问题是

$$\max_{K \leqslant \hat{\xi}} U^{\tau s}(\hat{\xi}, K, \xi) \qquad (3.2.3)$$

假定问题 (3.2.3) 的最优解为 $\max\limits_{K \leqslant \hat{\xi}} U^{\tau s}(\hat{\xi}, K, \xi)$ 作为供应商对制造商的报告 $\hat{\xi}$ 的最优响应 $K^\tau(\hat{\xi}, \alpha^s)$. 当然, 如果制造商知道供应商对她的信任因子 α^s, 那么她也会得出这个解. 因此, 在博弈的第一阶段, 制造商的决策问题为

$$\max_{\hat{\xi}} U^{\tau m}(\hat{\xi}, K^{\tau}(\hat{\xi}, \alpha^s), \xi) = (r - w)E_\varepsilon[\min(\mu + \xi + \varepsilon, K^\tau(\hat{\xi}, \alpha^s))] - \beta \,|\xi - \hat{\xi}\,|$$

然而, 实际的情况是制造商不能准确地知道供应商对她的信任因子 α^s, 只能采用她自己的随机变量 α^m, 设其分布密度函数为 $h(\alpha)$. 所以博弈的第一阶段, 制造商的决策问题为

$$\max_{\hat{\xi}} U^{\tau m}(\hat{\xi}, K^\tau(\hat{\xi}, \alpha^m), \xi)$$

$$= \int_0^1 (r - w)E_\varepsilon[\min(\mu + \xi + \varepsilon, K^\tau(\hat{\xi}, \alpha^m))]h(\alpha)d\alpha - \beta \,|\xi - \hat{\xi}\,| \qquad (3.2.4)$$

对给定的 $\hat{\xi}$ 及 α^s,

$$\min(\mu + \alpha^s\hat{\xi} + (1 - \alpha^s)\xi_T + \varepsilon, K)$$

$$= \begin{cases} \mu + \alpha^s\hat{\xi} + (1 - \alpha^s)\xi_T + \varepsilon, & \varepsilon + (1 - \alpha^s)\xi_T < K - \mu - \alpha^s\hat{\xi}, \\ K, & \varepsilon + (1 - \alpha^s)\xi_T \geqslant K - \mu - \alpha^s\hat{\xi} \end{cases}$$

设 $Q(z\,|\hat{\xi}, \alpha^s)$ 为随机变量 $(1 - \alpha^s)\xi_T + \varepsilon$ 的分布函数, 那么

$$Q(z\,|\hat{\xi}, \alpha^s) = P\{(1 - \alpha^s)\xi_T + \varepsilon \leqslant z\}$$

$$= \int_{-\infty}^{+\infty} P\{(1 - \alpha^s)\xi_T \leqslant x, \varepsilon \leqslant z - x\}dx$$

$$= \int_{-\infty}^{+\infty} P\{(1 - \alpha^s)\xi_T \leqslant x\}P\{\varepsilon \leqslant z - x\}\,dx$$

$$= \int_{-\infty}^{+\infty} P\left\{\xi_T \leqslant \frac{x}{1 - \alpha^s}\right\}P\{\varepsilon \leqslant z - x\}\,dx$$

$$= \int_{-\infty}^{+\infty} P\left\{\xi \leqslant \frac{x}{1 - \alpha^s}\bigg|\xi \leqslant \hat{\xi}\right\}P\{\varepsilon \leqslant z - x\}\,dx$$

$$= \int_{-\infty}^{+\infty} P\left\{\xi \leqslant \frac{x}{1 - \alpha^s}\bigg|\xi \leqslant \hat{\xi}\right\}P\{\varepsilon \leqslant z - x\}\,dx$$

$$= \int_{-\infty}^{+\infty} \frac{P\left\{\xi \leqslant \frac{x}{1 - \alpha^s}, \xi \leqslant \hat{\xi}\right\}}{P\{\xi \leqslant \hat{\xi}\}}P\{\varepsilon \leqslant z - x\}\,dx$$

$$= \int_{-\infty}^{(1-\alpha^s)\hat{\xi}} \frac{P\left\{\xi \leqslant \frac{x}{1 - \alpha^s}\right\}}{P\{\xi \leqslant \hat{\xi}\}}P\{\varepsilon \leqslant z - x\}\,dx$$

$$+ \int_{(1-\alpha^s)\hat{\xi}}^{+\infty} P\{\varepsilon \leqslant z-x\} dx$$

$$= \left(\int_{-\infty}^{\hat{\xi}} f(t)dt \right)^{-1} \int_{-\infty}^{(1-\alpha^s)\hat{\xi}} \left(\int_{-\infty}^{\frac{x}{1-\alpha^s}} f(t)dt \right) \left(\int_{-\infty}^{z-x} g(t)dt \right) dx$$

$$+ \int_{(1-\alpha^s)\hat{\xi}}^{+\infty} \left(\int_{-\infty}^{z-x} g(t)dt \right) dx$$

而对应的分布密度函数为

$$q(z \,|\hat{\xi}, \alpha^s) = \frac{d}{dz} Q(z \,|\hat{\xi}, \alpha^s)$$

$$= \left(\int_{\underline{\xi}}^{\hat{\xi}} f(t)dt \right)^{-1} \int_{-\infty}^{(1-\alpha^s)\hat{\xi}} \left(\int_{\underline{\xi}}^{\frac{x}{1-\alpha^s}} f(t)dt \right) g(z-x)dx$$

$$+ \int_{(1-\alpha^s)\hat{\xi}}^{+\infty} g(z-x)dx \tag{3.2.5}$$

例 3.1 若 $\alpha^s = \alpha, \xi \sim U[\underline{\xi}, \overline{\xi}]$, 且 $\varepsilon \sim U[\underline{\varepsilon}, \overline{\varepsilon}]$, 则

$$f(u) = \begin{cases} \dfrac{1}{\overline{\xi} - \underline{\xi}}, & \underline{\xi} \leqslant u \leqslant \overline{\xi}, \\ 0, & \text{其他}, \end{cases} \qquad g(u) = \begin{cases} \dfrac{1}{\overline{\varepsilon} - \underline{\varepsilon}}, & \underline{\varepsilon} \leqslant u \leqslant \overline{\varepsilon}, \\ 0, & \text{其他} \end{cases}$$

(1) 当 $\alpha > 1 - \dfrac{\overline{\varepsilon} - \underline{\varepsilon}}{\overline{\xi} - \underline{\xi}}$ 时, 有

$$Q(u \,|\hat{\xi}, \alpha) = \begin{cases} 0, & u \in (-\infty, (1-\alpha)\underline{\xi} + \underline{\varepsilon}], \\ \dfrac{[u - \underline{\varepsilon} - (1-\alpha)\underline{\xi}]^2}{2(1-\alpha)(\hat{\xi} - \underline{\xi})(\overline{\varepsilon} - \underline{\varepsilon})}, & u \in ((1-\alpha)\underline{\xi} + \underline{\varepsilon}, (1-\alpha)\hat{\xi} + \underline{\varepsilon}], \\ \dfrac{2u - 2\underline{\varepsilon} - (1-\alpha)(\hat{\xi} + \underline{\xi})}{2(\overline{\varepsilon} - \underline{\varepsilon})}, & u \in ((1-\alpha)\hat{\xi} + \underline{\varepsilon}, (1-\alpha)\underline{\xi} + \overline{\varepsilon}], \\ 1 - \dfrac{[(1-\alpha)\hat{\xi} + \overline{\varepsilon} - u]^2}{2(1-\alpha)(\hat{\xi} - \underline{\xi})(\overline{\varepsilon} - \underline{\varepsilon})}, & u \in ((1-\alpha)\underline{\xi} + \overline{\varepsilon}, (1-\alpha)\hat{\xi} + \overline{\varepsilon}], \\ 1, & u \in ((1-\alpha)\hat{\xi} + \overline{\varepsilon}, \infty) \end{cases}$$

$$\tag{3.2.6}$$

(2) 当 $\alpha < 1 - \dfrac{\bar{\varepsilon} - \underline{\varepsilon}}{\bar{\xi} - \underline{\xi}}$, 有

$$
Q(u \,|\, \hat{\xi}, \alpha) = \begin{cases}
0, & u \in (-\infty, (1-\alpha)\underline{\xi} + \underline{\varepsilon}], \\[2mm]
\dfrac{[u - \underline{\varepsilon} - (1-\alpha)\underline{\xi}]^2}{2(1-\alpha)(\hat{\xi} - \underline{\xi})(\bar{\varepsilon} - \underline{\varepsilon})}, & u \in ((1-\alpha)\underline{\xi} + \underline{\varepsilon}, (1-\alpha)\underline{\xi} + \bar{\varepsilon}], \\[2mm]
\dfrac{u - (1-\alpha)\underline{\xi} - \dfrac{1}{2}(\bar{\varepsilon} + \underline{\varepsilon})}{(1-\alpha)(\hat{\xi} - \underline{\xi})}, & u \in ((1-\alpha)\underline{\xi} + \bar{\varepsilon}, (1-\alpha)\hat{\xi} + \underline{\varepsilon}], \\[2mm]
1 - \dfrac{[(1-\alpha)\hat{\xi} + \bar{\varepsilon} - u]^2}{2(1-\alpha)(\hat{\xi} - \underline{\xi})(\bar{\varepsilon} - \underline{\varepsilon})}, & u \in ((1-\alpha)\hat{\xi} + \underline{\varepsilon}, (1-\alpha)\hat{\xi} + \bar{\varepsilon}], \\[2mm]
1, & u \in ((1-\alpha)\hat{\xi} + \bar{\varepsilon}, \infty)
\end{cases}
\tag{3.2.7}
$$

我们可以不是很困难地解出最优化问题(3.2.3)和(3.2.4), 即得定理3.2和定理 3.3.

定理 3.2 对供应商的供应量决策, 我们有

(1) 问题 (3.2.3) 的解为

$$
K^\tau(\hat{\xi}, \alpha^s) = \alpha^s \hat{\xi} + \mu + Q^{-1}\left(\frac{w - c - c_K}{w - c} \,\middle|\, \hat{\xi}, \alpha^s \right)
\tag{3.2.8}
$$

(2) K^τ 为 $\hat{\xi}$ 的严格增函数;

(3) K^τ 为 c_K 的严格减函数.

证明 事实上,

$$
E_{\xi_T, \varepsilon}\left[\min(\mu + \alpha^s \hat{\xi} + (1-\alpha^s)\xi_T + \varepsilon, K) \right]
$$

$$
= E_{(1-\alpha^s)\xi_T + \varepsilon}\left[\min(\mu + \alpha^s \hat{\xi} + (1-\alpha^s)\xi_T + \varepsilon, K) \right]
$$

$$
= \int_{-\infty}^{+\infty} z f_{\min(\mu + \alpha^s \hat{\xi} + (1-\alpha^s)\xi_T + \varepsilon, K)}(z) dz
$$

$$
= \int_{-\infty}^{K} z q(z - \mu - \alpha^s \hat{\xi} \,|\, \hat{\xi}, \alpha^s) dz + K \int_{K}^{+\infty} q(z - \mu - \alpha^s \hat{\xi} \,|\, \hat{\xi}, \alpha^s) dz
$$

$$
= \int_{-\infty}^{K - \mu - \alpha^s \hat{\xi}} (u + \mu + \alpha^s \hat{\xi}) q(u \,|\, \hat{\xi}, \alpha^s) du + [1 - Q(K - \mu - \xi \alpha^s \hat{\xi} \,|\, \hat{\xi}, \alpha^s)] K
$$

$$
= \int_{-\infty}^{K - \mu - \alpha^s \hat{\xi}} u q(u \,|\, \hat{\xi}, \alpha^s) du + (\mu + \alpha^s \hat{\xi}) \int_{-\infty}^{K - \mu - \alpha^s \hat{\xi}} q(u \,|\, \hat{\xi}, \alpha^s) du
$$

$$
\quad + [1 - Q(K - \mu - \alpha^s \hat{\xi} \,|\, \hat{\xi}, \alpha^s)] K
$$

$$= \begin{cases} \mu + \alpha^s \hat{\xi}, & K - \mu - \alpha^s \hat{\xi} > (1 - \alpha^s)\hat{\xi} + \bar{\varepsilon}, \\ \displaystyle\int_{-\infty}^{K - \mu - \alpha^s \hat{\xi}} ug(u \,|\hat{\xi}, \alpha^s) du \\ \quad + (\mu + \alpha^s \hat{\xi}) Q(K - \mu - \alpha^s \hat{\xi} \,|\hat{\xi}, \alpha^s) \\ \quad + [1 - Q(K - \mu - \alpha^s \hat{\xi} \,|\hat{\xi}, \alpha^s)] K, & K - \mu - \alpha^s \hat{\xi} \leqslant (1 - \alpha^s)\hat{\xi} + \bar{\varepsilon} \end{cases}$$

所以, 当 $K - \mu - \alpha^s \hat{\xi} < (1 - \alpha^s)\hat{\xi} + \bar{\varepsilon}$ 时,

$$\begin{aligned} \frac{\partial U^{\tau s}}{\partial K} &= (w - c)[(K - \mu - \alpha^s \hat{\xi}) q(K - \mu - \alpha^s \hat{\xi} \,|\hat{\xi}, \alpha^s) \\ &\quad + (\mu + \alpha^s \hat{\xi}) q(K - \mu - \alpha^s \hat{\xi} \,|\hat{\xi}, \alpha^s) - K q(K - \mu - \alpha^s \hat{\xi} \,|\hat{\xi}, \alpha^s) \\ &\quad + (1 - Q(K - \mu - \alpha^s \hat{\xi} \,|\hat{\xi}, \alpha^s))] - c_K \\ &= (w - c - c_K) - (w - c) Q(K - \mu - \alpha^s \hat{\xi} \,|\hat{\xi}, \alpha^s) \end{aligned}$$

又因为, $\dfrac{\partial^2 U^{\tau s}}{\partial K} = (w - c) q(K - \mu - \alpha^s \hat{\xi} \,|\hat{\xi}, \alpha^s) \leqslant 0$. 所以, $U^{\tau s}$ 为单峰函数, 其唯一的最大值点为 $(w - c - c_K) - (w - c) Q(K - \mu - \alpha^s \hat{\xi} \,|\hat{\xi}, \alpha^s)$ 的解, 即

$$K^{\tau}(\hat{\xi}, \alpha^s) = \alpha^s \hat{\xi} + \mu + Q^{-1}\left(\frac{w - c - c_K}{w - c} \bigg| \hat{\xi}, \alpha^s\right)$$

下面我们来证明 K^{τ} 为 $\hat{\xi}$ 的严格增函数.

设 $(w - c - c_K) - (w - c) Q(K - \mu - \alpha^s \hat{\xi} \,|\hat{\xi}, \alpha^s) = 0$ 的解为隐函数 $K^{\tau} = K(\hat{\xi}, \alpha^s)$. 记 $u_{\rho}(\hat{\xi}) = Q^{-1}\left(\dfrac{w - c - c_K}{w - c} \bigg| \hat{\xi}, \alpha^s\right)$ 为随机变量 $(1 - \alpha^s)\xi_T + \varepsilon$ 的 $\rho = \dfrac{w - c - c_K}{w - c}$ 分位点, 它满足方程

$$\begin{aligned} \rho &= Q(u_{\rho} \,|\hat{\xi}, \alpha) \\ &= \int_{-\infty}^{u_{\rho}} \left[\iint_{-\infty}^{+\infty} g(z - y) f_{\xi'}(y) dy \right] dz \\ &= \frac{1}{1 - \alpha^s} \left(\int_{\underline{\xi}}^{\hat{\xi}} f(y) dy \right)^{-1} \int_{-\infty}^{u_{\rho}} \left[\int_{\alpha^s \hat{\xi} + (1 - \alpha^s)\underline{\xi}}^{\hat{\xi}} g(z - y) f\left(\frac{y - \alpha^s \hat{\xi}}{1 - \alpha^s}\right) dy \right] dz \\ &= \left(\int_{\underline{\xi}}^{\hat{\xi}} f(y) dy \right)^{-1} \int_{-\infty}^{u_{\rho}} \left[\int_{\underline{\xi}}^{\hat{\xi}} g(z - (1 - \alpha^s)y - \alpha^s \hat{\xi}) f(y) dy \right] dz \end{aligned}$$

$$= \left(\int_{\underline{\xi}}^{\hat{\xi}} f(y) dy \right)^{-1} \int_{\underline{\xi}}^{\hat{\xi}} \left[\int_{-\infty}^{u_\rho} g(z - (1 - \alpha^s)y - \alpha^s \hat{\xi}) dz \right] f(y) dy$$

$$= \left(\int_{\underline{\xi}}^{\hat{\xi}} f(y) dy \right)^{-1} \int_{\underline{\xi}}^{\hat{\xi}} G(u_\rho - (1 - \alpha^s)y - \alpha^s \hat{\xi}) f(y) dy$$

即 $V(u_\rho, \hat{\xi}) = \int_{\underline{\xi}}^{\hat{\xi}} G(u_\rho - (1 - \alpha^s)y - \alpha^s \hat{\xi}) f(y) dy - \rho F(\hat{\xi}) = 0$. 前式两边对 $\hat{\xi}$ 求隐函数导数

$$\frac{du_\rho}{d\hat{\xi}} = -\frac{\partial V / \partial \hat{\xi}}{\partial V / \partial u_\rho} = \frac{\left[\rho - G(u_\rho - \hat{\xi}) \right] f(\hat{\xi})}{\int_{\underline{\xi}}^{\hat{\xi}} g(u_\rho - (1 - \alpha^s)y - \alpha^s \hat{\xi}) f(y) dy}$$

由于 $G(\cdot)$ 是增函数, 当 $y < \hat{\xi}$ 时, $G(u_\rho - (1 - \alpha^s)y - \alpha^s \hat{\xi}) - G(u_\rho - (1 - \alpha^s)\hat{\xi} - \alpha^s \hat{\xi}) > 0$, 从而

$$\rho - G(u_\rho - \hat{\xi}) = \left(\int_{\underline{\xi}}^{\hat{\xi}} f(y) dy \right)^{-1} \int_{\underline{\xi}}^{\hat{\xi}} G(u_\rho - (1 - \alpha^s)y - \alpha^s \hat{\xi}) f(y) dy$$

$$- \left(\int_{\underline{\xi}}^{\hat{\xi}} f(y) dy \right)^{-1} \int_{\underline{\xi}}^{\hat{\xi}} G(u_\rho - (1 - \alpha^s)\hat{\xi} - \alpha^s \hat{\xi}) f(y) dy$$

$$= \left(\int_{\underline{\xi}}^{\hat{\xi}} f(y) dy \right)^{-1} \int_{\underline{\xi}}^{\hat{\xi}} [G(u_\rho - (1 - \alpha^s)y - \alpha^s \hat{\xi})$$

$$- G(u_\rho - (1 - \alpha^s)\hat{\xi} - \alpha^s \hat{\xi})] f(y) dy$$

$$> 0$$

故当 $f(\hat{\xi}) \neq 0$ 时, $\frac{\partial u_\rho}{\partial \hat{\xi}} > 0$, 即 $(1 - \alpha^s)\xi_T + \varepsilon$ 的 ρ-分位点 $u_\rho(\hat{\xi})$ 为 $\hat{\xi}$ 的严格增函数.

由于 ξ_T 服从 ξ 在 $[\underline{\xi}, \hat{\xi}]$ 的右截尾分布, 其分布函数与 $\hat{\xi}$ 有关, 故将 ξ_T 记为 $\xi_T(\hat{\xi})$, $(1 - \alpha^s)\xi_T(\hat{\xi}) + \varepsilon$ 的分布函数即为 $Q(z | \hat{\xi}, \alpha^s)$. 由 (3.2.8) 式可得

$$\frac{\partial K^\tau}{\partial \hat{\xi}} = \alpha^s + \frac{\partial u_\rho}{\partial \hat{\xi}} > 0$$

所以 K^τ 为 $\hat{\xi}$ 的严格增函数.

最后, 我们来证明 K^τ 为 c_K 的减函数. 事实上,

$$\frac{\partial K^\tau}{\partial c_K} = \frac{\partial u_\rho}{\partial \rho} \cdot \frac{\partial \rho}{\partial c_K} = -\frac{1}{(w-c)q(u_\rho \mid \hat{\xi}, \alpha^s)} < 0 \qquad \square$$

定理 3.3 对制造商的预测数据报告决策, 我们有

(1) $\hat{\xi} < \underline{\xi}$ 当制造商的期望效用 $U^{\tau m}(\hat{\xi}, K^\tau(\hat{\xi}, \alpha^m), \xi)$ 是 $\hat{\xi}$ 的严格增函数;

(2) 当 $\beta = 0$ 时, 期望效用 $U^{\tau m}(\hat{\xi}, K^\tau(\hat{\xi}, \alpha^m), \xi)$ 是 $\hat{\xi}$ 的严格增函数;

(3) 当 ξ 和 ε 分别服从 $[\underline{\xi}, \bar{\xi}]$ 和 $[\underline{\varepsilon}, \bar{\varepsilon}]$ 上的均匀分布时, 对 $\hat{\xi} > \xi$, 期望效用 $J(\hat{\xi}) = U^{\tau m}(\hat{\xi}, K^\tau(\hat{\xi}, \alpha^m), \xi)$ 是 $\hat{\xi}$ 的严格凹增函数. 对给定的 ξ 及 α^m 的分布密度函数 $h(\alpha)$, 记

$$\hat{\xi}^* = \arg\min_{\hat{\xi} \in [\underline{\xi}, \bar{\xi}]} \left| \int_0^1 \left[(r-w)\frac{\partial K^\tau(\hat{\xi}, \alpha)}{\partial \hat{\xi}} \cdot (1 - G(K^\tau(\hat{\xi}, \alpha) - \mu - \xi)) - \beta \right] h(\alpha) d\alpha \right| \tag{3.2.9}$$

那么, 对私人预测数据 ξ, 存在唯一的制造商的预测数据报告 $\hat{\xi}^\tau(\xi) = \hat{\xi}^*$. 最优解 $\hat{\xi}^\tau$ 满足: (a) 若 $\beta > r - w$, 则 $\hat{\xi}^\tau(\xi) = \xi$; (b) 在边界上满足, 若 $\hat{\xi}^\tau(\xi_1) = \bar{\xi}$ 且 $\xi_2 > \xi_1$, 则 $\hat{\xi}^\tau(\xi_2) = \bar{\xi}$; 在其他范围内, $\hat{\xi}^\tau$ 是 ξ 的严格增函数.

证明 首先证明 (1). 令 $J(\hat{\xi}) = U^{\tau m}(\hat{\xi}, K^\tau(\hat{\xi}, \alpha^m), \xi)$, 当 $\hat{\xi} < \underline{\xi}$ 且 $\xi \in [\underline{\xi}, \bar{\xi}]$ 时, $K^\tau(\hat{\xi}, \alpha) \leqslant \hat{\xi} < \underline{\xi} \leqslant \xi$ 且 $K^\tau(\hat{\xi}, \alpha) - \mu - \xi > 0$, 故 $0 < G(K^\tau(\hat{\xi}, \alpha) - \mu - \xi) < 1$. 由 (3.2.4) 式所定义, 对 $\xi \in [\underline{\xi}, \bar{\xi}]$, 有

$$E_\varepsilon \left[\min(\mu + \xi + \varepsilon, K^\tau(\hat{\xi}, \alpha)) \right]$$

$$= \int_{-\infty}^{+\infty} z f_{\min(\mu + \xi + \varepsilon, K^\tau(\hat{\xi}, \alpha))}(z) dz$$

$$= \int_{-\infty}^{K^\tau(\hat{\xi}, \alpha)} z g(z - \mu - \xi) dz + K \int_K^{+\infty} g(z - \mu - \xi) dz$$

$$= \int_{-\infty}^{K^\tau(\hat{\xi}, \alpha) - \mu - \xi} (u + \mu + \xi) g(u) du + [1 - G(K^\tau(\hat{\xi}, \alpha) - \mu - \xi)] K^\tau(\hat{\xi}, \alpha)$$

$$= \int_{-\infty}^{K^\tau(\hat{\xi}, \alpha) - \mu - \xi} u g(u) du + (\mu + \xi) \int_{-\infty}^{K^\tau(\hat{\xi}, \alpha) - \mu - \xi} g(u) du$$

$$\quad + [1 - G(K^\tau(\hat{\xi}, \alpha) - \mu - \xi)] K^\tau(\hat{\xi}, \alpha)$$

$$= \begin{cases} \mu + \xi, & K^\tau(\hat{\xi}, \alpha) - \mu - \xi > \bar{\varepsilon}, \\ \displaystyle\int_{-\infty}^{K^\tau(\hat{\xi}, \alpha) - \mu - \xi} ug(u)du + (\mu + \xi)G(K^\tau(\hat{\xi}, \alpha) - \mu - \xi) \\ \quad + [1 - G(K^\tau(\hat{\xi}, \alpha) - \mu - \xi)]K^\tau(\hat{\xi}, \alpha), & K^\tau(\hat{\xi}, \alpha) - \mu - \xi \leqslant \bar{\varepsilon} \end{cases}$$

$$\max_{\hat{\xi}} U^{\tau m}(\hat{\xi}, K^\tau(\hat{\xi}, \alpha), \xi) = \int_0^1 (r - w)E_\varepsilon[\min(\mu + \xi + \varepsilon, K^\tau(\hat{\xi}, \alpha))]h(\alpha)d\alpha$$
$$- \beta(\hat{\xi} - \xi)$$

从而, 当 $K^\tau(\hat{\xi}, \alpha) - \mu - \xi \leqslant \bar{\varepsilon}$ 时

$$\frac{\partial J(\hat{\xi})}{\partial \hat{\xi}}$$

$$= \frac{\partial}{\partial \hat{\xi}}\left[\int_0^1 (r - w)\left(\int_{-\infty}^{K^\tau(\hat{\xi}, \alpha) - \mu - \xi} ug(u)du + (\mu + \xi)G(K^\tau(\hat{\xi}, \alpha) - \mu - \xi)\right)h(\alpha)d\alpha\right]$$

$$+ \frac{\partial}{\partial \hat{\xi}}\int_0^1 (r - w)(1 - G(K^\tau(\hat{\xi}, \alpha) - \mu - \xi))K^\tau(\hat{\xi}, \alpha)h(\alpha)d\alpha - \frac{\partial}{\partial \hat{\xi}}[\beta(\hat{\xi} - \xi)]$$

$$= \int_0^1 (r - w)[g(K^\tau(\hat{\xi}, \alpha) - \mu - \xi)(K^\tau(\hat{\xi}, \alpha) - \mu - \xi)$$

$$+ (\mu + \xi)g(K^\tau(\hat{\xi}, \alpha) - \mu - \xi) + (1 - G(K^\tau(\hat{\xi}, \alpha) - \mu - \xi))$$

$$- g(K^\tau(\hat{\xi}, \alpha) - \mu - \xi)K^\tau(\hat{\xi}, \alpha)]\frac{\partial K^\tau}{\partial \hat{\xi}}h(\alpha)d\alpha - \beta$$

$$= \int_0^1 (r - w)\left[(1 - G(K^\tau(\hat{\xi}, \alpha) - \mu - \xi))\frac{\partial K^\tau}{\partial \hat{\xi}} - \beta\right]h(\alpha)d\alpha$$

仿定理 3.2, 可以证明, 对任意 $\alpha \in (0, 1)$, $\dfrac{\partial K^\tau(\hat{\xi}, \alpha)}{\partial \hat{\xi}} > 0.$ 又 $1 - G(K^\tau(\hat{\xi}, \alpha) -$

$\mu - \xi) > 0$ 且 $\beta \geqslant 0$, 所以 $\dfrac{\partial J(\hat{\xi})}{\partial \hat{\xi}} > 0.$

(3) 是 (1) 的特例. 往证 (3). 当 $\hat{\xi} \geqslant \xi$ 且 $K^\tau(\hat{\xi}, \alpha) - \mu - \xi \leqslant \bar{\varepsilon}$ 时,

$$\frac{\partial^2 J(\hat{\xi})}{\partial \hat{\xi}^2} = \frac{\partial}{\partial \hat{\xi}}\int_0^1 (r - w)\left[(1 - G(K^\tau(\hat{\xi}, \alpha) - \mu - \xi))\frac{\partial K^\tau}{\partial \hat{\xi}} - \beta\right]h(\alpha)d\alpha$$

$$= (r - w)\int_0^1 \left[-g(K^\tau(\hat{\xi}, \alpha) - \mu - \xi)\left(\frac{\partial K^\tau}{\partial \hat{\xi}}\right)^2\right.$$

$$+(1 - G(K^\tau(\hat{\xi}, \alpha) - \mu - \xi)\frac{\partial^2 K^\tau}{\partial \hat{\xi}^2}\Bigg] h(\alpha)d\alpha$$

下面证明当 ξ 和 ε 分别服从 $[\underline{\xi}, \overline{\xi}]$ 和 $[\underline{\varepsilon}, \overline{\varepsilon}]$ 上的均匀分布时 $J(\hat{\xi})$ 为严格的凹函数, 即 $\frac{\partial^2 J(\hat{\xi})}{\partial \hat{\xi}^2} < 0$. 为了简化起见, 令

$$V(\alpha) = \left[-g(K^\tau(\hat{\xi}, \alpha) - \mu - \xi)\left(\frac{\partial K^\tau}{\partial \hat{\xi}}\right)^2 + (1 - G(K^\tau(\hat{\xi}, \alpha) - \mu - \xi))\frac{\partial^2 K^\tau}{\partial \hat{\xi}^2}\right] h(\alpha)$$

现在证明 $V(\alpha) < 0$ $(\forall \alpha \in (0, 1))$.

当 ξ 和 ε 分别服从 $[\underline{\xi}, \overline{\xi}]$ 和 $[\underline{\varepsilon}, \overline{\varepsilon}]$ 上的均匀分布时, (3.2.6) 和 (3.2.7) 式给出 $(1 - \alpha)\xi_T + \varepsilon$ 的分布函数 $Q(u \,|\, \hat{\xi}, \alpha)$ 的具体形式. 注意到, 如果 $u_\rho = Q^{-1}(\rho \,|\, \hat{\xi}, \alpha)$ 是上述两个式子中获得的解, 其中 $\rho = \dfrac{w - c - c_K}{w - c}$, 那么 $V(\alpha) < 0$. 事实上, 对于 (3.2.6) 和 (3.2.7) 式中第二种和第三种情况, u_ρ 都是 $\hat{\xi}$ 的线性函数, 故 $\dfrac{\partial u_\rho}{\partial \hat{\xi}}$ 为常数, 所以

$$\frac{\partial^2 K^\tau}{\partial \hat{\xi}^2} = \frac{\partial}{\partial \hat{\xi}}\left[\alpha + \frac{\partial u_\rho}{\partial \hat{\xi}}\right] = 0, \quad \frac{\partial K^\tau}{\partial \hat{\xi}} = \alpha + \frac{\partial u_\rho}{\partial \hat{\xi}} \neq 0, \quad V(\alpha) < 0$$

对于 (3.2.6) 和 (3.2.7) 式中第四种情况, 解得

$$u_\rho = Q^{-1}(\rho \,|\, \hat{\xi}, \alpha) = (1 - \alpha)\hat{\xi} + \overline{\varepsilon} - \sqrt{2(1 - \rho)(1 - \alpha)(\overline{\varepsilon} - \underline{\varepsilon})(\hat{\xi} - \underline{\xi})}$$

$$\frac{\partial u_\rho}{\partial \hat{\xi}} = (1 - \alpha) - \frac{2(1 - \rho)(1 - \alpha)(\overline{\varepsilon} - \underline{\varepsilon})}{\sqrt{2(1 - \rho)(1 - \alpha)(\overline{\varepsilon} - \underline{\varepsilon})(\hat{\xi} - \underline{\xi})}}$$

$$= 1 - \alpha - \sqrt{\frac{2(1 - \rho)(1 - \alpha)(\overline{\varepsilon} - \underline{\varepsilon})}{\hat{\xi} - \underline{\xi}}}$$

并且 $(1 - \alpha)\hat{\xi} + \underline{\varepsilon} < u_\rho \leqslant (1 - \alpha)\hat{\xi} + \overline{\varepsilon}$ 及 $(1 - \alpha)\underline{\xi} + \underline{\varepsilon} < u_\rho \leqslant (1 - \alpha)\underline{\xi} + \overline{\varepsilon}$, 即

$$(1 - \alpha)\hat{\xi} + \underline{\varepsilon} < (1 - \alpha)\hat{\xi} + \overline{\varepsilon} - \sqrt{2(1 - \rho)(1 - \alpha)(\overline{\varepsilon} - \underline{\varepsilon})(\hat{\xi} - \underline{\xi})} \leqslant (1 - \alpha)\hat{\xi} + \overline{\varepsilon}$$

$$(1 - \alpha)\underline{\xi} + \underline{\varepsilon} < (1 - \alpha)\hat{\xi} + \overline{\varepsilon} - \sqrt{2(1 - \rho)(1 - \alpha)(\overline{\varepsilon} - \underline{\varepsilon})(\hat{\xi} - \underline{\xi})} \leqslant (1 - \alpha)\underline{\xi} + \overline{\varepsilon}$$

亦即

$$1 - \frac{\bar{\varepsilon} - \underline{\varepsilon}}{2(1-\rho)(\hat{\xi} - \underline{\xi})} < \alpha < 1 - \frac{2(1-\rho)(\bar{\varepsilon} - \underline{\varepsilon})}{\hat{\xi} - \underline{\xi}} \tag{3.2.10}$$

所以

$$\begin{aligned}
\frac{\partial^2 K^\tau}{\partial \hat{\xi}^2} &= \frac{\partial}{\partial \hat{\xi}} \left[\alpha + \frac{\partial u_\rho}{\partial \hat{\xi}} \right] \\
&= \frac{\partial}{\partial \hat{\xi}} \left[\alpha + (1-\alpha) - \frac{2(1-\rho)(1-\alpha)(\bar{\varepsilon} - \underline{\varepsilon})}{\sqrt{2(1-\rho)(1-\alpha)(\bar{\varepsilon} - \underline{\varepsilon})(\hat{\xi} - \underline{\xi})}} \right] \\
&= \frac{1}{4} \sqrt{\frac{2(1-\rho)(1-\alpha)(\bar{\varepsilon} - \underline{\varepsilon})}{(\hat{\xi} - \underline{\xi})^3}} > 0
\end{aligned}$$

但是, 事实上, 由于 $\hat{\xi} \geqslant \underline{\xi}$, 按 (3.2.10) 式左边的不等式, $2(1-\alpha)(1-\rho)(\hat{\xi} - \underline{\xi}) < (\bar{\varepsilon} - \underline{\varepsilon})$.

$$\begin{aligned}
K^\tau(\hat{\xi}, \alpha) - \mu - \underline{\xi} &= \alpha \hat{\xi} - \underline{\xi} + Q^{-1}\left(\frac{w - c - c_K}{w - c} \mid \hat{\xi}, \alpha \right) \\
&= \alpha \hat{\xi} - \underline{\xi} + (1-\alpha)\hat{\xi} + \bar{\varepsilon} - \sqrt{2(1-\rho)(1-\alpha)(\bar{\varepsilon} - \underline{\varepsilon})(\hat{\xi} - \underline{\xi})} \\
&= \hat{\xi} - \underline{\xi} + \bar{\varepsilon} - \sqrt{2(1-\rho)(1-\alpha)(\bar{\varepsilon} - \underline{\varepsilon})(\hat{\xi} - \underline{\xi})} \\
&> \hat{\xi} - \underline{\xi} + \bar{\varepsilon} - (\bar{\varepsilon} - \underline{\varepsilon}) > \underline{\varepsilon}
\end{aligned}$$

因此, $g(K^\tau(\hat{\xi}, \alpha) - \mu - \underline{\xi}) \neq 0$. 也就是说, 在 (3.2.6) 和 (3.2.7) 式中第四种情况下, 不可能存在 α 使得 $K^\tau(\hat{\xi}, \alpha) - \mu - \underline{\xi} < \underline{\varepsilon}$, 则可得 $V(\alpha) > 0$. 此时, 由于 $\underline{\varepsilon} \leqslant K^\tau(\hat{\xi}, \alpha) - \mu - \underline{\xi} \leqslant \bar{\varepsilon}$, 故

$$g(K^\tau(\hat{\xi}, \alpha) - \mu - \underline{\xi}) = \frac{1}{\bar{\varepsilon} - \underline{\varepsilon}}$$

$$\begin{aligned}
G(K^\tau(\hat{\xi}, \alpha) - \mu - \underline{\xi}) &= G\left(\hat{\xi} - \underline{\xi} + \bar{\varepsilon} - \sqrt{2(1-\rho)(1-\alpha)(\bar{\varepsilon} - \underline{\varepsilon})(\hat{\xi} - \underline{\xi})} \right) \\
&= \frac{1}{\bar{\varepsilon} - \underline{\varepsilon}} \cdot \left[\hat{\xi} - \underline{\xi} + \bar{\varepsilon} - \sqrt{2(1-\rho)(1-\alpha)(\bar{\varepsilon} - \underline{\varepsilon})(\hat{\xi} - \underline{\xi})} - \underline{\varepsilon} \right]
\end{aligned}$$

$$V(\alpha) = \frac{1}{4}\sqrt{\frac{2(1-\rho)(1-\alpha)(\bar{\varepsilon}-\underline{\varepsilon})}{(\hat{\xi}-\underline{\xi})^3}}$$

$$\cdot\left(1 - \frac{\hat{\xi}-\xi+\bar{\varepsilon}-\sqrt{(1-\rho)(1-\alpha)(\bar{\varepsilon}-\underline{\varepsilon})(\hat{\xi}-\underline{\xi})}-\underline{\varepsilon}}{\bar{\varepsilon}-\underline{\varepsilon}}\right)$$

$$- \frac{\left(1 - \frac{1}{2}\sqrt{\frac{2(1-\rho)(1-\alpha)(\bar{\varepsilon}-\underline{\varepsilon})}{\hat{\xi}-\underline{\xi}}}\right)^2}{\bar{\varepsilon}-\underline{\varepsilon}}$$

$$= \frac{\sqrt{\frac{2(1-\rho)(1-\alpha)(\bar{\varepsilon}-\underline{\varepsilon})}{\hat{\xi}-\underline{\xi}}} - \frac{\hat{\xi}-\xi}{4(\hat{\xi}-\underline{\xi})}\sqrt{\frac{2(1-\rho)(1-\alpha)(\bar{\varepsilon}-\underline{\varepsilon})}{\hat{\xi}-\underline{\xi}}} - 1}{\bar{\varepsilon}-\underline{\varepsilon}}$$

$$\leqslant \frac{\sqrt{\frac{2(1-\rho)(1-\alpha)(\bar{\varepsilon}-\underline{\varepsilon})}{\hat{\xi}-\underline{\xi}}} - 1}{\bar{\varepsilon}-\underline{\varepsilon}}$$

$$< \frac{\sqrt{\frac{1-\alpha}{\hat{\xi}-\underline{\xi}}\cdot(1-\alpha)(\hat{\xi}-\underline{\xi})} - 1}{\bar{\varepsilon}-\underline{\varepsilon}}$$

$$= -\frac{\alpha}{\bar{\varepsilon}-\underline{\varepsilon}} < 0$$

其中, 第一的不等式是因为 $\dfrac{\hat{\xi}-\xi}{4(\hat{\xi}-\underline{\xi})}\sqrt{\dfrac{2(1-\rho)(1-\alpha)(\bar{\varepsilon}-\underline{\varepsilon})}{\hat{\xi}-\underline{\xi}}} \geqslant 0$ 且 $\alpha < 1 - \dfrac{2(1-\rho)(\bar{\varepsilon}-\underline{\varepsilon})}{\hat{\xi}-\underline{\xi}}$.

综上所述, 当 ξ 和 ε 分别服从 $[\underline{\xi},\bar{\xi}]$ 和 $[\underline{\varepsilon},\bar{\varepsilon}]$ 上的均匀分布时 $J(\hat{\xi})$ 为严格的凹函数, 即 $\dfrac{\partial^2 J(\hat{\xi})}{\partial \hat{\xi}^2} < 0$. 因此, 对于制造商而言, 存在最优的私人预测数据报告

$$\hat{\xi}^\tau(\xi) = \hat{\xi}^*$$

$$= \arg\min_{\hat{\xi}\in[\underline{\xi},\bar{\xi}]}\left|\int_0^1\left[(r-w)\frac{\partial K^\tau(\hat{\xi},\alpha)}{\partial\hat{\xi}}\cdot(1-G(K^\tau(\hat{\xi},\alpha)-\mu-\xi))-\beta\right]h(\alpha)d\alpha\right|$$

下面我们来证明 (3) 之 (a). 记

$$L(\alpha) = (r - w)\frac{\partial K^\tau(\hat{\xi}, \alpha)}{\partial \hat{\xi}}(1 - G(K^\tau(\hat{\xi}, \alpha) - \mu - \xi)) - \beta$$

我们只需证明, 当 $\beta > r - w$ 时, $L(\alpha) < 0$. 那么, 对于任意 $\hat{\xi} \in [\underline{\xi}, \overline{\xi}]$ 都有 $\frac{\partial J(\hat{\xi})}{\partial \hat{\xi}} < 0$, 因此, $\hat{\xi}^\tau(\xi) = \underline{\xi}$. 首先, 我们注意到, 若 $\beta > r - w$, 则

$$L(\alpha) < (r - w)\left[\frac{\partial K^\tau(\hat{\xi}, \alpha)}{\partial \hat{\xi}}(1 - G(K^\tau(\hat{\xi}, \alpha) - \mu - \xi)) - 1\right]$$

又因为 $0 \leqslant G(K^\tau(\hat{\xi}, \alpha) - \mu - \xi) \leqslant 1$, 所以, 若能证明 $\frac{\partial K^\tau(\hat{\xi}, \alpha)}{\partial \hat{\xi}} < 1$, 即得 $L(\alpha) < 0$. 实际上, 若 $\frac{\partial u_\rho}{\partial \hat{\xi}} = \frac{\partial}{\partial \hat{\xi}}Q^{-1}\left(\frac{w - c - c_K}{w - c}\Big|\hat{\xi}, \alpha\right) < 1 - \alpha$, 则

$$\frac{\partial K^\tau}{\partial \hat{\xi}} = \alpha + \frac{\partial u_\rho}{\partial \hat{\xi}} = \alpha + \frac{\partial}{\partial \hat{\xi}}Q^{-1}\left(\frac{w - c - c_K}{w - c}\Big|\hat{\xi}, \alpha\right) < 1$$

下面, 我们分六种情形 (i)-(vi) 往证, $\frac{\partial u_\rho}{\partial \hat{\xi}} = \frac{\partial}{\partial \hat{\xi}}Q^{-1}\left(\frac{w - c - c_K}{w - c}\Big|\hat{\xi}, \alpha\right) < 1 - \alpha$.

(i) 对例 3.1 中 (1) 的第二种情形, 由 $\frac{[u - \underline{\varepsilon} - (1 - \alpha)\underline{\xi}]^2}{2(1 - \alpha)(\hat{\xi} - \underline{\xi})(\overline{\varepsilon} - \underline{\varepsilon})} = \rho$ 可解得

$$u_\rho(\hat{\xi}) = \sqrt{2\rho(1 - \alpha)(\overline{\varepsilon} - \underline{\varepsilon})(\hat{\xi} - \underline{\xi})} + (1 - \alpha)\underline{\xi} + \underline{\varepsilon}$$

对应的条件为

$$(1 - \alpha)\underline{\xi} + \underline{\varepsilon} \leqslant u_\rho(\hat{\xi}) = \sqrt{2\rho(1 - \alpha)(\overline{\varepsilon} - \underline{\varepsilon})(\hat{\xi} - \underline{\xi})} + (1 - \alpha)\underline{\xi} + \underline{\varepsilon} \leqslant (1 - \alpha)\hat{\xi} + \underline{\varepsilon}$$

蕴含 $\sqrt{2\rho(1 - \alpha)(\overline{\varepsilon} - \underline{\varepsilon})(\hat{\xi} - \underline{\xi})} + (1 - \alpha)\underline{\xi} + \underline{\varepsilon} \leqslant (1 - \alpha)\hat{\xi} + \underline{\varepsilon}$, 即 $\frac{\rho(\overline{\varepsilon} - \underline{\varepsilon})}{\hat{\xi} - \underline{\xi}} \leqslant \frac{1}{2}(1 - \alpha)$.

所以, $\frac{\partial u_\rho}{\partial \hat{\xi}} = \sqrt{\frac{\rho(1 - \alpha)(\overline{\varepsilon} - \underline{\varepsilon})}{2(\hat{\xi} - \underline{\xi})}} \leqslant \frac{1}{2}(1 - \alpha) < 1 - \alpha$.

(ii) 对例 3.1 中 (2) 的第三种情形, 由 $\dfrac{u-(1-\alpha)\underline{\xi}-\frac{1}{2}(\bar{\varepsilon}+\underline{\varepsilon})}{(1-\alpha)(\hat{\xi}-\underline{\xi})}=\rho$ 可解得

$$u_\rho(\hat{\xi}) = \rho(\bar{\varepsilon}-\underline{\varepsilon})+\underline{\varepsilon}+\frac{1}{2}(1-\alpha)(\hat{\xi}+\underline{\xi})$$

所以, $\dfrac{\partial u_\rho}{\partial \hat{\xi}}=\dfrac{1}{2}(1-\alpha)<1-\alpha$.

(iii) 对例 3.1 中 (1) 的第四种情形, 由 $1-\dfrac{\left[(1-\alpha)\hat{\xi}+\bar{\varepsilon}-u\right]^2}{2(1-\alpha)(\hat{\xi}-\underline{\xi})(\bar{\varepsilon}-\underline{\varepsilon})}=\rho$ 可解得

$$u_\rho(\hat{\xi}) = (1-\rho)\hat{\xi}+\bar{\varepsilon}-\sqrt{2(1-\rho)(1-\alpha)(\bar{\varepsilon}-\underline{\varepsilon})(\hat{\xi}-\underline{\xi})}$$

所以, $\dfrac{\partial u_\rho}{\partial \hat{\xi}}=1-\alpha-\sqrt{\dfrac{(1-\rho)(1-\alpha)(\bar{\varepsilon}-\underline{\varepsilon})}{2(\hat{\xi}-\underline{\xi})}}<1-\alpha$.

(iv) 对例 3.1 中 (2) 的第二种情形, 由 $\dfrac{[u-\underline{\varepsilon}-(1-\alpha)\underline{\xi}]^2}{2(1-\alpha)(\hat{\xi}-\underline{\xi})(\bar{\varepsilon}-\underline{\varepsilon})}=\rho$ 可解得

$$u_\rho(\hat{\xi}) = \sqrt{2\rho(1-\alpha)(\bar{\varepsilon}-\underline{\varepsilon})(\hat{\xi}-\underline{\xi})}+(1-\alpha)\underline{\xi}+\underline{\varepsilon}$$

及对应的条件为

$$(1-\alpha)\underline{\xi}+\underline{\varepsilon}<u_\rho(\hat{\xi})=\sqrt{2\rho(1-\alpha)(\bar{\varepsilon}-\underline{\varepsilon})(\hat{\xi}-\underline{\xi})}+(1-\alpha)\underline{\xi}+\underline{\varepsilon}\leqslant(1-\alpha)\underline{\xi}+\bar{\varepsilon}$$

蕴含着 $\alpha<1-\dfrac{\bar{\varepsilon}-\underline{\varepsilon}}{\hat{\xi}-\underline{\xi}}$. 所以 $\dfrac{\partial u_\rho}{\partial \hat{\xi}}=\sqrt{\dfrac{\rho(1-\alpha)(\bar{\varepsilon}-\underline{\varepsilon})}{2(\hat{\xi}-\underline{\xi})}}\leqslant(1-\alpha)\sqrt{\dfrac{\rho}{2}}<1-\alpha$.

(v) 对例 3.1 中 (2) 的第三种情形, 由 $\dfrac{u-(1-\alpha)\underline{\xi}-\frac{1}{2}(\bar{\varepsilon}+\underline{\varepsilon})}{(1-\alpha)(\hat{\xi}-\underline{\xi})}=\rho$ 可解得

$$u_\rho(\hat{\xi}) = \rho(1-\alpha)(\hat{\xi}-\underline{\xi})+(1-\alpha)\underline{\xi}+\frac{1}{2}(\bar{\varepsilon}-\underline{\varepsilon})$$

所以 $\dfrac{\partial u_\rho}{\partial \hat{\xi}}=\rho(1-\alpha)<1-\alpha$.

(vi) 对例 3.1 中 (2) 的第四种情形, 可仿 (iii) 而证.

最后, 我们来证明定理的 (3)(b). 设 $\hat{\xi}^\tau(\xi_1)=\bar{\xi}$ 且 $\xi_2>\xi_1$. 来考虑下面三种情况:

(i) 对 $\hat{\xi}^{\tau}(\xi_1) \in [\xi_1, \xi_2)$ 的情况: 由于 $\hat{\xi}^{\tau}(\xi_2) \geqslant \xi_2$, 故结论明显.

(ii) 对 $\hat{\xi}^{\tau}(\xi_1) \in (\xi_2, \bar{\xi})$ 的情况: 设 $J(\hat{\xi}, \xi) = U^{\tau m}(\hat{\xi}, K^{\tau}(\hat{\xi}, \alpha^m), \xi)$. 由于 $\hat{\xi}^{\tau}(\xi_1) \in (\xi_2, \bar{\xi}) \subset (\xi_1, \bar{\xi})$, 故 $\dfrac{\partial J(\hat{\xi}\xi_1)}{\partial \hat{\xi}} \mid_{\hat{\xi}=\hat{\xi}^{\tau}(\xi_1)} = 0$. 由定理 3.2 可知, $\dfrac{\partial K^{\tau}(\hat{\xi}, \alpha)}{\partial \hat{\xi}} > 0$. 由 $G(\cdot)$ 的单调性得, $\dfrac{\partial J(\hat{\xi}\xi_2)}{\partial \hat{\xi}} \mid_{\hat{\xi}=\hat{\xi}^{\tau}(\xi_1)} > 0$. 又因为 $\hat{\xi}^{\tau}(\xi_1) < \bar{\xi}$, 所以, $\hat{\xi}^{\tau}(\xi_2) > \hat{\xi}^{\tau}(\xi_1)$.

(iii) 对 $\hat{\xi}^{\tau}(\xi_1) = \bar{\xi}$ 的情况: 此时 $\dfrac{\partial J(\hat{\xi}\xi_1)}{\partial \hat{\xi}} \mid_{\hat{\xi}=\bar{\xi}} > 0$. 与情况 (ii) 相同的讨论可得到, $\dfrac{\partial J(\hat{\xi}\xi_2)}{\partial \hat{\xi}} \mid_{\hat{\xi}=\bar{\xi}} \geqslant 0$. 所以, $\hat{\xi}^{\tau}(\xi_2) = \bar{\xi}$.

综上所述, 当 $\xi_2 > \xi_1$ 时, $\hat{\xi}^{\tau}(\xi_2) \geqslant \hat{\xi}^{\tau}(\xi_1)$. □

定理 3.3 的第一部分说明, 低报私人预测数据始终是制造商的次优选择. 在 Özer 和 Zheng 等的实验中, 参与者的决策也验证了这一结果. 根据对参与者的实验后问卷调查, 她们说只是在实验开始时做过其他尝试. 定理 3.3 的第二部分说明, 如果没有数据欺诈的负面效用, 即 $\beta = 0$, 那么制造商的最优预测数据报告是最高预测值 $\bar{\xi}$. 在 Özer 和 Zheng 等的实验中, 参与者的预测数据报告小于 $\bar{\xi}$, 从另一角度说明了数据欺诈负面效用是存在的, 即 $\beta \neq 0$, 它有效抑制了制造商将预测数据夸大到最大值. 定理 3.3 的第三部分中, (a) 进一步说明了当数据欺诈负面效用足够大时, 可信的预测数据共享对制造商也是最优的; (b) 也与实验观察相吻合, 说明制造商的预测数据报告与她的私人预测数据呈正相关.

3.2.1 信任嵌入模型的实验验证

1. 信任嵌入模型的检验

在下面的试验中, 首先估计了信任嵌入模型中的参数, 并研究了模型与实验数据的吻合程度. 由于每个个体的信任结构不仅与社会内部规范有关而且也跟个体的社会偏好有关, 因此, 在参数估计中, 信任参数 α, α^m, β 被认为是个体独有的. 对分组 i, 使用普通的最小二乘法来估计信任参数 α_i^s 和 $(\alpha_i^m, \beta_i)(i = 1, 2, \cdots, n)$,

$$(\alpha_i^m, \beta_i) = \arg \min_{\substack{\alpha_i^m \in [0,1] \\ \beta_i \geqslant 0}} \sum_{t=1}^{T} \left[(\hat{\xi}_{it} - \hat{\xi}^{\tau}(\xi_{it}, \alpha_i^m, \beta_i))\right]^2 \cdot \ell(i \text{ 在 } t \text{ 时刻是制造商})$$

$$\alpha_i^s = \arg \min_{\alpha_i^s \in [0,1]} \sum_{t=1}^{T} \left[(K_{it} - K^{\tau}(\hat{\xi}_{it}, \alpha_i^s))\right]^2 \cdot \ell(i \text{ 在 } t \text{ 时刻是供应商})$$

$$\ell(i\text{ 在 }t\text{ 时刻是制造商})=\begin{cases} 1, & i\text{ 在 }t\text{ 时刻是制造商}, \\ 0, & i\text{ 在 }t\text{ 时刻是供应商} \end{cases}$$

且 $\ell(i\text{ 在 }t\text{ 时刻是供应商}) = 1 - \ell(i\text{ 在 }t\text{ 时刻是制造商})$

其中, T 为博弈的总期数; $N = \{1, 2, \cdots, n\}$ 为参与者集合; $\xi_{it}, \hat{\xi}, K_{it}$ 分别为第 t 期的私人预测数据、预测数据报告和供应量决策; $K_{it}^\tau(\hat{\xi}_{it}, \alpha_i^s), \hat{\xi}^\tau(\xi_{it}, \alpha_i^m, \beta)$ 分别表示 (3.2.8) 和 (3.2.9) 式所给出的供应商最优供应量决策和制造商最优预测数据报告. 表 3.4 总结了四个组别的统计结果.

表 3.4

组别	模型参数		
	制造商		供应商
	α^m	β	α^s
$C_L U_L$	0.69[0.80](0.34)	1.10[0.20](1.60)	0.70[0.68](0.24)
$C_H U_L$	0.91[0.93](0.09)	3.07[2.98](1.97)	0.77[0.78](0.07)
$U_L U_H$	0.84[0.98](0.35)	2.81[2.58](2.21)	0.44[0.34](0.31)
$C_H U_H$	0.63[0.73](0.40)	5.69[6.33](4.05)	0.44[0.41](0.14)
全部	0.77[0.93](0.32)	3.17[2.50](3.01)	0.59[0.65](0.25)

组别	拟合的优良性			
	完全模型		限制性模型	
	R^2	AIC	AIC($\alpha^s = 0$)	AIC($\beta = 0$)
$C_L U_L$	0.94	4,869	5,579	7,945
$C_H U_L$	0.93	4,916	7,088	7,949
$U_L U_H$	0.87	5,655	6,037	8,111
$C_H U_H$	0.65	6,058	6,741	7,671

注: 表中给出的参数是对所给的对应组的全部参与者的平均值、中值和标准差. 最后一栏则是对所有组的所有参与者给出.

关于表 3.4, 主要说明三点: 首先, 对 α^s, β 的估计是显著正相关, 在缺乏信誉和复杂合同的情况下, 这很大程度上反映了信任和可信度水平. 这一结果也证实了完整的模型达到了比两个限制模型更好的拟合. 其次, α^m 的估计比 α^s 更大 (运用 Wilcoxon 单边检验, $p = 0.01$), 实验结果表明制造商过于自信地认为有更多的搭档信任她们. 最后, 除了实验 $C_H U_H$ 组, 其余组的实验在信任嵌入式模型中拟合的 R^2 的值都大于 0.8, 这个结果表明, 该模型对实验数据具有较好的拟合性. 图 3.3、图 3.4 给出了用于处理组 $C_H U_L$ 的模型拟合图形可视化的实验观测结果与信任嵌入模型预测结果的比较. 这两张图比较了双方的预测 (横轴) 和所观察到的决策 (纵轴), 对角线是 45° 线, 在这些线上的任何一个空心点都表示预测的决策与我们的实验观测一致. 大部分的空心点都位于或接近对角线, 这意味着信任嵌入式模型很好地拟合了实验数据.

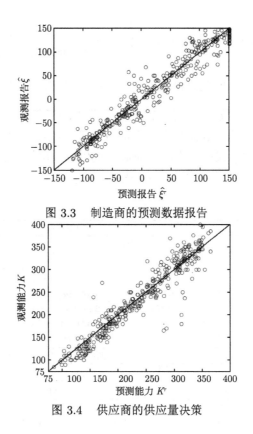

图 3.3 制造商的预测数据报告

图 3.4 供应商的供应量决策

2. 模型预测的参与者的决策

模型 (3.1.5)—(3.1.7) 从供应成本和市场不确定性两个维度讨论了预测数据共享合作的趋势和变化. 为了讨论信任嵌入模型的预测能力, 我们用信任嵌入模型对制造商和供应商的决策进行预测, 与统计的实验结果相比较, 表现出相同的行为模式.

(1) **制造商的预测数据报告的预测**. 我们来分析由定理 3.3 中公式 (3.2.9) 所提供的信任嵌入模型解指示的制造商的最优预测数据报告. 由于最优预测数据报告只能是数值解, 因此需要进行详尽的数值分析来获得静态结果. 该过程如下: ①固定一对值 (α^m, β); ②给定条件 $J \in \{C_L U_L, C_L U_H, C_H U_L, C_H U_H\}$, 对 (3.2.9) 式中 ξ 的所有可能取值计算 $\hat{\xi}_J^\tau(\xi)$, 得到一个向量 $\hat{\xi}_J^\tau$; ③ 重复第二步直到四个向量全部得到; ④对所有的 J 逐个比较 $\hat{\xi}_J^\tau$; ⑤对另一对新的值 (α^m, β) 重复以上步骤直到所有的值都被检测. 在这个实验中, 采用 $[\underline{\xi}, \overline{\xi}]$ 中的所有整数作为 ξ 的样本值. 为了得到一个鲁棒性的结果, α^m 和 β 的值都用 0.01 的倍数作为样本值, 其中 $\alpha^m \in [0, 1]$, $\beta \in (0, r - w)$.

110

图 3.5 给出了对制造商的信任结构 (α^m, β) 的一个样本值的结果. 其他所有样本值的结果都是相似的. 从中可以获得三个观察结果: 首先, 低供应成本的直线位置低于高供应成本的直线, 与前面的实验结果是一致的, 即降低供应成本将减少制造商夸大预测数据的程度; 其次, 在直线 $C_H U_L$ 的下方, 这一结果也与前面的实验结果一致, 即当供应成本较高时降低市场不确定性也会减小制造商夸大预测数据的程度; 最后, 直线 $C_L U_L$ 与直线 $C_L U_H$ 彼此接近, 这一结果也与前面的实验观察结果一致, 即当供应成本较低时, 变化的市场不确定性不会对制造商夸大预测数据的动机产生显著影响. 综上所述, 信任嵌入模型能准确地预测到在试验中所观察到的制造商决策的各种变化.

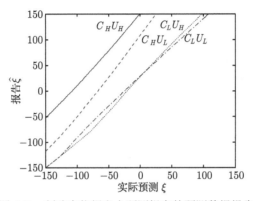

图 3.5　制造商依据私人预测提交的预测数据报告

(2) **供应商的供应量决策的预测**. 我们来分析由 (3.2.8) 给出的供应商的最优供应量决策. 关于供应成本对供应商供应量决策的影响, 定理 3.2 的第二部分表明, 供应商的最优供应量随供应成本的上升而下降. 这个结论也符合上述对模型的检验分析, 即降低供应成本将会导致更高的供应量. 为了分析市场不确定性对最优供应量决策的影响, 可以对制造商的供应量决策进行类似的分析. 具体步骤如下: ①固定 α^s 的值; ②给定每一个实验组的条件 $J \in \{C_L U_L, C_L U_H, C_H U_L, C_H U_H\}$, 对 (3.2.8) 式中 $\hat{\xi}$ 的所有可能取值计算 $K^\tau(\hat{\xi}_J^\tau, \alpha^s)$, 得到一个向量 K_J^τ; ③重复第二步直到四个向量全部得到; ④对所有的 J 逐个比较 K_J^τ; ⑤对另一对新的值 α^s 重复以上步骤直到所有的值都被检测. 在对模型的数值检验中, 采用 $[\underline{\xi}, \overline{\xi}]$ 中的所有整数作为 $\hat{\xi}$ 的样本值. 同样, 为了得到一个鲁棒性的结果, α^s 的值用 0.01 的倍数作为样本值, 其中 $\alpha^s \in [0, 1]$. 图 3.6 给出了对制造商的信任结构 α^s 的一个样本值的结果. 其他所有样本值的结果都是相似的.

可以观察到, 直线 $C_H U_L$ 在直线 $C_H U_H$ 的上方, 这与前一节中的实验结果一致, 即供应成本较高时减少市场的不确定性会有更高的供应量; 直线 $C_L U_L$ 在直

线 $C_L U_H$ 的下方, 也和此前的实验结果一致, U_L 和 $C_L U_L$ 的系数之和为负, 表明 $C_L U_L$ 的供应量低于 $C_L U_H$ 的供应量.

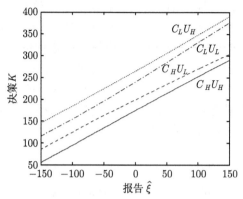

图 3.6　供应商依据制造商预测数据报告的供应量决策

综上所述, 由于供应成本和市场不确定性的变化, 嵌入信任模型不仅可以很好地与实验数据吻合, 而且也准确地预测了供应链合作伙伴双方决策的变化方向. 这样的预测能力有助于我们更好地理解信任如何在供应链决策环境中对人们决策产生作用. 因此, 相比于彼此完全不信任的 "廉价谈话" 模型, 信任嵌入模型对人们建立预测数据共享的合作行为提供了更好的解释, 并能在实际的预测数据合作博弈中预测决策者的行为.

3.2.2　重复交互实验

到目前为止, 我们已经知道了在没有复杂合同和声誉影响的情况下信任何时以何种方式在预测数据共享合作中发挥作用. 下面将通过实验来研究重复交互作用影响预测数据共享行为.

1. 实验设计与假设

Doney 等[23] 认为, 当双方重复互动时, 对对方声誉的关注会加强供应链合作伙伴之间的信任, 并进一步促进互相合作. 在重复博弈的有关文献中已有各种理论和实验分析认为, 通过适当的触发策略或审查策略达到博弈的均衡解. 为了研究重复预测数据共享博弈中重复交互对预测数据共享的影响, Özer 和 Zheng 等给出允许参与者反复互动的实验, 并将实验结果与前面的一次性交互实验进行比较. 为了形成鲜明的对比, 他们选择在所有的一次实验性互动实验中双方之间合作最少的供应链参数, 即 $C_H U_H$ 组 (高供应成本和高市场不确定) 中的参数.

我们知道, 在重复博弈中触发策略和审查策略的构建和结果取决于每次交互之后各方所能观察到的信息. 研究表明, 若以往阶段博弈的结果不能被某一方完全观察到, 那么合作行为可能不会持续. 在 Özer 和 Zheng 等的实验环境中, 博弈的历史中一个重要的信息是对私人预测数据验证的结果. 如果在每次交互之后都向供应商揭示预测数据的真相 (称为完整信息反馈), 意味着供应商可以完全验证制造商预测数据报告的可信度. 相反, 如果供应商只观察到已实现的需求而不是制造商的私人预测数据 (称为部分信息反馈), 制造商就有机会在不损害其声誉的情况下再次夸大她的私人预测数据. 因此, 合作可能会受到损害. 应该注意到, 一个声誉机制, 例如审查策略, 所使用的信息要比已验证过的需求数据内容更多, 而不是那些已查明的需求数据本身. 完全没有信息反馈和具有完整信息反馈这两种极端情形, 构成了信息反馈的潜在影响的下界和上界. 因此, Özer 和 Zheng 等在重复交互实验中使用完整信息反馈与部分信息反馈作为实验变量, 并研究了以下假设:

假设 6 当供应成本高且市场不确定性也高时, 重复交互将会导致更低的预测数据报告的夸大率和更高的渠道效率; 提供完整信息反馈将进一步降低预测数据报告的夸大率并提高渠道效率.

$$r = 100, w = 75, c = 0, c_K = 60, \mu = 250, \xi \sim U[-150, 150], \varepsilon \sim U[-75, 75]$$

表 3.5 给出了重复博弈的实验分组设计. 在每次实验开始时, 每个参与者都与对手随机配对. 在每一对参与者中, 一个被随机地选为制造商, 另一个被指定为供应商. 在整个实验过程中, 角色分配和配对没有改变. 参与者被告知, 他们将与同一组参与者进行多周期的相同的博弈, 但没有公布博弈的次数. 在这组实验中, 参与者的平均收益为 89.29 美元, 最低为 70.23 美元, 最高为 110.62 美元.

表 3.5

组别	信息反馈	参与者人数	期数
RF	完整信息反馈	12	90
RP	部分信息反馈	12	90

注: "F" 表示完整 (full) 信息反馈, "P" 表示部分 (partial) 信息反馈.

表 3.6 给出了预测数据共享重复博弈实验的统计数据汇总. 与前面的表 3.2 中 $C_H U_H$ 实验组的数据做对比, 就会发现, 观察到的预测数据的夸大率要低很多, 产量则高得多, 渠道效率也高得多. 这些观察证实了重复交互作用提高了预测数据共享的效率和参与者之间的合作水平.

表 3.6

组别	制造商的预测数据报告			供应商确定的供应量			渠道效率/%		
	平均值	中值	标准差	平均值	中值	标准差	平均值	中值	标准差
RP	20	[24]	88.85	236	[270]	91.73	95	[98]	7.07
RF	−1	[−9]	90.43	232	[238]	86.88	96	[99]	11.09

注 3.1 虽然表中预测数据报告的平均值和中值出现负数, 但这并不意味着预

测数据报告的夸大率改变, 因为对应于实验组 RF 的私人预测数据为 -8 和 -23.

2. 重复交互对合作的影响分析

为了通过模型来验证假设 6, 我们继续使用线性模型方法. 通过该模型来研究重复交互和信息反馈对制造商的预测数据报告、供应商供应量决策的影响及基于随机效应的渠道效率. 下面是线性模型:

$$\hat{\xi}_{it} = \text{Intercept} + \lambda_R^m \cdot R + \lambda_F^m \cdot F + \lambda_x^m \cdot \xi_{it} + \lambda_T^m \cdot t + \lambda_{RT}^m \cdot R \cdot t$$
$$+ \lambda_{FT}^m \cdot F \cdot t + \delta_i + \varepsilon_{it}$$

$$K_{it} = \text{Intercept} + \lambda_R^s \cdot R + \lambda_F^s \cdot F + \lambda_K^s \cdot \hat{\xi}_{it} + \lambda_T^S \cdot t + \lambda_{RT}^s \cdot R \cdot t$$
$$+ \lambda_{FT}^s \cdot F \cdot t + \omega_i + e_{it}$$

$$E_{it} = \text{Intercept} + \lambda_R^e \cdot R + \lambda_F^e \cdot F + \lambda_x^e \cdot \xi_{it} + \lambda_T^e \cdot t + \lambda_{RT}^e \cdot R \cdot t$$
$$+ \lambda_{FT}^e \cdot F \cdot t + \zeta_i + v_{it}$$

其中, 虚拟的变量 R 和 F 是两个组别因子. 若数据来自重复博弈实验, $R = 1$, 否则 $R = 0$; 若数据来自 RF 组, 则 $F = 1$, 否则 $F = 0$. 在实验中没有考虑二者的交互变量 $R \cdot F$. 因此, R 的系数表示 RP 实验组与 $C_H U_H$ 实验组相比的因变量的变化; F 的系数表示与 RP 实验组相比在 RF 实验组中因变量的变化. 此外, 在该线性模型中还考虑了 $R \cdot t$ 和 $F \cdot t$ 两个与时间的交互项, 用以捕获与 $C_H U_H$ 实验组相比的重复博弈的实验中时间累积的效应. 最后, 使用误差分析来处理同一参与者在决策中表现出来的异质性和相关性.

表 3.7 总结了上述模型的回归结果. 从 R 的系数中可以看出, 当供应商提供部分信息反馈时, 重复交互将显著降低制造商预测数据的夸大率, 也增加了供应商的供应量和渠道效率. 此外, 虽然 F 的系数也表明较低的预测数据夸大率、较高的供应量和较高的渠道效率, 但是重复交互过程中完整信息反馈却不能引起它们的显著变化. 这些结果为假设 6 提供了部分有力支持. 因此, 我们可以认为: 重复交互会显著降低预测数据膨胀, 从而更有效地促进预测数据共享和合作; 此外, 完整信息反馈也会进一步改进数据共享和合作的边际效应.

最后, 我们来简要地讨论在预测数据共享的重复博弈实验中时间对预测数据报告、供应量决策和渠道效率的影响. 在渠道效率的线性回归中关于 $t, R \cdot t, F \cdot t$ 的微小的系数表明, 合作带来的渠道效率几乎不会受时间的影响. 这说明与声誉的建立不同, 当参与者知道他们之间会反复互动时, 他们一开始就会采取合作. 制造商的预测数据报告决策 $\hat{\xi}$ 关于 t 和 $R \cdot t$ 的回归系数之和显著为正, 供应商的供应量决策 K 关于 t 和 $R \cdot t$ 的回归系数之和显著为负 (显著性检验的水平 $p < 0.01$).

这说明在 RP 实验组的实验过程中, 随着时间的推移制造商的预测数据报告夸大程度显著增加, 而供应商的供应量显著减少. 这种现象在其他的重复合作博弈实验中也有所反应, 例如 Andreoni[24] 等发现, 重复合作博弈中, 博弈双方在实验的后期会出现合作行为恶化的倾向. 更进一步, 与之不同的是, 无论对制造商还是供应商, 决策量对 $t, R \cdot t, F \cdot t$ 的回归系数之和是微小的, 说明当提供完整信息反馈时制造商夸大预测数据的程度和供应商供应量都不会出现显著变化. 也就是说, 信息反馈确实有助于维持双方的合作行为.

表 3.7

变量名	制造商的预测数据报告 $\hat{\xi}$		供应商确定的供应量 K		渠道效率/%	
	估计值	标准差	估计值	标准差	估计值	标准差
μ	60.029	8.324	181.187	8.385	83.407	1.847
R	-58.385	12.492	50.516	12.481	12.304	3.728
F	-2.760	13.174	6.115	13.080	0.791	4.582
ξ	0.889	0.010	—	—	0.016	0.005
$\hat{\xi}$	—	—	0.865	0.011	—	—
t	0.108	0.054	-0.683	0.063	-0.045	0.033
$R \cdot t$	0.169	0.075	0.387	0.086	0.037	0.029
$F \cdot t$	-0.243	0.072	0.184	0.084	0.019	0.028

3.2.3 结论

本章前面部分研究了在一个简单的批发价合同下供应商和制造商之间的预测数据共享. 制造商有私人的预测数, 并通过 "廉价谈话" 与供应商进行数据交互. 尽管从已有的标准博弈论分析来看, 仅有一次 "廉价谈话" 预测数据交互的话, 唯一均衡解是非合作性的, 即制造商不提供有用的数据且供应商也不予采纳, 但是实验的观察结果却恰恰相反. 我们发现在声誉和复杂合同都不存在的情况下, 决策者之间的信任严重影响了 "廉价谈话" 预测沟通的结果. 到目前为止, 数据共享和供应链协调的文献认为, 供应链成员要么绝对彼此信任而相互合作, 要么互不信任. 与这种完全信任或完全不信任的观点相反, 我们认为当人们共享预测数据时, 在这两个极端之间存在一个连续性. 我们还分析了供应链环境的变化如何影响这个连续体, 以及如何影响双方的决策. 例如, 我们观察到, 信任和合作受到的风险或易变性影响更多的是由于信任的潜在损失, 而不是环境的不确定性. 不考虑市场的不确定性时, 降低生产成本会对信任产生积极影响, 从而降低了预测数据夸大的程度, 进而提高了整体渠道效率. 相反, 降低市场的不确定性只会在生产成本高的时候提高合作的可能性.

为了更好地理解和预测到双方的行为, 提出了一种新的分析模型, 即 "嵌入信任模型". 该模型通过将信任和可信度的非金钱因素融入 "廉价谈话" 预测沟通的博弈论模型中, 从而改进了原有的非合作理论. 新模型揭示了供应商的信任是如何影响制造商报告的私人预测数据的更新. 此外, 由于提供失真的预测数据, 制造商的可信度也反映了数据欺诈的负面效用. 这个模型是基于实验结果和其他经济实验中实证的结果而发展起来的. 我们还发现嵌入信任模型是严格而准确地预测到了人们对供应链环境变化的响应, 并且与实验数据吻合得非常好. 模型的线性回归分析表明供应商对制造商的预测数据报告有很大程度的信任, 并且在报告私有预测数据时制造商是值得信任的. 我们还观察到制造商通常高估了供应商对它们的信任程度. 这个结果表明, 人们对于判断对方的行为状态过于自信, 将非金钱问题纳入考虑的分析模型有可能更好地解释人们的互信行为. 相反, 行为实验揭示了标准分析模型中仅基于金钱回报的潜在 "缺失" 成分. 我们希望这些结果也能激发一个新的研究领域, 如设计考虑非金钱因素、信任的契约.

最后, 为了通过 "廉价谈话" 对预测数据共享有一个完整的了解, 还设计了更多的实验来研究在重复交互中声誉对合作的影响. 实验结果表明, 在供应链中提升合作的声誉, 并为供应商提供更多的可信数据反馈以验证制造商报告的可信度, 因为每一次互动都会有助于更好地维持双方的合作行动. 另外, 实验也表明, 部分信息反馈的重复交互足以引起声誉的改变, 从而显著提高渠道效率. 换句话说, 似乎没有迫切的需求对复杂策略 (如出发策略) 进行加强. 例如, 当供应商观察到已实现的需求时, 就会采取惩罚措施来确保可靠的预测数据共享.

为什么嵌入式信任模型可以准确地解释观察到的行为? 理由是多种多样的. 在这里, 我们将进一步讨论信任嵌入模型的解释力, 得到几个理由. 例如, 可以用规避风险的动机来解释观察到的行为. 如果参与者是风险厌恶者, 那么定理 3.1 成立. 也就是说, 厌恶风险假设不能解释 "廉价谈话" 对预测数据共享是有益的. 另一方面, 信任嵌入模型也没有把追求风险作为模型假设, 或者说并不是所有参与者都是愿意冒险的. 这是因为: ①在相关研究中发现, 人们在面对损失的时候倾向于冒险, 在面对收益的时候倾向于规避风险; ②实验的参与者几乎不发生任何损失.

我们还考虑了是否仅凭信任或可信度来解释观察到的行为. 首先, 如果不存在可信度 ($\beta = 0$) 的情况下, 制造商不会体会到数据欺诈的负面效应. 那么, 按照定理 3.3 的第二个结论, 制造商的最优的预测数据报告是 $\hat{\xi}^\tau(\xi) = \bar{\xi}$. 但是, 这个结果与实验观察不一致. 这就足以说明, 无论制造商的风险态度是何类型, 只要是她的效用随着她的货币收益增加而增大, 都可以假定她具有一定的可信度 (她对采用预测数据欺诈行为具有一定的道德压力或羞耻心), 即在模型中总可以假设 $\beta \neq 0$. 其次, 如果存在可信度 ($\beta \neq 0$) 而且供应商使用 Bayes 规则来更新他的市场需求预测 ξ (用后验 Bayes 分布 $f(\xi|\hat{\xi})$ 来刻画), 而不是按一定的信任度 ($\alpha^s > 0$) 来采信制造商的预测数据报告 $\hat{\xi}$ (换言之, 不考虑供应商对制造商的信

任), 那么供应商的最优供应量决策仍然是 K^a, 而对制造商来讲, 她的效用函数中就会在 (3.1.2) 式基础上增加一项数据欺诈的负面效用, 即变为

$$\Pi_1^m(K, \xi) = (r - w)E_\varepsilon \left[\min(\mu + \xi + \varepsilon, K)\right] - \beta\varphi(\xi - \hat{\xi})$$

其中, $\varphi(\cdot)$ 表示制造商的预测数据欺诈的惩罚函数的一般形式, 即负面效用, 满足: ①$\varphi(0) = 0$; ②若 $\xi - \hat{\xi} \neq 0$, 则 $\varphi(\xi - \hat{\xi}) > 0$; ③$\varphi(\cdot)$ 是连续函数 (特别地, 在信任嵌入模型中, $\varphi(\xi - \hat{\xi}) = |\xi - \hat{\xi}|$ 是特例). 此时, 可以认为, 用带有数据欺诈负面效用的半分离的完美 Bayes 均衡可以解释观察到的实验结果. 这里所谓的半分离的完美 Bayes 均衡对应的制造商的均衡策略有两种类型: 一种是纯策略, 即纯策略为 ξ 的非减连续函数并且在 $[\underline{\xi}, \overline{\xi}]$ 的某个子区间上 (但不是整个区间) 是平坦的; 另一种是混合策略, 制造商在完全孤立策略和完全共享策略之间随机进行选择, 即她的混合策略是 0-1 分布, 0 代表完全孤立 ($\hat{\xi} \gg \xi$), 1 代表完全共享 ($\hat{\xi} = \xi$). 在这种半分离的均衡意义下, 供应商也可以在一定程度上更新他对 ξ 的观念 (即对 ξ 的分布的知识), 但不能准确地得出 ξ 的后验分布, 从而找不到精确的推理规则 $\delta : \hat{\xi} \mapsto K^\tau = \delta(\hat{\xi})$. 这与实验结果也是吻合的. 再次, 在模型中预测数据欺诈的负面效用函数除了 $\beta|\xi - \hat{\xi}|$ 也可以用别的函数形式, 如平方误差 $\beta|\xi - \hat{\xi}|^2$. 如若这样, 模型的变种会有定理 3.2 和定理 3.3 中的类似结论, 但解的一阶条件会有所不同. 更重要的是, 其他的模型变种与实验数据吻合度较差. 综上所述, 嵌入信任模型是对标准模型很好的扩展, 它能够合理解释实际供应链中可信的预测数据共享存在并能较好地预测到 "廉价谈话" 中人们的合作行为. 就目前而言, 很难找到更好的模型来解释观察到的实验结果. 当然, 也许其他的调查或实验观察会支持另类的模型.

3.3 流通供应链价格预测数据共享博弈

供应链 (supply chain), 是指生产及流通过程中涉及将产品或服务提供给最终用户的上、下游企业所形成的网链状结构. 由于预测数据会影响供应链中的产、供、销等基本决策, 预测数据共享机制设计是供应链管理中最活跃、最重要的研究领域. 预测数据共享是供应链信息共享的基础. 文献 [10, 25, 26] 的研究表明, 信息共享对于提升整个供应链的绩效 (如降低平均库存水平、减少库存和缺货成本等) 有显著作用. 供应链管理的本质就是通过数据共享消除上、下游企业间的信息不对称性, 从而优化各供应链参与企业的生产、库存、营销等决策[27].

在流通供应链信息博弈中, 终端批发市场内来自各地的批发商拥有产品的产地价格变化的最新信息, 往往能更准确地预测下一期的产品价格, 并对运营商有意隐藏预测价格, 致使信息不对称成为普遍现象. 运营商从批发商那里获取对进货价

格预测数据以确定进场费等策略时, 批发商为了追求价差和利润最大化, 会夸大未来进货价格预测. 批发商有动机降低成本, 无约束力和不可验证的通信方式来提高他的价格预测, 称为 "廉价谈话" (cheap talk). 在非合作的信息博弈中, 双方都采用信息缺失 (uninformative) 是 Nash 均衡. 也就是批发商的价格报告独立于他的预测, 而运营商没有使用制造商的报告来确定进场费、广告费等. 近年来, 预测共享和供应链协调问题一直有专家和学者关注. 文献对供应链双方的决策参数进行设计, 当双方建立合作关系, 提供其真实数据时, 能够同时达到供应链成员及整体利益的最大化. 文献提出供应链中一方受损、一方受益的交易关系不能达到共赢, 需要建立合作契约, 以提升供应链整体及成员的利益, 现有文献隐含地假设供应链成员之间, 要么绝对相互信任 (即在分享预测信息时进行合作), 要么完全不信任.

一方面, 从理性假设出发, 运营商和批发商之间绝对的信任是不存在的, 自然不会出现完全的预测信息共享. Crawford 和 Sobel 的研究表明[14], 如果参与预测数据共享的公司之间在激励措施和激励水平方面相差甚远的话, 这种 "廉价谈话" 的数据交流不会给运营商带来有用的信息, 即运营商和批发商之间的信息博弈是非合作博弈. 为了使流通供应链的合作伙伴之间能够达成可靠的预测价格数据共享, 需要设计切实可行的契约使他们的金钱激励水平完全一致. 从机制设计理论上讲, 这样的契约必须完全规避事前隐藏信息和事后隐藏行为的风险. 在信息不对称的非合作博弈场景下, 本书试图运用机制设计理论研究非金钱激励因素在预测数据共享中的意义, 证明简单批发价格合同在非合作信息博弈中仍发挥作用.

另一方面, 在流通供应链的信息博弈中, 运营商与批发商之间是否存在合作行为呢? 首先, 我们将关注信任在促进价格预测数据共享方面所起的作用. 这里对跨学科的信任给出一个普遍认可的定义: 信任是一种心理状态, 它包括基于对他人意图或行为的积极期望而接受弱点的意图[15]. 在生产供应链的信息博弈领域, 根据 Özer 等的实验, 即使在缺乏声誉建立机制和复杂合同的情况下, 运营商和批发商也进行合作, 合作的根本原因是信任和声誉对信息共享策略具有影响. 在流通供应链价格预测数据共享中, 信任特指运营商依赖批发商的价格预测数据来决定进场费、广告费和仓储量等策略的意愿. 运营商对批发商的信任有三种情况: ①作为一个极端, 如果运营商完全信任批发商, 那么他相信批发商提供的价格预测数据是真实的, 而且愿意据此做出自己的决策; ②作为另一个极端, 如果运营商完全不信任批发商, 那么他不会理睬批发商提供的价格预测数据; ③作为介于两个极端之间的折中, 流通供应链的合作伙伴不是一味地完全信任或完全不信任, 而是处在不断动态演化过程中. 如前所述, 运营商和批发商的价格信息不对称是必然的, 运营商不可能完全信任批发商. 他要么采取机制设计的办法规避批发商隐藏信息的风险, 要么根据他对批发商所提供的价格预测数据的真实性判断更新他下阶段对批发商的私人预测的信任值. 现实表明, 流通供应链的合作伙伴之间也在一定程度上存在信任并且可能以此实现动态合作. 也就是说, 在一般情况下, 供应链的合作伙伴不是一味地完全信任或完全不信任, 而是处于动态演化合作博弈过程中, 因此需要建立模型来预测各阶段流通供应链合作伙伴的信任态度, 从而预测他们的合作行为[28]. 作为第二个内容, 在信息不对称且具有 "廉价谈话" 价格预测数据共享的演化合作博弈场景下, 本书试图建立 "嵌入式信任模型" 整合 "廉价谈话" 预测沟通过程中金钱激励和非金钱激励诱发的合作动机. 通过建模分析, 运用模型明确地刻画运营商如何根据批发商所提供的私人预测数据来更新他的信任. 在预测数据欺诈无效的情况下, 模型还将刻画批发商的信任值是如何影响他操纵预测数据的动机. 嵌入式信任模型还将为运营商提供获取良好的价格预测数据的途径, 并能较准确地预见到人对供应链环境变化的响应. 嵌入式信任模型将量化信任, 并精确描述信任何时影响, 如何影响合作伙伴在不可靠数据交换中的决策. 该模型还将提供在信任极为重要的实际商务环境中处理预测事务和制定合同谈判策略的有效方法.

当然, 在实际的流通供应链管理中, 还有多种跨组织共享数据, 包括销售数据、订单数据、需求数据、预测需求、库存数据、成本数据及库存补充决策[29]. 预测价格数据共享属于一般交易与流程信息共享, 目的在于降低交易费用、缩短订单处理时间、降低订单处理成本[30]. 特别地, 对于一些销售价格随销售周期变化较大的产品来说, 价格预测是非常关键的一个决策因素. 现有文献大多研究的是一对一的二级供应链, 如 [31] 考虑由一个制造商和一个零售商组成的二级供应链的收益共享契约运用在考虑企业社会责任的供应链的优化决策。[32] 以价格规制为基础, 采用制造商合作博弈模型、制造商-Stackelberg 模型对两级供应链协调机制进行了研究. Hsieh 等在不确定需求下考虑了由多个制造商和一个零售商的供应链, 在分散和集中决策情形下研究了供应链成员的价格均衡决策. 文献 [33] 研究了一个供应商和一个制造商组成的按订单进行生产的二级供应链系统分析信息共享与协同合作对供应链收益的影响. 现实生活中, 供应链成员往往不止两个, 在假定批发商们独立提供价格预测数据的情况下, 本节将一对一的信任嵌入模型推广到一个运营商对多个批发商之间的价格预测数据共享问题.

3.3.1 标准博弈模型

1. 问题的描述及假设

在运营商和批发商的关系中, 由于批发商规模较小, 运营商往往占据主动权, 而批发商之间保持一种默契, 共谋以增加和运营商博弈的话语权, 以此保护自身的利益. 其运营状况是以运营商与批发商之间的博弈为主. 在典型的供应链中, 如

图 3.7 所示, 产品初始价格由供应商确定, 经产地批发市场和运营商市场后, 价格信息传递到终端消费市场. 其中, 批发商在供应商那里采购产品后, 进入运营市场, 需要向运营市场交纳固定额度的经营场地管理费和变动的单位产品交易管理费, 以下统称单位产品管理费.

图 3.7   供应链运作模式

在一个合理的范围内, 产品价格将影响需求, 且根据经济学的基本原理, 两者具有负比例关系. 不失一般性, 本节采用 $Q = a - bp$ 的形式表示运营市场所在地区产品总需求与批发价格的关系, 其中 a 表示自发消费, 即不受价格影响必须有的消费; Q 表示产品的总需求即总交易量; p 表示产品的交易价格. 其中, 产品的批发价格指批发商在运营市场把产品销售给分销商的价格, 而产品的采购价格指批发商在供应商购买产品的价格.

本节的研究基于以下假设:

(1) 运营市场内有 n 位批发商经营某种产品, 每位批发商只有一个经营场地, 在计划销售期的每个单销售周期内, 所有批发商以相同的采购价格采购产品, 但不同销售周期的采购价格是随机波动的变量;

(2) 当批发商隐藏产品采购价格信息时, 运营商不知道采购价格的确切值, 只掌握了它是已知区间 $[A, B]$ 上的随机变量, 且已知其概率分布函数 $F(\cdot)$ 和概率密度函数 $f(\cdot)$;

(3) 市场运营商和批发商均为风险中性.

其他符号及释义:

N 表示计划期内包含的周期数;

n 表示运营市场内经营场地数或批发商数;

M_i 表示第 i 位批发商, $i = 1, 2, \cdots, n$;

w 表示运营商;

m_j 表示第 j 周期 M_i 的产品采购价格, 是私有信息;

p_j 表示第 j 周期 M_i 的产品的交易价格, 是私有信息;

q_{ij} 表示第 j 周期 M_i 采购的产品数量;

Q_j 表示第 j 周期运营市场内产品的总交易量;

c_f 表示运营市场的运营成本, 包括土地租金、设施设备以及管理人员工资等, 是固定值;

c_t 表示批发商的单次运输成本, 是固定值;

c_0 表示运营商对每个批发商收取的经营场地管理费, 是固定值;

c_p 表示运营商构建管理费的单位成本;

c_{js} 表示信息对称情形下, 第 j 周期运营商收取的单位产品管理费, 是决策变量;

c_{ja} 表示完全信息不对称情形下, 第 j 周期运营商收取的单位产品管理费, 是决策变量;

c_{jv} 表示部分信息不对称情形下, 第 j 周期运营商收取的单位产品管理费, 是决策变量;

c_j 表示信息透明的情形下第 j 周期运营商收取的单位产品管理费, 是决策变量;

π_{mi} 表示批发商 M_i 的利润;

π_{wj} 表示运营商第 j 周期的利润;

μ 表示平均市场价格, 为正常数;

ε 表示市场不确定性;

ξ_i 表示批发商的私人价格预测数据;

$\hat{\xi}_i$ 表示批发商向运营商提供的预测价格数据报告;

c_p 表示运营商构建管理费的单位成本;

ξ_T 表示右截尾随机变量, $0 < \xi_T < 1$;

α^s 表示运营商对批发商的信任因子, $0 < \alpha^s < 1$;

α^m 表示批发商对运营商的信任因子, $0 < \alpha^m < 1$;

m_j^τ 表示运营商对批发商报告 $\hat{\xi}$ 的最优决策.

2. 基本博弈模型的建立

在产品销售季节内, 批发商的计划期持续 N 周期. 运营市场的运营模式为, 运营商向批发商收取固定的经营场地管理费和单位产品管理费. 在任意第 j 周期内, 批发商和运营商存在一个动态博弈过程: 批发商假定运营商收取的单位产品管理费 c_j 不变, 决策其最优采购量 q_{ij}, 它是 c_j 的函数; 运营商根据批发商确定的 q_{ij}, 决策最优的 c_j; 最后批发商由此确定 q_{ij} 的具体值.

考察第 j 周期内的情形. 批发商 M_i 和运营商的利润分别为

$$\pi_{mij} = [p_j - m_j - c_j]q_{ij} - c_t - c_0 \qquad (3.3.1)$$

$$\pi_{wj} = nc_0 + c_j \sum_i q_{ij} - c_f - c_p \sum_i q_{ij} \qquad (3.3.2)$$

$$Q_j = \sum_i q_{ij} = a - bp_j \qquad (3.3.3)$$

将 (3.3.3) 代入 (3.3.1) 中, 得到 M_i 的利润关于 q_{ij} 开口向下的二次函数, 存在定义域内的极大值, 求一阶导数有

$$\frac{\partial \pi_{mij}}{\partial q_{ij}} = \frac{a}{b} - \frac{1}{b} \left(q_{ij} + \sum_i q_{ij} \right) - m_j - c_j \qquad (3.3.4)$$

令 (3.3.4) 为 0, 得到 M_i 的利润取到极大值时的充分条件为

$$q_{ij} + \sum_i q_{ij} = a - b(m_j + c_j) \qquad (3.3.5)$$

完全理性的 n 位批发商必定均分 (3.3.5) 式的总量, 否则所有批发商都无法达到最优利润. 由式 (3.3.5), 解出均衡状态下 M_i 第 j 周期内的最优采购量为

$$q_{ij} = \frac{1}{n+1}[a - b(m_j + c_j)] \qquad (3.3.6)$$

将 (3.3.6) 代入 (3.3.3), 得到均衡状态下产品的交易价格为

$$p_j = \frac{a}{b(n+1)} + m_j + c_j \qquad (3.3.7)$$

由 (3.3.7) 式可以看出, 产品的均衡价格即交易价格与产品采购价格, 批发市场收取的单位产品管理费呈正比例关系. 交易价格和产品管理费都直接增加了单位产品的成本, 式 (3.3.7) 较好地反映了实际情况. 将式 (3.3.6) 代入式 (3.3.2), 得到运营商第 j 周期内的利润为

$$\pi_{wj} = nc_0 + \frac{n}{n+1}c_j[a - b(m_j + c_j)] - c_f - c_p \sum_i q_{ij} \qquad (3.3.8)$$

3. 完全信息不对称情形

运营商根据式 (3.3.8) 决策向批发商收取的单位产品管理费 c_{ja}, 使得其利润最大. 由于完全信息不对称, 运营商始终不知道批发商确切的采购价格, 根据假设 2 和式 (3.3.8) 得

$$c_{ja} = \frac{a}{2b} - \frac{1}{2} \int_A^B xf(x)dx > 0 \qquad (3.3.9)$$

将 (3.3.9) 式分别代入式 (3.3.6) 和式 (3.3.7), 得到均衡状态下批发商的最优采购量和产品均衡交易价格分别为

$$q_{ija} = \frac{1}{n+1}\left[a - b\left(m_j + \frac{a}{2b} - \frac{1}{2}\int_A^B xf(x)dx\right)\right] \tag{3.3.10}$$

$$p_{ja} = \frac{a}{b(n+1)} + m_j + \frac{a}{2b} - \frac{1}{2}\int_A^B xf(x)dx \tag{3.3.11}$$

再将 (3.3.9)—(3.3.11) 分别代入式 (3.3.1)、式 (3.3.8)、式 (3.3.3), 得到批发商和运营商的最优利润分别为

$$\pi_{mija} = \frac{a}{b(n+1)}\frac{1}{n+1}\left[a - b\left(m_j + \frac{a}{2b} - \frac{1}{2}\int_A^B xf(x)dx\right)\right] - c_t - c_0 \tag{3.3.12}$$

$$\pi_{wja} = nc_0 + \frac{nb}{n+1}\left(\frac{a}{2b} - \frac{1}{2}\int_A^B xf(x)dx\right)\left[\frac{a}{2b} - \left(m_j - \frac{1}{2}\int_A^B xf(x)dx\right)\right]$$
$$- c_f - c_p \sum_i q_{ij} \tag{3.3.13}$$

4. 信息对称情形

同理, 运营商根据式 (3.3.8) 决策向批发商收取的单位产品管理费 c_{js}, 使得其利润最大. 由于批发商共享了采购价格信息, 运营商始终知道采购价格的确定值. 仍由式 (3.3.8) 得

$$c_{js} = \frac{a}{2b} - \frac{1}{2}m_j \tag{3.3.14}$$

同理, 由式 (3.3.14) 依次得到均衡状态下批发商 M_i 的最优采购量、产品均衡价格、批发商 M_i 和运营商的最优利润分别为

$$q_{ijs} = \frac{1}{n+1}\left[a - b\left(m_j + \frac{a}{2b} - \frac{m_j}{2}\right)\right] \tag{3.3.15}$$

$$p_{js} = \frac{a}{b(n+1)} + \frac{a}{2b} + \frac{1}{2}m_j \tag{3.3.16}$$

$$\pi_{miis} = \frac{a}{b(n+1)}\frac{1}{n+1}\left[a - b\left(m_j + \frac{a}{2b} - \frac{m_j}{2}\right)\right] - c_t - c_0 \tag{3.3.17}$$

$$\pi_{wjs} = nc_0 + \left(\frac{a}{2b} - \frac{m_j}{2}\right)\left(a - \frac{bm_j + a}{2}\right) - c_f - c_p \sum_i q_{ij} \tag{3.3.18}$$

123

5. 部分信息不对称情形

研究表明, 价格传递的不对称依赖于价格变化的方向. 在整个运营市场中, 如果批发商的产品采购价格下降, 批发商不会向供应链下游传递这个消息, 而把这个作为信息垄断利润, 从而运营商不知道具体的采购价格; 如果采购价格上升, 批发商会充分传递这个消息, 以保障自己的利润不受价格增加而影响, 从而运营商知道具体的采购价格. 此时根据以上分析和式 (3.3.9), (3.3.14), 运营商向批发商收取的单位产品管理费

$$c_{jv} = \begin{cases} c_{ja}, & \text{当且仅当 } m_j < m_{j-1}, \quad P(m_j < m_{j-1}) = 1 - F(m_j), \\ c_{js}, & \text{当且仅当 } m_j > m_{j-1}, \quad P(m_j > m_{j-1}) = F(m_j) \end{cases} \quad (3.3.19)$$

即当且仅当 $m_j < m_{j-1}$ 时, 有 $c_{jv} = c_{ja}$; 当且仅当 $m_j > m_{j-1}$ 时, 有 $c_{jv} = c_{js}$. 而 $P(m_j < m_{j-1}) = 1 - F(m_j)$ 表示 $m_j < m_{j-1}$ 的概率, $P(m_j > m_{j-1}) = F(m_j)$ 表示 $m_j > m_{j-1}$ 的概率. 由式 (3.3.10)—(3.3.19), 依次得到均衡状态下批发商 M_i 的最优采购量、产品均衡价格、批发商和运营商的最优利润分别为

$$q_{ijv} = [1 - F(m_j)]q_{ija} + F(m_j)q_{ijs} \quad (3.3.20)$$

$$p_{jv} = [1 - F(m_j)]p_{ja} + F(m_j)p_{js} \quad (3.3.21)$$

$$\pi_{mijv} = [1 - F(m_j)]\pi_{mija} + F(m_j)\pi_{mijs} \quad (3.3.22)$$

$$\pi_{wjv} = [1 - F(m_j)]\pi_{wija} + F(m_j)\pi_{wijs} \quad (3.3.23)$$

6. 三种情形的比较

计划期内 m_j 是一个已知概型分布的随机变量, 满足以下性质

$$E(m_j) = \int_A^B xf(x)dx > 0 \quad (3.3.24)$$

$$\text{var}(m_j) = \int_A^B \left(x - \int_A^B xf(x)dx\right)^2 f(x)dx > 0 \quad (3.3.25)$$

命题 1 计划期内, 完全信息不对称和部分信息不对称情形下, 批发商的期望利润大于信息对称情形下的期望利润. 批发商具有隐藏采购价格信息的动机.

证明 由式 (3.3.12) 可得完全信息不对称情形下, 计划期内批发商 M_i 的期望利润为

$$E(\pi_{mia}) = -N(c_t + c_0) + \frac{aN}{b(n+1)^2}\left[a - b\left(\frac{a}{2b} - \frac{1}{2}\int_A^B xf(x)dx\right) + \text{var}(m_j)\right]$$

$$(3.3.26)$$

同理, 由式 (3.3.17) 可得对称信息情形下, 计划期内批发商 M_i 的期望利润为

$$E(\pi_{mis}) = - N(c_t + c_0) + \frac{aN}{b(n+1)^2}$$

$$\times \left[a - b \left(\frac{a}{2b} - \frac{1}{2} \int_A^B x f(x) dx + \frac{1}{4} \mathrm{var}(m_j) \right) \right] \qquad (3.3.27)$$

由式 (3.3.26) 和式 (3.3.27) 得

$$E\pi_{miv} = [1 - F(m_j)]E(\pi_{mia}) + F(m_j)E(\pi_{mis})$$

$$\Rightarrow E(\pi_{mia}) > E(\pi_{mis}); \quad E(\pi_{miv}) > E(\pi_{mis}) \qquad \square$$

命题 2 计划期内, 完全信息不对称和部分信息不对称的情形下, 运营商的期望利润小于信息对称情形下的期望利润. 运营商具有希望批发商共享全部采购价格信息的动机.

证明 由式 (3.3.13) 可得信息不对称情形下, 计划期内运营商的期望利润为

$$E(\pi_{wa}) = nNc_0 - Nc_f + \frac{nbN}{n+1} \left[\frac{a}{2b} - \frac{1}{2} \int_A^B x f(x) dx \right]^2 \qquad (3.3.28)$$

同理, 由式 (3.3.18) 可得信息对称情形下, 计划期内运营商的期望利润为

$$E(\pi_{ws}) = nNc_0 - Nc_f + bN \left[\left(\frac{a}{2b} - \frac{1}{2} \int_A^B x f(x) dx \right)^2 + \frac{1}{4} \mathrm{var}(m_j) \right] \qquad (3.3.29)$$

由式 (3.3.28), (3.3.29) 得

$$E(\pi_{wv}) = [1 - F(m_j)]E(\pi_{ma}) + F(m_j)E(\pi_{ws})$$

$$\Rightarrow E(\pi_{wa}) < E(\pi_{ws}); \quad E(\pi_{wv}) < E(\pi_{ws}) \qquad \square$$

7. 模型的分析

从命题 1 和命题 2 可以看出, 批发商的最优策略是隐藏采购价格信息, 这与现实情况是符合的, 而运营商的最优策略是让批发商与其共享采购价格信息, 这是一个对立的结果, 一方达到最优的代价是另一方无法达到最优. 根据标准博弈模型分析, 这种 "廉价谈话" 不能够使双方达到有效的预测数据共享. 但由于在批发商和运营商的博弈过程中, 批发商实际上是运营商收取管理费用决策的追随者,

从而运营商有动机改变决策方式, 使得批发商的最优策略就是共享其采购价格信息. 而批发商共享采购价格信息不但可以增加运营商的期望利润, 其重要意义还在于, 一旦信息得以共享, 运营市场所在地区的交易价格将处于更加稳定的状态, 这对稳定城镇居民生活具有重要意义. 因此, 考虑如何对 "廉价谈话" 对预测数据共享的有效性进行机制设计之后, 接下来本节将运用机制设计理论研究非金钱激励因素在预测数据共享中的意义, 从而引入了信任嵌入模型.

3.3.2 信任嵌入模型

1. 问题的描述

运营商和批发商的价格信息不对称是必然的, 根据标准博弈模型分析, 他们不会出现完全的预测信息共享. 通常情况下, 供应链的合作伙伴不是一味地完全信任或完全不信任, 而是处在动态演化合作博弈过程中, 因此引入了信任嵌入模型来预测他们的合作行为. 实践表明, 在信息不对称的前提下现实生产生活中运营商可通过收取不同的单位产品管理费, 达到协调信息不对称的效果. 考虑批发商和运营商进行数据交互, 在交易之前, 运营商先构建批发商的预期采购价, 此时假设采购价格由 $M = \mu + \varepsilon + \xi$ 给出, 设 μ 和 ε 都是共同知识, 即双方都知道 μ, 并且也知道 ε 是一个零均值随机变量, 其概率分布函数为 $G(\cdot)$, 且 $[\underline{\xi}, \overline{\xi}]$ 上定义了概率密度函数 $g(\cdot)$. ξ 表示批发商的私人价格预测数据, 它对批发商是确定的. 由于批发商更接近市场, 批发商可能已经获得了这些数据. 但对运营商而言, 每个批发商给出的 $\hat{\xi}_i$ 都是一个零均值随机变量, 其概率分布函数为 $F(\cdot)$, 且在 $[\underline{\xi}, \overline{\xi}]$ 上定义了分布密度函数 $f(\cdot)$. 双方的交易顺序如下: ①批发商 M_i 观察到私人数据 ξ_i, 并向运营商提供预测价格数据 $\hat{\xi}_i$; ②运营商在单位成本 c_p 下构建采购价格 m_j; ③采购价格 M 实现后, 批发商开始进货; ④运营商根据 $\min(M, m_j)$ 设置单位产品管理费; ⑤批发商收到货后, 以固定单价 p_j 进行销售. 运营商认为批发商有夸大私人预测价格数据的动机, 由于针对的是一个运营商对多个批发商的价格预测数据共享问题, 为更好地反映价格预测数据, 减少随机成分的影响, 运营商将会综合各批发商的预测数据取均值, 得到平均价格预测数据报告 $\hat{\xi} = \frac{1}{n}[\hat{\xi}_1 + \hat{\xi}_2 + \cdots + \hat{\xi}_n]$. 此外, 观察到运营商的信任影响了他处理批发商的预测价格数据报告的方式. 我们用信任因子 α^s 表示运营商对批发商的信任程度. 在信息不对称的前提下, 由于我们认为批发商的预测价格数据报告总是有所夸大, 故需要用缩小的量加以消除, 消除量可以用一个在 $[\underline{\xi}, \hat{\xi}]$ 上的右截尾的随机变量 ξ_T 表示, ξ_T 只会在 $\hat{\xi}$ 的左侧取值, 即 $P\{\xi_T < \hat{\xi}\} = 1$, 故可以用它消除 $\hat{\xi}$ 夸大效应的影响. 为此, 我们提出一个运营商的嵌入式信任更新规则. 在此信任结构下, 当获得批发商的预测价格数据报告 $\hat{\xi}$ 后, 对预测价格数据 ξ, 运营商将采用融合后验

分布.

2. 模型的建立

嵌入式信任更新规则 对于给定的预测价格数据报告 $\hat{\xi}$, 运营商认为 ξ 与信息融合后的随机变量 $\xi' = \alpha^s \hat{\xi} + (1 - \alpha^s)\xi_T$ 具有相同的分布, 其中 ξ_T 为 ξ 的右截尾变量, 服从 ξ 在 $[\underline{\xi}, \hat{\xi}]$ 的右截尾分布, α^s 为信任因子, 且满足 $0 \leqslant \alpha^s \leqslant 1$.

事实上, ξ_T 的分布函数 (或称累积分布函数) $F_{\xi_T}(z)$ 为 ξ 的分布函数 $F_\xi(z)$ 在 $[\underline{\xi}, \hat{\xi}]$ 的截尾分布, 即

$$
F_{\xi_T}(z) = P\{\xi_T \leqslant z, \xi_T \leqslant \hat{\xi}\} = \begin{cases} 0, & \xi < \underline{\xi}, \\ \dfrac{F_\xi(z)}{\displaystyle\int_{\underline{\xi}}^{\hat{\xi}} f(y)dy}, & \underline{\xi} \leqslant z \leqslant \hat{\xi}, \\ 1, & z > \hat{\xi} \end{cases}
$$

其分布密度函数为

$$
f_{\xi_T}(z|\hat{\xi}) = \begin{cases} 0, & z < \underline{\xi}, \\ \dfrac{f(z)}{\displaystyle\int_{\underline{\xi}}^{\hat{\xi}} f(y)dy}, & \underline{\xi} \leqslant z \leqslant \hat{\xi}, \\ 1, & z > \hat{\xi} \end{cases}
$$

因此, 当 $0 < \alpha^s < 1$ 时, 在嵌入式信任规则下, ξ 的融合后验分布函数, 即 ξ 的融合随机变量 $\xi' = \alpha^s \hat{\xi} + (1 - \alpha^s)\xi_T$ 的分布为

$$
F_{\xi|\hat{\xi}}(z) = P\left\{\alpha^s \hat{\xi} + (1 - \alpha^s)\xi_T < z\right\}
$$

$$
= P\left\{\xi_T < \frac{z - \alpha^s \hat{\xi}}{1 - \alpha^s}\right\} = F_{\xi_T}\left(\frac{z - \alpha^s \hat{\xi}}{1 - \alpha^s}\right)
$$

$$
= \begin{cases} 0, & \dfrac{z - \alpha^s \hat{\xi}}{1 - \alpha^s} < \underline{\xi}, \\ \dfrac{F_\xi\left(\dfrac{z - \alpha^s \hat{\xi}}{1 - \alpha^s}\right)}{\displaystyle\int_{\underline{\xi}}^{\hat{\xi}} f(y)dy}, & \underline{\xi} \leqslant \frac{z - \alpha^s \hat{\xi}}{1 - \alpha^s} \leqslant \hat{\xi}, \\ 1, & \dfrac{z - \alpha^s \hat{\xi}}{1 - \alpha^s} > \hat{\xi} \end{cases}
$$

$$
= \begin{cases}
0, & z < \alpha^s \hat{\xi} + (1 - \alpha^s) \underline{\xi}, \\[2mm]
\dfrac{F_\xi \left(\dfrac{z - \alpha^s \hat{\xi}}{1 - \alpha^s} \right)}{\displaystyle \int_{\underline{\xi}}^{\hat{\xi}} f(y) dy}, & \alpha^s \hat{\xi} + (1 - \alpha^s) \underline{\xi} \leqslant z \leqslant \hat{\xi}, \\[4mm]
1, & z > \hat{\xi}
\end{cases}
$$

对应的 ξ 的融合后验分布密度函数为

$$
f_{\xi'}(z | \hat{\xi}, \alpha^s) = \begin{cases}
\dfrac{1}{1 - \alpha^s} \left(\displaystyle \int_{\underline{\xi}}^{\hat{\xi}} f(y) dy \right)^{-1} f\left(\dfrac{z - \alpha^s \hat{\xi}}{1 - \alpha^s} \right), & \alpha^s \hat{\xi} + (1 - \alpha^s) \underline{\xi} \leqslant z \leqslant \hat{\xi}, \\[4mm]
0, & \text{其他}
\end{cases}
$$

下面, 我们讨论批发商的信任结构. 为了区别于运营商, 我们用信念概括批发商的信任情况. 尽管批发商可能不知道运营商的信任指数 α^s, 但是他可以对此有一定的猜测或信念, 用取值 [0,1] 的随机变量 α^m 及其分布加以描述, 并假定 α^m 的概率分布函数为 $H(\cdot)$, 对应的分布密度函数为 $h(\cdot)$.

在考虑了运营商和批发商的信任结构之后, 批发商和运营商的效用函数确定为

(1) 批发商的效用函数

$$
U^{\tau m}(\hat{\xi}, m_j, \xi) = \{ p_j - E_\varepsilon[\min(\mu + \xi + \varepsilon, m_j)] - c_j \} q_{ij} - c_t - c_0 \tag{3.3.30}
$$

(2) 运营商的效用函数

$$
U^{\tau w}(\hat{\xi}, m_j, \xi) = n c_0 + c_j \sum_i q_{ij} - c_f - m_j c_p \tag{3.3.31}
$$

$$
c_j = \frac{a}{2b} - E[\min(\mu + \alpha^s \hat{\xi} + (1 - \alpha^s) \xi_T + \varepsilon, m_j)] \tag{3.3.32}
$$

称此模型为信任嵌入模型.

我们考虑两阶段的扩展式博弈. 博弈分两个阶段来清晰表明参与者采取行动的次序, 以及数据博弈参与者在做决定前所知道的信息: 第一阶段, 由批发商提供她的预测报告; 第二阶段, 运营商推断批发商的采购价格.

因此, 用逆向归纳解来讨论信任嵌入模型, 当预测数据博弈的第二阶段时, 运营商决定他的采购价格, 由于批发商已经选择了 $\hat{\xi}$, 故运营商的决策为

$$
\max U^{\tau w}(\hat{\xi}, m_j, \xi) \tag{3.3.33}
$$

假定 (3.3.33) 的最优解为 $m_j^\tau(\hat\xi, \alpha^s)$ 作为运营商对批发商的报告 $\hat\xi$ 的最优反映, 批发商知道 α^s, 故博弈的第一阶段, 批发商的决策问题为

$$\max U^{\tau m}(\hat\xi, m_j^\tau, \xi) = t_j - E_\varepsilon[\min(\mu + \xi + \varepsilon, m_j^\tau(\hat\xi, \alpha^s))]q_{ij} - c_t - c_0 \quad (3.3.34)$$

其中 t_j 为与采购价无关的销售收入.

实际上, 批发商不能准确地知道运营商对他的信任因子 α^s, 而只能采用他自己的随机变量 α^m, 设其分布密度函数为 $h(\alpha)$. 所以在博弈的第一阶段, 批发商的决策问题为

$$\max U^{\tau m}(\hat\xi, m_j^\tau, \xi) = \int_0^1 \{t_j - E_\varepsilon[\min(\mu + \xi + \varepsilon, m_j^\tau(\hat\xi, \alpha^m))]q_{ij}\}h(\alpha)d\alpha$$
$$- c_t - c_0 \quad (3.3.35)$$

对给定的 $\hat\xi$ 及 α^s, 设 $Q(z|\hat\xi, \alpha^s)$ 为随机变量 $(1-\alpha^s)\xi_T + \varepsilon$ 的分布函数, 那么

$$Q(z|\hat\xi, \alpha^s) = P\{(1-\alpha^s)\xi_T + \varepsilon \leqslant z\} = \int_{-\infty}^{+\infty} P\{(1-\alpha^s)\xi_T \leqslant x, \varepsilon \leqslant z - x\}dx$$

$$= \int_{-\infty}^{+\infty} P\{(1-\alpha^s)\xi_T \leqslant x\}P\{\varepsilon \leqslant z - x\}dx$$

$$= \int_{-\infty}^{+\infty} P\left\{\xi_T \leqslant \frac{x}{1-\alpha^s}\right\}P\{\varepsilon \leqslant z - x\}dx$$

$$= \int_{-\infty}^{+\infty} P\left\{\xi \leqslant \frac{x}{1-\alpha^s}\Big|\xi \leqslant \hat\xi\right\}P\{\varepsilon \leqslant z - x\}dx$$

$$= \int_{-\infty}^{+\infty} \frac{P\left\{\xi \leqslant \dfrac{x}{1-\alpha^s}\Big|\xi \leqslant \hat\xi\right\}}{P\{\xi \leqslant \hat\xi\}}P\{\varepsilon \leqslant z - x\}dx$$

$$= \int_{-\infty}^{(1-\alpha^s)\hat\xi} \frac{P\left\{\xi \leqslant \dfrac{x}{1-\alpha^s}\right\}}{P\{\xi \leqslant \hat\xi\}}P\{\varepsilon \leqslant z - x\}dx + \int_{(1-\alpha^s)\hat\xi}^{+\infty} P\{\varepsilon \leqslant z - x\}dx$$

而对应的分布密度函数为

$$q(z|\hat\xi, \alpha^s) = \frac{d}{dz}Q(z|\hat\xi, \alpha^s)$$
$$= \left(\int_{\underline\xi}^{\hat\xi} f(t)dt\right)^{-1} \int_{-\infty}^{(1-\alpha^s)\hat\xi} \left(\int_{\underline\xi}^{\frac{x}{1-\alpha^s}} f(t)dt\right)g(z - x)dx$$

$$+ \int_{(1-\alpha^s)\hat{\xi}}^{+\infty} g(z-x)dx \qquad (3.3.36)$$

可以通过解出最优化问题 (3.3.33) 和 (3.3.34), 即得定理 3.4 和定理 3.5.

定理 3.4 对运营商的决策, 我们有

(1) 优化问题 (3.3.33) 的解为

$$m_j^\tau(\hat{\xi}, \alpha^s) = \alpha^s\hat{\xi} + \mu + Q^{-1}\left(\frac{q_{ij}-c_p}{q_{ij}}\right) \qquad (3.3.37)$$

(2) m_j^τ 为 $\hat{\xi}$ 的严格增函数;

(3) m_j^τ 为 c_p 的严格减函数.

证明 事实上,

$$E_{\xi_T,\varepsilon}[\min(\mu + \alpha^s\hat{\xi} + (1-\alpha^s)\xi_T + \varepsilon, m_j)]$$

$$=E_{1-\alpha^s\xi_T+\varepsilon}[\min(\mu + \alpha^s\hat{\xi} + (1-\alpha^s)\xi_T + \varepsilon, m_j)]$$

$$=\int_{-\infty}^{+\infty} z f_{\min(\mu+\alpha^s\hat{\xi}+(1-\alpha^s)\xi_T+\varepsilon, m_j)}(z)dz$$

$$=\int_{-\infty}^{p_j} z q(z-\mu-\alpha^s\hat{\xi}|\hat{\xi}, \alpha^s)dz + m_j \int_{p_j}^{+\infty} q(z-\mu-\alpha^s\hat{\xi}|\hat{\xi}, \alpha^s)dz$$

$$=\int_{-\infty}^{m_j-\mu-\alpha^s\hat{\xi}} (u+\mu+\alpha^s\hat{\xi})q(u|\hat{\xi}, \alpha^s)du + [1-Q(m_j-\mu-\alpha^s\hat{\xi}|\hat{\xi}, \alpha^s)]m_j$$

所以, 当 $m_j - \mu - \alpha^s\hat{\xi} < (1-\alpha^s)\hat{\xi} + \bar{\varepsilon}$ 时,

$$\frac{\partial u^{\tau w}}{\partial m_j} = q_{ij}[(m_j - \mu - \alpha^s\hat{\xi})q(m_j - \mu - \alpha^s\hat{\xi}|\hat{\xi}, \alpha^s) + (\mu + \alpha^s\hat{\xi})q(m_j - \mu - \alpha^s\hat{\xi}|\hat{\xi}\alpha^s)$$

$$- m_j q(m_j - \mu - \alpha^s\hat{\xi}|\hat{\xi}, \alpha^s) + (1 - Q(m_j - \mu - \alpha^s\hat{\xi}|\hat{\xi}, \alpha^s))] - c_p$$

$$= (q_{ij} - c_p) - q_{ij}Q(m_j - \mu - \alpha^s\hat{\xi}|\hat{\xi}, \alpha^s)$$

又因为, $\frac{\partial^2 u^{\tau w}}{\partial m_j{}^2} = -q_{ij}q(m_j - \mu - \alpha^s\hat{\xi}|\hat{\xi}, \alpha^s) \leqslant 0$, 故 $u^{\tau w}$ 为 m_j 的单峰函数, 其唯一的最大值点为 $(q_{ij} - c_p) - q_{ij}Q(m_j - \mu - \alpha^s\hat{\xi}|\hat{\xi}, \alpha^s) = 0$ 的解, 即 $m_j^\tau(\hat{\xi}, \alpha^s) = \alpha^s\hat{\xi} + \mu + Q^{-1}\left(\frac{q_{ij}-c_p}{q_{ij}}\right)$.

下面证明 m_j^τ 为 $\hat{\xi}$ 的严格增函数.

设 $(q_{ij} - c_p) - q_{ij}Q(m_j - \mu - \alpha^s\hat{\xi}|\hat{\xi}, \alpha^s) = 0$ 的解为隐函数 $m_j^\tau = m_j(\hat{\xi}, \alpha^s)$,
记 $u_p(\hat{\xi}) = Q^{-1}\left(\dfrac{q_{ij} - c_p}{q_{ij}}|\hat{\xi}, \alpha^s\right)$ 为 $(1 - \alpha^s)\xi_T + \varepsilon$ 的 $\rho = \dfrac{q_{ij} - c_p}{q_{ij}}$ 分位点, 它满
足

$$\rho = Q(u_p|\hat{\xi}, \alpha) = \left(\int_{\underline{\xi}}^{\hat{\xi}} f(y)dy\right)^{-1}\int_{\underline{\xi}}^{\hat{\xi}} G(u_\rho - (1 - \alpha^s)y - \alpha^s\hat{\xi})f(y)dy$$

即 $V(u_\rho, \hat{\xi}) = \displaystyle\int_{\underline{\xi}}^{\hat{\xi}} G(u_\rho - (1 - \alpha^s)y - \alpha^s\hat{\xi})f(y)dy - \rho F(\hat{\xi}) = 0.$ 前式两边对 $\hat{\xi}$ 求
隐函数导数

$$\frac{du_\rho}{d\hat{\xi}} = -\frac{\partial V/\partial\hat{\xi}}{\partial V/\partial u_\rho} = \frac{[\rho - G(u_\rho - \hat{\xi})]f(\hat{\xi})}{\displaystyle\int_{\underline{\xi}}^{\hat{\xi}} g(u_\rho - (1 - \alpha^s)y - \alpha^s\hat{\xi})f(y)dy}$$

由于 $G(\cdot)$ 是增函数, 当 $y < \hat{\xi}$ 时, $G(u_\rho - (1 - \alpha^s)y - \alpha^s\hat{\xi}) - G(u_\rho - (1 - \alpha^s)y - \alpha^s\hat{\xi}) > 0$, 从而

$$\rho - G(u_\rho - \hat{\xi}) = \left(\int_{\underline{\xi}}^{\hat{\xi}} f(y)dy\right)^{-1}\int_{\underline{\xi}}^{\hat{\xi}} G(u_\rho - (1 - \alpha^s)y - \alpha^s\hat{\xi})f(y)dy$$
$$- \left(\int_{\underline{\xi}}^{\hat{\xi}} f(y)dy\right)^{-1}\int_{\underline{\xi}}^{\hat{\xi}} G(u_\rho - (1 - \alpha^s)\hat{\xi} - \alpha^s\hat{\xi})f(y)dy$$

故当 $f(\hat{\xi}) \neq 0$ 时, $\dfrac{\partial u_\rho}{\partial\hat{\xi}} > 0$, 即 $(1 - \alpha^s)\xi_T + \varepsilon$ 的 ρ-分位点 $u_\rho(\hat{\xi})$ 为 $\hat{\xi}$ 的
严格增函数. 由于 ξ_T 服从 ξ 在 $[\underline{\xi}, \hat{\xi}]$ 的右截尾分布, 其分布函数与 $\hat{\xi}$ 有关, 故将
ξ_T 记为 $\xi_T(\hat{\xi}), (1 - \alpha^s)\xi_T(\hat{\xi}) + \varepsilon$ 的分布函数即为 $Q(z|\hat{\xi}, \alpha^s)$. 由 (3.3.37) 式可得,
$\dfrac{\partial m_j^\tau}{\partial\hat{\xi}} = \alpha^s + \dfrac{\partial u_\rho}{\partial\hat{\xi}} > 0.$

所以 m_j^τ 为 $\hat{\xi}$ 的严格增函数.

最后, 我们证明 m_j^τ 为 c_p 的减函数. 事实上 $\dfrac{\partial m_j^\tau}{\partial c_p} = \dfrac{\partial u_\rho}{\partial\rho} \cdot \dfrac{\partial\rho}{\partial c_p} = -\dfrac{1}{q_{ij}q(u_\rho|\hat{\xi}, \alpha^s)}$
< 0, 所以 m_j^τ 为 c_p 的减函数. $\square$

定理 3.5 对批发商的预测数据报告决策有, 当 $\hat{\xi} < \underline{\xi}$ 时, 批发商的期望效用
$U^{\tau m}(\hat{\xi}, m_j(\hat{\xi}, \alpha^m), \xi)$ 是 $\hat{\xi}$ 的严格增函数.

证明 令 $J(\hat{\xi}) = U^{\tau m}(\hat{\xi}, m_j^{\tau}(\hat{\xi}, \alpha^m), \xi)$, 当 $\hat{\xi} < \underline{\xi}$ 且 $\xi \in [\underline{\xi}, \bar{\xi}]$ 时, 由 (3.3.35) 式定义, 对 $\xi \in [\underline{\xi}, \bar{\xi}]$, 有

$$E_\varepsilon[\min(\mu + \xi + \varepsilon, m_j^{\tau}(\hat{\xi}, \alpha))]$$

$$= \int_{-\infty}^{+\infty} z f_{\min(\mu+\xi+\varepsilon, m_j^{\tau}(\hat{\xi}, \alpha^m))}(z) dz$$

$$= \int_{-\infty}^{m_j^{\tau}(\hat{\xi}, \alpha^m)} z g(z - \mu - \xi) dz + m_j \int_{m_j}^{+\infty} g(z - \mu - \xi) dz$$

$$= \begin{cases} \mu + \xi, & m_j^{\tau}(\hat{\xi}, \alpha^m) - \mu - \xi > \bar{\varepsilon}, \\ \int_{-\infty}^{m_j^{\tau}(\hat{\xi}, \alpha^m) - \mu - \xi} u g(u) du + (\mu + \xi) G(m_j^{\tau}(\hat{\xi}, \alpha^m) \\ \quad - \mu - \xi) + [1 - G(m_j^{\tau}(\hat{\xi}, \alpha^m) - \mu - \xi)] m_j^{\tau}(\hat{\xi}, \alpha^m), & m_j^{\tau}(\hat{\xi}, \alpha^m) - \mu - \xi \leqslant \bar{\varepsilon} \end{cases}$$

$$\max_{\hat{\xi}} U^{\tau m}(\hat{\xi}, m_j^{\tau}(\hat{\xi}, \alpha^m), \xi) = \int_0^1 \{t_j - E_\varepsilon[\min(\mu + \xi + \varepsilon, m_j^{\tau}(\hat{\xi}, \alpha^m))] q_{ij}\} h(\alpha) d\alpha$$

$$- c_t - c_0$$

从而, 当 $m_j^{\tau}(\hat{\xi}, \alpha^m) - \mu - \xi \leqslant \bar{\varepsilon}$ 时

$$\frac{\partial J(\hat{\xi})}{\partial \hat{\xi}}$$

$$= \frac{\partial}{\partial \hat{\xi}} \left[\int_0^1 t_j \left(\int_{-\infty}^{m_j^{\tau}(\hat{\xi}, \alpha^m) - \mu - \xi} u g(u) du + (\mu + \xi) G(m_j^{\tau}(\hat{\xi}, \alpha^m) - \mu - \xi) \right) h(\alpha) d\alpha \right]$$

$$+ \frac{\partial}{\partial \xi} \int_0^1 t_j (1 - G(m_j^{\tau}(\hat{\xi}, \alpha^m) - \mu - \xi)) m_j^{\tau}(\hat{\xi}, \alpha^m) h(\alpha) d\alpha$$

$$= \int_0^1 t_j [g(m_j^{\tau}(\hat{\xi}, \alpha^m) - \mu - \xi)(m_j^{\tau}(\hat{\xi}, \alpha^m) - \mu - \xi)$$

$$+ (\mu + \xi) g(m_j^{\tau}(\hat{\xi}, \alpha^m) - \mu - \xi) + (1 - G(m_j^{\tau}(\hat{\xi}, \alpha^m) - \mu - \xi))$$

$$- g(m_j^{\tau}(\hat{\xi}, \alpha^m) - \mu - \xi) m_j^{\tau}(\hat{\xi}, \alpha^m)] \frac{\partial m_j^T}{\partial \hat{\xi}} h(\alpha) d\alpha$$

$$= \int_0^1 t_j \left[(1 - G(p_j^{\tau}(\hat{\xi}, \alpha^m) - \mu - \xi)) \frac{\partial p_j^T}{\partial \hat{\xi}} \right] h(\alpha) d\alpha \qquad \square$$

3. 模型的分析

通过定理 3.3, 将第一部分运营商的公式 (3.3.37) 代入公式 (3.3.14) 可以得出批发商已经选择好预测数据报告后运营商决策最优管理费应为 $c_j = \dfrac{a}{2b} - \dfrac{1}{2}\left[\alpha^s \hat{\xi} + \mu + Q^{-1}\left(\dfrac{q_{ij} - c_p}{q_{ij}}\right)\right]$; 第二部分说明批发商的预测数据报告的价格与运营商收取的管理费呈正相关; 第三部分说明运营商构建管理费的单位成本增加, 那么他决策收取的管理费会减少.

通过定理 3.4, 可以知道对批发商来说少报私人预测总是次优的, 在一定范围内批发商的预测数据报告的价格越高, 批发商的期望效用越大, 这也是符合实际生活的, 当批发商的报价越高, 运营商收取的管理费会为稳定市场相对给予放松, 采购价格的上升势必交易价格也会上升, 在整个市场价格上升的情况下, 利润是会有所增加的. 通过信任嵌入模型的分析, 明确刻画出了运营商如何根据批发商所提供的私人预测数据来更新他的信任. 在预测数据欺诈无效的情况下, 模型还反映了批发商的信任值如何影响他操纵预测数据的动机. 嵌入式信任模型还为运营商提供了获取良好的价格预测数据的途径, 并能较准确预见到人对供应链环境变化的响应.

3.3.3 结论

本节研究了在一个简单的批发价合同下一个运营商和多个批发商之间的预测数据共享. 批发商有私人的预测数据, 并通过 "廉价谈话" 与运营商进行数据交互. 到目前为止, 数据共享和供应链协调的文献认为, 供应链成员要么绝对彼此信任而相互合作, 要么互不信任. 与这种完全信任或完全不信任的观点相反, 我们认为当人们共享预测数据时, 在这两个极端之间存在一个连续性.

为了更好地理解和预测到双方的行为, 提出了一种新的分析模型, 即 "嵌入信任模型". 该模型通过将信任和可信度的非金钱因素融入 "廉价谈话" 预测沟通的博弈论模型中, 从而改进了原有的非合作理论. 新模型揭示了供应商的信任是如何影响制造商报告的私人预测数据的更新的.

通过建立和分析运营商市场与批发商之间的动态博弈模型和信任嵌入模型, 得出如下主要结论.

(1) 计划期内, 完全信息不对称和部分信息不对称情形下, 批发商的期望利润大于信息对称情形下的期望利润; 批发商具有隐藏采购信息的动机. 该结论也很好地体现了现实中的情形.

(2) 计划期内, 完全信息不对称和部分信息不对称情形下, 运营商市场的期望利润小于信息对称情形下的期望利润; 运营商具有希望批发商共享全部采购价格信息的动机.

(3) 计划期内, 信息对称情形下产品的供应量和批发价格的波动幅度, 小于完全信息不对称和部分信息不对称情形下对应的波动幅度; 批发商共享采购价格信息的行为, 起到良好地稳定产品供给, 平抑产品物价的作用.

(4) 信任嵌入模型通过将信任和可信度的非金钱因素融入 "廉价谈话" 预测沟通的博弈论模型中, 从而改进了原有的非合作理论. 揭示了运营商的信任是如何影响批发商报告的私人预测数据的更新的.

第 4 章　中国公共数据库数据质量控制模型体系及实证

4.1　中国公共数据库概述

社会经济系统是复杂的自适应系统, 系统与环境之间、子系统与子系统之间、要素与要素之间广泛存在着物质流、能量流和信息流[35]. 随着信息时代的来临和信息技术的发展, 社会经济系统内部的信息流越来越引起人们的重视. 信息和信息流的研究已经对经济学和管理科学研究产生深刻影响, 甚至彻底改变了相关领域研究的面貌. 博弈论与信息经济学的兴起正反映了这种深刻的改变[10]. 数据作为信息和知识的载体, 对信息时代的社会经济系统的运行和控制起着基础性作用, 从根本上影响决策的信息基础和科学性, 进而影响社会经济生活的方方面面. 伴随着数据和信息的流动, 在市场和政策的作用下, 资源得以有效配置, 甚至信息及其流动机制通过公共政策执行在资源配置中起到决定性作用. 更有甚者, 在信息网络如此发达的环境下, 以公共数据库为基础的信息流动已经引起政治变革.

公共数据库是信息公开和信息自由的基础, 是信息时代的必然产物和社会民主的信息基础, 也是公共政策与决策的支撑要件. 当今世界各国把公共数据库的建设当成公共基础设施建设的主要内容之一, 其重要性不亚于国家高速公路网、通信网、电网、高铁网的建设. 公共数据库是指具有社会管理功能且基于计算机系统与网络的数据库, 除非特别申明, 本书中是指 Web 公共数据库.

有的学者甚至认为, 数据的生命力比软件更持久. 理由是程序可以不停地升级换代乃至退出, 但保存数据的数据库却会继续存在, 其价值很可能与日俱增、历久弥新. 图灵奖获得者、万维网之父 Tim Berners-Lee 就认为, 数据是宝贵的, 它的生命力比收集和处理它的软件系统还要持久[5]. 美国软件开源运动领袖 Eric Raymond 也说, 一个好的数据结构和一个糟糕的代码, 比一个糟糕的数据结构和好的代码要强多了. 可见公共数据库比其上的应用软件系统重要得多.

美国是拥有公共数据库最多的国家. 截至 2011 年, 美国联邦政府已经拥有 1 万多个独立的公共数据库, 分属于 2094 所数据中心, 管理着庞大的联邦数据资

注: 本章内容主要发表于《中国科学: 信息科学》, 详见参考文献 [34].

产, 每年直接的运行费用仅联邦预算就高达 784 亿美元[5]. 以美国商务部下属的美国普查局 (USCB) 数据库为例, 它拥有 2560 TB, 即 2560×2^{40} 字节, 它的大小已经大大超出人类的直接感知能力. 美国国家安全局 (NSA) 和美国中央情报局 (CIA) 都拥有超级巨大的数据库. 据时任 Rand 公司情报政策研究中心主任 John Parachini 接受《巴尔的摩太阳报》记者采访时所说, 美国国家安全局是从数据库保留的电话监控记录中发现了本·拉登的蛛丝马迹而将其一举击毙的. 该局对全美电话进行监控, 所收集的数据量是惊人的, 每 6 小时产生的数据量就相当于美国国会图书馆印刷体藏书的信息总量. 而美国国会图书馆是世界上馆藏量最大的图书馆之一. 再说美国中央情报局, 其本职工作就是收集情报信息, 业内专家普遍认为它可能拥有全世界最大的数据库.

我国公共数据库建设相对滞后, 运行效率比较低下, 而且缺乏有效的数据质量控制机制, 导致数据质量较差, 从而影响了可用性. 随着我国社会经济制度市场化改革的深化和计算机网络的普及, 已经陆续建成、在建和即将建设一些超大规模的公共数据库, 如个人身份信息数据库、组织机构代码数据库、个人医疗保险数据库、社会保险数据库、房屋产权登记数据库、财政税务数据库、中国人民银行个人征信数据库等. 尽管有些数据库尚未实现全国联网, 但由于人口基数大, 经济规模迅速扩大, 使得我国公共数据库建设之初就遇到数据规模庞大、网络结构复杂、法制不健全和社会环境变迁等因素带来的数据管理难题. 可以说, 从全世界范围看, 我国公共数据库建设和运行管理的困难和挑战都是前所未有的, 其中包括技术困难和制度设计困难. 例如, 由于人口基数的原因, 以个人身份信息数据库为基础的国家福利和个人经济活动记录 (医保、社保、信贷、通信、交通等) 的公共数据库规模就是美国的 5 倍, 而数据库的技术和管理难度随数据量的增加呈现非线性增长.

公共数据库与一般的商用数据库不同, 它往往由政府主导建设和运行, 其本身具有公共产品的属性. 公共产品的供给和使用是一个囚徒困境问题[10], 公共数据库也不例外. 政府、企业和公众都提供真实有效的数据来建设公共数据库并保证公共数据库的良好运行, 政府的公共政策制定就会更透明更科学, 企业和公众的权利和利益会得到更有效的保护. 问题是, 如果政府积极组织公共数据库的建设和运行, 并及时、有效、真实地把政府业务流程数据提供给公众, 但企业和公众不按法规和政策提供真实有效数据, 政府又拿不出有效的行政措施进行处置, 那么政府会处于政绩失败的境地并承担财政损失. 同样, 企业和公众按要求提供了完整、有效、真实、及时的数据, 但政府不按政务公开原则让企业和公众通过数据库查询政府业务流程并有效履行隐私保护, 那么企业和公众因为承担过多成本和隐私泄露风险而没有配合政府维护公共数据库的运行的积极性, 并最终导致公共数据库名存实亡. 更糟糕的是, 政府和既得利益者沆瀣一气危害公众利益. 所以,政府、企业和公众都不愿意投入公共数据库建设和运行, 或消极地给公共数据库提供虚假信息、不完整信息或审核不严. 这样就导致了公共数据库建不起来、运行失效和数据质量低下, 最终形同虚设. 这也是我国各类公共数据库大多未能有效运行的根本原因所在. 解决这样的问题需要进行一系列关于公共数据库建设与运行的机制设计.

经济学认为, 由于公共产品或服务的特性而导致的偏好显示及搭便车问题, 政府提供公共产品比市场提供具有更高的效率. 因此, 我国政府长期以来普遍采用纵向一体化的方式, 垄断了公共数据库的供给和需求. 最近也有一些学者认为: 政府垄断地提供公共产品, 不仅事实上存在着成本高、质量低、不公平等问题, 而且造成某种 "强制消费" 现象, 即国民在获得公共产品方面缺乏必要的选择权. 而且基于公共选择理论、新公共管理理论的公共产品供给的市场化主张逐渐为许多国家所接受[36]. 例如, 美国等发达市场经济国家已经尝试行业协会、民间智库和跨国公司围绕某些公共领域建立和运行相对独立的市场化的数据库. 这些数据库具备一定的公共数据库功能, 必要时政府可以征用其中的数据. 例如, 企业或行业协会自主建立的产品溯源系统、行业标准管理系统等. 这些数据库已经具备公共产品的某些属性, 属于准公共产品[37]. 在我国, 学术界和技术管理机构已经就一般公共产品供给的市场化进行了研究并取得了一些理论和实践成果[36]. 随着我国改革开放的进一步深入, 有必要在兼顾效率与公平、控制与监督原则下, 探讨推进我国公共数据库建设与运行的市场化机制. 但是, 在短期内公共数据库作为特殊公共产品, 其供给的政府主导方式很难改变.

由是观之, 我国公共数据库的建设、运行管理和数据质量控制已经成为管理科学界亟待研究的重点领域之一.

4.2 公共数据库中数据质量的定义及维度分析

4.2.1 公共数据库的公共产品属性和数据质量的内涵

数据是信息的载体, 好的数据质量是各种数据分析 (如联机分析处理分析、数据挖掘等) 能够得到有意义结果的基本条件. 反之, 如果数据质量得不到保障, 再先进的数据库系统、搜索引擎和决策支持系统也无济于事. 人们常常抱怨所谓的 "数据丰富, 信息贫乏", 其原因有二: 一是缺乏有效的数据分析技术; 二是数据质量不高如数据残缺不全、数据不一致、数据重复等会直接导致数据不能有效地被利用. 公共数据库中的数据质量管理如同其他公共产品质量管理一样贯穿于数据生命周期的各个阶段, 但尚缺乏适合我国公共数据库数据质量管理的系统思路.

各级政府作为公共数据库的主体责任者, 对公共数据库中的数据质量控制起到至关重要的作用. 对此, 国外政府颁布了一些政府层面的数据质量控制措施, 来保证数据收集、使用、发布过程中数据的客观性、实用性、完整性、时效性、数据管理流程的科学性和数据救助机制的可行性. 例如, 1980 年, 美国国会要求联邦政府管理与预算局 (OMB) 制定公共数据库中数据质量控制的具体措施. 为此, OMB制定了数据质量控制的指导原则[5]:

(1) 数据质量标准: 政府各部门必须保证数据的真实性、实用型、完整性和时效性.

(2) 科学的数据质量管理流程: 政府各部门必须针对数据质量, 完善信息管理的流程, 防止低质量的数据出现.

(3) 完善的数据质量救助机制: 政府各部门必须建立一个行政机制来应对公众对数据质量的质疑和挑战. 如果政府发布的数据质量确实存在问题, 必须有相应的纠错机制来补救.

我国政府也在《中华人民共和国统计法》和《中华人民共和国食品安全法》等法律条文中对企业和政府部门提供数据的必要性和真实性作了定性的要求, 但没有制定过特别针对数据质量的专门法规.

在学术界的许多文献中, 数据质量 (data quality, DQ) 与信息质量 (information quality, IQ) 2 个术语通用, 定义多种多样. 其中, 比较流行的是 Wang 等[38]提出的定义, 即将数据质量定义为数据使用的适合性. 此定义的基础是当时全面质量管理中广泛接受的质量概念, 因此, 关于数据质量的这个定义迅速而广泛地被学术界接受. 按此定义, 数据质量判断依赖于数据使用者, 即数据用户, 不同环境下不同数据用户使用的适合性不同. 故数据质量概念是相对的, 不能独立于数据用户来评价数据质量. 据此, 识别数据质量维度成为一项有价值的研究工作. 文献 [38] 采取二阶段调查方法识别出 4 类共 15 个数据质量维度.

固有质量包括: 正确性, 客观性, 可信性, 声誉.

可访问性质量包括: 可访问性, 访问安全.

语境质量包括: 相关性, 增值性, 及时性, 全面性, 数据量.

表达质量包括: 可解释性, 易理解性, 简明性, 一致性.

文献 [38] 所采用的统计方法中选择的调查对象是具有工业背景的人士、MBA学生和普通数据消费者, 第一阶段设计的 179 个初始数据质量属性指标中的多数指标明显倾向数据消费者对商业数据质量的关注. 因此, 可以判断文献 [38] 关注的是商用数据库或企业数据库中的数据质量问题. 另外, 由于当时网络还不发达, 导致可访问性受到数据用户的高度关注, 显然在高速网络环境里的 Web 数据库中, 可访问性不是数据质量的维度而是权限设置范畴, 甚至是可忽略的. 公共数据库与商用数据库不同, 其使用者往往不是以纯粹的消费为目的, 与文献 [38] 中的数据消费者内涵不同, 而且数据用户使用公共数据库时没有多余的选择, 因此, 声誉和增值性也不是公共数据库中数据质量维度.

之后, 针对 Web 数据库, 多位学者增加了网络环境下的数据质量维度, 包括: 理解, 正确, 清晰, 适用, 简明, 一致, 恰当, 流通, 方便, 适时, 可追溯, 交互, 可访问, 安全, 可维护, 快捷 [39-45]. 这些维度较好地体现了数据库中数据质量网络应用层面的内涵, 但还是不能很好地涵盖公共数据库中数据质量的公共产品的质量内涵.

若不考虑数据用户的不同需求, 仅仅针对数据的固有质量, 即狭义的数据质量, 则可以从数据的制造过程来看数据质量. 利用数据库生产过程和普通产品制造过程的相似性, 建立起数据产品与物质产品的联系. 原始数据对应原材料, 数据加工对应材料加工, 数据产品对应物质产品. 这样, 全面质量管理 (TQM) 的原则、方法、指南和技术就可以用于数据质量管理. 因此, 在数据产品制造过程中有四种角色: 数据提供者、数据生产者、数据消费者、数据管理者. 文献 [46] 给出的数据制造系统模型, 通过建立表达数据单元和系统构件关联关系的数据制造系统分析矩阵, 系统地追踪数据产品相关属性, 这些属性的测量值可以用于数据制造系统的改进. 但是此文献中的研究对象也是商用数据制造, 反映了商用数据制造过程质量控制原理. 也就是说, 把商用数据库中数据的质量问题视为普通商品生产过程质量控制问题.

公共数据库中数据制造的过程与一般公共产品制造过程有相似性, 有别于普通商品的制造过程. 在运行环境上又与商用 Web 数据制造系统较为一致, 与当今物流环境下普通商品全球供应链制造模式具有相似性. 因此, 把公共数据库中数据质量视为公共产品制造过程质量控制的结果是一个科学的思路.

对于狭义的数据质量, 也可以从另一角度来解释. 在一个或多个数据库中, 同一个现实对象可能具有多种描述方法. 因此, 数据质量可以用数据和其对应实体的 "完美表达" 间的差距来衡量. 实体识别在数据质量管理中起着重要作用, 是数据质量管理的主流研究方向之一. 实体识别的目的是在一个或多个数据库中辨识描述同一个实体的不同表示方法, 正确地识别出数据库中的所有不同实体. 实体识别的结果是数据库中所有不同实体的集合以及每个实体的不同描述方法. 实体识别的结果可以在数据质量管理的其他阶段得到广泛应用, 如冗余数据去重、错误数据发现、不一致数据发现与冲突消解等. 在不同的文献中, 实体识别有着不同的名称, 包括对象识别、冗余发现、实体消解等[45].

在公共数据库中数据制造过程的各个关键环节产生的中间产品 (中间数据) 采用实体识别技术进行数据清洗, 来达到关键过程质量控制目的是一种值得推荐的方法.

公共数据库是具有公共产品性质的特殊的数据库, 其数据质量也有特殊的维度, 专门针对公共数据库中数据质量的研究成果尚未见文献报道.

4.2.2 公共数据库的特性

我们可以从公共数据库这一公共产品的提供者、使用者和管理者的角色分析与数据生产过程来阐述公共数据库的数据质量与数据质量控制. 公共数据库的用户角色和数据制造关键过程控制的特性表现在以下几个方面.

(1) 公共数据库参与者具有角色多重性.

公共数据库的数据源提供者、数据的生产者、数据的管理者和消费者往往有多重身份, 特别在 Web 公共数据库越来越占主流的情况下, 更增加了角色的多重性. 例如, 大多数公共数据库的责任主体是公共部门 (以各级政府部门为主), 他们在监管和决策过程中是数据的使用者, 在业务审批流程中又是数据的提供者, 在数据管理法规的制定中又是数据的管理者; 企业在被监管的过程中是数据的提供者, 在数据知情权下又是数据的使用者; 公众作为传统的公共数据库的数据消费者已经逐步进入参与角色, 通过举报、投诉、发帖等形式为公共数据库提供数据, 由此触发公共部门处理举报、投诉过程中的业务流程数据再造. 与商业数据库不同, 公共数据库的数据用户不等同于商业数据消费者和其他公共产品使用者.

(2) 公共数据库必须体现公平和效率的原则.

公共数据库作为公共产品, 无论何种用户都必须秉持在公正与合法的前提下保护用户的数据使用权益和履行数据提供者的法律义务. 这一点和普通商用数据库有着本质性的差别. 一方面要打破数据垄断, 另一方面要通过法制和市场手段保护数据提供者和生产者的权益. 如何实现二者之间的平衡是一个值得研究的课题.

(3) 公共数据库最小数据集确认和数据成本听证制度.

出于公共事务的处理和政府信息公开需求, 公共数据库的部分数据来源具有强制收集法规支撑, 在原始数据收集过程中必然产生社会成本. 同时, 原始数据收集过程中也必须遵从隐私保护原则, 借此保护公民个人隐私和企业的商业机密、独有配方和工艺等. 因此, 面向数据源提供者强制收集的数据范围和种类必须尽可能小. 对不同的数据源强制收集的数据指标之间尽量不重合. 也就是说, 公共数据库中强制性数据收集必须遵从数据最小原则. 最小数据集 (MDS) 的概念起源于美国的医疗领域[5]. 1973 年, 在美国国家生命健康统计委员会 (NCVHS) 的主导下, 为了规范出院病人的信息收集工作, 美国第一次制定了统一的出院病人最小数据集. 既然是出院, 核心环节就是付钱, 所以这些数据又被用于创建统一的医疗账单 (UB), 成立了国家统一账单委员会, 并于 1982 年统一制定了 UB-82 的数据格式, 1992 年又升级到 UB-92, 且扩大应用到医疗保险和索赔领域. 由于其实用性, 最小数据集的概念在美国已经演变成一个一般概念, 它指代国家管理层面针对某个业务管理领域强制收集的数据指标. 不少领域的最小数据集甚至被上升到立法的高度, 对公共数据库建立和运行起到至关重要的作用.

我国各类公共数据库的建设基本属于起步阶段, 公共数据库的建设处于混乱状态, 其中重要的原因包括: ①信息收集和公开的立法滞后, 主要以条例或部门规定存在, 确定最小数据集缺乏法律依据; ②数据收集和报送制度的缺失; ③最小数据集研究薄弱, 最小数据集设定不合理, 缺乏科学性; ④部门分割造成数据孤岛, 很多数据重复收集和生产. 据我们在中国知网 (CNKI) 查询结果看, 研究我国各领域公共数据库最小数据集的工作还很少, 更没有研究不同公共数据库的数据共享机制的文献报道.

另外, 由于公共数据库属于公共产品, 它的收集、加工成本和有偿使用价格都必须经过听证. 从博弈论的角度理解, 最小数据集设置不合理会导致数据收集成本过高或侵犯隐私权, 数据提供者必然会采用隐瞒、错报、假报的策略来规避成本和保护隐私, 进而影响整个公共数据库的质量, 也加大数据清洗的成本和数据稽查的难度.

(4) 公共数据库的数据清洗具有强制性.

数据清洗 (data cleaning) 是指检测数据中存在的错误和不一致, 剔除或者改正它们, 以此提高数据的质量[47,48]. 在单个数据源中可能存在质量问题. 例如, 某个字段是一个自由格式的字符串类型, 如地址信息、电话号码等; 错误的字段值, 由于录入错误或者其他原因, 数据库中一个人的年龄为 485 等; 数量字段单位不统一造成的数据错误; 主线名称不统一造成的项下数据重复, 如 "×××有限责任公司" 和 "×××有限公司" 本来是同一家公司, 但名称不规范导致项下的产品信息和设备信息重复. 考虑多个数据源的情形, 比如数据仓库系统、联邦数据库系统, 或者是基于 Web 的公共数据库系统, 问题更加复杂. 来自不同数据源的数据, 对同一个概念有不同的表示方法, 同一数据实体在不同的数据源中表述不同. 比如某一家生产企业项下的数据包含了组织机构代码库下的注册信息、工商注册库下的注册信息、生产许可证库下的行政许可信息、特种设备库下的设备使用登记信息等. 在集成多个数据源时, 需要消解模式冲突, 主要就是为了解决这个问题. 还有相似重复记录的问题, 需要检测出并且合并这些记录. 在网络环境中的公共数据库大多数是 Web 数据仓库模式, 加上公共数据库的公共产品属性, 使得公共数据库中的数据清洗更为复杂. 比如信息博弈带来的数据造假问题, 以及假数据的识别和数据造假者的行政处罚措施等. 大多数商用数据库中的数据绝大多数来自自动采集装置, 如沃尔玛的销售记录主要来自条码、二维码和 RFID 系统. 而公共数据库的数据源提供者往往是具备社会属性的组织或个人, 本身具有主观性和自身利益, 采集的数据中大部分靠人工采集或自主申报. 这种方式产生的数据可能数据格式和逻辑上并不存在质量问题, 但本质上真假难辨. 此类数据的数据清洗不能靠单纯的计算机技术手段而更多地靠数据稽查手段来处理. 数据稽查是指官方或其代理人依据法规和国家力量, 通过数据源提供的数据与原始凭证和真实情况作对比来鉴定数据真实性的过程. 数据稽查的主要特性是官方强制性和实务性.

因此, 对公共数据库而言, 数据清洗应该分为技术性数据清洗和非技术性数据清洗两类. 迄今为止, 国内外绝大多数数据清洗文献论及的是技术性数据清洗[42-51]. 技术性数据清洗的目标是最大限度地满足数据的一致性 (consistency)、正确性 (correctness)、完整性 (completeness) 和最小性 (minimality). 非技术性数据清洗的目的是最大限度内满足数据的真实性 (truth)、及时性 (timeliness)、权威性 (authority) 和隐私保护 (privacy).

公共数据库的设计、建设和维护往往是以法律为基础的. 因此, 公共数据库中数据制造关键过程控制中有强制性手段, 比如数据造假者除了可能付出经济代价外还要负刑事、民事或行政处罚责任. 基于这一特点, 公共数据库数据质量控制比商用数据库数据质量控制和普通产品 (非公共产品) 制造的质量控制多一些司法和行政等非市场手段. 在我国, 政府部门对公共数据制造过程的强势介入更为普遍, 行政处罚措施种类繁多. 一方面会加大数据制造成本; 另一方面, 如果使用得当, 也可以提高非技术数据清洗的效率.

(5) 公共数据库的数据制造过程的多阶段性.

公共数据库的建设和运行的主体责任者是政府, 而各级政府在数据制造过程中的管理职能和对数据使用的需求也不同. 各级政府以不同的规则和质量维度对下一级数据源进行质量考核、评估和数据清洗. 例如, 基层政府数据管理部门负责对企业的日常监管, 他们评估的数据主要来自辖区内被监管或服务的企业上报的数据和本级业务人员填报的业务台账数据. 数据的真实性和录入的及时性是基层数据管理者首要关注的维度. 在数据清洗过程中伴随着大量的数据稽查和行政执法行为. 然而地市一级政府数据管理部门很少开展对企业的具体数据稽查工作, 然而是根据举报投诉等信息进行数据抽样并对下级政府发出稽查指令或进行数据管理考核. 省一级政府数据管理部门关注的是横向和纵向的数据实体识别和决策支持系统应用, 基本不接触企业的具体数据真实性. 中央级数据管理部门则更多地关注数据法规政策制定和督察 (顶层设计). 不同级别的政府数据管理部门处于数据制造过程的不同环节, 数据质量的维度不同, 数据质量控制的方法也有区别, 非技术性数据清洗的手段也不同.

4.2.3 公共数据库中数据质量的维度和数据制造过程质量控制

综上所述, 我们把公共数据库视为一个特殊的公共产品, 技术上体现为大型 Web 数据仓库系统模式. 我们将公共数据库的建设和运行视为公共产品的制造过程, 公共数据库中数据的质量是数据制造过程质量控制的结果. 数据制造过程质量控制也是一个完整的数据质量溯源系统, 与普通产品质量溯源系统[48] 极为相似. 不同的只是数据的迁移对数据质量的影响可以忽略不计. 数据制造过程质量控制的手段包括 Web 数据仓库设计、最小数据集确定、数据成本控制、数据听证制度设计和数据清洗, 数据清洗包括技术性数据清洗和非技术性数据清洗. 每个数据制造的关键环节的数据质量维度有所不同, 处于数据源阶段的数据质量维度是一致性、正确性、完整性、最小性、真实性、及时性、权威性和隐私保护.

4.3　公共数据库的网络模型与数据清洗机制设计

公共数据库的用户多重角色和数据制造关键过程控制的上述 5 个特性决定了其设计有别于一般商用数据库的设计要求. 数据用户角色的转换和数据清洗的强制性, 使得各种数据用户都在信息公开和隐私保护之间寻求某种平衡, 形成复杂的博弈[10]. 这种数据用户之间的互相制衡给公共数据库设计和非技术性数据清洗机制设计带来极大困难. 迄今为止, 中国公共数据库的一般设计原理和非技术性数据清洗机制设计尚未见诸国内外文献.

4.3.1　公共数据库的网络数据仓库模型

由于公用性及公共数据库用户多、数据类型多、数据来源广、用户权限复杂等特点, 公共数据库宜采用当今流行的多层 Web 数据仓库模式进行设计. 这样设计的优点在于可以适当按数据需求和数据来源分解各类用户和数据源到不同的代理人 (Agent), 这种分解可以是多层次的. 本质上讲就是将数据和应用进行类别和级别划分, 将数据仓库及其中数据视为数据制造过程的最终产品, 不同的数据和用户层次对应于各类数据原料和不同的数据制造关键环节, 从而减轻核心数据仓库的压力和控制数据仓库中的数据质量. 同时, 这样的设计可以在数据收集和处理中充分保护数据提供者的隐私权.

近几年数据仓库又成为数据管理研究的热点. 按主体架构解决方案的不同, 流行的数据仓库分为并行数据库、MapReduce 和混合架构 3 种类型[52]. 这 3 种类型的数据仓库架构各有特点. 在实际的公共数据库的架构选择中, 应该根据数据分析结果和未来数据挖掘的需要进一步选择符合其自身特点的数据仓库架构. 文献 [52] 已经对上述 3 种类型及其亚类的数据仓库的优劣做了全面的比较分析.

MapReduce 是 2004 年由谷歌公司提出的面向大数据集处理的编程模型, 起初主要用于互联网数据的处理, 例如文档抓取、倒排索引的建立等. 但由于其简单而强大的数据处理接口和对大规模并行执行、容错及负载均衡等实现细节的隐藏, 该技术一经推出便迅速在机器学习、数据挖掘、数据分析等领域得到广泛应用[52-54]. 该模型是面向由数千台中低端、异构服务器组成的大规模机群而设计的, 建构成本远低于并行数据库. 基于 MapReduce 模型的分析无须复杂的数据预处理和写入数据库的过程, 而是直接基于平面文件进行分析, 设计的初衷是面向非结构化的数据处理. 该模型采用的计算模式是移动计算而非移动数据, 可以使分析延迟最小化. MapReduce 模型的开源实现以 Hadoop 平台最为成熟. 在此平台下, MapReduce 模型卓越的扩展能力已经被谷歌、脸书、百度、淘宝等商用业务充分验证. 更重要的是, 作为开源系统, MapReduce 具有完全的开放性, 其 ⟨key, value⟩ 存储模式具有较强的表现力, 可以存储任意格式的数据. 同时, MapReduce 模型的 Map 和 Reduce 两个函数接口给用户提供了足够的发挥空间, 从而实现各种复杂的数据处理功能. 为了弥补开放性带来的数据库系统处理商务智能 (BI) 报表分析等能力的不足, HadoopDB 平台下的 MapReduce 模型能较好地融合调度层、沟通层和关系数据库, 尽可能将数据查询推入数据库层处理.

公共数据库的多层 Web 数据仓库模型图如图 4.1 所示.

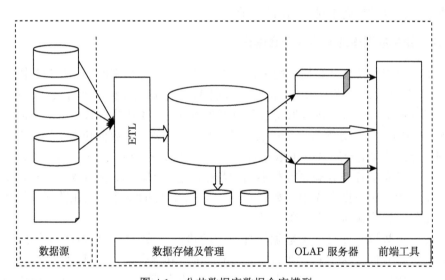

图 4.1　公共数据库数据仓库模型

4.3.2　公共数据库的数据清洗机制设计

1. 公共数据库的技术性数据清洗技术设计

从技术层面来讲, 技术性数据清洗是通过利用应用程序按照一定规则从数据源数据库自动提取数据实例 (instance) 来提高数据质量的过程. 在公共数据库的数据仓库系统前端设计前置交换系统, 用于数据的自动检测和数据的反馈. 自动检测的事项包括: 重复对象检测、缺失数据处理、异常数据检测、逻辑错误检测、不一致数据处理和数据转换.

同源数据之间和其他数据源数据之间具有一定的业务逻辑. 数据清洗应满足这些业务逻辑的要求, 对违反业务逻辑的数据必须予以处置. 被过滤的数据称为不合格数据, 经过过滤后的剩余数据称为合格数据.

数据清洗应满足:

(1) 保证部门报送的信息类有关键字属性 (primary key);

(2) 尽量放松清洗规则, 保证数据的原样性;

(3) 在清洗过程中, 只能作数据映射, 不能修改用户数据, 不对错误数据进行纠正;

(4) 清洗的数据要保存.

数据转换是将数据的格式、形式统一化的过程. 首先要对数据的格式、表示形式等方面有统一的规则, 再按照转换规则将各数据源符合规则的数据进行转换, 转换的原则是不能改变数据本身所表示的意义.

为了自动实现数据清洗过程所设计的应用软件统称为前置交换系统, 包括服务调用、前置交换系统 (ETL) 工具和数据源数据副本库 3 部分. 其结构如图 4.2.

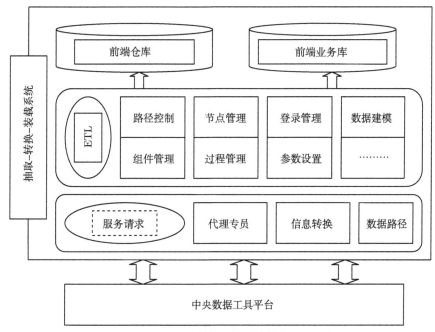

图 4.2 前置交换系统结构

2. 公共数据库非技术性数据清洗的博弈论模型

公共数据库非技术性数据清洗的核心是人工数据核实和数据打假, 统称为数据稽查 (data checking). 很显然, 不可能由计算机系统的网络设计和算法设计来实现. 被监管的企业、个人和下级政府部门在提供数据的过程中因为各种利益驱动会存在数据造假、瞒报等动机. 尽管上级数据管理和审核部门有法律和行政措施等手段对数据源提供者的假报、瞒报行为进行处罚的权力, 但也受行政成本的限制与面临行政复议、行政诉讼和侵犯隐私权诉讼的风险, 因而存在核实与否和处罚与否的两难选择.

在公共数据库中的相当大的部分是靠手工采集而不是利用传感器等自动采集装置记录的, 这导致数据造假和瞒报的概率大为增加, 数据的核实更加困难.

迄今为止, 数据稽查没有统一的定义. 结合《辞海》的解释, 我们可以将数据稽查定义为: 通过与原始凭证及旁证进行比对确认上报数据是否与账物一致的过程. 在实践中, 数据稽查一直存在, 例如税务稽查、财务审计、特种设备安全监察、产品质量的国抽和省抽等, 都属于数据稽查范围. 在信息时代数据稽查更加重要, 数据稽查的范围更加广泛, 需要进一步加以诠释. 这是一个值得司法界、公共管理学界关注的课题.

数据的报送与稽查是一个信息不完全的动态博弈过程. 文献 [55] 对统计数据质量可靠性进行了博弈分析. 尽管我国有《中华人民共和国统计法》, 但是统计数据造假只占公共数据造假的很少的部分, 而且企业的违法动机不是很强烈. 在其他公共数据库建设和运行中危及公共质量和安全的数据造假行为更为普遍. 可见, 公共数据库中数据造假和瞒报的博弈分析研究还刚刚起步.

为了便于分析博弈均衡解的存在性, 可以将公共数据库的数据质量控制过程中广泛存在的数据稽查多方博弈分解为 3 个简单静态博弈, 即下级政府部门-上级政府部门、政府部门-企业 (个人)、委托人-中介部门 (技术机构). 这里的中介机构是指数据稽查中涉及的专业知识提供方, 比如说认证公司、评估机构、审计事务所、特种设备检定单位、产品质量检验机构等, 它们在专业性数据稽查中提供技术标准. 同时, 做如下假设:

(1) 局中人都是理性的;

(2) 报送的数据是通过技术性数据清洗合格的, 即非技术性数据清洗不含数据格式核查;

(3) 数据稽查者进行数据核查的条件为接到举报或投诉、随机抽查、例行巡查;

(4) 局中人都具备本职工作所需的专业知识, 自动收集的数据都是准确无误的.

也就是说, 数据的造假和瞒报都是数据源提供者故意造成, 而非过失或意外事件造成的.

博弈分析一: 政府-企业 (个人) 博弈

为了获得模型 Nash 均衡解存在的条件, 我们将企业 (个人) 的瞒报归入数据造假, 同时假设第三方提供的技术报告和举报投诉信息是真实可靠的且企业 (个人) 在稽查过程中没有足够时间修改数据. 局中人、行动及支付水平由表 4.1 给出. 模型参数分析如下.

表 4.1 政府-企业 (个人) 博弈

		企业 (个人)	
		造假	不造假
政府	稽查	a, b	$d, 0$
	不稽查	$0, c$	$0, 0$

(1) $b < 0, d < 0, a > d$. 如果政府进行稽查, 而且企业 (个人) 提供假数据, 那么企业 (个人) 将会被罚款或被吊销许可证等; 如果政府进行稽查, 但企业提供的数据真实, 则政府将付出稽查支出 $-d$.

(2) $c > 0$. 企业 (个人) 之所以造假, 是因为如果政府不稽查, 那么企业 (个人) 可以通过提供假数据获得收益.

(3) 若 $a < 0$ 且 $c > 0$, 则博弈的 Nash 均衡解为 (不稽查, 造假); 此时, 政府通过稽查带来的好处不足以抵消执法成本或政绩不显著, 因此放弃执法、不作为, 企业 (个人) 则因为有好处而提供假数据, 从而公共数据库里该项数据就是假数据.

(4) 其他情况下该博弈没有 Nash 均衡解.

(5) 除了 (3) 的情况, 企业 (个人) 提供假数据的动机取决于数据违法期望收益 $U = pb + (1-p)c$ (其中 p 为企业 (个人) 对政府稽查的主观概率). 若 $U > 0$, 则企业 (个人) 选择提供假数据; 否则企业 (个人) 提供真实数据. 解 $U = 0$, 得临界概率为

$$p^* = \frac{c}{c - b}$$

可见, 对企业 (个人) 造假惩罚力度越大 ($|b|$ 越大), 企业的造假动机越弱, 稽查的频率可以越小, 即形成数据稽查的高压态势. $b \to -\infty$ 时, 数据稽查对数据造假者威胁最大. 另外, 在对查获的数据造假者的处罚一定的情况下, 要使数据提供者提供假数据的期望收益为零来杜绝数据造假, 政府的数据稽查频率不得小于 p^*.

政府进行稽查的动机取决于稽查期望收益 $V = qa + (1-q)d$ (其中 q 为政府对企业 (个人) 数据造假的主观概率), 临界概率为

$$q^* = \frac{-d}{a - d}$$

147

结论: 一般而言, 政府稽查中遇到数据造假, 如果处罚太轻, 执法成本太高, 将导致 $a < 0$, 从而使公共数据库失效.

例如, 迄今为止, 在所有质量技术监督数据库中强制检定计量器具 (如衡器、血压计、验光器、测速仪等) 信息多数是假数据或瞒报、漏报, 原因是此类计量器具种类数量太多, 执法成本高, 违法罚款少 ($\leqslant 2000$ 元), 违法结果不涉及生命事故, 政府稽查的积极性不高, 从而基本处于未监管的状态 ($a < 0$). 在稽查成本不变的情况下, 提高稽查率的办法是加大违法的处罚力度 (如提高罚款额度).

博弈分析二: 上级政府-下级政府博弈

我们假定, 下级政府 (基层政府部门) 对企业 (个人) 提供的数据只有形式审核和稽查的权利, 而且形式审核只涉及流程记录和格式审核. 因为公共数据库中的流程数据和数据格式审核都可以由技术性数据清洗来实现, 因此, 下级政府提交的数据质量只是取决于稽查记录的真实性和数据稽查的覆盖率. 也就是说, 下级政府提交真实数据的意愿由稽查率来体现.

在上级政府和下级政府的博弈中, 上级政府的行动集为 {稽查,不稽查}, 下级政府理论上的行动集为 {稽查记录造假,稽查记录不造假} $\times \{p \mid 0 \leqslant p \leqslant 1\}$. 其中 p 为下级政府的数据稽查率. 但是, 如果下级政府的稽查记录造假的话, 有理由认为他可以将稽查率改为 100%, 故上级政府对下级政府的稽查内容退化为下级政府对企业 (个人) 稽查记录的真实性. 因此, 下级政府的行动集为 {稽查记录造假} $\cup [0,1]$, 更进一步, 由于稽查记录造假, 等同于未对企业 (个人) 提供的数据作任何核实, 即 $p = 0$, 也就是造假的稽查记录等同于全部数据未核实. 所以, 下级政府的行动集实际上就是 {高, 中, 低}. 此时, 上级政府的稽查变为考核, 即上级政府的行动集为 {考核, 不考核}. 我们得到上级政府和下级政府的博弈表 4.2.

表 4.2　上级政府-下级政府博弈

		下级政府		
		稽查率高	稽查率中	稽查率低
上级政府	考核	m, a	$0, c_2$	$0, b$
	不考核	$0, c_1$	$0, c_2$	$0, c_3$

(1) 若上级政府选择不考核, 下级政府承担的稽查成本随着稽查率升高而升高, 所以 $c_1 < c_2 < c_3 < 0$; 若上级政府选择考核, 则一定会对稽查率低的下级政府进行惩罚, 而给稽查率高的下级政府奖励. 故 $b < c_3 < 0$ 且 $a > 0$.

(2) 若 $m < 0$, 那么上级政府不会选择考核, 则 Nash 均衡解为 (不考核, 稽查率低); 若 $m \geqslant 0$, 则 Nash 均衡解为 (考核, 稽查率高).

因此, 公共数据库建设的顶层设计必须满足 $m \geqslant 0$. 否则公共数据库建不起来, 或建起来也无法运行, 或运行了数据也都是假的.

博弈分析三: 委托人-中介机构博弈

在中国, 长期以来中介机构并不是独立于政府的第三方机构, 传统上属于事业单位, 实际上是受政府委托的. 到现在为止, 仍然有一些事业单位行使着政府职能甚至享有执法权. 但是, 随着我国的市场化改革的推进, 大量的中介机构在事业单位改制中被推向市场, 逐步过渡为提供专业知识的第三方. 这些中介机构中常见的如会计师事务所、审计事务所、招标公司、环境评估事务所、产品质量检验所、特种设备检定研究院、计量鉴定所、车辆检验站等. 作为技术支持单位已经成为代表技术公正的第三方, 而不再单纯依赖于政府和代表政府说话. 例如, 在产品质量检验中, 质检机构出具的产品质量检验报告代表的是第三方结论, 在产品质量仲裁中应该具有公正性, 从而使政府质量稽查执法部门和受稽查的生产企业在技术上处于平等地位.

尽管对中介机构的业务有法律约束和行政许可, 但是, 实际中由于它们长期依附于政府部门或受到商业利益的驱使, 并不能真正严守技术中立, 出示虚假技术报告 (如财务审计报告、环境检测报告、产品检验报告等) 时有发生. 这些虚假的专业技术报告会给公共数据库提供虚假数据, 使得公共数据库中数据质量受到影响. 它们会接受委托方指使提供虚假技术数据. 例如, 在 SARS 流行初期某疾病预防控制机构就提供了虚假的病例报告, 严重妨碍了疫情数据的真实性.

由于专业性要求很高, 中介机构提供的数据真实性很难受到稽查, 无论政府还是企业 (公众), 比起中介机构处于信息不对称中弱势的一方. 有时这样的中介机构还处于垄断地位, 更是加重了他们数据造假的可能性. 委托人-中介机构的博弈如表 4.3.

表 4.3　委托人-中介机构博弈

		中介机构	
		提供假报告	提供真报告
委托人	相信	a, b	c, d
	不相信	0, 0	0, e

(1) $a < 0$ 且 $b > 0$ 且 $e < 0$. 因为委托人相信了一个虚假报告, 在商业上或行政诉讼中一定会带来更大损失, 报告提供者一定从中得到好处 (如商业贿赂). 反之, 中介机构花钱提供了真报告, 但委托人不相信, 那么一定不付钱, 所以会给中介机构带来损失.

(2) 若 $c \leqslant 0$, 则 Nash 均衡解为 (不相信, 提供假报告). 若 $c > 0$ 且 $d \leqslant b$, 则 Nash 均衡解也为 (不相信, 提供假报告). 所以, 技术机构可能提供真实报告的条件是委托人在真实报告中得到足够多的好处而且技术机构提供真实报告的好处大于提供虚假报告的好处. 但是, 即使 $c > 0$ 且 $d > b$, (相信, 提供真实报告) 也不是 Nash 均衡解.

因此, 要保证中介机构给公共数据库的数据是真实的, 即提供真实报告, 必须进行机制设计, 即给予技术机构足够的补偿 $r \geqslant -e$. 在实际中, 技术报告的委托方为多个时, 情况就复杂得多, 报告真实的充分条件之一是没有真正的委托人, 或匿名委托人.

4.3.3 公共数据库中数据制造过程质量控制的机制设计

从前面博弈论分析看, 如果不进行机制设计, Nash 均衡的结果就是公共数据库失败. 经过机制设计可以达到新的 Nash 均衡并实现对各个环节的数据质量控制. 机制设计的目的是经过制度创新使公共数据库的数据源提供者及时提供真实数据, 同时使数据管理者能够及时信息公开且有效保护隐私权.

根据公共数据库中数据制造过程、数据质量维度分析和数据质量的博弈论分析, 提出公共数据库数据制造非技术性质量控制图. 如图 4.3 所示.

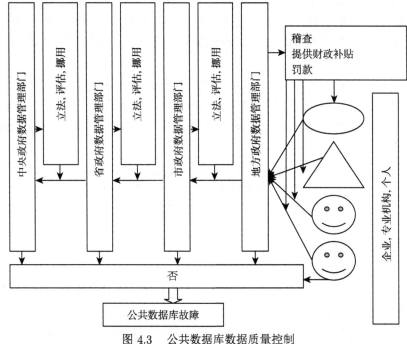

图 4.3 公共数据库数据质量控制

4.4 公共数据库数据质量评估的变权综合模型

按照前述的数据质量控制机制设计, 从非技术角度讲, 要确保公共数据库的数据真实的条件是: ①上级政府对数据真实性进行考核; ②基层政府的数据稽查率为 100% 且企业 (个人) 提供假数据违法成本高; ③中介机构可以得到足够多的补偿.

但是, 实际中基层政府部门的稽查率不可能达到 100%, 即便企业 (个人) 违法成本很高仍然会有企业 (个人) 提供假数据或不提供数据. 所以, 无论如何进行机制设计, 公共数据库中一定存在假数据或数据不完整. 这就使公共数据库中最终的数据质量评估仍然有必要. 选择的维度是一致性 (f_1)、正确性 (f_2)、完整性 (f_3)、最小性 (f_4)、真实性 (f_5)、及时性 (f_6)、权威性 (f_7) 和隐私保护 (f_8). 在不同的公共数据库中可能这些维度的重要程度不同, 但是不管是哪一个维度评价太低都会导致数据库由于数据质量差而不可用, 即数据质量综合评价为零. 这与变权综合的思想相吻合[56,57].

下面是公共数据库中数据质量的变权综合模型.

设 x_j 是 f_j 的属性值, 代表对应维度下数据质量的评价值, $x_j \in (0,1]$; $w_j^{(0)}$ 为 f_j 的重要程度, 即初始权重. 建立如下变权

$$w_j(x_1, x_2, \cdots, x_8) = \frac{w_j^{(0)} x_j^{\alpha-1}}{\sum_{k=1}^{8} w_k^{(0)} x_k^{\alpha-1}} \quad (j = 1, 2, \cdots, 8; 0 < \alpha < 1)$$

及变权综合评价模式

$$V_\alpha(x) = \sum_{j=1}^{8} w_j(x_1, x_2, \cdots, x_8) x_j$$

其中 α 为惩罚系数.

4.5 质量技术监督公共数据库的数据质量
控制与数据质量评估

4.5.1 质量技术监督公共数据库建设和运行的法律支撑体系

目前, 中国有关质量技术监督公共数据库的法律和条例有 9 部:《特种设备安全监察条例》(2009年修订)、《中华人民共和国保守国家秘密法》(2010 年)、《中华人民共和国产品质量法》(2018年)、《中华人民共和国政府信息公开条例》(2019

年)、《中华人民共和国商标法》(2019 年)、《中华人民共和国专利法》(2020
年)、《中华人民共和国著作权法》(2020 年)、《中华人民共和国食品安全法》(2021
年)、《中华人民共和国认证认可条例》(2023年). 另外一些还有各省、自治区、直
辖市立法机构和政府通过的地方性法规. 关于企业或个人的隐私权保护还没有法
律和条例支持, 所以在数据质量控制过程中的隐私保护很难界定, 一些内容可以
参考《中华人民共和国保守国家秘密法》和《知识产权法》裁定. 例如, 在要求食
品生产企业填报生产原料来源、数量、食品添加剂进货索证、关键过程控制数据
时, 有的企业以泄露产品配方和制作工艺为由拒绝提供真实数据时有发生. 因此,
我国数据隐私保护立法滞后已经影响了公共数据库中的数据质量[58,59], 质量技术
监督公共数据库中数据质量也不例外.

4.5.2 质量技术监督公共数据库的最小数据集的形成和数据制造成本控制

根据上述法律和条例, 我国质量技术监督部门已经着手建立质量技术监督公
共数据库. 其中包括组织机构代码数据库、产品质量档案数据库、质量信用数据
库、特种设备安全监察数据库、标准备案登记数据库等. 但是, 迄今为止除了国家
组织机构代码数据库运行良好外, 其他国家级质量技术监督公共数据库建设混乱,
多数基本处于瘫痪状态. 存在的主要问题是重建设轻设计、轻维护、轻考核、政
出多门、条块分割. 经过调查发现, 仅 2004 年要求云南省基层质量技术监督部门
(以下简称 "质监部门") 提供数据的国家级和省级数据库就有 9 个, 而且互不兼
容. 2008 年, 由国家级别出面整合全国的质量技术数据库系统, 形成的数据库也
有 8 大系统, 数据集交叉重合且互相兼容性差, 反映了国家层面公共数据库数据
管理条块分割, 数据集远未最小化, 造成企业 (个人) 和基层质监部门数据收集和
录入难度大、成本大, 不能反映 "千条线连着一根针" 的基层和企业的实际. 最终
这些数据库基本名存实亡. 2004 年, 根据国家法规和质量技术监督工作日常需要,
结合原有各个数据库提出的数据需求和质监部门的实际情况, 我们用文献 [60,61]
提出的粗糙集方法进行质量技术信用的属性数据挖掘, 并借鉴文献 [169] 中制造
企业质量信息管理系统集成技术, 指导昆明市质量技术监督局提出了 "巡查记录
表" 的概念, 即提供了基础表格给一线的巡查人员在巡查过程中使用. 此 "巡查记
录表" 收集的数据加上日常审批记录即可覆盖国家各类数据库且适应日常监管工
作需要. 之后, 经过在使用过程中反复提炼, 消除一些数据的重合 (如设备型号中
含有设备参数, 产品标准中含有质量参数等) 并规避了可能泄露企业商业机密的
属性, 进一步形成了更加简明的 "三查三责表", 以此收集质量技术监督监察工作
的基本数据, 形成了质量技术监督公共数据库的最小数据集. 2008 年, 原国家质
检总局在昆明召开了讨论会肯定了数据集的科学性, 并将数据收集范围扩大到举
报投诉和产品召回, 并作为国家 "金质工程" 的数据规范之一. 2009 年, 经过对企

业的回访, 扩充后的数据集得以最终确定, 形成质量技术监督移动执法系统的信息资源库最小数据集.

为了进一步控制数据收集成本, 减轻企业、基层质监分局一线巡查人员和后台录入人员的工作量, 经过对企业内部质量管理和设备管理系统的现状, 提出企业报送、质监局审核的数据生成方式. 填报的内容仍然以 "三查三责表" 为基准, 并辅以关键过程质量台账、设备运行台账和从业人员资格管理台账等附件, 抽样进行数据稽查, 形成对现场数据稽查的有力补充. 而且这些基本信息和附件直接生成企业许可证年审、换证和申请新证的支撑材料进入审批流程, 大大降低了数据收集和处理的成本并且提高了数据质量.

在此基础上, 2011 年, 昆明市质量技术监督局又融合了特种设备检定报告管理系统、组织机构代码管理系统, 从而为数据稽查提供了第三方技术数据支撑, 大大提高了数据的准确性和及时性.

4.5.3 质量技术监督公共数据库的架构和开发工具

质量技术监督公共数据库系统的主数据库是 LINUX 操作下的 ORACLE 11g 数据库. ORACLE 数据库系统是美国 ORACLE 公司 (甲骨文) 提供的以分布式数据库为核心的一组软件产品, 是目前最流行的客户/服务器 (C/S) 或浏览器/服务器 (B/S) 体系结构的数据库之一. 比如 SilverStream 就是基于数据库的一种中间件. ORACLE 数据库是目前世界上使用最为广泛的数据库管理系统, 作为一个通用的数据库系统, 它具有完整的数据管理功能; 作为一个关系数据库, 它是一个完备关系的产品; 作为分布式数据库它实现了分布式处理功能.

主数据库的数据源是各个应用系统和企业上报数据, 这些系统的数据库一般为 Microsoft SQL Server, 我们对有条件提供数据接口的应用系统数据库进行设计. 系统的架构设计图如图 4.4. 系统界面设计分为资源平台界面和资源平台导入界面, 都用 JAVA 实现.

主数据库界面: 实现基层分局的各个应用系统的查看、导入、导出等功能. 导入分为手工导入和自动导入 2 种方式, 手工导入可以实现 Excel, SVC, XML 格式的文件导入, 例如, 特种设备安全监察信息系统、质量档案系统等. 提供数据结构的应用系统可以实现自动导入, 例如, 基层质量技术监督管理信息系统、昆明市获证企业管理信息系统等.

主数据库的前置界面: 主数据库系统的前置导入界面布局在数据源服务器显示任务栏里, 可以实现导入过程的查看、成功导入的数据的查看、未导入成功的数据的查看. 成功导入的数据和未成功导入的数据都可以生成 TXT 或者 SVC 格式的文件, 这样未成功导入的数据就可以发回给对应数据源提供者进行修改, 修改反馈后再次进行导入. 未成功导入的数据是软件自动进行比对出的格式不正确或者重复的数据.

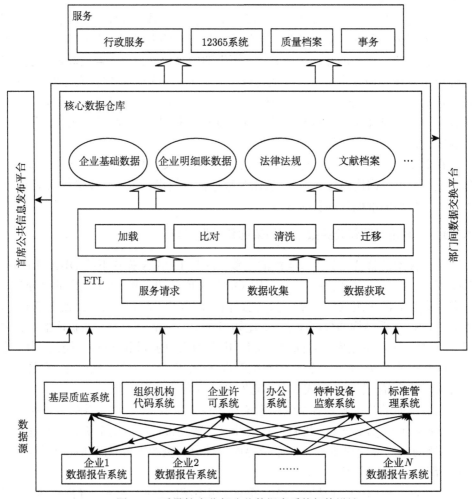

图 4.4　质量技术监督公共数据库系统架构设计

4.5.4　对基层政府部门的数据质量考核

如前所述, 从机制设计[16] 角度讲, 要提高公共数据库数据质量, 除了良好的技术设计外, 还必须加强数据稽查的制度建设. 为了提高基层分局数据稽查的力度, 昆明市质量技术监督局结合政府部门导入 ISO9001 质量体系认证, 从 2010 年起将数据填报和稽查制度化并列入季度和年终考核范围, 且占分逐年提高, 2012 年占年终考核总分的 15%, 并且其他各项考核的依据以公共数据库里的数据为准, 从而大大提高了数据质量和规模. 表 4.4 是该局年终数据考核指标和评估方法.

表 4.5 是 2012 年基层分局各基层数据质量工作部分考核成绩表. 2012 年基层分局各基层数据质量变权综合评估结果如表 4.6.

表 4.4　质量技术监督数据库数据质量考核指标和评分办法

序号	考核单元	考核分数
1	日常业务和安全监督数据录入	区县所属获证企业巡查率不低于 10%, 每少一个百分点扣 0.2 分; 特种设备安全督察率不低于 10%, 每少一个百分点扣 0.2 分
2	区县辖区内所有生产许可证获证企业生产许可证信息须与工商部门企业注册信息一致	生产许可证企业数量必须与工商部门业务数据一致, 存在漏报或超报则扣除 0.2 分
3	办证系统中许可证年检或新注册许可证须及时录入, 并同时接收企业上交的纸质材料	企业许可证年审必须按计划进行, 不得推迟企业许可证年审请求; 若存在到期未进行年审的许可证, 扣除 0.2 分
4	特种设备和强制检定的计量器具检测数据实时更新	存在过期未检信息, 或系统数据与标准手册不符, 扣除 0.2 分; 检定报告中存在设备参数超标或不足, 则扣除 0.5 分
5	企业产品抽样信息录入	辖区生产企业产品被抽样的家数不得低于企业总数的 10%, 每低一个百分点扣除 0.5 分, 直至 0 分为止
6	辖区内获证企业补货和销售的电子台账的完整性	辖区内每月进出货台账数据录入的企业不得低于企业总数的 10%, 每少一个百分点扣除 0.1 分
7	云南省驰名品牌和昆明市驰名品牌数据逐月录入, 保持数据跟踪	驰名品牌数据录入率不得低于辖区内驰名品牌企业总数的 80%, 每少一个百分点, 扣除 0.1 分
8	企业年审信息必须在 24 小时内处理完毕	存在年审未处理信息, 则扣除 0.5 分
9	通过系统向获证企业发送通知或文件	缺少与获证企业年度信息发送, 则扣除 0.1 分
注释:		注释:

表 4.5　数据质量评估表

序号	1	2	3	4	5	6	7	8	9
数据质量分值	0.87	0.82	0.90	0.71	0.60	0.82	0.60	0.57	0.55
序号	10	11	12	13	14	15	16	17	18
数据质量分值	0.54	0.50	0.51	0.55	0.59	0.81	0.79	0.67	0.65

从数据质量评估结果看, 质量技术监督数据库的数据质量仍不容乐观, 主要原因是特种设备和强检计量器具数据陈旧, 更新不及时. 造成数据陈旧的原因包括: ①特种设备和强检计量器具数量庞大、分布广, 基层分局安全监察力量薄弱, 导致数据稽查不力; ②对特种设备和强检计量器具过期未检行政处罚过轻, 以致下发处罚决定书后无明显改善; ③技术机构 (特检院、计量院) 检定人员严重不足, 设备检定到期而且企业已经报检但技术机构派不出技术人员进行检定; ④大量的特种设备和强检计量器具使用单位在服务行业, 分布较广, 而质监部门的工作重点集中在生产环节, 忽视了服务业的特种设备、强检计量器具监察和标准备案登记; ⑤目前企业数据网上上报只限于获证的生产企业, 其他企业数据上报困难, 有些企业已经鉴定了设备但相关数据无法更新.

表 4.6　　2012 年基层分局各基层数据质量工作考核成绩表

序号	名称	工业生产许可证:总数/过期	食品生产许可证:总数/过期	检查次数	选择案例数量	产品抽样次数	测量仪记录总数/过期	专用设备记录总数/过期	整改通知
1	JK	57/6	250/29	1441	115	339	1060/10	2567/44	369
2	GX	49/1	60/3	217	22	96	2003/859	1357/90	109
3	DJ	1/0	9/0	153	8	10	367/102	992/343	60
4	GD	245/140	845/453	1546	7	78	1097/551	11582/9533	454
5	PL	58/9	154/48	794	96	186	643/502	4854/2487	114
6	XS	102/3	113/10	416	67	149	2688/1155	6281/582	44
7	WH	93/28	70/1	337	1	68	2771/2166	4219/5	42
8	DC	13/4	33/25	43	0	5	275/272	807/476	9
9	CG	22/11	16/14	19	0	19	381/367	1198/716	1
10	AN	111/7	32/0	212	33	33	2049/1559	4859/3672	16
11	YZ	7/0	36/9	103	47	6	324/189	1192/1031	79
12	JN	57/10	49/8	256	42	266	423/404	1203/986	40
13	YL	62/10	73/17	364	24	30	750/531	803/653	50
14	SL	12/5	54/10	203	36	122	477/251	364/236	143
15	FM	22/0	34/2	341	45	107	336/159	523/17	167
16	LQ	15/0	17/13	93	13	25	307/18	216/32	10
17	XD	24/3	27/3	253	8	170	292/243	186/85	30
18	SM	46/0	67/5	350	29	56	341/259	752/179	51
	总分	996/232	1579/636	7141	593	1765	16584/9597	43955/21167	1788

4.6　结　论

通过以上的模型体系分析, 我国目前公共数据库建设和运行中存在很多问题, 造成了公共数据库的建设效果不理想和数据库中的数据质量较差, 从而影响了公共数据库在公共管理决策和国民生活中的应用效果. 存在的主要问题及政策建议如下:

(1) 公共数据库立法严重滞后, 对公共数据库建设和运行财政投入太少, 而且重建设、轻运行维护, 也存在部门利益凌驾于总体利益的不合理利益格局, 导致中央级政府部门缺乏对地方政府 (下级政府) 部门进行数据库建设和数据质量考核积极性, 同时也削弱了基层政府部门数据稽查的积极性. 建议各级政府加大公共数据库建设和维护的常年财政预算, 从而提高上级政府部门对下级政府部门的公共数据库数据质量考核力度.

(2) 受到执法成本的压力和执法力量薄弱的制约, 基层政府部门无力提高对各种数据源数据的稽查率. 建议通过提高拨款和增加编制来加强基层政府部门数据稽查力量, 提高数据稽查率.

(3) 对各种数据源提供假数据的处罚力度太小, 使数据源提供假数据的违法成本过低, 增强了企业 (个人) 提供假数据或瞒报的主观意愿. 建议提高对数据造假和瞒报者的行政处罚力度, 甚至在行政许可中一票否决, 加大他们的造假成本, 增强他们向公共数据库提供真实数据的意愿.

(4) 中介机构过于市场化且疏于监管, 机构认证过滥, 使得中介机构在利益驱使下提供大量的虚假数据. 建议适当增加给予中介机构的资金支持并加强对其监管, 从而降低中介机构的造假意愿.

(5) 各种数据源提供数据的成本过高, 渠道不畅, 无法及时提供真实数据. 建议公共数据库在安全的条件下尽量让各地数据源联网上报, 梳理数据收集范围, 实现数据最小化, 从而减少上报成本.

第 5 章　复杂网络上的公共数据演化博弈

5.1　公共数据演化博弈概述

数据战略已经成为国家战略的重要组成部分[5]. 中国公共数据库数据质量控制已经成为政府提供有效的公共数据产品的关键[34], 也是国家基础数据工程建设的重要环节. 尽管所有国家和社会组织都有公共数据管理的问题, 但是作为公共管理的一部分, 不同国家的公共数据管理机制不同. 也就是说, 公共数据的质量控制与社会组织形式密切相关. 中国有自己基本国情和比较独特的国家管理模式, 也称中国模式. 这种模式的显著特点是政府在社会管理和经济生活中的作用比较大, 市场和公民社会的力量处于发展之中, 企业和公众的自主意识还比较薄弱. 公共部门在社会运行中居于主导地位, 这决定了公共部门将提供更多的公共产品. 公共数据库是指能为绝大多数个人和组织共同享用的涉及公共产品或服务的数据库. 公共数据库源于公共产品供给和消费过程, 故公共产品的种类越多, 对应的公共数据库种类也就越多. 比较有代表性的公共数据库包括国防数据库、公安司法数据库、教育数据库、医疗与卫生数据库、财政数据库、养老保险数据库、国家标准与质量技术数据库、居民身份信息数据库、不动产数据库、环境监测数据库、气象数据库、食品药品监督管理数据库、海关进出口数据库和基础地理信息数据库等.

公共数据库本身也具备公共产品的属性, 包括: ①非竞争性. 边际成本为零和边际拥挤成本为零, 即增加一个人使用不会增加数据生产者的任何成本, 也不会增加其他使用者的任何拥堵成本. ②非排他性. 任何人都不能独占专用数据库, 即任何人想阻止他人使用公共数据库就必须付出高昂的费用, 从而不能阻止他人享受这类公共数据产品. ③非分割性. 公共数据库是在保持其完整性的前提下, 由众多的使用者共同享用的.

需要说明的是, 公共数据库和公共产品数据库是两个不同的概念. 也就是说, 公共数据库本身的公共产品属性并不排斥数据库中可能存在私人物品数据和个人隐私数据. 例如, 不动产信息数据库是公共数据库, 它可以广泛地被用于司法、反腐等公共产品供给, 但数据库中数据却承载着包含私人住宅信息在内的私人物品信息. 又如, 旅游稽查和公安部门收集的游客数据被广泛用于反恐、

注: 本章内容主要发表于《中国科学: 信息科学》, 详见参考文献 [63].

158

缉毒、灾害应急指挥等公共产品供给, 其中包括游客的住宿、餐饮、娱乐等个人消费数据, 这些数据纯属于私人数据. 正因为如此, 公共数据库中必然包含大量的私人产品数据和个人隐私数据, 也包含公共部门的流程数据. 由于公共部门本身也有部门利益, 公共部门的服务人员也会在提供公共产品过程中存在腐败和搭便车行为, 公共数据库中的数据关系和数据流的背后, 事实上是一种利益的博弈和利益的输送, 公共数据库的数据质量是技术手段和利益博弈的综合体现.

除了一般的公共产品的属性外, 公共数据库具有如下特性:

(1) 无形性. 除了数据库运行的物理环境, 数据库的应用软件和数据库中的数据, 都是知识产品, 是无形的.

(2) 易复制. 复制的成本几乎为零, 可以近似地认为, 在公共数据库这一公共产品供给和消费过程中滥用和侵占更容易发生.

(3) 背叛和搭便车零成本. 在高阶搭便车者和腐败者存在的情况下, 公共数据的参与者的背叛行为 (数据造假或瞒报) 和搭便车行为的成本为零.

(4) 角色交叉. 公共部门本身既是公共数据的提供者 (包括依法发布数据、提供内部流程数据), 也是数据稽查者, 在合作演化博弈中承担着共同惩罚者的角色, 故更容易产生搭便车和腐败行为; 公众也可能既是数据的提供者, 也是数据的使用者.

(5) 叠加性. 公共数据库运行的物理网络 (显形) 和公共数据博弈参与者的社会网络 (隐形) 叠加, 在公共数据库演化过程中联合作用, 诸要素从技术架构和经济行为两方面影响公共数据库数据的质量和数据的可用性.

另外, 由于我国的国情与公共管理模式的变革、信息技术的发展水平和信息产品管理方式的内在特点, 中国公共数据库这一公共产品有其自身的特点: ①中国地域广阔, 人口众多, 公共数据规模巨大; ②数据标准化程度低, 导致数据种类繁多、条块分割、多源化、异构化, 信息融合难度大; ③业务关系纵横交错, 部门利益错综复杂, 导致公共数据库网络结构复杂; ④数据质量低下, 数据清洗难度大; ⑤数据立法严重滞后, 数据稽查不力; ⑥公共数据管理部门既是数据提供者又是数据稽查者, 腐败丛生; ⑦数据收集和管理过程中信息公开程度低, 媒体和社会监督严重缺位; ⑧在公共数据管理中对数据提供者的隐私保护措施不力, 导致参与者有抵触情绪和瞒报动机; ⑨对背叛行为的举报者和惩罚者保护措施不够, 背叛者和腐败者感受不到惩罚的威胁.

公共数据库的形成和大多数信息技术和产品改进一样, 是一个演化的过程, 包括技术的升级换代、数据的动态更新和运行模式的演进. 更重要的是, 公共数据库及其背后的公共产品的管理是一个复杂的过程, 充满了利益的博弈, 由此带来公共数据管理的复杂性. 我们把围绕公共数据库这一公共产品展开的博弈称为公共数据博弈.

由于公共数据库的参与者本身的利益诉求和他们之间的关系本身构成一个复杂社会关系网络. 这种数据主体的社会网络与作为数据载体的物理网络相互叠加, 形成一个复杂的技术与管理杂合的数据网络. 在这个网络上, 进行着数据的攫取、储存、传输和分析的同时, 还伴随着围绕数据展开的公共数据博弈参与者之间的背叛与合作. 这种博弈的结果成为公共数据库中数据的真假、缺失、时效和隐私保护等影响数据质量的非技术要素, 并最终从社会管理层面决定了公共数据库的可用性和生命周期. 必须强调的是, 无论从技术的角度还是从管理的角度看, 真实可靠的公共数据的形成是一个漫长的过程, 是数据库软件演化过程、网络结构演化过程和参与者演化博弈相互交织在一起的复杂过程. 其中, 公共数据博弈是公共数据库参与者围绕公共数据真实性展开的合作与背叛、忠诚与腐败的多阶段反复较量过程. 所谓的公共数据库的非技术性数据清洗[34]本质上就是找到公共数据演化博弈的合作占优稳定策略的条件, 并进一步建构公共数据博弈中合作者和忠诚惩罚者的生存环境. 由于现在的公共数据库都是在一定的物理网络环境下运行的, 数据库的运行是由政府主导且企业、公民和第三方组织等共同参与实现的. 公共数据库的来源广泛, 包括各级政府的业务流程数据、官方统计数据、行政许可与审批数据、认证认可数据、依法强制要求企业和个人上报的数据、依法设立的监控数据、第三方机构的认证和技术资料、个人档案和公共安全的常态数据. 这些数据的收集除了通过在政府的内网之外, 还需要通过外网和物联网并行攫取. 例如, 环境监测数据需要通过国家的环境监测网、政府环保部门的业务网、企业的排污物台账和公众举报投诉信息等外网数据.

公共数据博弈的参与者包括: 数据的提供者、外部的惩罚者、内部的高阶惩罚者. 他们分布在公共数据库物理网络的各个节点 (包括部分外网节点), 在受到物理网络运行规则和用户权限设置制约的同时, 利益关系错综复杂, 形成复杂网络上的演化博弈. 迄今为止, 从技术上讨论数据清洗的文献众多, 但运用复杂网络上的演化博弈理论研究公共数据库数据质量控制的成果尚未见诸文献报道. 文献 [34] 中的数据博弈模型只适应于纵向的博弈, 而且模型过于简单, 不能准确地反映出数据参与者之间的复杂关系和公共数据博弈的演化机理. 自从复杂网络理论诞生以来, 复杂网络上的演化博弈就成为主流研究方向. 针对公共产品的囚徒困境演化博弈的研究已经取得许多重要结果. 从上述陈述中可以看出, 中国公共数据库作为公共产品具有自己的特性, 很多关于公共产品演化博弈的结果未必适合公共数据博弈. 因此, 发展公共数据演化博弈模型对建构中国公共数据库数据质量控制具有重要的理论意义和应用价值.

5.2 基于物联网的公共数据库的网络体系结构

5.2.1 公共数据库的物理网络与参与者社会网络的融合

物联网将物理世界网络化、信息化, 对传统分离的物理世界与信息空间实现互联和整合, 大大增强了人类与客观世界的交互. 作为未来网络发展趋势, 物联网是一个基于互联网、传统电信网等信息承载体, 让所有能够被独立寻址的普通物理对象实现互联互通并融入传统的互联网从而提供智能服务的网络. 它具有普通对象设备化、自治终端互联化和普适服务智能化等重要特征. 物联网体系结构是指物联网系统的组成及相互之间关系, 物联网体系结构的设计要遵循以下原则: 首先, 物联网必须能够与现有的网络进行互联与融合. 无论从硬件基础设施、软件应用系统还是用户方式方面, 互联网、传感网、移动通信网等现有网络都已深入了人类生产、生活, 与现有网络兼容互通是物联网体系结构设计的基本要求之一. 其次, 物联网体系结构的设计须与未来互联网体系结构的设计在方向上基本一致. 针对现有互联网存在的一些问题, 下一代互联网的研究正在开展. 另外, 物联网体系结构须充分考虑物联网自身的重要特征, 特别是物联网中的网元能力差异性、网络环境动态性等特点. 马华东等提出了一种物联网体系结构 4 层模型, 即对象感控层、数据交换层、信息整合层和应用服务层, 并利用面向对象的方法对物联网体系结构模型进行了详细的刻画[64]. 对于物联网系统中最为核心的网元互连问题, 借鉴未来互联网研究的理念, 文献 [64] 设计了支持强弱网元共存的物联网互连模型, 并提出了基于能力映射与任务迁移的弱网元与强网元互连机制.

随着大数据时代的来临和信息技术进步, 未来公共数据库产品的数据收集范围和应用领域会更加广阔, 逐步涵盖智慧城市、精准医疗、国土安全等, 在互联网基础上发展起来的物联网成为公共数据库运行的物理网络 (显形网络). 在中国公共数据库的数据仓库模型架构基础上, 我们将公共数据博弈参与者的社会网络 (隐形网络) 嵌入到公共数据库物理网络中, 形成复合型复杂网络 (图 5.1):

处于网络 (图 5.1) 中的公共数据博弈参与者根据网络结构层次进行划分为:

第一层是处于传感层的数据收集节点 (终端), 即物联节点, 它们本身不参与数据博弈, 但是会使控制它们的数据所有者具有较大的度值, 因而使其所有者在数据博弈的初始阶段具有优势 (即具有较大的收益), 物联数据的所有者也成为惩罚者重点关注的对象.

第二层是初始数据的提供者, 是数据博弈的基本参与者, 也称作一阶数据博弈参与者 (如企业法人、自然人). 同时, 在一阶博弈中, 还存在局外人, 局外人可以在下阶段的数据博弈中参与进来, 也可以作为第三方惩罚者或围观者. 在背叛和渎职行为存在的公共数据博弈中, 数据提供者中也会产生个体惩罚者, 他们对其他数据提供的背叛行为实施举证或惩罚.

第三层是县 (县级市) 相关业务部门的二阶数据博弈参与者, 同时也是一阶数据博弈的强制惩罚者. 处于同一层的还包括同级的第三方惩罚者. 由于网络的开放性, 局外人仍然可以作为局外惩罚者, 比如通过举报投诉使背叛者受到惩罚. 这一层数据博弈中, 数据提供者中同样会产生个体惩罚者.

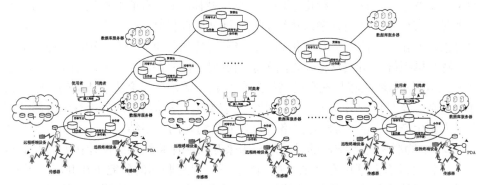

图 5.1 具有三阶惩罚者的复合型公共数据库网络

第四层是市级 (州、厅) 相关业务部门的三阶数据博弈参与者, 同时也是二阶数据博弈的强制惩罚者. 处于同一层的还包括同级的第三方惩罚者 (如纪检部门). 由于网络的开放性, 局外人仍然可以作为局外惩罚者, 比如通过举报投诉使背叛者受到惩罚. 这一层数据博弈中, 数据提供者中同样会产生个体惩罚者.

第五层是省级 (部、局) 相关业务部门的四阶数据博弈参与者, 同时也是三阶数据博弈的强制惩罚者. 处于同一层的还包括同级的第三方惩罚者 (如纪检部门). 局外人仍然可以作为局外惩罚者, 比如通过举报投诉使背叛者受到惩罚. 这一层数据博弈中, 数据提供者中同样会产生个体惩罚者.

第六层是国家级相关业务部门的五阶数据博弈参与者, 同时也是四阶数据博弈的强制惩罚者. 处于同一层的还包括同级的第三方惩罚者 (如纪检部门、最高数据当局、立法部门、执法部门). 内部参与者和局外人中仍然可以产生惩罚者, 比如通过举报投诉使背叛者受到惩罚.

需要说明的是, 在公共数据库网络中, 存在一些特殊的公共数据博弈的参与者 (节点), 如个体惩罚节点 (包括举报投诉者) 和骑墙节点 (时而合作时而背叛). 个体惩罚者在公共数据库网络中虽然存在, 但在暴露之前不能准确标明他们所处的位置, 只能笼统地标注在接入网络 (access network) 中 (图 5.1); 骑墙者则是稳定的数据提供者, 他必然存在于公共数据库网络的某个层级内, 只是他的合作态度不稳定, 即时而提供真实数据时而瞒报或假报数据.

我们之所以把公共数据博弈参与者的网络称为隐形网络, 是因为节点 (参与者) 之间存在利益关系或其他社会关系但未必存在物理连接, 甚至没有间接的物理连接, 如按《中华人民共和国食品安全法》上报生产数据 (如添加剂使用情况、操作人员身份数据等) 的食品生产企业之间经过质监部门信息中心的防火墙和用户权限设置已经处于逻辑隔离. 作为惩罚者的外部举报投诉者在用电话、信件和口头上访等进行举报过程中也没有建立与其他参与者之间的物理连接或逻辑连接. 也就是说, 这里所谓的隐形网络是指一种基于公共数据背后的利益关系的社会网络. 隐形网络的另一层含义是, 在数据的真实性发现上, 同层级内部数据参与者之间很难靠自己的观察在前一阶段博弈后获知其他参与者采取的是 "合作" 还是 "背叛", 而必须通过惩罚者的信息公开或有效举报才能获知他人的背叛行为, 从而决定下一步自己采取 "合作" 还是 "背叛". 也就是说, 同层级的博弈是一种信息完全但非完美博弈.

处于各层之中的参与者之间、上下层参与者之间都存在复杂的利益关系. 从信息经济学的角度, 所有的数据提供者都有隐瞒己方真实数据的同时获取他方真实数据的动机, 除非隐瞒的后果使社会和自己无法承担. 同时, 惩罚者也会因个体或部门的利益诉求而产生权力寻租或搭便车行为. 这样的理性行为必然导致公共数据参与者之间的互不信任, 甚至难以制定相关法律或法律不能被有效执行. 因此, 根据理性假设, 在惩罚者缺位的情况下, 形成中国公共数据产品的有效供给是不可能的. 这种情形, 在发达国家, 如美国, 公共数据产品的有效供给也一直存在困难[5]. 例如, 1860 年开始, 美国总统就开始给美国公民写信, 请他们不要因为害怕而隐瞒人数, 以总统的名义保证, 这些数据只是为了掌握美国的真实人口数量, 而不是用于征税、征兵和法庭调查等用途. 此后, 历任美国总统一直重复这个工作, 说明公众与政府之间就公共数据管理问题一直存在互不信任的情况. 同样, 由于数据提供者的联合抵制, 对全美的医疗保险账单和全美的居民身份证数据质量管理也一直没有达成最终共识, 相关的数据法案在国会一直未能通过.

中国公共数据库网络本质上是数据运行的物理网络和数据参与者社会网络复合形成的复杂网络, 数据节点是物理性和社会性的共生体. 由公共数据库的物理网络中的通信、用户权限等要素与数据博弈参与者采用的策略不确定性相叠加, 构成中国公共数据库的网络复杂性. 这种复杂性不仅仅取决于网络的规模和结构, 更取决于网络中个体行为的不确定性.

5.2.2　中国公共数据库网络的拓扑性质

就物理网络而言, 无论采用何种网络结构和何种数据仓库模型, 中国公共数据库网络是一个确定性的网络, 其内网部分纵向设计为树状结构, 横向设计为星形结构. 但是在这个物理网络上的数据流体现出复杂的社会网络特点. 中国公共数据库网络的拓扑性质分析的意义在于运用演化博弈理论预测未来公共数据网络上运行数据的状况和公共数据产品的质量. 因此, 中国公共数据库网络的拓扑性质分析的重点在于隐形网络的拓扑性质.

由于公共数据网络的最下层, 即第一层, 包含大量的物联网收集的数据, 包括传感网 (SN) 数据, 射频识别 (RFID) 读写数据、远程终端 (RTU) 数据, 这些数据简称为物联数据. 物联数据的数据质量主要依赖于物理器件的质量、技术标准和物理维护水平, 相较于人工录入的具有主观色彩和可人工干预的数据而言, 是客观数据, 它们客观地反映实体或事实的面貌, 数据本身只有准确与否, 不存在真假, 也就是说这些数据节点是不参与公共数据博弈的. 但是, 这些物理数据节点的控制者作为第二层的数据提供者是要参与数据博弈的. 由于这些物联网节点的存在加大了它们所属的数据博弈参与者的节点度, 也就是说, 在数据博弈的初始阶段, 拥有较多物联节点数 (弱网元) 的数据博弈参与者比起其他拥有较少物联节点数或没有物联节点的参与者占优势地位. 这些占优的参与者可以修改或根据自身目标进行数据优化, 有选择地提供给公共数据网络, 或选择瞒报. 这些参与者在公共数据网络中处于一定垄断地位, 也更多地受到惩罚者的关注, 因此, 他们之间更容易结成同盟. 因此, 在隐形网络中的第二层以上各层的某个区域 (如某个县) 内部数据博弈参与者的社会网络是一个同配网络, 故整个公共数据库网络是一个无标度网络.

在公共数据库网络中, 由于行政区域的划分或行业的区别, 同一层级的数据参与者被分割, 使一个参与者集群不会关心另一个参与者集群的行为. 也就是说, 同一层级的公共数据博弈中数据提供者的行为只受一部分邻居行为的影响. 因此, 就整个网络而言, 中国公共数据网络中数据博弈的参与者 (节点) 是非均匀混合的. 例如, 因为各种评比往往以省级为单位, 故某省某个学校学生健康体质数据的真假并不影响另一个省的学校学生健康体质数据上报行为, 但对同一个省的其他学校健康体质数据上报行为有影响. 也就是说, 公共数据博弈中, 同层级博弈的参与者表现出很强的区域自治性. 另外, 数据量大的数据提供者之间互相关注的程度会更高, 即同一层级内的同类数据博弈参与者会呈现同配现象. 区域自治性也会导致不同地区或行业的数据博弈演化稳定策略不同. 因此, 公共数据库网络具有度相关性. 从本质上讲, 这种公共数据库网络的度相关性是由数据博弈的参与者的社会网络的度相关性引起的. 需要说明的是, 在公共数据网络中, 局部的均匀混合状态是可能存在的. 对处于某些局部均匀混合的群体, 传统的复制动力学研究方法仍然有效.

另外, 从公共数据库运行的社会环境看, 由于公共数据库的公共产品属性, 在使用过程中应该不断受到公众的反馈, 包括对公共部门所公开的公共数据真实性的质疑, 这样的反馈使公共数据在有限范围内得到不断修正. 耗散结构理论指出, 系统从无序状态过渡到耗散结构有几个必要条件: 一是系统必须是开放的, 即系统必须与外界进行物质、能量和信息的交换; 二是系统必须是远离平衡态的, 系统中物质、能量流和热力学力 (改变的力量) 的关系是非线性的; 三是系统内部不同元素之间存在着非线性相互作用, 并且需要不断输入能量 (外来力量) 来维持. 在信息公开和媒体自由有保障的情况下, 公共数据库系统才是开放的复杂系统. 在开放的环境下, 中国公共数据博弈中会出现高阶惩罚和低阶惩罚共存, 从而较小的从众倾向就会导致惩罚的实施在低阶数据博弈的各阶段得以维持, 从而促进较低阶段的惩罚行为和合作行为的生存, 并且一旦合作在组内建立, 就能通过群组选择的方式传播到整个群体, 从而在局部形成合作的稳定状态. 由此可以得出, 不是所有的公共数据库都以失败而告终. 也就是说, 在信息公开和媒体自由的情况下, 公共数据库系统有可能形成耗散结构, 公共数据博弈中合作者不会湮灭, 甚至存在公共数据博弈的合作演化稳定策略, 致使政府最终能够提供稳定、有效的公共数据库产品.

5.3 无标度物联网上的中国公共数据库数据演化博弈

演化博弈论最早源于 Fisher, Hamilton 等遗传生态学家对动物和植物的冲突与合作行为的博弈分析, 他们研究发现动植物演化结果在多数情况下都可以在不依赖任何理性假设的前提下用博弈论方法来解释. 但直到 Smith 和 Price 在他们发表的创造性论文中首次提出演化稳定策略 (evolutionary stable strategy) 概念以后, 才标志着演化博弈论的正式诞生[65].

按演化博弈论的观点, 不再将参与者视为超级理性的个体, 而是通过试错的方法达到博弈均衡. 历史、制度和心理因素等, 乃至趋向均衡过程中的某些细节都会对博弈的多重均衡的选择产生影响. 演化博弈论摒弃了完全理性的假设, 以达尔文生物进化论和拉马克的遗传基因理论为基础, 用系统论的观点, 把群体行为的调整过程看作一个动态系统, 将演化过程中的个人行为和群体行为的形成机制都纳入到演化博弈模型中, 构成一个具微观基础的宏观模型. 因此, 演化博弈模型能够更真实地反映行为主体的多样性和复杂性, 并且可以为宏观调控群体行为的研究提供理论方法.

许多实验研究表明, 种群的结构关系不一定均匀, 即个体倾向于选择具有优势适应度的个体作为邻居, 这样的种群行为导致种群的度分布具有明显的差异性, 这是种群多样性的表现. 在自然界和人类社会, 自私的个体之间产生合作是一个常见的现象. 为了研究合作的涌现, 博弈的参与者的数目必须巨大, 并且个体之间的相互关系形成一个复杂网络, 博弈的演化过程中个体的策略构成多阶段的博弈战略.

复杂网络上的演化博弈可定义为扩展式:

(1) 个体数量足够大, 所有个体位于一个复杂网络上;

(2) 在每个时间演化步 (阶段博弈), 按法则选取一部分个体按一定概率匹配进行博弈;

(3) 各阶段中个体的策略按一定的法则更新, 每一类个体 (未必属于同一个社区) 的策略更新法则相同; 这种更新法则是 "策略的策略", 法则更新要比策略的更新慢得多, 使得个体总是可以有足够的时间根据上一阶段邻居的策略的后果进行评估, 以便下一阶段策略的更新;

(4) 个体可以感知环境、获取信息, 然后根据自己的经验和信念, 按法则更新策略;

(5) 各类个体的策略更新法则可能受到个体节点所在网络的拓扑结构的影响;

(6) 时间演化步数多, 足以观察到博弈过程中参与者的策略演化方向.

Nowak 和 May 率先研究了规则网络上的演化博弈, 获得了二维格子上的 "囚徒困境" 博弈的合作行为的涌现[66-68].

Santos 等研究了 BA(Barabási 和 Albert) 网络上的囚徒困境 (prisoner's dilemma game, PDG) 博弈行为[69]. 基本的博弈为

$$
\begin{array}{c@{\qquad}c@{\qquad}c}
 & C & D \\
C & \begin{pmatrix} (R,R) & (S,T) \\ (T,S) & (P,P) \end{pmatrix}
\end{array}
\qquad (5.3.1)
$$

其中 C 代表 "合作", D 代表 "背叛", R 是双方都选择 "合作" 时双方各得的收益 (payoff), S 表示一方选择 "合作" 而另一方 "背叛" 时选择 "合作" 一方的收益, T 表示一方选择 "合作" 而另一方选择 "背叛" 时选择 "背叛" 一方的收益, P 是双方都选择 "背叛" 时双方各得的收益, 且满足 $S < P < R < T$. 在完全理性假设下, 阶段博弈有唯一的 Nash 均衡.

5.3.1 度无关无标度数据库隐形网络上的公共数据演化博弈

在公共数据博弈中, 我们给予合作和背叛具体的解释, "合作"(C) 表示参与者向公共数据库提供真实数据, "背叛"(D) 表示参与者向公共数据库提供虚假数据或瞒报.

在公共数据博弈中, 典型的囚徒困境模型 (5.3.1) 满足 $S < P < R < T$ 是有现实意义的. 我们从四个方面来解释在一次博弈中背叛者对合作者占优. 其一, 背叛者假报或瞒报数据就可以省去收集数据的成本, 例如排污口监控传感器系统建设与运行维护成本; 其二, 背叛者可以享用合作者提供的真实数据来改善自己的

决策, 同时保护了自己的隐私; 其三, 在获取其他数据提供者的真实数据中某些隐私的情况下, 可能运用这些隐私进行敲诈来获取不正当利益; 其四, 背叛者可以通过提供虚假数据获得不正当的收益, 如通过提供虚假的产品质量检验报告促进不合格产品销售. 在没有惩罚和奖励干预的情况下, 背叛者从四个方面获得的收益总和会比博弈双方都采取合作行为时获得的收益更大, 与此同时采取合作策略的一方的真实数据被恶意使用会造成更多的损失, 至少会给背叛者搭便车的机会.

尤其应该指出的是, 第二方面的收益不仅来自博弈的对手, 而且来自背叛者对合作者提供的真实数据的分析和运用带来的其他活动效果的改善所增加的收益. 也就是说, 合作一方所提供真实数据承载的信息是有价值的. 考虑背叛者的另一个决策场合, 他利用公共数据博弈中的合作者所提供的真实数据获得随机决策的状态变量的更为可靠的后验分布, 从而降低了决策风险, 按 Bayes 决策的风险理论, 这些真实数据的价值可由下面的公式来计算:

$$\text{EVSI} = r'(\pi) - r(\pi, \delta^\pi) = \min_{a \in A} E^\theta[l(\Theta, a)] - \min_{\delta \in \Delta} E^\theta[E^{x|\theta}(l(\Theta, a))]$$

其中, 背叛者在获得合作者的真实数据之前对决策中的状态变量 Θ 的先验分布为 $\pi(\theta)$, A 为背叛者在另外场合的决策中所能采用的行动方案集, 损失函数为 $l(\theta, a)$, 合作者提供的真实数据为 x, $\pi(\theta|x)$ 为状态变量 Θ 的后验分布, Δ 为背叛者在其获得真实数据 x 后的决策规则集, δ^π 为 Bayes 决策规则, $r(\pi, \delta^\pi)$ 为 Bayes 风险. 当状态变量 Θ 与观察量 X(合作者提供的是它的一次观察值) 不相互独立的情况下, $\text{EVSI} > 0$.

在极端的情况下, 合作者所提供的真实数据不能给背叛者带来直接的好处 (或规避风险), 而且这些真实数据也不含有数据提供者任何隐私, 那么对背叛者而言这些真实数据的直接信息价值为零. 但是, 公共部门是不会去收集真实但没有任何价值的公共数据的, 或者说公共数据库中的真实数据总是有价值的. 换言之, 公共数据库是有效的公共产品, 并且有助于提升其他公共产品的品质 (例如, 大气环境检测者提供的真实数据有利于改善空气质量, 而良好的空气是一类标准的公共产品). 这种情况下, 背叛者就存在搭便车行为, 从而获得间接的好处.

因此, 无论何种情形, 我们总是有充足的理由设定 $S < P < R < T$.

在一个层级内某个自治区域, 假定公共数据博弈参与者 (数据提供者) 在初始时刻处于均匀混合状态, 即每个数据博弈提供者可以和该区域内的所有其他数据提供者进行博弈. 我们注意到, 尽管受网络结构的影响, 大范围内公共数据博弈的参与者不是均匀混合的, 但是在局部范围内参与者仍有可能是均匀混合的. 因此, 讨论在局部范围内的公共数据博弈的参与者充分混合的情形是有意义的.

设在这一层级内提供真实数据的数据提供者 (合作者) 占该自治区域内数据提供者的比例为 ρ, 提供假数据或瞒报者 (背叛者) 的比例为 θ, 则该层级数据博弈

中合作者和背叛者的收益分别为

$$U_C = R\rho + S\theta, \quad U_D = T\rho + P\theta \tag{5.3.2}$$

运用复制动力学[68] 描述数据博弈演化过程中合作者和背叛者的策略变化为

$$
\begin{cases}
\dfrac{d\rho}{dt} = \rho(U_C - \omega), \\[2mm]
\dfrac{d\theta}{dt} = \theta(U_D - \omega)
\end{cases}
\tag{5.3.3}
$$

由 $\rho + \theta = 1$, 得 $\omega = \rho U_C + \theta U_D$, 正是该自治区域内公共数据博弈中数据提供者的平均收益. 将 $\omega = \rho U_C + \theta U_D$ 代入 (5.3.3) 可解得

$$\frac{d\rho}{dt} = \rho(1 - \rho)[(R - T)\rho + (1 - \rho)(S - P)] \tag{5.3.4}$$

由 $S < P < R < T$ 可知, $\rho = 0$ 是唯一的稳定点, 即当 $\rho > 0$ 时, $\dfrac{d\rho}{dt} < 0$, 即合作者的比例必然下降, 说明在公共数据博弈中造假和瞒报者 (背叛者) 占优. 因此, 在公共数据博弈自治区域内, 阶段博弈的 Nash 均衡解 (D, D) 也是公共数据演化博弈的演化稳定策略. 也就是说, 在完全自治的区域内, 若参与者均匀混合, 则数据造假或瞒报最终将演化为自治区域内参与者的整体行为.

若公共数据博弈参与者 (数据提供者) 在初始时处于非均匀混合状态, 即在每一阶段博弈中, 个体 i 只与其所有邻居各进行一次博弈, 累计收益为 $u_i = \sum\limits_{j \in \Omega_i} \pi(s_i, s_j)$, 作为该个体的适应度, 其中 $\pi(C, C) = R, \pi(C, D) = S, \pi(D, C) = T, \pi(D, D) = P$, Ω_i 为节点 i 的邻居节点的集合. 在这种情况下, 在公共数据博弈的策略演化过程中采用的复制动力学规则是: 如果 $u_i \geqslant u_j$, 则下一阶段个体 i 与近邻 j 的博弈中继续采用当前的策略; 否则在下一阶段个体 i 与个体 j 的博弈中, 它将以概率 $P(s_i \leftarrow s_j)$ 采用当前阶段个体 j 的策略 s_j, 其中

$$P(s_i \leftarrow s_j) = \frac{u_j - u_i}{\max(k_i, k_j)(T - S)} \tag{5.3.5}$$

其中 s_i 和 s_j 分别是个体 i 和 j 的当前的策略, k_i 和 k_j 分别是个体 i 和 j 的度值.

为了说明非均匀混合状态下公共数据博弈的参与者之间可能存在的合作扩散, 我们将某一个层级内公共数据博弈抽象为以两个数据提供者为中心的哑铃状 BA 无标度网络 (图 5.2).

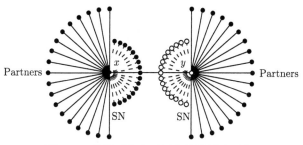

图 5.2 单层两中心无标度数据博弈网络

该数据博弈参与者的社会网络具有两个中心节点 (拥有大数据量的数据提供者, 即拥有物联节点和邻居的零星数据提供者) x 和 y, 它们直接连接. 其他小度的节点 (物联节点, 图 5.2 中标注为 SN, 或一些零星数据提供者, 图 5.2 中标注为 Partners) 随机地与这两个中心节点中的一个连接. 为了讨论节点对合作的扩散作用, 初始时刻设定 x 为合作者和 y 为背叛者; 在中心节点的邻居中, 节点 x 的邻居和 y 的邻居各占一半, 而且 x 的邻居都为合作者 (图 5.2 中实点) 和 y 的邻居都为背叛者 (图 5.2 中空点). 在每一个阶段的博弈中, 所有节点都与它的邻居进行一次囚徒困境博弈, 收益进行累积. 在策略演化过程中, 每个节点随机选取一个邻居进行策略比较: 如果邻居的本轮收益高于自己的收益, 则它以一定概率模仿邻居的本轮策略, 这意味着本轮中收益较高的个体的策略会被它的邻居学习. 由于初始阶段两个中心节点都围绕着较多采取合作策略的邻居, 所以中心节点的累积收益高于小度节点的收益, 小度节点会模仿与它相连的中心节点的行为. 由于节点随机选择邻居进行策略比较, 虽然初始阶段合作中心节点 x 的收益低于背叛中心节点 y 的收益, 但高于绝大多数小度邻居的收益, 所以 x 能够在一段时间内坚持合作策略. 随着时间演化, 合作节点 x 周围小度邻居倾向于模仿 x 的合作行为, 所以 x 周围合作邻居的比例是增加的, 反过来也意味着 x 的收益随时间演化而增加. 与之相反, 由于 y 周围的邻居倾向于模仿中心节点的背叛行为, 所以 y 的收益随时间递减, 逐渐低于它的合作邻居 x 的收益. 在某一时刻, y 会模仿 x 的行为而转变为合作者, 此后 y 的邻居也模仿中心节点的行为. 这样, 合作策略会在网络中扩散开来, 最终所有节点会一致选择合作策略. 这意味着个体采取积累收益时, 中心节点在无标度网络中倾向于采取合作策略, 并影响它周围的邻居.

此外, 可以通过分析背叛行为在 BA 网络上的扩散过程来阐述中心节点能够有效抵抗背叛者入侵的机理. 假设初始时刻只有一个最大度节点 x 为背叛者, 其余节点都为合作者. 然后观察背叛的中心节点 x 对网络中合作行为的入侵性. 可以发现, 由于 x 在短期内从合作邻居中获得较高收益, 所以它的小度邻居会模仿其行为, 经过一段暂态时间后大约会有 80% 的邻居转变为背叛者. 随着 x 周围合作邻居比例的下降, 其收益会低于 x 的大度合作邻居的收益, 最终 x 会认识到合作策略的收益高于背叛行为, 转变为合作者. x 再次成为合作者之后它周围大多数邻居也再次选择合作策略. 通过上述微扰分析, 表明在 BA 无标度公共数据库网络中, 中心节点能够有效抵抗背叛者的入侵, 并且中心节点之间具有较好的合作相持特性. 研究显示, 在具有 1000 个节点的 BA 无标度网络中, 初始时刻策略在所有节点上接近均匀分布, 一些中心节点在初始时刻会采取背叛策略. 到了稳定状态, BA 无标度网络中的中心节点都会转变为合作者, 背叛者主要集中在小度节点上. 说明无标度网络上的合作行为具有相当强的鲁棒性. 因此, 异质网络中的中心节点对合作涌现具有重要作用[66,67].

从稳定状态个体之间的动态组织出发, 可以进一步将处于稳定状态的数据提供者分为三类: 始终保持合作 (背叛) 策略不变的个体称为纯合作者 (纯背叛者) (pure cooperators/defectors), 不断改变自己策略的个体称为骑墙者 (fluctuating individuals). 在 BA 无标度网络中, 中心节点以纯合作者形式存在, 这些纯合作者通过组成一个相互连通簇, 可以有效抵抗背叛者的攻击. 随着诱惑的提高, BA 无标度网络的纯背叛者数目缓慢下降, 即使面对非常高的诱惑, 网络中的合作者仍很难湮灭. 如果 $u_j < u_i$, 则背叛者中会逐渐产生一些合作者, 最终是合作策略成为公共数据博弈的演化稳定策略.

5.3.2 度相关无标度数据库隐形网络上的公共数据演化博弈

在实际的公共数据库网络中, 同一层级的数据参与者 (主要是数据提供者) 之间往往会形成一定的联盟, 称为数据联盟. 在联盟内, 公共数据博弈参与者采取比较一致的策略. 例如, 在昆明就曾经出现眼镜店联合抵制上报验光配镜的数据台账. 这种数据联盟总会在势均力敌的数据提供者之间形成, 比如各大乳品企业形成数据联盟联合向食品安全监管部门提供假数据 (如牛奶中三聚氰胺含量数据). 因此, 公共数据库网络的隐形网络常常表现出不同程度的度相关性, 而经典的 BA 网络并不具有度相关性. 为了研究在公共数据网络中可能存在的数据提供者合伙背叛或合伙合作可能产生的影响, 我们来分析具有度相关性的无标度网络上的公共数据博弈策略演化行为. 为此, 我们运用随机重连算法 (XS 算法) 产生具有不同度相关性的网络. 随机重连算法如下:

(1) 每次随机选择原网络中的两条边, 它们连接 4 个不同的端点.

(2) 有目的地重连被选中的两条边: 为了得到同配网络, 一条边连接度最大的两个节点, 而另一条边连接度最小的两个节点.

重复上述过程充分多次, 可以在保持度序列不变的情况下, 使网络变得同配, 对应于网络的同配系数为正. 基于 BA 无标度网络, 可根据 XS 算法调节网络的同配系数 r_k 介于 $[-0.3, 0.3]$[68]. 初始时, 每个个体以相同概率选择合作或者背叛策略. 然后, 公共数据库隐形网络上的博弈根据式 (5.3.5) 的复制动力学规则进行策略演化. 经过考察具有不同度相关性的无标度网络上的合作频率 f_c, 以及纯合作/纯背叛策略个体的频率 ρ/θ. 当网络变得同配时, 一方面, 面对相同的诱惑, 同配网络中会有更多的个体选择背叛, 其合作频率要低于不相关网络中的合作频率; 另一方面, 网络中合作湮灭的阈值也随 r_k 的增加而递减, 同配网络中的合作者更容易消失[68]. 由此可以看出, 在公共数据库数据质量控制过程中, 尤其应该关注重要的数据提供者之间可能采用结盟对抗数据稽查, 甚至联合造假或瞒报的行为.

5.4 公共数据演化博弈的奖励行为

Apicella 等用实证的方法研究了公共产品博弈 (public goods game,PGG)[70], 作为囚徒困境博弈的多人扩展模型. 在公共产品博弈中引入奖励机制可以产生更丰富的动力学行为. 作为一个有趣的实证, Apicella 等研究了坦桑尼亚北部的 Hadza 部落人们之间的合作行为[70]. Hadza 部落的人至今仍然基本以狩猎为生, 是人类学研究的绝佳样本. 他们平均 12 名成年人在一起生活 4—6 周, 然后更换营地和住宿伙伴. 研究人员访问了 17 个营地的 205 名成年 Hadza 人 (男性 103 人, 女性 102 人), 在每个营地与他们玩一轮公共产品博弈: 每名获得 4 个蜂蜜棒, 他们可以选择全部或部分留给自己, 另外一部分投入公共产品箱与其他宿营伙伴共享. 每个人的决策都是不公开的, 并且每个人都被事前告知, 他们每捐献出一份公共产品, 研究者就会额外投入 3 倍数量的蜂蜜棒到公共产品箱. 在所有参与者都做出决策之后, 箱中的公共产品会被平均分配给每个人. 在此公共产品博弈中, 捐献公共产品的合作者会冒收益下降的风险, 而搭便车的人没有任何收入即可分享公共产品, 其收益高于合作者. 然而, 研究人员发现, Hadza 人平均会捐献一半的蜂蜜棒. 这说明 Hadza 人之间存在合作利他行为. 经过比较, 还发现 Hadza 人之间的社会关系网络的结构具有一些与现代社会网络结构相似的特征, 如高聚集度、同质性和互惠性等. 这表明社会网络的一些结构特征以及合作涌现可能在人类早期就已经形成. 近年来, Nowak 等尝试建立演化博弈的新的理论框架, 以进一步理解从自然界到人类社会中随处可见的合作利他行为.

在公共数据库网络上, 公共数据博弈的合作利他行为是否存在? 合作策略是否可以成为公共数据博弈的演化稳定策略? Apicella 等的工作只是实证研究, 并不是从复杂网络上的囚徒困境博弈中获得的一般结论. 同样, 在公共数据博弈中引入奖励机制的效果分析也存在理论上的困难. 为了研究公共数据博弈中奖励行为对合作演化的影响, 我们运用自主研发的 "基层质量监督管理信息系统" 数据库对昆明市组织机构代码证登记系统的公共数据博弈进行了观察和实证分析. 在 2008—2012 年的 5 年观测期内, 将五华区、盘龙区、西山区、官渡区、安宁市、呈贡区、嵩明县和富民县的组织机构代码证办证、年检数据提供者作为观察对象,将他们按属地分为四组,分组原则是每组包括一区一县,以消除城区与郊县差异及信息化程度的差异. 各区县按照国家标准化管理委员会发布的数据标准进行组织机构代码证的申请和年审数据填报,并根据原国家质检总局的奖励标准 (2 元/条) 进行奖励,并从业务费中拿出自设的奖励基金,分别按组追加 1.5 元/条、1.0 元/条、0.5 元/条、0 元/条,一个周期后将追加奖金数对调一次,结果显示,初期阶段奖金高的组的组织机构代码证的数据质量明显高于奖金低的组. 奖金对调后,原来奖金高的组在降低奖金后数据质量没有出现明显的下降,而奖金升高的组的数据质量也明显提升. 由此可以看出,虽然奖励行为在公共数据博弈的前几期对合作的涌现是有明显效果的,但是随着数据博弈的不断进行,奖金对合作策略的稳定作用在衰减. 也就是说,奖金对公共数据博弈的合作演化在早期是正反馈,奖金额度与合作者比例呈正相关. 因此,从长远来讲,不能靠奖金制度来达到公共数据库数据质量的稳定提升,数据提供者的奖金激励的边际效用随时间递减. 关于奖励行为对公共数据质量的影响的实证研究有待进一步深入.

5.5 公共数据演化博弈的惩罚行为

惩罚作为合作演化的一种可行的解释, 近年来得到广泛的研究[71]. 尽管相关学者从不同角度出发, 对惩罚给出了不同的定义[72,73], 在演化博弈的范畴内, 惩罚就意味着惩罚者付出一定的代价, 背叛者蒙受更大的损失, 因此也称为代价惩罚 (costly punishment).

5.5.1 公共数据博弈的个体惩罚

考虑在公共数据博弈中, 对每一个层级的数据提供者的囚徒困境阶段博弈基础上, 增加了第二个阶段, 这一阶段中合作者可以自愿选择是否惩罚背叛者, 即自己付出一个代价 γ, 让背叛者的收益减少 β. 在第二阶段博弈中, 惩罚行为采用了个体间私下进行的模式, 因此被称为个体惩罚 (peer punishment), 个体惩罚者记为 Peer. 个体惩罚行为实质上是将 (5.3.1) 式的收益矩阵变为

$$
\begin{array}{cc}
 & \begin{array}{cc} C & \quad\quad D \end{array} \\
\begin{array}{c} C \\ D \end{array} &
\left(\begin{array}{cc}
(R,R) & (S-\gamma,T-\beta) \\
(T-\beta,S-\gamma) & (P,P)
\end{array}\right)
\end{array}
\tag{5.5.1}
$$

取一个适当的 β 值, 矩阵各项的大小次序将由 $S<P<R<T$ 变为 $S-\gamma<P<T-\beta<R$, 从而由囚徒困境博弈变为协调博弈 (coordination game), 使共同合作 (C,C) 成为一个 Nash 均衡.

在公共产品博弈的行为实验中, 当赋予选择惩罚的自由时, 人们也倾向于使用惩罚策略, 而且这种惩罚的威胁能促使合作水平显著提高[74,75]. 这一结论也适用于公共数据博弈, 无论对于博弈组内成员 (同行) 固定还是每轮重新组合都成立. 数据提供者 (同行) 之间的促进合作的互惠理论可以被认为是一种弱互惠 (weak reciprocity), 因为它强调通过长期的合作和低代价的手段来对付背叛者. 弱互惠依赖于未来足够多的交互次数, 要求同行成员比较少从而能够监视背叛的行为, 而且同行之间的信息流通要保证顺畅无误.

有些情况下, 在公共数据博弈中背叛行为 (提供虚假数据或瞒报) 仅仅被利益无关的第三方目睹 (数据稽查、实名或匿名举报投诉) 时, 若不存在二阶搭便车或腐败, 那么惩罚也会被实施. 因此, 愿意使用惩罚促进合作的强互惠 (strong reciprocity) 理论也适用于公共数据博弈. 这里, 不存在二阶搭便车行为是指无关利益的第三方发现有人向公共数据库提供虚假数据或瞒报但不愿意举报, 以此获取某种好处. 腐败是指执法部门或上级惩罚者收到举报但不实施惩罚 (惩罚者搭便车或权力寻租). 强互惠理论认为强互惠者把合作看作正确的选择, 愿意付出大的代价来惩罚背叛者. 代价惩罚保证了背叛者不能随意享用搭便车的成果, 即使是在单次博弈中互相不认识的大的群体中, 惩罚者也可以立即付出代价来降低背叛者的收益, 而且不损害组内其他成员的利益. 经济学者通过博弈的行为实验考察正激励和负激励 (positive incentive and negative incentive), 即奖励和惩罚, 对合作倾向的不同影响[76]. 在公共数据博弈中, 惩罚本身存在的一个显而易见的问题是效率. 由于对数据造假和瞒报者的惩罚行为会给惩罚者和被惩罚者双方都造成负收益, 因此将降低群体收益, 甚至造成带来的合作提升不足以弥补惩罚造成的损失. 但这些一般是短期的效应, 实验研究表明, 考虑了长期的交互, 惩罚将带来净收益的提升[77]. 在公共数据博弈中, 尽管惩罚的存在为合作演化提供了一种有效的解释, 但是惩罚本身存在条件是什么? 为了获得具有可用性的公共数据库, 惩罚是需要付出代价的, 惩罚的结果让公众和每个合作者 (提供真实数据者) 都受益, 但是代价却只由惩罚者承担. 只合作不惩罚的个体 (C) 相对于合作且惩罚的个体 (P) 具有相当于惩罚代价的收益优势, 因此这种环境下的 C 也被称为 "二阶搭便车者"(second-order free riders). 根据自然选择, 在长期演化中 P 将被 C 所取代, 然后 C 最终将被背叛者 D 取代. 另一方面, 由于公共数据库物理网络的保护隐私设计和公共部门信息公开不力, 合作者也很难观察到背叛行为, 导致背叛者取代合作者的速度加快.

在演化博弈论中, 已经有大量的理论工作从各个角度出发, 致力于对惩罚的维持给出合理的演化动力学解释. 例如, 直接互惠中的针锋相对 (tit for tat) 策略[78], 即对不合作的人自己也采用背叛态度; 间接互惠博弈 (indirect reciprocity game) 中, 对于那些声望不好的人拒绝给予帮助[79].

在公共数据博弈中, 为了在博弈演化中维持惩罚的存在, 必须找到某些具有 "惩罚" 性质的行为既能够提高自己的收益, 同时又能降低别人的收益. 这些行为本身在保留了惩罚者的利益的同时让对方无法获利, 在自然选择面前才具有优势. 除了数据共享的联盟外, 数据造假和瞒报并不容易被同类数据提供者发觉, 而且采用背叛的成本很低. "损人不利己" 行为存在的概率很小. 我们把宁愿自己损失也要惩罚别人的 "损人而不利己" 行为称作代价惩罚或利他惩罚 (altruistic punishment). 利他惩罚在演化过程中存在概率非常小. 利他惩罚的演化解释包含两个方面:

第一是惩罚者何以入侵群体. 因为当少量的惩罚者入侵一个由背叛者组成的群体时, 惩罚者需要付出沉重的代价四处惩罚, 从而严重降低自己的收益而很快被自然选择所淘汰.

第二是惩罚者何以在群体中保持稳定. 对于一个全是惩罚者的群体, 背叛者固然无法入侵; 但是如果突变产生一类只合作不惩罚的个体, 由于它们与惩罚者之间收益相同, 则会通过中性漂移而在种群中扩散, 此时如果背叛者进入种群, 则剩余的惩罚者不足以对付背叛者, 从而使整个种群被背叛者占据, 也就是 "二阶搭便车" 现象.

5.5.2 公共数据博弈的共同惩罚

上面对公共数据博弈中的惩罚行为的研究中, 由于惩罚行为采用了个体间私下进行的模式, 故这种模式面对二阶搭便车者存在如下缺点: ①如果要惩罚二阶搭便车者则可能存在不惩罚这类个体的三阶搭便车者, 惩罚三阶搭便车者就会存在四阶搭便车问题, 以至于无穷递归; ②全合作时惩罚者和不惩罚只合作者无法分辨, 这样惩罚者有可能经过中性漂移变为非惩罚者而最终被背叛者侵蚀. 与此不同的另一种惩罚可以称为 "共同惩罚" (pool punishment) 或者为 "集中惩罚" (centralized punishment)[80]. 在公共数据博弈之前, 先进行对惩罚基金贡献的阶段, 然后进行对公数据贡献的阶段. 惩罚基金的作用有两个方面: 一是降低惩罚者付出的惩罚成本, 甚至是惩罚者获得较高的收益而乐于对数据造假或瞒报者 (背叛者) 实施惩罚; 二是可以使背叛者提前暴露. 在实际的公共数据库管理中, 公共部门采取收取数据录入的客户端使用费的方式摊薄惩罚成本, 所获得的资金可视为共同惩罚基金. 例如, 在中国, 税务部门的数据收集通过网上报税系统实现, 税务部门信息中心向报税企业和个人收取的终端使用费即可视为共同惩罚基金, 尽管有时这种收费是通过第三方 (如红顶协会、红顶中介) 实现的. 因为在第一轮中是否为惩罚者已经暴露, 所以惩罚基金除了对数据造假或瞒报者惩罚外, 也可以决定是否对提供真实数据但不贡献惩罚基金的人进行惩罚. 公共数据博弈中的共同惩罚基金一旦建立就可以对很多人进行惩罚, 惩罚代价不再受数据造假或瞒报者数量的影响. 但是当数据提供者中造假或瞒报较少甚至不存在时, 共同惩罚者 (pool punisher) 仍然要付出同样的代价, 因此共同惩罚者的效率要低于个体惩罚者.

在公共数据博弈中, 为了较清晰地分析共同惩罚的效果, 我们将博弈参与者限定在某一自治区域内. 我们假定数据提供者在初始时处于均匀混合状态, 并且惩罚基金的存在会使共同惩罚者对所有背叛者都会实施惩罚 α.

(1) 如果惩罚的力度较小的话, 不足以对公共数据博弈中的造假或瞒报者改变策略, 则在自治区域内共同惩罚基金是失效的.

(2) 如果实施的共同惩罚 α 足够大, 可以通过对下列新的博弈模型进行分析

$$
\begin{array}{cc}
& \begin{array}{cc} C & D \end{array} \\
\begin{array}{c} C \\ D \end{array} &
\begin{pmatrix}
(R,R) & (S,T-\alpha) \\
(T-\alpha,S) & (P,P)
\end{pmatrix}
\end{array}
\tag{5.5.2}
$$

此时 $S < P < T - \alpha < R$, 使共同合作 (C,C) 成为一个阶段博弈的 Nash 均衡. 对应于 (5.3.2) 式, 有

$$
\frac{d\rho}{dt} = \rho(1-\rho)[(R-T+\alpha)\rho + (1-\rho)(S-P)]
\tag{5.5.3}
$$

因此, 合作者比例增长有一个临界点 $\rho^* = (P-S)/(R-S-T+\alpha+P)$. 当 $0 < \rho < \rho^*$ 时, $\frac{d\rho}{dt} < 0$, 即如果整个博弈过程没有新参与者加入的话, 公共数据博弈中合作者比例会降低; 反之, 当 $\rho^* < \rho < 1$ 时, $\frac{d\rho}{dt} > 0$, 公共数据博弈中合作者比例会增加. 由此可见, 即使有共同惩罚基金存在, 而且惩罚的力度足够大, 阶段博弈的合作策略 (C, C) 也不是稳定的. 事实上, 此时重复的公共数据博弈的混合策略 $(\rho^*, 1-\rho^*)$ 也不是稳定的, 也就是说实施共同惩罚的作用是不确定的.

需要更进一步阐明的是, 在实际的公共数据博弈中, 即使惩罚的力度足够大, 共同惩罚仍有可能不会起任何作用, 原因包括两种情况.

(1) 尽管惩罚力度足够大, 但实施惩罚的概率太小. 在实际的公共数据博弈中, 共同惩罚者 (高阶惩罚者) 不会因为有足够的惩罚基金就会对所有造假或瞒报者进行惩罚, 而是以概率 μ 实施惩罚, 那么 (5.3.3) 式将变为

$$
\begin{aligned}
\frac{d\rho}{dt} &= \mu\rho(1-\rho)[(R-S-T+\alpha+P)\rho + S - P] \\
&\quad + (1-\mu)\rho(1-\rho)[(R-S-T+P)\rho + S - P] \\
&= \rho(1-\rho)[(R-S-T+\mu\alpha+P)\rho + S - P]
\end{aligned}
\tag{5.5.4}
$$

175

由此可见, 这种不完全的共同惩罚的效果等同于将个体之间的阶段博弈修改为

$$
\begin{array}{cc}
& \begin{array}{cc} C & \quad\quad D \end{array} \\
\begin{array}{c} C \\ D \end{array} & \left(\begin{array}{cc} (R,R) & (S, T-\mu\alpha) \\ (T-\mu\alpha, S) & (P,P) \end{array} \right)
\end{array}
\tag{5.5.5}
$$

因此, 若 μ 足够小, 尽管共同惩罚使 $S < P < T - \alpha < R$, 但对公共数据博弈的参与者来说, 相当于期望的博弈支付仍满足 $S < P < R < T - \mu\alpha$, (C, C) 不再是 Nash 均衡. 所以, 尽管存在共同惩罚, 但是 (D, D) 也是重复公共数据博弈的唯一的演化稳定策略.

(2) 尽管惩罚力度足够大, 但是数据提供者在初始时处于非均匀混合状态. 此时, 每一个数据提供者只跟邻居节点进行数据博弈, 因此数据博弈参与者会出现式 (5.3.5) 所描述的策略转移. 数据博弈参与者可能策略转移的原因, 除了强势节点具有好的收益外, 参与者不相信惩罚者会真的惩罚背叛者. 数据提供者不信任共同惩罚的原因有两类: 一是他们认为共同惩罚者可能存在搭便车行为或腐败; 二是他们惧怕居于优势地位的数据提供者可能会采取报复手段.

更为一般的情形下, 在实际的公共数据博弈中, 共同惩罚作为威胁的手段, 不会不起任何作用, 共同惩罚者以威胁作为工具促进合作者的比例 ρ 提高. 为了分析威胁实施共同惩罚的作用, 仍然考虑自治区域内数据博弈参与者均匀混合的情形. 当共同惩罚为 α 时, 威胁实施惩罚背叛者的威力取决于数据稽查的概率 μ. 对博弈 (5.5.5), 获得 ρ 的最大值点

$$
\rho^* = (P - S) / (R - S - T + \mu\alpha + P)
$$

当 $\mu^*\alpha = T - R$, 即 $\mu^* = \dfrac{T-R}{\alpha}$ 时, $\rho^* = 1$, 即除非初始状态参与者全是合作者, 否则合作者比例必然降低. 换言之, 要使合作者比例提高, 必须使 $(T-R)/\alpha < \mu \leqslant 1$ (蕴含着 $(T-R)/\alpha < 1$, 即 $T - R < \alpha$).

如果在公共数据博弈中的某个完全自治的区域内数据提供者是均匀混合的, 且惩罚背叛者的执法所得全部归共同惩罚者所有, 那么共同惩罚者实施惩罚的积极性随罚没收入 α 增加而增加, 从而实施惩罚的概率 μ 为 α 的增函数. 若共同惩罚者是保守的, 那么可取惩罚者的 Von Neumann-Morgenstern 效用函数为

$$
\mu(\alpha) = \begin{cases} 0, & \alpha < T - R, \\ \ln \dfrac{\alpha}{T-R}, & T - R \leqslant \alpha \leqslant (T-R)e, \\ 1, & (T-R)e < \alpha \end{cases}
$$

此时共同惩罚行为的效果为

$$\beta = \mu\alpha = \begin{cases} 0, & \alpha < T - R, \\ \alpha \ln \dfrac{\alpha}{T-R}, & T - R \leqslant \alpha \leqslant (T-R)e, \\ \alpha, & (T-R)e < \alpha. \end{cases}$$

为了获得存在惩罚者的情况下可能使合作策略 (C,C) 成为演化博弈的演化稳定策略, 我们需要确定最低的罚款额.

设 $\varphi(t) = t - e^{\frac{1}{t}}, \varphi'(t) = 1 + t^{-2}e^{\frac{1}{t}} > 0(t \geqslant 1)$, 则 $\varphi(1) = 1 - e < 0, \varphi(e) = e - e^{\frac{1}{e}} > 0$, 故方程 $\varphi(t) = t - e^{\frac{1}{t}} = 0$ 有唯一解 $t_0 = 1.7632$, 且 $1 < t_0 < e$. 当 $t \geqslant 1.7632$ 时, $\varphi(t) = t - e^{\frac{1}{t}} \geqslant 0$, 即 $t \geqslant e^{\frac{1}{t}}$, 亦即 $t \ln t \geqslant 1$. 令 $t = \ln \dfrac{\alpha}{T-R}$, 可知, 当 $\alpha > 1.7632(T-R)$ 时, $\beta = \mu\alpha = \alpha \ln \dfrac{\alpha}{T-R} > T - R$. 从而, 当 $\alpha > 1.7632(T-R)$ 时, (C,C) 为公共数据博弈的演化策略. 此时共同惩罚者实施惩罚的概率为 $\mu = \ln \dfrac{\alpha}{T-R}$, 并且 $\dfrac{d\mu}{d\alpha} = \dfrac{T-R}{\alpha} \cdot \dfrac{1}{T-R} = \alpha^{-1} > 0$. 因此, 在处罚所得归惩罚者所有的政策下, 提高处罚 α 肯定可以使实施惩罚的概率增加, 即高阶惩罚者在所有参与者中的比例会提高, 这与直观情况非常吻合.

关于对高阶惩罚者 (包括高阶共同惩罚者) 的背叛行为 (搭便车或腐败) 实施更高阶惩罚行为的研究则更加复杂, 我们可以运用已有的演化博弈的成果进行简单分析.

在普通公共产品博弈中, 文献 [80] 对有限群体小变异下的研究结果表明如下. ①当只存在合作者、背叛者、共同惩罚者的情况下, 系统完全由背叛者占据. 如果允许观望者 (loner, L) 存在, 则最终由共同惩罚者 (Pool) 占据. ②合作者、背叛者、观望者、个体惩罚者 (Peer) 和共同惩罚者同时存在的情况下, 演化结果依赖于共同惩罚者是否惩罚二阶搭便车者: 如果不惩罚则个体惩罚者盛行; 如果惩罚则共同惩罚者盛行. 共同惩罚制度的建立依赖于对二阶搭便车者进行惩罚这一结论, 也得到了实验结果的支持[81]. 然而, 有实验研究结果表明, 如果让个体在每次行为中自由选择, 则大家倾向于不惩罚二阶背叛者. 惩罚二阶背叛者的制度需要通过事先进行少数服从多数的投票来建立. 另有理论研究表明, 如果在群体中引入机会主义者 (opportunist, O), 即能够以较小代价探查惩罚制度是否已经建立从而决定是否合作的个体, 则共同惩罚制度的建立不再依赖于对二阶搭便车者进行惩罚[82].

由此可以看出, 在公共数据博弈中, 如果给所有数据博弈的参与者 (包括数据提供者、惩罚者在内) 进行自由选择, 那么对高阶惩罚者的背叛行为, 即搭便车或腐败, 实施惩罚是几乎不可能的. 为了促成公共数据博弈的合作策略的稳定性, 必须从外部引进新的数据博弈参与者, 包括机会主义者, 使他们能够以较小的代价探查到惩罚制度的可信度. 换言之, 共同惩罚制度的效果取决于数据博弈中信息公开的程度. 由于高阶惩罚者的自私性, 从内部讲, 信息公开是不可能实现的, 需要外部引入新的数据博弈参与者, 所以公共数据库的开放性是共同惩罚制度有效性的唯一保证. 而在涉及国家核心机密的公共数据博弈中, 可行的办法是对所有参与者的背叛行为采用足够大的共同惩罚, 即高压态势 (如以叛国罪判处终身监禁或死刑), 才有可能促成参与者趋于采用合作策略. 当然, 即便如此, 也不能完全保证消除数据提供者和惩罚者的背叛行为. 也就是说, 建立在任何一种共同惩罚制度基础上的数据质量控制都不可能保证获得数据完全真实的公共数据库.

5.5.3 公共数据博弈的委托惩罚

由于法制不健全, 中国的公共部门在履行公共管理过程中, 不能规范地购买和使用第三方服务, 包括大量雇用没有执法资格的临时人员参与执法, 如协警、税务协管员. 这种委托惩罚的方式, 在公共数据库数据管理过程中也被广泛使用, 如质监局委托特种设备维保单位核实、上报和处罚特种设备的运行台账数据, 委托计量研究院对强制检定的计量器具的年检数据进行督查和实施违法处罚. 这种行为, 在公共数据博弈中称为委托惩罚. 委托惩罚源于惩罚者始终存在降低惩罚成本的动机, 委托惩罚过程中往往伴随着搭便车和腐败行为. 由于在数据博弈过程中, 委托者和被委托者的目标是不一样的, 所以惩罚的效果也完全不同.

在公共数据管理中, 行政执法部门是最主要的惩罚者, 即数据稽查的合法执法者. 因此, 在公共数据博弈中, 作为共同惩罚的实施者可以委托惩罚, 但是委托惩罚的再委托, 理论上不存在. 《中华人民共和国行政处罚法》第二十条规定: "行政机关依照法律、法规、规章的规定, 可以在其法定权限内书面委托符合本法第二十一条规定条件的组织实施行政处罚. 行政机关不得委托其他组织或者个人实施行政处罚 …… 委托行政机关对受委托组织实施行政处罚的行为应当负责监督, 并对该行为的后果承担法律责任. 受委托组织在委托范围内, 以委托行政机关名义实施行政处罚; 不得再委托其他组织或者个人实施行政处罚." 但是, 实际执法过程中二次委托甚至更多次委托是无法完全杜绝的.

然而, 在公共数据博弈中, 共同惩罚者不仅包括行政执法部门, 而且还包括举报投诉者、行业协会等其他非执法主体. 而且执法部门的执法人员仍有可能采用私自委托的行为. 因此, 客观上讲, 公共数据博弈中委托惩罚的再委托是存在的. 随着再委托的次数增加, 惩罚者实施的惩罚对背叛者的威胁效果不断衰减, 对合作行为的促进作用下降并最终完全失效, 甚至一次委托惩罚就会使共同惩罚对合作的促进作用失效.

5.5.4 公共数据博弈的惩罚者的腐败子博弈

如前所述, 在公共数据演化博弈中惩罚者存活是有条件的, 如共同惩罚者存活依赖于观望者存在且能够以较小的代价探查到惩罚制度的可信度. 在大多数情况下, 演化博弈中利他惩罚存活的概率非常小. 但是, 在实际中惩罚行为是存在的, 除了存在机会主义的围观者以外, 还有对于惩罚行为存活的其他解释, 比如, 允许惩罚者通过权力攫取一定的好处, 实现权和利的平衡.

大多是针对现实中存在的惩罚组织形式和依据来构建惩罚的模型, 试图解释惩罚何以存活以及探究惩罚的作用影响. 现在来讨论公共数据博弈中惩罚者自身的腐败, 即惩罚者本身不合作而且与非惩罚者权利不对称.

在公共数据博弈中, 有两类参与者, 一类是只提供数据但不参与惩罚, 另一类是提供数据且参与惩罚. 注意一下, 第一类参与者, 即只提供数据但不参与惩罚的公共数据博弈参与者还可以分两类, 一类是没有惩罚权的参与者 (如依法向市场监管部门提交食品添加剂使用台账的食品生产企业、依法向质监局提供电梯安检数据的电梯维保企业和中介技术机构), 另一类是可以选择参与惩罚但放弃惩罚的参与者 (如食品安全委员会的数据稽查部门的某些成员单位). 设非惩罚者背叛被罚 β, 对应的惩罚代价为 γ ; 惩罚者背叛被罚 β', 对应的惩罚代价为 γ'.

由于更高层级的公共数据博弈参与者既是数据提供者又是同层和下层的惩罚者, 因此公共数据博弈参与者的策略有四个: 合作但绝不惩罚 C、背叛但绝不惩罚 D、忠诚的执法 H (自身合作且惩罚背叛者) 和腐败的执法 K (自身背叛且惩罚背叛者). 为了研究公共数据博弈中腐败行为的影响, 构建一个扩展的囚徒困境博弈:

$$
\begin{array}{c}
\begin{array}{cccc}
\quad\quad C & \quad\quad D & \quad\quad H & \quad\quad\quad K
\end{array} \\
\begin{array}{c} C \\ D \\ H \\ K \end{array}
\left(
\begin{array}{cccc}
(R,R) & (S,T) & (R,R) & (S,T) \\
(T,S) & (P,P) & (T-\beta,S-\gamma) & (P-\beta,P-\gamma) \\
(R,R) & (S-\gamma,T-\beta) & (R,R) & (S-\gamma,T-\beta) \\
(T,S) & (P-\gamma',P-\beta) & (T-\beta,S-\gamma) & (P-\gamma'-\beta',P-\gamma'-\beta')
\end{array}
\right)
\end{array}
\tag{5.5.6}
$$

这个博弈等价于下面的三阶段的扩展式数据博弈:

(1) 第一阶段博弈为数据提供者博弈;

(2) 第二阶段选择是否参与惩罚;

(3) 第三阶段选择是否实施惩罚.

说两个博弈有密切关系是因为: 两个博弈都有一些参与者除了提供数据外还可以选择参与惩罚; 不同之处是对前者而言, 并非所有数据提供者都有权选择参与惩罚, 后者则是所有数据提供者都可以选择参与惩罚.

扩展式数据博弈有一个子博弈, 称为腐败子博弈:

$$
\begin{array}{cc}
& \begin{array}{cc} \quad H & \qquad\qquad K \end{array} \\
\begin{array}{c} H \\ K \end{array} & \left(\begin{array}{cc} (R,R) & (S-\gamma, T-\beta) \\ (T-\beta, S-\gamma) & (P-\gamma'-\beta', P-\gamma'-\beta') \end{array}\right)
\end{array} \qquad (5.5.7)
$$

当 $T-\beta > R > P-\gamma'-\beta' > S-\gamma$ 时, (K,K) 是腐败子博弈的 Nash 均衡解. 扩展式公共数据博弈存在子博弈精练 $((D,D),(Peer,Peer),(K,K))$, 其中 $(Peer,Peer)$ 表示参与者在扩展式博弈的第二阶段都选择参与惩罚 (即成为个体惩罚者).

在中国公共数据博弈中, 公共部门既是数据提供者又是惩罚者 (既是运动员又是裁判员). 在公共部门具备双重身份的情况下, 我们来研究惩罚者实施惩罚的效果. 为了讨论的方便, 当背叛者不被惩罚时, 提供假数据或瞒报是没有收益和成本的, 因此 $P = 0$. 由于惩罚者本身存在利益诉求, 且上下级数据稽查部门之间、稽查者与被稽查者之间的权利不对称, 故公共数据博弈的惩罚者 (也是数据提供者) 存在腐败动机, 因此 $\gamma' + \beta' < \beta$ 且 $\gamma' < \gamma$. 下面我们分两种情形讨论.

(1) 存在腐败, 但惩罚者的权利比较小: 惩罚者实施惩罚的代价和背叛的代价之和比较大, 即 $S > -\gamma' - \beta' > -\beta$, 此时 (D,D) 不再是公共数据博弈 (5.5.6) 的 Nash 均衡, 会导致合作者与腐败执法者共存;

(2) 存在腐败, 且惩罚者的权利较大: $-\gamma' - \beta' > -\beta > S$, 此时 (K,K) 是公共数据博弈 (5.5.6) 的 Nash 均衡, 同时扩展式公共数据博弈存在子博弈精练 $((D,D),(Peer,Peer),(K,K))$, 即第一阶段选择背叛且第二阶段选择参与惩罚且第三阶段选择实施惩罚, 博弈的结果是导致全面的腐败.

在现实的中国公共数据博弈中, 真实的情况是, 不是所有的数据提供者都有权选择参与惩罚的, 因此, 上面的扩展式数据博弈模型是一种理想模型. 但是, 这并不影响我们对数据腐败的结论. 事实上, 普通的数据提供者无权参与惩罚, 它们最多只能以公众或旁观者的身份对数据造假或瞒报者和搭便车者进行举报, 在研究数据腐败过程中, 我们可以将这些数据提供者排除在外.

综合两种情形, 在公共数据博弈中, 由于腐败的存在可以导致惩罚者存在, 从而对合作的生存是有促进作用的.

关于质量技术监督的公共数据博弈的实证分析也支持了上述的结论. 根据相关法律, 质量技术监督部门对水泥生产企业的产品质量数据具有稽查的责任. 但是, 在很长时期内, 由于稽查部门权力较小, 加之执法成本较大等因素, 对水泥生产数据稽查缺位, 在缩短库存周期的利益驱动下昆明市所属水泥生产企业上报的水泥质量数据 (如 3 天强度、7 天强度、28 天强度等) 出现大量瞒报或假报, 尤其 28 天强度数据基本都是假的. 从 2008 年开始, 云南省人民政府规定, 质量监督执法的罚没收入实行收支两条线并将 100% 的罚没收入返回云南省质量技术监督局纳入预算, 省质量技术监督局再将 40% 的罚没收入返回州、市级稽查部门, 事实上允许部门利益存在 (腐败行为) 存在. 这项政策迅速取得积极效果, 市质量技术监督稽查部门遂积极进行巡查和立案, 包括多家水泥厂被重罚, 填报或瞒报数据情况顿为改观. 2014 年, 云南省质量技术监督局取消省级以下垂直管理, 同时取消了罚没收入纳入预算的做法 (减少惩罚权利), 数据稽查没有了动力, 水泥生产企业的数据短期内恢复了造假和瞒报的常态.

当然, 在公共数据博弈中, 允许惩罚者有一定程度的腐败 (部门利益), 对合作者的生存有促进作用, 这并不意味着腐败的是公共数据库数据真实性的必要条件. 尽管腐败的存在促进了下一级数据提供者和同级的不具备惩罚角色的数据提供者提供真实数据 (合作) 的意愿, 但腐败的惩罚者本身又成了假数据提供者或瞒报者, 而且对单纯的数据提供者形成收益的收益优势 $T > S$. 根据 (5.3.5) 式, 由于腐败的惩罚者的优势地位对原来的忠诚的惩罚者和新加入的参与者具有聚集效应, 信息公开和公共部门内部流程数据的真实性将下降, 腐败的程度将上升. 因此, 腐败的存在对公共数据库的数据质量控制的作用有限, 甚至是负面的.

5.6 公共数据博弈的信息公开与媒体自由

在公共数据博弈中, 如果动态博弈的环境是封闭的, 那么外部的观望者和惩罚者无法入侵, 合作者遭遇背叛者时总是居于劣势, 忠诚的惩罚者遭遇腐败者时也是居于劣势. 也就是说, 在封闭的环境中, 公共数据博弈的演化结果是, 要么合作者消亡, 要么惩罚者全面腐败. 因此, 促进公共数据博弈中合作者增殖有赖于博弈演化环境的开放. 公共数据博弈的环境开放的主要方式是信息公开和媒体自由. 《中华人民共和国政府信息公开条例》所发布的信息公开范围中大部分信息 (数据) 与公共产品供给有关, 特别强调了环境保护、公共卫生、安全生产、食品药品、产品质量的监督检查情况的数据.

媒体自由的内涵在于通过宪法保障媒体自由使新闻媒体成为一种制度性的组织, 并能够独立于政府之外、具有自主性、免受政府干预事实真相发布权. 第四权理论认为, 媒体作为一种公共三权 (行政权、立法权与司法权) 以外的第四权力组织, 用于监督政府、防止政府滥权, 因此, 第四权理论又称为 "监督功能理论". 根据第四权理论, 媒体自由的目的并不是为了形成一个意见或言论的自由市场, 也非将媒体视为政府与人民之间的中立信息沟通管道, 更非为完成个人表达自我, 其本质在于监督公共部门滥用权力.

在公共数据博弈中, 信息公开和媒体自由作为揭露数据提供者的数据造假或数据瞒报行为和惩罚者的腐败或搭便车行为的外部力量, 持续不断地给公共数据博弈中的合作者和忠诚执法者提供外在 "能量", 使之获得更多的生存机会, 从而促进合作演化稳定策略的形成, 至少使合作行为不致湮灭.

信息公开和媒体自由是引入外部惩罚者和合作者的条件, 也可以增加已有数据参与者采取背叛行为的代价和惩罚者实施腐败惩罚的代价 (降低腐败执法者的权利, 即缩小权力寻租的空间). 信息公开和媒体自由本质上是公共数据博弈合作演化的一种外部正能量. 它使外部合作者、外部忠诚的执法者得以入侵的同时, 外部背叛者和外部腐败执法者由于惧怕信息公开和媒体监督而拒绝加入博弈. 从而使公共数据库系统形成耗散结构.

另一方面, 信息公开的环境下, 由于公共数据博弈的参与者往往参与多种公共数据库数据生产的过程, 从而信息公开增加了数据提供者提供假数据或瞒报和惩罚者权力寻租的风险. 多个公共数据库中的数据在信息公开后就会形成数据链. 随着公共数据链的形成, 数据串并技术和联机分析处理技术将有助数据稽查者发现背叛者, 使得背叛者的背叛行为的代价增加, 也降低了惩罚者实施惩罚的代价, 从而使合作者的生存概率增加. 同时, 信息公开和媒体自由也会使提供真实数据的参与者和忠诚的执法者获得更高的社会信任, 并通过更高级别的信用等级获取更多的收益, 增加了背叛者和观望者的策略迁移, 促进公共数据博弈的合作演化, 甚至使合作行为成为公共数据博弈的演化稳定策略.

5.7 结　　论

通过对中国公共数据库物理网络和参与者社会网络叠加而成的复杂网络的结构分析和公共数据库本身的公共产品属性分析, 建立了公共数据库复杂网络上的公共数据演化博弈模型. 进一步在各种条件下, 对公共数据演化博弈的解的分析, 我们得到如下基本结论:

(1) 在理性假设下, 若公共数据博弈的参与者是均匀混合且不存在奖励行为和惩罚行为, 那么背叛行为将成为公共数据演化博弈的演化稳定策略, 合作者将湮灭, 公共数据库将最终崩溃. 在实际的中国公共数据库网络中的某些自治的区域内是可能存在公共数据博弈参与者均匀混合的, 针对这些均匀混合的自治区域需要改变网络结构并建立开放的环境, 引入外部合作者和忠诚执法者以消除背叛者的统治地位.

(2) 就全局而言, 在无标度的隐形网络上, 公共数据博弈的参与者不可能均匀混合, 合作者不会湮灭, 即会有一定比例的数据提供者提供真实数据. 但是, 若奖励行为和惩罚行为不被实施, 或实施的奖励和惩罚的力度不够大, 那么合作者并不能完全占领网络, 即合作也不会成为演化稳定策略.

(3) 奖励行为在公共数据博弈的前几期对合作策略的涌现是有明显效果的, 但是随着数据博弈的不断进行, 奖金对合作策略的稳定作用在衰减.

(4) 在公共数据博弈中, 尽管惩罚者存在并不能使合作成为演化稳定策略, 但惩罚者的存在有利于提供真实数据者的生存. 特别要指出的是, 当腐败的惩罚者的权力过大时, 虽然有利于真实数据的提供者生存, 但腐败的惩罚者会占领整个网络, 从而公共部门的流程数据将是全为假的或被瞒报.

(5) 在公共数据博弈中, 信息公开和媒体自由作为揭露数据提供者的数据造假或数据瞒报行为和惩罚者的腐败或搭便车行为的外部力量, 持续不断地给公共数据博弈中的合作者和忠诚执法者提供外在 "能量", 使之获得更多的生存机会, 从而促进合作演化稳定策略的形成, 至少使合作行为不致湮灭.

(6) 经过将理论分析的结果与实际的昆明市质量技术监督管理信息系统公共数据管理的实证分析、数据库建设和维护应用经验做比较, 说明理论分析的结果与现实的中国公共数据库数据质量控制过程的表现是吻合的.

但是, 在实际中, 各种公共数据库的条件和环境存在很大差异, 公共数据博弈的演化会更加复杂. 由于条件和环境的改变, 中国公共数据库数据博弈的合作演化方向表现出多样性. 因此, 在公共数据演化博弈研究中, 有众多课题有待深入, 如奖励行为和腐败共生时合作行为演化方向、奖励行为和惩罚行为的效果边际分析等都是有待深入研究的课题. 更有意义的课题还包括针对特定的公共数据库, 采用适当手段设计面向数据管理人员和稽查人员行贿的实验, 用实证方法研究行贿对公共数据演化博弈的影响, 甚至包括公共数据库数据质量对行贿金额的边际效应.

第 6 章 数据主权与国家数据共享工程

6.1 数 据 主 权

数据主权是网络空间主权的自然延伸. 网络空间主权针对的是网络空间 (cyberspace, 也称赛博空间) 中的一切设施、数据及其相关活动的管辖权. 数据主权针对的客体是数据, 是网络空间的基本要素. 数据主权从广义上讲是将数据作为一个领域, 从狭义上讲是将数据作为一种事物或对象. 数据主权所涉及的对象涵盖所有数据种类, 格式上包括结构化、半结构化和非结构化数据. 领网是国家网络空间的边界内所有信息物理世界, 是对应于领土、领空和领海的政治学概念. 数据主权是指一个国家对其政权管辖地域范围内 (领网) 的个人、企业、社团和相关组织机构所产生的各种数据全生命周期中所拥有的最高管辖权和部分本国数据的所有权. 数据全生命周期包括数据立法、数据生产、收集、传输、存储、分析、使用、归档和销毁的整个过程. 网络空间数据的内容是指存在于网络空间中的电子化文字、图片、音视频、代码、程序、密钥等. 需要指出的是, 这里的数据仅指网络空间中所承载的未经加工、尚无含义的数据本身而言, 而不涉及信息通信技术系统及其具有含义的信息内容, 以此有别于信息技术产品. 如果把数据理解为一种资源的话, 网络信息产品就是用数据加工出来的成品 (也包括适应各种特定应用的、有含义数据包). 因此, 数据主权相当于国家对自然资源的所有权, 它比信息主权更有政治学价值. 国家拥有数据资源的主权, 但在市场体系中国家对于数据资产只有分配权和收益权. 也就是说, 数据主权中的数据的基本属性是资源属性而非资产属性, 当然国家可以通过指定的机构 (如国有数据企业) 持有部分数据资产[83].

尽管位于本国境内的数据受到本国法律约束的原则在物理世界中是不言而喻的, 但在赛博空间中并非显而易见. 主要原因有三方面: ① 因为在赛博空间中数据本身具有流动性、分散性、碎片化等特征, 使得难以将其约束在地理空间范围内; ② 互联网形成过程中, 长期倡导网络空间自主的国际组织、企业、技术团体、民间机构等平等参与的利益攸关方模式占据着主导地位, 并对政府间国际共治模式有排斥心态, 互联网活动家巴洛甚至宣称网络空间属于 "没有政府、没有主权" 的未来世界 (A Declaration of the Independence of Cyberspace by John Perry Barlow); ③ 在赛博空间中, 人工智能的应用导致各种人工智能体以分布式的方式自动产生各种数据, 其中有些并非是有价值的数据资源, 甚至是有害数据.

6.1.1 数据主权的属性

(1) **数据主权的相对性**.

所谓数据主权的相对性, 是指数据主权除了要受到自然法、国际法的制约外, 主权所赋予一国的自由与独立性还要受到他国的自由与独立性的限制, 以及本国网络空间的实力与他国、利益集团和个人的对比所决定的权利关系约束.

(2) **数据主权的合法性**.

所谓数据主权的合法性, 是指数据主权的实现不仅需要各国协商达成的法律来支撑, 而且还需要拥有各种各样数据管辖权的国际组织的配合, 即数据主权包括全球化和政治特殊性这两种互相矛盾的国家使命. 全球化是各国发展和融入国际社会的重要前提. 而政治特殊性是各国安全和利益的重要保障. 全球化使各国利益互相牵制, 也使各国数据相互影响和相互依赖, 并提出了适度合作的要求. 适度合作是由数据的共享增益特性所决定的, 即数据共享能够实现更高的价值. 因此, 从全球共同利益出发, 在保证国家安全和利益的前提下, 各国数据主权相互依赖且更倾向于国际法律框架下的数据合作, 有别于传统的主权的独立性和排他性. 也就是说, 网络和云时代的数据主权已经从独立性发展成一种相互依赖性, 即一个国家不可能做到数据领域的完全独立和完全自主.

(3) **数据主权的平等性**.

数据主权的平等性是指不存在除了国际法之外的外部权威来决定主权国家的内部数据事务, 相互独立的主权国家彼此承认数据主权的平等性且各自独立地管理国内数据事务. 数据主权的平等性主要体现在国家对外主权方面, 意味着其他国家和政府间组织对这一政治实体的认可和正式平等关系, 互相之间没有发令和遵从的权利和义务. 数据主权的平等性是各主权国家一致的、理想的、最终的诉求, 其达成的过程是漫长的. 在现实世界中, 由于网络霸权的存在, 各国数据主权面临着事实上的不平等. 甚至由于各国网络空间和数据技术水平的差异, 这种网络霸权会一直存在. 对于一些科技相对落后的国家而言, 他们的数据可能被收集和转移到另一个国家, 从而伤害到他们的主权和利益. 为了消除数据主权的不平等性, 国际上一直在努力. 例如, 2013 年 5 月, 联合国就已经成立了一个名为 "Global Pulse" 的倡议项目, 并在 2016 年 5 月发布了首期研究报告 "Big Data for Development: Challenges and Opportunities", 该报告主要阐述大数据时代各国特别是发展中国家在面临数据洪流的情况下所遇到的机遇与挑战, 同时还对发展中各国大数据的应用进行了初步的调查和解读.

(4) **数据主权的必然性**.

数据主权是赛博时代国家主权理论的新发展, 是主权国家用以维护网络空间中数据资源的必然武器. 在赛博时代, 海量数据是支撑国家安全与发展的重要战略资源, 具有重要的主权保护价值. 数据是国家权力的基础之一, 国家权力已经从资本密集型转移到数据密集型, 伴随数据的信息力已经成为主权国家外交力量的倍增器. 作为主权国家, 对其网络空间中的数据有天然的控制权, 是维护其权威、合法性及维护其他主权的自然表现, 是各国综合国力竞争的制高点. 所谓 "弱国无外交", 在数据主权领域也有同样表现, 赛博时代的国家话语权来自国家对建立在强大的网络技术和数据技术基础之上的数据掌控力.

(5) **数据主权的对内强制性**.

主权对内是一种主权国家政府和下属机构的等级关系, 数据主权对内治权是国家机器的组成部分, 即在国内法律框架下以国家力量强制维护国家数据主权和个人数据权.《中华人民共和国网络安全法》第三十七条规定: "关键信息基础设施的运营者在中华人民共和国境内运营中收集和产生的个人信息和重要数据应当在境内存储. 因业务需要, 确需向境外提供的, 应当按照国家网信部门会同国务院有关部门制定的办法进行安全评估; 法律、行政法规另有规定的, 依照其规定." 这也反映出国家数据主权对内具有强制性, 把在中国收集到的个人信息和重要数据传输到境外的行为将受到政府和执法部门的严格控制. 这种严格控制数据向境外转移的做法具有普遍性, 是主权国家的通行做法而非中国独有. 欧盟 1995 年就颁布了《数据保护指令》("Data Protection Directive"), 规定个人数据不得传输到欧盟以外的国家, 2016 年又公布了《通用数据保护条例》("General Data Protection Regulation", GDPR) 适用对象从欧盟内部企业扩大到向欧盟用户提供互联网相关商业服务的所有企业和个人; 俄罗斯 2018 年颁布和实施了《个人数据保护法》, 明文规定个人数据存储本地化; 美国 2001 年就颁布了《爱国者法案》("USA Patriot Act"), 根据法案的内容, 警察机关有权搜索电话、电子邮件通信、医疗、财务和其他种类的记录, 并减少对于美国本土外的美国情报单位的限制 (这也是美国认为 "棱镜门事件" 并不违法的理由).

6.1.2 数据主权的保护措施

数据主权的保护措施包括制度措施和技术措施. 制度措施主要包括法律和政府条例. 象征中国数据主权的法律主要有已经颁布的《中华人民共和国网络安全法》[84] 和《中华人民共和国数据安全法》[85].

在对外数据主权方面,《中华人民共和国网络安全法》第五条规定: "国家采取措施, 监测、防御、处置来源于中华人民共和国境内外的网络安全风险和威胁, 保护关键信息基础设施免受攻击、侵入、干扰和破坏, 依法惩治网络违法犯罪活动, 维护网络空间安全和秩序."《中华人民共和国数据安全法》第三十六条规定: "中华人民共和国主管机关根据有关法律和中华人民共和国缔结或者参加的国际条约、协定, 或者按平等互惠原则, 处理外国司法或者执法机构关于提供数据的请求. 非经中华人民共和国主管机关批准, 境内的组织、个人不得向国外司法或者执法机构提供存储于中华人民共和国境内的数据."

在对内治权方面,《中华人民共和国网络安全法》和《中华人民共和国数据安全法》有明确的规定. 除了《中华人民共和国网络安全法》第三十七条规定外,《中华人民共和国数据安全法》第六条规定: "各地区、各部门对本地区、本部门工作中收集和产生的数据及数据安全负责. 工业、电信、金融、自然资源、卫生健康、教育、科技等主管部门承担本行业、本领域数据安全监管职责. 公安机关、国家安全机关等依照本法和有关法律、行政法规的规定, 在各自职责范围内承担数据安全监管职责. 国家网信部门依照本法和有关法律、行政法规的规定, 负责统筹协调网络数据安全和相关监管工作."《中华人民共和国数据安全法》第八条规定: "开展数据处理活动, 应当遵守法律、法规, 尊重社会公德和伦理, 遵守商业道德和职业道德, 诚实守信, 履行数据安全保护义务, 承担社会责任, 不得危害国家安全、公共利益, 不得损害个人、组织的合法权益."《中华人民共和国数据安全法》第三十五条规定: "公安机关、国家安全机关因依法维护国家安全或者侦查犯罪的需要调取数据, 应当按照国家有关规定, 经过严格的批准手续, 依法进行, 有关组织、个人应当予以配合."

6.1.3　履行数据主权所面临的困难

(1) **行为主体能力的分散化**.

由于电子数据的易流动性, 很多私营部门和个人都拥有跨境转移电子数据的能力, 而且其行为往往不为主权国家监管部门察觉. 因此, 数据主权遭到一些质疑. 例如, 辛辛那提大学 Michel Foucault 认为, 数据主权中监管权力很难实现, 而应代之以 "监控与纪律相结合"(Foucault in Cyberspace: Surveillance, Sovereignty, and Hardwired Censors), 即数据主权的实现不仅依赖于主权国家自上而下的监控, 而且依赖于私营部门和个人尊崇民间规范的自律. 更有甚者, John Perry Barlow 在 1996 年达沃斯论坛上发布的《赛博空间独立宣言》("A Declaration of the Independence of Cyberspace") 提出, 工业世界的政府, 你们这些肉体和钢铁的巨人, 令人厌倦, 我来自网络空间, 思维的新家园. 以未来的名义, 我要求属于过去的你们, 不要干涉我们的自由. 我们不欢迎你们, 我们聚集的地方, 你们不享有主权. 由于巨大利益的驱动, 国际互联网巨头 GAFA (谷歌 (Google)、苹果 (Apple)、脸书 (Facebook)、亚马逊 (Amazon)) 一致反对国家主权在数据领域的延伸, 尤其反对主权国家数字税 (也称数字税) 的关税主权, 甚至美国政府也带头反对欧盟数据服务税征收. 2020 年 6 月, 美国单方面宣布退出经济合作与发展组织 (OECD) 谈判, 并威胁将最早于 2021 年 1 月对态度强硬的数字税推动者法国采取报复性关税措施. 由于问题复杂, 这场 "数字税" 之争持续了多年[86].

(2) **数据属地的不确定性.**

在传统的司法中惯用的 "属地化""属人" (包括法人) 原则在数据主权中的实用性遭到质疑. 属地原则以及它所延伸出来的领域管理原则、国籍管理原则、保护管辖原则和普遍管辖原则, 根据数据存在的地理位置来判断. 属人原则根据数据来源或者数据主体来判断权利行使范围. 这些原则与数据的流动性之间存在矛盾. 尤其云中的数据随机地、不停地移动, 甚至很难确定特定时间特定数据的存储地点和数据源, 从而很难履行数据主权实施. 以数据服务税实施为例, 各国法案存在实施困难问题, 其中主要原因之一是很难监管数据资产转移行为.

(3) **数据量的不确定性.**

在赛博时代, 大数据和云计算带来数据种类多, 而且网络地址和物理地址无法一一对应, 导致主权国家很难遵照数据主权中数据跨境传输的 "事先同意" 原则. 主要原因是,"事先同意" 原则中数据转移的路径和数据量存在很大的不确定性, 使得国家对数据移动行为无法完全掌握, 甚至无法部分掌控, 只能承认具有不完全数据主权 (incomplete data sovereignty). 这种困难在数据服务税征收中表现非常明显.

(4) **定向拦截困难.**

在网络空间中的数据传输具有分组和随机路径的特征, 很难对被转移的数据实施定向拦截. 在网络空间中, 不仅主权国家难以知晓是否存在数据跨境传输情况, 甚至数据传输者本人也可能不知晓, 即存在云端数据泄露问题.

(5) **电磁主权的不完整性.**

随着电磁技术的发展, 数据的收集、传输和处理越来越向空天发展. 尤其卫星的广泛应用极大地拓宽了原有领空的概念, 形成空天电磁主权的概念. 随着太空时代的到来, 电磁主权的实施技术门槛变高, 使得很多国力较弱的中小国家面临无法维护其电磁主权, 导致部分数据主权的丧失. 电磁空间的丧失带来两方面的数据主权丧失. 一方面, 他国应用卫星通信可以随意对主权国家领土内进行数据播放, 如电视节目、有害短波信号等; 另一方面, 他国可以随意应用遥感卫星、气象卫星、卫星定位系统等在主权国家领土内收集各种数据. 关于数据广播, 1982 年联合国大会通过了一份没有法律效力的决议, 即《各国利用人造地球卫星进行国际直接电视广播所应遵守的原则》, 其第十三条规定, 拟设立或授权设立国际直接电视广播卫星服务的国家应将此意图立即通知接收国, 如有任何接收国提出协商要求, 应迅速与之协商. 由于事实上该决议实际上认同了主权的 "事先同意" 原则, 作为空天电磁大国的美国对该协议投了反对票. 关于数据收集和数据通信, 虽然《外层空间条约》等国际法有明文规定电磁主权原则, 但过于笼统. 作为联合国五个专门机构之一的国际电信联盟 (ITU) 和国际卫星组织也有相关协定规定卫星数据业务规范和电磁频谱管理范围. 但是, 电磁强国有关组织在境外利用电磁空间的不确定性强行穿越物理边界向另一个主权国家发出短波信号的事件常有发生. 尽管按国际法被侵害国有发射大功率干扰的权利, 但是由于技术门槛高而无法完全实施, 导致电磁主权的不完整. 2002 年生效的《开放天空条约》是由美国、俄罗斯和北大西洋公约组织大多数成员国签署的国际条约. 该条约签约方可按条约规定对彼此领土实施非武器太空侦察, 旨在提升军事透明度、降低冲突风险. 2020 年 11 月, 美国政府宣布正式退出该条约. 2021 年 6 月, 俄罗斯也宣布退出该条约. 这意味着, 太空强国可以不受约束地利用先进的电磁技术向别国领土内搜集和广播数据.

(6) **管制与开放的平衡性**.

传统国家主权的维护越来越依赖于数据的影响力和控制力. 这就要求主权国家必须充分维护和发展其在赛博空间的数据管辖能力, 从而本国在国际关系中行为更为主动. 但是, 数据的跨界流动有利于加强国家间交流合作, 从而大幅提升各国数据资产的效率, 甚至极大地改善人类生活状态. 尤其在赛博时代, 数据的适当开放可以创造出大数据应用的新商业模式和产业新业态, 带来新的经济增长点和就业机会. 主权国家行使数据主权并不意味着完全控制, 而是在管制和开放之间实现合理的平衡. 比如, 欧盟在提出数据保护指令的同时还提出开放数据战略, 其旨在以大数据为新动能支持社会治理能力、技术创新、商业创新和发展智能经济.《中华人民共和国数据安全法》第十一条规定, 国家积极开展数据安全治理、数据开发利用等领域的国际交流与合作, 参与数据安全相关国际规则和标准的制定, 促进数据跨境安全、自由流动. 但是, 在现实中, 数据管制和开放之间的平衡只能是动态的, 在特定时期很难准确把握这种平衡.

6.1.4 国际数据税博弈

关税是指主权国家海关根据该国法律规定, 对通过其关境的引进和出口货物征收的一种税收. 关税在各国一般属于国家最高行政单位指定税率的高级税种, 对于对外贸易发达的国家而言, 关税往往是国家税收乃至国家财政的主要收入. 政府对引进和出口商品都可征收关税, 但进口关税最为重要, 是主要的贸易措施. 关税具有强制性、无偿性和预定性. 其作用主要有维护国家主权和经济利益、保护和促进本国工农业生产的发展、调节国民经济对外贸易和筹集国家财政收入. 数据税, 英文为 "digital service tax" (DST), 也译为数字税, 又称数字服务税, 是围绕数据业务产生的一类税收. 征收数据税主因是跨国互联网企业的数据服务总量巨大且国际数据市场不对称. 因此, 数据税具有一定的关税含义, 又不同于传统产品和服务贸易的关税. 数字税最早被提出是为了缓解互联网跨国公司对非注册地国家的税基侵蚀和利润转移 (base erosion and profit shifting, BEPS) 问题, 即跨国公司为了最大限度降低全球总体税负, 利用各国税制差异和监管漏洞, 通过企业职能拆分、资产内部转移定价等方式逃避纳税义务, 从而造成区域税收分配不均矛盾.

在赛博时代, 数字经济规模日益庞大, 以美国互联网企业为代表的多数跨国公司常常采用的 "双层爱尔兰-荷兰三明治" 避税. 具体做法是: 总部位于 A 国的 G 公司在爱尔兰分别设置离岸公司 E 和实际经营公司 B, 通过签订成本分摊协议, 将总部之外区域的业务收入和无形资产使用销售权转移至 B 公司, 再借助位于荷兰的通道公司 C 将大部分收入由 B 公司转移至实际注册地位于低税区的 E 公司. 如此一来, 跨国公司利润就从高税国转移到低税国, 逃避了大部分纳税义务, 从而达到最大限度减轻其税负的目的, 而为该公司提供大部分利润的国家反而不能享受到应有的税收红利. 苹果、谷歌、微软、脸书、雅虎等公司过去都曾采用了这种做法. 然而, 对于其他国家而言, 这显然是一种薅羊毛行为. 税基被侵蚀的各国纷纷抗议, 并开始了反对 BEPS 的行动. 2018 年 3 月, 欧盟委员会发布立法提案, 拟调整对大型互联网企业的增税规则, 认为一些在多国从事经营并取得巨额利润的跨国公司并未给当地带来相应的税收贡献. 例如谷歌这种跨国巨头, 其海外市场营收超过 50%, 在采用 "双层爱尔兰-荷兰三明治" 情况下, 平均税率仅为 2%. 作为数字税的坚定拥趸, 法国声称互联网跨国企业的此种避税行为不仅使当地政府蒙受损失, 还损害了公平竞争原则, 并率先于 2019 年 7 月通过了数字税法案, 宣布对 "数字服务" 领域相关企业征收 3% 的数字税. 此项税收主要针对全球数字业务营业收入不低于 7.5 亿欧元、同时在法国营业收入超过 2500 万欧元的互联网企业. 税基是线上数据业务收入, 包括广告收入、基于广告用途的个人信息数据销售收入以及基于数据的在线平台收入, 包括苹果、亚马逊、谷歌和脸书等公司在内的美国互联网巨头, 将受到直接影响. 美国政府、行业协会和互联网巨头均对此表示抗议. 2019 年 8 月 26 日, 七国集团峰会在法国的比亚里茨落幕, 法国总统马克龙随即表示, 法国已经与美国就数字税征收达成协议, 但时任美国总统特朗普却闪烁其词. 紧接着, 2019 年 12 月, 美国贸易代表办公室宣布对法国数字税展开 "301 调查", 实施关税报复. 迫于压力, 法国宣布暂缓数字税征收至 2020 年年底. 2020 年 1 月, 美欧各方同意在经济合作与发展组织 (OECD) 支持下就数字税问题进行更广泛谈判. 在协议尚未达成之际, 2020 年 3 月 11 日, 英国政府宣布, 将从 4 月 1 日开始对亚马逊、脸书和谷歌在内的众多美国科技巨头征收 2% 的 "数字服务税".

由此可见, 在全球贸易氛围紧张的背景下, 英、法等国此举难免引发有关欧美贸易争端的一系列问题. 法美有关数字税的政治较量, 实际上是双方保护自身优势产业、争夺经济利益并抢夺全球经济治理权的数据博弈. 法国为什么仍要在美国压力下出台数字税呢? 其重要考量是推动全球范围内数字经济规则的调整、争取全球经济治理权. 从长期来看, 数字经济改变商业运行模式, 也必然带来全球经济治理规则的调整. 法国先声夺人在数字领域获取话语权, 推广欧盟互联网监管的理念. 从这个角度来看, 发达国家在数字税问题上的长期博弈更加难以避免.

尽管欧盟赞助的组织在 2014 年发布了名为《技术主权不可忽视》("Technological Sovereignty: Missing the Point") 的报告提出, 提倡 "数据的本地化" 发展, 具体指出以法律和准则, 把数据的存储、移动和处理限制在特定地域、管辖范围和特许企业. 但是, 由于数据流动性和技术困难, 本地化的倡议很难实施. 因此, 数据税并不是真正意义上的关税, 而是一种对跨国互联网企业征收的具有一定关税象征意义的特种税收. 即使主权国家能够实现数据的本地化, 由于数据具有零成本复制、删改、销毁等特性, 数据税博弈也不同于传统的货物贸易和服务贸易的关税博弈. 由此可以看出, 美欧数据税谈判的艰巨性, 数据税税率和税基确定尤其困难. 另外, 美欧数据税争端中的数据包括了大量的信息技术产品而不仅是原始状态的数据, 明显有别于数据主权界定的数据资源.

下面建构数据税的博弈模型. 模型假设如下:

(1) **市场的非对称** 数据强国, 如美国、中国, 称为 I 类国家, 其国内数据市场体量庞大且在国际数据市场竞争中占有绝对优势, 其数据主权已经延伸到太空 (如北斗、GPS), 已经涌现出一批跨国互联网巨头企业, 如美国的 AGMFY 和中国的 BATH, 其数字经济完全做到了国内国际双循环. 相反, 一些较小的经济体和松散的经济体 (如欧盟、东盟), 称为 II 类国家, 由于技术实力和市场规模不足, 没有强大的跨国数据公司参与国际竞争, 其国内市场的数据服务严重依赖于跨国互联网巨头. 在此假设下, 中美两国没有开征数据税的意愿, 两国之间围绕数据主权的博弈具有明显的政治对抗和技术竞争, 属于综合国力的较量. 较小的经济体之间也不存在数据税博弈, 或者说它们的数据税政策彼此独立, 或者它们结盟在国际协定中制约美国的数据霸权. 因此, 纯经济意义下的数据税博弈只存在于 I 类国家和 II 类国家之间. 这个假设的意义在于把数据税博弈严格限制在经济意义下, 即数据税博弈是严格的经济行为. 在 I 类国家和 II 类国家之间的数据税博弈中, I 类国家的数据税税率只能是 0 或负数 (补贴), 而 II 类国家的数据税税率不会是负数.

(2) **规模产量边际成本为零** 跨国互联网企业的边际成本趋于 0, 固定成本是一个很大的正数. 跨国互联网企业的固定成本主要是国家和企业数据基础设施建设费和运行费用, 数据基础设施包括天基数据设施和地面数据基础设施建设. 一旦数据基础设施建成以后, 当数据规模达到一定规模, 数据的收集、存储和处理成本迅速下降, 也就是说规模化数据的运行成本和拥堵成本微乎其微. 比如, 遥感卫星一旦发射后, 由于卫星轨道的周期性, 在主权国以外的地区收集遥感数据并不会带来成本, 或者说成本忽略不计 (卫星太阳能电池板、雷达发射和接收装置成本已经计入固定成本). 当卫星的遥感数据进入全球科学数据共享之后, 成规模的数据将会成为准公共产品, 其拥堵成本为 0.

(3) **跨境数据转移无限制** II 类国家没有技术能力限制数据的跨境转移, 导致互联网巨头公司可以随意进行国际数据复用, 使其规模效益倍增.

(4) **国内市场双头垄断** 根据反垄断法, 互联网强国不允许出现国内寡头垄断的数据公司. 另一方面, 由于互联网公司数据业务的差异化是存在的, 其中有技术的差异化和服务的细分, 如谷歌以搜索业务为基础, 而脸书以社交业务为基础, 等等, 所以数据强国国内不可能出现很多同质化的互联网企业. 一旦有多家同质化企业, 强大的资本力量就会促成并购. 因此, 我们可以假设相同产品的互联网公司处于事实上的双头垄断. 尽管说这样的假设有时会引起争议, 但适当的简化不影响我们对数据税博弈本质的分析.

(5) **每个国家市场的数字化增益为数据产量的 Logistic 函数**, 见图 6.1.

根据模型假设, 考虑两个不完全相同的国家, 分别用 A, B 表示, 其中国家 A 是 I 类国家, 国家 B 是 II 类国家. 每个国家有一个政府负责确定关税税率, 国家 A 有两个双头垄断的互联网公司, 记为 $i = 1, 2$, 它们的产品供给本国的数据消费者及出口, 而国家 B 没有互联网公司, 一群数据消费者在国内市场购买本国企业或外国企业生产的数据产品. 如果国家 A 的市场上总产量为 Q_A, 则在国内外市场出清价格为 $p_A(Q_A) = a_A - Q_A, p_B(Q_B) = a_B - Q_B$, 国家 A 中的企业 i (后面称为企业 i) 为国内市场生产 h_i, 并出口 e_i, 则 $Q_B = e_1 + e_2, Q_A = Q_1 + Q_2 = h_1 + e_1 + h_2 + e_2$. 假设企业的固定成本为常数 c, 数据生产的边际成本为 $c_i = 1 - \sigma(Q_i) = 1 - \dfrac{1}{1 + e^{-Q_i}}$, 显然当数据产出趋于无穷大时, 每个企业的数据生产边际成本趋于 0, 企业具有做大数据量的动机. 从而, 企业 i 生产的总成本为 $C_i(Q_i) = C_i(h_i + e_i) = c + \left(1 - \dfrac{1}{1 + e^{-h_i - e_i}}\right)(h_i + e_i)$. 另外, 产品出口时企业还要承担数据税成本 (费用), 并获得政府 A 的补贴: 如果政府 B 制定的关税税率为 t_B, 而政府 A 制定的补贴为 t_A, 企业 i 向国家 B 出口 e_i 必须支付关税 $e_i t_B$ 给政府 B. 当然, 每个国家都在发展数字经济中获得增益, 我们采用 Logistic 函数 (图 6.1) 作为增益函数 $R(y)$, 它满足微分方程

$$\frac{dR}{dy} = ry\left(1 - \frac{y}{K}\right)$$

解之得 $R(y) = \dfrac{K}{1 + be^{-ry}}$, 其中参数 K, r 在不同国家是不同的, 反映了不同国家数字化经济水平的差异.

博弈的时间顺序如下: 第 1 阶段, 两个国家的政府同时选择出口退税率 t_A 和关税税率 t_B; 第 2 阶段, 企业观察到关税税率, 并同时选择其提供国内消费和出口的产量 (h_1, e_1) 和 (h_2, e_2).

企业 i 的收益为其利润额:

$$\pi_i(t_A, t_B, h_i, e_i, h_j, e_j) = [a_A - (h_i + h_j)]h_i + [a_B - (e_i + e_j)]e_i - c$$

$$-\left(1-\frac{1}{1+e^{-h_i-e_i}}\right)(h_i+e_i)-(t_B-t_A)e_i$$

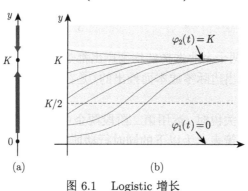

图 6.1 Logistic 增长

国家 A 的总福利是国家 A 的消费者享受的消费剩余、企业赚取的利润以及政府 A 从企业收取的关税收入之和:

$$W_A(t_A,t_B,h_1,e_1,h_2,e_2)=\frac{1}{2}Q_A^2+\pi_1(t_A,t_B,h_1,e_1,h_2,e_2)+\pi_2(t_A,t_B,h_1,e_1,h_2,e_2)$$

$$+\frac{K_A}{1+b_Ae^{-r_A(h_1+h_2)}}-t_A(e_1+e_2)$$

国家 B 的总福利是

$$W_B(t_A,t_B,h_1,e_1,h_2,e_2)=t_B(e_1+e_2)+\frac{K_B}{1+b_Be^{-r_B(e_1+e_2)}}$$

假设政府已选定的退税率和数据税率分别为 t_A 和 t_B, 如果 $(h_1^*,e_1^*,h_2^*,e_2^*)$ 为企业 1 和企业 2 的 (两个市场) 博弈的 Nash 均衡, 对每一个企业 i, (h_i^*,e_i^*) 必须满足

$$\max_{h_i,e_i}\pi_i(t_A,t_B,h_i,e_i,h_j^*,e_j^*)$$

考虑企业的成本函数满足 $\lim\limits_{x\to\infty}C_i(x)=c$. 由于 $\pi_i(t_A,t_B,h_i,e_i,h_j^*,e_j^*)$ 可以表示为企业 i 在市场 A 的利润与在市场 B 的利润之和, 而企业 i 在市场 A 的利润只是 h_i 和 h_j^* 的函数, 在市场 B 的利润又只是 e_i, e_j^* 和 t_B 的函数, 企业 i 在两市场的最优化问题就可以简单地拆分为一个问题, 在每个市场分别求解: h_i^* 必须满足

$$\max_{h_i\geqslant 0}h_i[a_A-(h_i+h_j^*)]$$

且 e_j^* 必须满足

$$\max_{e_i\geqslant 0}e_i[a_B-(e_i+e_j^*)]-(t_B-t_A)e_i$$

假设 $h_i^* \leqslant a_B, e_i^* \leqslant a_B - t_B + t_A$ 可得

$$h_1^* = h_2^* = \frac{1}{3}a_A, \quad e_1^* = e_2^* = \frac{1}{3}(a_B - t_B + t_A) \tag{6.1.1}$$

比较古诺博弈, 两个企业选择的均衡产出都是 $(a_A + a_B - t_B + t_A)/3$, 但这一结果是基于数据产出边际零成本而推出的, 是在数据产出足够大的情况下的近似解.

在解出政府选定关税时, 运用第二阶段两企业博弈的结果, 我们可以把第一阶段政府间的互动决策表示为以下的同时行动博弈: 首先, 政府同时选择关税税率 t_B 和补贴 t_A; 其次, 政府 A 的收益为 $W_A(t_A, t_B, h_1^*, e_1^*, h_2^*, e_2^*)$, 政府 B 的收益为 $W_B(t_A, t_B, h_1^*, e_1^*, h_2^*, e_2^*)$; 这里 h_i^* 和 e_i^* 是式 (6.1.1) 所示的 t_A 和 t_B 的函数. 现在我们求解这一政府间数据税博弈的 Nash 均衡.

为简化使用的表示符号, 我们把 e_i^* 决定于 $t_B - t_A$ 隐于式中, 令 $W_A^*(t_A, t_B)$ 表示 $W_A(t_i, t_j, h_1^*, e_1^*, h_2^*, e_2^*)$, 令 $W_B^*(t_A, t_B)$ 表示 $W_B(t_i, t_j, h_1^*, e_1^*, h_2^*, e_2^*)$, 即政府 A 选择补贴 t_A, 政府 B 选择关税 t_B, 企业 i 和 j 上述的 Nash 均衡选择行动时政府 A 和政府 B 的收益. 如果 (t_A^*, t_B^*) 是这一政府间博弈的 Nash 均衡, 则对每一个 i, t_i^* 必须满足

$$\max_{t_A \geqslant 0} W_A^*(t_A, t_B^*), \quad \max_{t_B \geqslant 0} W_B^*(t_A^*, t_B)$$

考虑到企业 1 和企业 2 是双头垄断, 它们具有对称性, 可得

$$W_A^*(t_A^*, t_B^*) = \frac{1}{2}Q_A^2 + \pi_1(t_A, t_B^*, h_1^*, e_1^*, h_2^*, e_2^*) + \pi_2(t_A, t_B^*, h_1^*, e_1^*, h_2^*, e_2^*)$$

$$+ \frac{K_A}{1 + b_A e^{-r_A(h_1^* + h_2^*)}} - t_A(e_1^* + e_2^*)$$

$$\approx \frac{1}{2}(h_1^* + e_1^* + h_2^* + e_2^*)^2 + 2\Big[[a_A - (h_1^* + h_2^*)]h_1^* + [a_B - (e_1^* + e_2^*)]e_1^*$$

$$- c - \Big(1 - \frac{1}{1 + e^{-h_i^* - e_i^*}}\Big)(h_1^* + e_1^*) - (t_B^* - t_A)e_1^*\Big]$$

$$+ \frac{K_A}{1 + b_A e^{-r_A(h_1^* + h_2^*)}} - t_A(e_1^* + e_2^*)$$

$$= \frac{2}{9}(a_A + a_B - t_B^* + t_A)^2 + \frac{2}{3}\Big(a_B - \frac{2}{3}(a_B - t_B^* + t_A)\Big)(a_B - t_B^* + t_A)$$

$$- \frac{2}{3}t_A(a_B - t_B^* + t_A) + f(h_1^* + h_2^*)$$

令 $\dfrac{dW_A}{dt_A} = 0$, 得

$$t_B^* \approx \frac{2}{3}a_A + \frac{4}{3}a_B$$

$$W_B^*(t_A^*, t_B) = t_B(e_1^* + e_2^*) + \frac{K_B}{1 + b_B e^{-(r_B(e_1^* + e_2^*))}}$$

$$\approx \frac{2}{3}t_B(a_B - t_B + t_A^*) + \frac{K_B}{1 + b_B e^{-\frac{2}{3}r_B(a_B - t_B + t_A^*)}}$$

于是

$$\frac{dW_B}{dt_B} \approx \frac{2}{3}(a_B - t_B + t_A^*) + \frac{2}{3}r_B(a_B - t_B + t_A^*)\left(1 - \frac{2(a_B - t_B + t_A^*)}{3K_B}\right) = 0$$

当 $e_1^* + e_2^* = K_B$ 时, 注意到 $K_B = e_1^* + e_2^* = 2e_1^* = \dfrac{2}{3}(a_B - t_B^* + t_A^*)$, 得 $a_B - 2t_B + t_A^* = 0$, 即 $t_B^* = \dfrac{a_B + t_A^*}{2}$. 综上所述, 数据税博弈的解为

$$t_A^* = \frac{4}{3}a_A + \frac{10}{6}a_B, \quad t_B^* = \frac{2}{3}a_A + \frac{4}{3}a_B, \quad h_1^* = h_2^* = \frac{1}{3}a_A, \quad e_1^* = e_2^* = \frac{2}{9}a_A + \frac{4}{9}a_B$$

此时 $K_B = \dfrac{4}{9}a_A + \dfrac{8}{9}a_B$. 也就是说, 尽管数据产品出口的数据补贴率和数据税税率确定是复杂的, 但是当数据出清产量满足 $K_B = \dfrac{4}{9}a_A + \dfrac{8}{9}a_B$ 且出口量 $e_1^* = e_2^* = \dfrac{2}{9}a_A + \dfrac{4}{9}a_B$ 时, $t_A^* \geqslant 2t_B^*$, I 类国家付出 II 类国家数据税率的两倍作为出口补贴, 这是数据税博弈的 Nash 均衡. 由此可以解释, 当数字经济处于饱和时, 数字经济强国愿意以成倍的代价获得数字经济弱国的市场.

6.2 中国数据共享工程

6.2.1 数据共享的意义

在国内数据共享方面, 2017 年 12 月 8 日, 习近平在十九届中共中央政治局第二次集体学习时的讲话中指出: "要运用大数据提升国家治理现代化水平. 要建立健全大数据辅助科学决策和社会治理的机制, 推进政府管理和社会治理模式创新, 实现政府决策科学化、社会治理精准化、公共服务高效化."[①] 未来十年, 是整个数字经济转型的关键时期. 可靠易用的云、更加智能的大数据、云端一体的智

---

① 来源于中国政府网, https://www.gov.cn/xinwen/2017-12/09/content_5245520.htm.

联网和随时随地的移动协同这些关键技术, 既是数字经济发展的基础设施, 也在重塑我们的需求、生产、供应、消费以及整个社会的治理方式. 我们正处于 "数据智能化" 和 "治理现代化" 的交融交汇阶段, 现代的信息化技术融合先进的服务理念, 能够推动数字政府进一步发展, 助力治理现代化. 运用大数据提升国家治理现代化水平, 能够为百姓提供更加便捷的公共服务. 比如浙江推进 "最多跑一次" 改革, 通过统一的云平台、政务数据中台、大数据平台, 实现了部门之间的数据共享, 打破了信息孤岛和条块分割, 很多事情可以一网通办. 比如福建推动 "马上就办" 掌上便民服务, 通过对接数字福建公共平台, 构建 "闽政通" 全省一体化掌上便民服务大平台. "江苏政务服务""云端武汉""内蒙古 i 税服务平台"……各地在推进 "互联网 + 政务服务" 方面不断创新, 日益实现政务服务 "一网、一门、一次" 的目标, "让百姓少跑腿、数据多跑路", 给群众带来实实在在的获得感. 运用大数据提升国家治理现代化水平, 还可以实现政府决策科学化、社会治理精准化. 比如在国土资源管理和生态环境保护方面, 运用卫星遥感影像智能解译技术, 可以实时监测基本农田保护、生态保护、地质灾害防治等时空演化. 比如在城市交通治理领域, 通过物联网、视觉识别、人工智能算法等, 可以实时监测交通状况, 提高城市交通服务的承载力和运行效率. 再比如在信用体系建设中, 大数据可以实现信用价值的显性化, 杭州根据信用积分推出 "先看病后付费", 信用记录良好的患者可在全部就诊结束后 48 小时内或出院时一次付清各类款项. 在经济运行、社会治理、信用建设等各方面, 都可以运用大数据的实时、精准和智能等特点进行赋能, 从而不断提高政府部门的治理水平. 运用大数据提升国家治理现代化水平, 中国具有很多独特的优势. 一方面, 中国独特的制度具有强大的整合能力, 能够为数字政府建设提供保障; 另一方面, 中国数字经济的快速发展, 既孕育了一批中国的世界级高科技企业, 也为数字政府建设提供了全球领先的技术支持和人才支持. 这些优势将形成合力, 推动中国在数字政府建设方面居于领先地位, 不断用 "数据智能化" 提升国家治理现代化水平.

在数据共享的国际合作方面, 中国国家主席习近平 2020 年 11 月 21 日在北京以视频方式出席二十国集团领导人第十五次峰会第一阶段会议并发表重要讲话. 习近平强调: "面对各国对数据安全、数字鸿沟、个人隐私、道德伦理等方面的关切, 我们要秉持以人为中心、基于事实的政策导向, 鼓励创新, 建立互信, 支持联合国就此发挥领导作用, 携手打造开放、公平、公正、非歧视的数字发展环境. 前不久, 中方提出了《全球数据安全倡议》. 我们愿以此为基础, 同各方探讨并制定全球数字治理规则."① 该《全球数据安全倡议》指出, 各国应致力于维护开放、公正、非歧视性的营商环境, 推动实现互利共赢、共同发展; 各国有责任和权利保

---

① 来源于人民网, http://cpc.people.com.cn/gb/n1/2020/1122/c64094-31939549.html.

护涉及本国国家安全、公共安全、经济安全和社会稳定的重要数据及个人信息安全; 欢迎政府、国际组织、信息技术企业、技术社群、民间机构和公民个人等各主体秉持共商共建共享理念, 齐心协力促进数据安全; 各方应在相互尊重基础上, 加强沟通交流, 深化对话与合作, 共同构建和平、安全、开放、合作、有序的网络空间命运共同体; 反对利用信息技术破坏他国关键基础设施或窃取重要数据, 以及利用其从事危害他国国家安全和社会公共利益的行为; 各国承诺采取措施防范、制止利用网络侵害个人信息的行为, 反对滥用信息技术从事针对他国的大规模监控、非法采集他国公民个人信息; 各国应要求企业严格遵守所在国法律, 不得要求本国企业将境外产生、获取的数据存储在境内; 各国应尊重他国主权、司法管辖权和对数据的安全管理权, 未经他国法律允许不得直接向企业或个人调取位于他国的数据; 各国如因打击犯罪等执法需要跨境调取数据, 应通过司法协助渠道或其他相关多边双边协议解决; 国家间缔结跨境调取数据双边协议, 不得侵犯第三国司法主权和数据安全; 信息技术产品和服务供应企业不得在产品和服务中设置后门, 非法获取用户数据、控制或操纵用户系统和设备.

我国的数据共享领域最大的两个体系分别是国务院信息办公室推动的政务数据资源共享工程和科技部推动的国家科学数据共享工程. 政务数据 (信息) 资源共享工程主要依托于各级政府部门、事业单位电子政务专网, 推动电子政务数据资源共享和交换; 国家科学数据共享工程主要依托互联网、物联网, 与国际组织密切合作, 推动科学数据资源共享和利用. 虽然二者依托的网络、共享的数据内容和服务对象不同, 但是数据资源的组织和标准化体系思路基本一致.

6.2.2 科学数据共享工程

科学数据共享工程的数据资源主要包括政府部门专项计划产出的专业级数据、国家各类科技计划 (专项科技活动) 产出的专业数据、科研院所 (高等学校) 的专业数据、国际合作组织所提供的国际科学数据、国内科学家个人提供的科学数据.

(1) **国际科学数据共享的背景**.

数据革命, 包括开放数据移动、众包兴起、数据收集与通信新技术涌现、大数据可用性大幅提高以及人工智能和物联网快速发展, 正在改变社会. 计算技术和数据科学的进步, 使实时处理和分析大数据变成了现实. 通过数据挖掘获取的新信息, 可以作为官方统计和调查数据的补充, 从而促进人类行为能力和经验信息的增长. 新数据与传统数据的结合, 可以创造更详细、更及时和更相关的高质量信息. 但是, 用于全球、地区和国家发展决策的关键数据仍然不足. 比如, 许多国家仍然无法获得国家所有人口的充足数据, 尤其是关于最贫穷、最边缘化群体的数据. 最有可能用于公益活动的大数据, 大部分是由私营部门收集的, 需要联合国和其他国际或区域组织在全球范围内实现数据共享发挥关键作用, 在国际社会内设立指导方针, 开展集体行动, 促使大数据安全地用于发展和人道主义行动, 并符合共同规范. 这些方针和标准力求通过显著提高各国数据政策透明度, 增强数据的效用, 同时避免滥用有关个人和集体的数据导致侵犯隐私和践踏人权, 尽量减少在数据的产生、获取和使用方面的不平等. 国际数据共享组织的目标应该包括: ① 培养和推动创新, 以填补数据鸿沟; ② 调动资源, 消除发达国家和发展中国家、数据不足和数据丰富的人群之间的不平等; ③ 加强领导和协调, 使数据革命在实现可持续发展中充分发挥作用. 针对由私营部门实体在业务活动中实时收集得来的数据, 联合国发展集团发布了关于数据隐私、数据保护和数据道德的一般性指南. 首届联合国世界数据论坛于 2017 年 1 月举行, 汇聚了 1400 多名来自公共和私营部门的数据使用者和生产者、政策制定者、学术界和民间社会人士, 共同探索如何利用数据的力量促进可持续发展. 论坛取得了重要的成果, 其中包括《开普敦可持续发展数据全球行动计划》的启动. 2020 联合国世界数据论坛于 2020 年 10 月以网络会议形式举行, 论坛有六个专题领域: 更好的数据容量开发新方法; 跨数据生态系统的创新和协同作用; 使数据覆盖每个人; 通过数据了解世界; 建立对数据和统计的信任; 每个专题领域展示了实用的解决方案和实践经验, 为基于数据的决策提供更好的数据支撑, 解决全球数据和统计界面临的紧迫问题. 该论坛旨在将来自与数据相关的各个部门代表、用户和生产者聚集在一起, 以支持《2030 年可持续发展议程》和全球数据事业可持续发展目标的实施.

为积极落实《开普敦可持续发展数据全球行动计划》, 中国政府积极参与科学数据共享行动, 并于 2018 年颁布了《科学数据管理办法》和《国家科技资源共享服务平台管理办法》, 进一步加强和规范科学数据管理, 保障科学数据安全, 提高开放共享水平. 根据这两项法规, 通过部门推荐和专家咨询, 经研究共形成 "国家空间科学数据中心" 等 20 个国家科学数据中心、"国家重要野生植物种质资源库" 等 30 个国家生物种质与实验材料资源库.

(2) 全球地球综合观测数据共享.

进入 21 世纪, 地球科学发展到 "地球系统" 的新阶段, 强调地球岩石圈、水圈、大气圈和生物圈之间的相互作用, 进而从地球系统的全局视野, 对地球各圈层的相互作用过程和机理进行研究. 当前更多的对地观测体系 (卫星、地表台站等), 更细的时空分辨率以及更强的数据处理 (超级计算机), 正逐渐促进人类对地球的科学认知, 增强人类适应全球环境变化, 降低地球变化极端事件所引发的自然灾害风险, 提高应急指挥管理水平. 习近平指出: "人类是一荣俱荣、一损俱损的命运共同体, 没有哪个国家能够独善其身. 唯有携手合作, 我们才能有效应对气候变化、海洋污染、生物保护等全球性环境问题."[①] 自 20 世纪 80 年代开始, 国际科学

---

① 来源于中央网络安全和信息化委员会办公室、中华人民共和国国家互联网信息办公室, https://www.cac. gov.cn/2019-04/29/c_1124430893.htm.

界先后发起并组织实施了以全球变化与地球系统为研究对象, 由四大研究计划组成的全球变化研究计划, 即: 世界气候研究计划 (World Climate Research Programme, WCRP)、国际地圈生物圈计划 (International Geosphere-Biosphere Programme, IGBP)、全球环境变化人文因素计划 (International Human Dimension of Global Environmental Change Programme, IHDP)、生物多样性计划 (DIVERSITAS). 进入 21 世纪, 四大全球环境变化计划又联手建立了 "地球系统科学联盟" (ESSP)[87].

地球作为一个由多时空尺度过程构成的复杂巨系统, 在空间上表现为多圈层体系. 地球各圈层 (岩石圈-土壤圈-大气圈-水圈-生物圈, 图 6.2)、各过程 (生物过程、物理过程、化学过程, 图 6.3)、各要素 (如: 山水林田湖草沙) 之间相互作用、相互联系、连锁响应. 地球系统科学将大气圈、生物圈、土壤圈、岩石圈、地幔/地

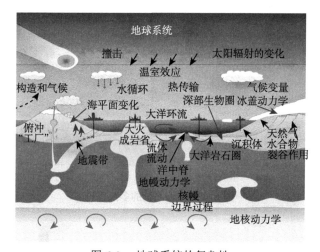

图 6.2 地球系统的复杂性

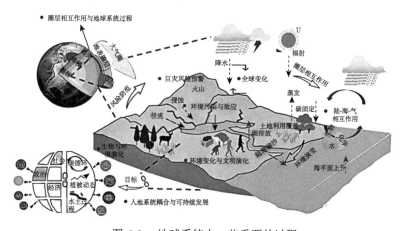

图 6.3 地球系统中一些重要的过程

核作为一个系统, 通过大跨度的学科交叉, 构建地球的演变框架, 理解当前正在发生的过程和机制, 预测未来几百年的变化. 地球系统科学的研究对象, 在空间尺度上可以从分子结构到全球尺度, 在时间尺度上可以从数亿年的演化过程到瞬间的破裂变形 (图 6.4 和图 6.5).

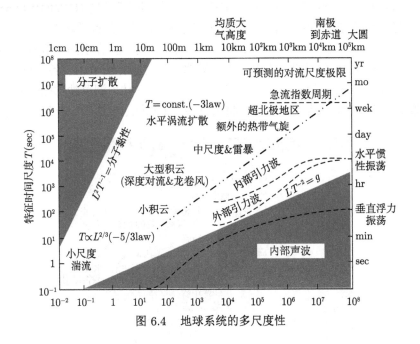

图 6.4 地球系统的多尺度性

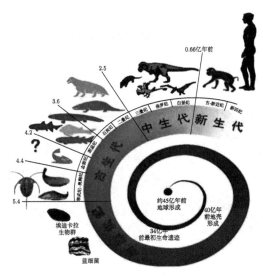

图 6.5 地球系统的时间演化

地球系统的演化主要受内动力地质作用和外动力地质作用的共同驱动, 其主要有两个能量输入体系. 一个是太阳在核聚变过程中向太阳系释放的太阳辐射能量, 直接影响着地球气候变化、生物光合作用和岩石风化剥蚀等地球表层系统过程, 是外动力地质作用最主要的能量供给; 另一个是地球内部放射性物质衰变、物质向地球深部迁移释放的重力势能和矿物结晶等释放的热量, 对大陆漂移、海底扩张、板块运动、岩浆活动、地震作用、变质作用和构造运动等过程产生影响, 是内动力地质作用最主要的能量供给.

利用空天地一体化的调查方法技术, 通过各类观测平台, 获取地球系统各要素的数量、产状、结构、分布等基础要素信息. 如在全球层面, 已建立了全球环境监测系统 (GEMS)、全球陆地观测系统 (GTOS)、全球海洋观测系统 (GOOS)、全球气候观测系统 (GCOS)、国际长期生态研究网络 (ILTER)、通量观测网络 (FLUXNET) 和集成性全球观测战略 (IGOS) 等, 通过天上卫星、陆表观测台站、海洋浮标、潜标和深潜器、地球深部探测等获取第一手数据, 目前已更深程度地开展了上天、入地和下海等的数据获取, 扩张了人类认知地球的边界.

地球观测组织 (GEO) 是地球观测领域最大和最权威的政府间国际组织, 成立于 2005 年 2 月, 中国是 GEO 创始国之一, 并当选为 GEO 的 4 个联合国主席国之一. 该组织的目标是, 建立一个综合、协调和可持续的全球地球综合观测系统 (GEOSS), 更好地认识地球系统, 为决策提供从初始观测数据到专业应用产品的信息服务. 运用地球系统科学思想指导建立 "系统的系统" 是 GEOSS 的核心. 2019 年 11 月 9 日, GEO 第十六届全会在澳大利亚堪培拉闭幕, 会议最终通过了《堪培拉宣言》, 中国在大会上正式接任 2020 年地球观测组织轮值主席. 会议期间, 中方还宣布向国际社会开放中国高分卫星 16 米数据, 引起与会各方尤其是发展中国家的强烈兴趣. 前来参会的中国科学院空天信息研究院研究员李国庆告诉记者, 之前在世界范围内体系性共享卫星观测数据的主要是美国和欧盟, 美国分享的卫星数据分辨率为 30 米, 欧洲为 10 米, 中国的加入填补了其中一个空档, 有助于国际社会、各国人民更好地享受地球观测带来的益处.[①] 2020 年 11 月 2 日至 6 日, GEO 采用线上形式召开 GEO 2020 会议, 启动了第二轮中国 GEO 合作项目并继续开展了全球生态环境遥感监测分析合作研究工作, 并在线发布了 "南极冰盖冻融""全球城市土地利用" 等 5 个专题数据集, 面向国际社会免费共享.

地球观测组织作为地球观测领域最大的政府间国际组织, 将落实联合国 2030 年可持续发展议程、气候变化《巴黎协定》和仙台减灾框架作为全球科学数据共享优先事项. 全球地球综合观测系统优先发展的九大领域是: ① 减少自然灾害

---

① 来源于人民网, http://world.people.com.cn/n1/2019/1110/c1002-31446922.html.

与人为灾害造成的生命与财产损失; ② 了解环境因子对人类健康和生命的影响; ③ 改善能源资源管理; ④ 认识、评估、预测、减轻并且适应气候变化; ⑤ 通过更好地了解水循环过程来改善水资源管理; ⑥ 改进气象信息、天气预报和预警; ⑦ 提高对陆地、海岸、海洋生态系统的保护和管理; ⑧ 支持可持续农业发展、减少荒漠化; ⑨ 了解、检测和保护生物多样性.

由地球综合观测系统优先领域的数据需求决定, 地球科学数据共享工程的主要内容是空间数据共享. 空间数据共享的目的是加强和改善空间信息技术在各国防灾减灾领域高水平、规模化应用的基础, 空间数据共享机制建设是国家治理体系和治理能力现代化重要组成部分, 也是重塑全球治理体系的中国方案的重要内容. 空间数据共享体系的组织结构包含相互关联的航天数据获取系统、航空数据获取系统、地面数据获取系统、数据处理与共享服务系统、决策支持系统和应急协同指挥系统, 获取对象包括空间位置及其对应的各种属性值, 既包括气候因子、环境因子和地理因子等自然属性, 也包括人口、建筑、道路、村庄、通信网络、地下设施、组织机构等人工属性.

航天数据获取系统一般由负责遥感卫星运营管理的军民融合部门、商业卫星运营管理企业或空间数据国际合作机制中的授权用户 (如 "空间与重大灾害国际宪章" 机制中的国家减灾委员会) 提供数据保障. 航天数据获取系统由多个主体主导, 可以大大提高航天数据资源获取的数量、种类和多时空分辨率, 有利于构建在重大灾害监测、预警与应急期中空间数据多维度、多尺度优势互补的协同服务. 我国航天数据获取的主要机构有国家卫星气象中心、国家卫星海洋应用中心、生态环境部卫星环境应用中心、国家测绘局卫星测绘应用中心、国家资源卫星应用中心、中国科学院空天信息创新研究院、民政部卫星减灾应用中心、北斗航天集团和二十一世纪空间技术应用股份公司等.

航空数据获取系统的主要任务是利用载人飞机、无人机以及气球、飞艇等国内低空遥感飞行平台、遥感传感器以及地面接收处理系统等, 根据应急协调调度任务需求, 快速获取、标准化处理不同尺度的空间数据, 并提供数据共享与数据存档. 发达国家已经建成了成熟的航空对地观测系统, 形成了较高专业化、商业化水平的航空遥感数据系统, 如美国航空航天局多遥感飞机系统、环境遥感设备机载实验平台 (RASTER-J) 等. 我国航空对地观测系统目前已经初步具备专门从事系统化航空摄影测量和遥感的能力, 拥有较成熟的载荷和数据处理系统.

地面数据获取系统也是对地观测数据共享机制的数据保障之一, 主要包括与自然灾害预警和应急管理相关的各部门建立起来的地面站点获取数据.

(3) **全球海洋观测数据共享**.

全球海洋观测系统 (GOOS) 由以下 4 个国际机构发起并组织实施: 政府间海洋学委员会 (IOC)、世界气象组织、国际科学联合会理事会和联合国环境规划署. GOOS 项目办公室设在巴黎 IOC 总部, 它致力于: ① 获得与分发有关海洋环境现状与未来状态的可靠评估和预报资料, 以便有效、安全和持续利用海洋环境; ② 为气候变化预报做出贡献, 以便使广大用户获益; ③ 为海洋科学各学科的研究、开发和培训指明方向. GOOS 包含气候模块、海洋健康模块、生物资源模块、沿岸模块和服务模块. 海洋观测设施包括海洋测量船、志愿观测船 (VOS)、海洋高空探测 (ASAP)、漂浮浮标、系留浮标、无人潜航器、遥感观测卫星和水下传感器网络等. 海洋监测技术作为海洋科学和技术的重要组成部分, 在维护海洋权益、开发海洋资源、预警海洋灾害、保护海洋环境、加强国防建设、谋求新的发展空间等方面起着十分重要的作用, 也是展示一个国家综合国力的重要标志. 长期以来, 鉴于海洋观测在军事和民用领域的重要性, 国际海洋科学组织和海洋强国一直都非常重视海洋环境监测技术的研究. 早在 20 世纪 80 年代中期, 海洋发达国家就相继出台海洋科技与开发战略, 进入 21 世纪后, 国际政治、经济、军事围绕着海洋活动发生了深刻的变化, 在新的海洋战略及其军事需求牵引下, 各国相继调整战略, 进一步加大了对海洋探测领域的投入. 我国是海洋大国, 有三百多万平方公里的经济专属区和一万八千多公里的海岸线, 已经建成国家海洋科学数据中心. 国家海洋科学数据中心由国家海洋信息中心牵头, 采用 “主中心 + 分中心 + 数据节点” 模式, 联合相关涉海单位、科研院所和高校等十余家单位共同建设. 以 “建立机制—整合资源—研发系统—运维推广—攻关技术” 为链条, 建立完善数据汇集更新机制, 整合汇聚各领域各区域海洋科学数据资源, 突破海洋云计算、共享资源池和可视化等海洋数据共享关键技术, 以 “互联网 + 海洋” 的举措, 创新海洋数据共享服务理念和模式, 面向国际国内社会公众、科研人员、涉海部门, 提供标准统一、服务便捷、开放安全的多元化数据共享服务, 基本形成了海洋主管部门牵头、涉海单位共建、全社会共享的网络化海洋科学数据共享服务新格局和 “名片”. 国家海洋科学数据中心集中管理我国自 1958 年全国海洋普查以来所有海洋重大专项、极地考察与测绘、大洋科学考察、业务化观测和国际交换资料, 开展国内外全学科全要素的海洋数据整合集成, 建成 16 亿站次、总测线长度超百万公里的我国新一代海洋综合数据集. 同时不断汇集整合中心共建单位的卫星遥感、海洋渔业、深海大洋、河口海岸等领域的特色数据资源, 研制发布海洋实测数据、分析预报数据及专题管理信息产品, 建立分类分级的海洋科学数据管理体系. 截至 2019 年 10 月, 中心可公开共享数据总量约 8TB、有条件共享和离线共享数据量约 110TB, 时间范围从 1662 年 10 月至今, 空间范围覆盖全球海域, 数据类型包括海洋环境数据、海洋地理信息产品和海洋专题信息成果三类. 中心面向西太平洋区域和 21 世纪海上丝绸之路沿线国家不定期推送海洋环境数据、海洋基础地理数据及图集报告等产品. 通过离线和点对点传输服务为军队提供海洋环境数据以及专题信息产品约 55TB, 为海上军事行动和装备试验提供有效支撑, 促进海洋信息领域军民融合.

(4) **全球环境监测数据共享.**

全球环境监测系统是联合国环境规划署 (UNEP) "地球观察" 计划的核心组成部分, 其任务就是监测全球环境并对环境组成要素的状况进行定期评价. 参加全球和地区环境监测协调中心 (Global Environmental Monitoring Service, GEMS) 监测与评价工作的共有一百多个国家和众多的国际组织, 其中特别重要的组织有联合国粮农组织 (FAO)、世界卫生组织 (WHO)、世界气象组织 (WMO)、联合国教科文组织 (UNESCO) 以及国际自然与自然资源保护联盟 (IUCN) 等. 具体执行机构是 1975 年成立的 UNEP 下属 GEMS, 地址在肯尼亚首都内罗毕. 它负责协调各国收集、分析和评价各种环境状况变化因素的数据和环境在时间和空间上的变化情况, 但不直接承担具体的监测工作. 该组织关注的环境监测范围包括生态监测、污染物监测、自然灾害监测. 生态监测包括: ① 全球土壤和植被监测 (土壤退化评价、热带森林植被、全球农田资源评价等); ② 水资源监测 (国际水文监测、水文监测服务、世界冰川调查、水体中同位素浓度调查等); ③ 生物圈监测 (野生生物标本采集和分析、野生生物监测、化学农药残留监测、人与生物圈计划的一些项目的监测等); ④ 海洋生物资源监测. 污染物监测包括: ① 有关卫生的监测 (大气污染监测、空气质量监测、欧洲大气污染物迁移和归宿的调查、全球水监测、内陆水体监测、食品和动物饲料污染检验、生理组织和体液检验、人乳成分检验、人发中污染物检验、电离辐射的水平和影响调查、污染物对人体健康的影响调查等); ② 有关气候的观测 (气候多变性观测、世界恶劣天气观测、气候变化模拟观测、冰川消长和平衡的监测等); ③ 海洋监测 (地区性海域污染监测、海洋石油污染监测、海洋水体污染状况和背景值的测定等). 自然灾害监测包括热带气旋监测和洪水预报等.

2004 年底, 在科技部的领导和支持下, 国家环境保护总局组织启动了 "环境科学数据库建设与共享" 的项目, 目的是以环境质量、环境科研和生态环境数据为核心, 研制一批高质量的具有环保系统数据特征的标准数据集, 初步建立国家级环境科学分布式共享服务网络体系.

(5) **人口与健康科学数据共享.**

数据共享机制的缺陷在 2013—2016 年西非埃博拉病毒疫情期间特别突出, 促使将数据获取问题提到了全球卫生议程的首位. 2015 年 9 月, 世界卫生组织 (以下简称世卫组织) 就公开共享数据和分析结果的必要性达成了共识. 快速数据共享是公共卫生行动的基础. 2020 年 1 月 30 日, 关于 COVID-19 疫情的《国际卫生条例 (2005)》突发事件委员会发表报告, 强调了继续与世卫组织共享全部数据的重要性.

中国是世卫组织框架下全球人口与健康数据共享的积极倡导者和积极参与

者. 国家人口健康科学数据中心 (以下简称人口健康数据中心, NPHDC) 是科技部和财政部认定的 20 个国家科学数据中心之一, 属于国家科技基础条件平台下的科技资源共享服务平台, 主管部门是国家卫生健康委员会, 依托中国医学科学院建设, 由中国工程院院士、国际医学科学院组织主席刘德培院士担任负责人. 按照国家《科学数据管理办法》的要求, 承担国家人口健康领域科学数据整合汇交、审核、加工、保存、挖掘、认证和共享服务任务. 人口健康数据中心于 2003 年作为科技部科学数据共享工程重大项目立项, 2004 年 4 月正式启动, 2010 年通过科技部和财政部认定转为运行服务, 面向全社会开放, 提供数据资源支撑和共享服务. 经过 20 年的发展, 已集成涉及生物医学、基础医学、临床医学、药学、公共卫生、中医药学、人口与生殖健康等多方面的科学数据资源, 还建立了十余项特色专题服务, 开展人口健康 "共享杯" 竞赛, 为用户提供全方位、立体化的共享服务, 为国家科技创新、政府管理决策、医疗卫生事业发展以及创新型人才培养和健康产业发展等提供了条件支撑. 例如, 基础医学科学数据中心的依托单位是中国医学科学院基础医学研究所, 以健康和疾病为主题, 进行基础医学研究数据的收集、加工和汇交, 挖掘和整合与人类健康-亚健康-疾病动态发展过程相关的基础数据和发病机制研究等数据, 重点遴选和整合质量好、与研究重大疾病相关的和使用率高的精品数据库, 向国内外科研人员提供中国科学家获得的原始创新性基础医学和生命科学领域相关的研究数据, 推动有影响力且重要的国家科技成果的有效利用.

国家人口健康科学数据中心对不向任何机构、团队、个人开放共享的科学数据不予办理汇交注册; 对已经注册的全部数据 (包括元数据、数据等) 依据数据共享层级向社会公众提供共享服务, 共享方式包括全社会开放共享、协议开放共享、领域共享等多种方式. 国家人口健康科学数据中心自收到汇交的科学数据审核通过后 30 个工作日内予以公开. 保护期内的科学数据, 只公开科学数据目录. 汇交人同意提前公开汇交的科学数据的, 自其同意之日起, 予以公开. 政府部门、高校和科研院所等用户使用汇交数据进行政策研究、教学、科研等社会公益性活动时, 可无偿使用汇交数据; 利用汇交数据进行商业、经济等盈利活动的, 应缴纳相应的费用, 有关办法另行制定. 用户利用汇交数据产生的研究成果应注明数据来源; 涉及知识产权等问题的, 按照国家有关法律、法规执行.

6.3 赛博时代大国数据博弈

6.3.1 数据聚集的意义

已故的张首晟先生的大名, 物理学界人尽皆知, 他的研究兴趣从理论物理跨入量子计算、人工智能、区块链等新兴领域. 张首晟教授生前为计算机科学家、投资人吴军博士的著作《文明之光》所作的序, 充分表露出他对数据聚集带来划时代文明进步的憧憬. 作为物理学家, 他对人口、物质、能量聚集的意义自然十分理解, 进而预见到信息聚集之于人类文明进步的重要意义. 我们先以纪念者来回顾张首晟的几段话, 引述他关于数据聚集效应的系统观.

他在《文明之光》序中深刻表达了系统熵变化的重要性, 他写道: "学习物理把我带进了另一个世界, 牛顿方程下的宇宙, 就像一个瑞士手表, 每分每秒都在精密地运转. 小到树上的苹果, 大到太阳系的行星, 都被一个简单而优美的万有引力定律所描写. 这两个截然不同的世界都深深地吸引了我, 但是物理世界的必然与历史世界的偶然却深深困惑了我. 当我深入学习到统计物理学, 才开始慢慢看到了两者的相似之处. 牛顿方程之所以能精密描述行星的运动, 是因为这是个简单体系, 仅有几个少量的自由度. 当我们观察气体中的分子, 液体中的小颗粒, 它们的运动是杂乱无章的, 似乎也被偶然的因素所左右. 而统计物理把这些杂乱无章的个体运动提高到整个系统的行为, 那些偶然的因素在统计平均中消失了, 提炼出了能量守恒与熵增的普适规律, 偶然走向了必然. 爱因斯坦曾经说过, 在知识的未来, 牛顿力学, 相对论, 量子力学都会被修改, 而统计力学的定律却是永恒的." 他进一步认为: "整个宇宙复杂性 (complexity) 的产生, 无论是恒星的产生, 还是人类文明的产生, 都需要能量密度达到一定高度. 我也在思考, 我们经常提到文明, 那么什么是文明? 文明的定义是什么? 生物世界通常只有一个传播信息的办法, 就是通过基因. 而人类创造了一个平行于基因的信息体系, 就是通过语言和文字, 代代相传, 称之为文明. 所以我将文明简单定义为: 平行于生物基因, 可以代代相传的一个信息系统."

张首晟运用系统思维看待人类文明的产生, 他写道: "因为人类是由原子和分子组成的奇妙物种, 我们要找到普适于宇宙与人类的第一性原理, 必须从最基本的概念出发, 那就是能量、信息与时空. 它们的结合, 产生了能量密度与信息密度的概念 (值得注意的一点是, 物理学家引进了熵的概念, 后来发现熵的统计意义就是信息, 两者是等价的). 宇宙大爆炸后, 刚开始, 宇宙中充满着基本均匀的微小尘埃, 随着时间推移, 尘埃的密度也开始发生涨落, 有些密度比较高的地方, 通过万有引力的作用, 把别处尘埃逐渐吸引过, 尘埃间的距离会非常靠近, 能量和质量的密度也会大大提高, 超过临界值之后, 有一种新的力会起更大的作用, 即强相互作用力, 它使得原子核在碰撞时产生核聚变反应, 聚变反应成为新能量的来源, 通过这个机制, 形成了恒星和星系, 从此恒星点燃了宇宙之光. 相似地, 人类刚刚起源的时候, 分散在地球表面, 通过狩猎和采集维持生存, 此时人类的能源更多来自于狩猎的动物, 由于动物资源有限, 所以人口密度不会达到临界状态, 直到一万年前, 人类发现了农业, 开始了耕种, 农作物通过光合作用带来能量, 维持人类的生存, 可以说人类利用了一个新的能源, 即太阳能. 这一新能源导致能量密度极大提高, 造成人口密度也极大提高, 形成了村庄. 由于能量密度的提高, 为人们更紧密的信息交流提供了机会和条件, 因而产生了语言和文字, 从此点燃了文明之光." 在他看来, 物质、能量、人口、信息的聚集是一切人类文明产生、发展的基本条件. 而信息的聚集更是新的人类文明大发展的发动机. 他认为: "回顾大历史, 我们发现文明的主线, 是能量与信息. 帝王将相, 英雄豪杰, 不过是为能量与信息的交流铺路, 有效提高了信息的密度. 用这样的眼光看待历史与人类文明, 我们能对未来有何展望呢? 在人类历史的滚滚长河中, 我们这代人可以说是历史的幸运儿. 前面提到, 我们这代人, 首次找到了时间的原点, 历史的起点, 这是人类文明史上唯一的. 而更重要的是, 我们迎来了信息大爆炸的网络时代, 整个人类的知识, 只要轻轻一点鼠标, 就会立刻呈现在我们的眼前. 然而, 今天不论是个人的发展, 还是研究领域的推进, 都越深越窄, 看到的只是树而不是林, 很少有人能像文艺复兴时代的大师达·芬奇一样, 一个人的脑袋里能装进当时整个人类的知识精华, 包括艺术、医学、工程、科学等, 从而爆发出惊人的创意. 前面也提起, 当先人把来自于科学的公理思想用于法律的精神与治国之道, 带来了罗马的强大与美国的繁荣. 在今天的世界, 用铁路与航海来建立地理的联络已不是那么重要, 而建立知识的桥梁, 连接不同领域的孤岛, 才是推进文明的动力. 知识跨领域的连接能有效提高信息的密度, 必然导致我们网络时代的文明大爆炸." 张首晟在贵阳 2018 数博会上强调, 数据和信息技术最前沿的三大支柱是量子计算、人工智能与区块链. 他认为: "人工智能在过去几年进展并不快, 根本原因是什么? 人工智能发展首先是计算能力的增强, 大数据的产生, 其次是很好的算法, 以及最关键的大数据产生的拥有权在谁手里? 但实际状况是, 绝大部分大数据跟个人信息有关. 在现在情况下, 个人数据和信息往往去了中央平台, 个人并没有达到我们隐私的保护需要, 个人也没有由于提供本人数据而得到回报, 这两个问题同时由区块链解决, 所以区块链和人工智能必然有相辅相成的关系, 由于区块链账本可以精准记录, 就可以知道每个人到底贡献了什么数据给人工智能提供了学习的机会."

综合张首晟的数据系统观, 数据是信息的载体, 数据的聚集是人类文明进步的基石, 数据的控制权是赛博时代抢占文明进步先机的关键. 事实上, 中美数据博弈的核心就是数据控制权博弈, 其中蕴含着网络控制权博弈和数据聚集权博弈. 其中网络控制权博弈的激烈程度已经从华为事件中可见一斑. 实际上, 与网络控制权相比, 数据聚集权更为根本, 虽然刚刚开始但激烈程度尤甚. 众所周知, 数据聚集要到一定规模才会显示出收益倍增效应, 而网络不仅是数据流动的载体而且是数据聚集的利器. 所以, 网络空间的安全本质上是数据安全. 在英文里, 网络空间, 即赛博空间, 是用 "Cyberspace" 而不是 "Network Space", 其关键在于 "Cyber" 更具有主体性或自主性, 意味着信息流动之于脑机沟通与控制, 超出了 "Network" 的纯物理意义, 也是维纳的控制论不用 "Control theory" 而用 "Cybernetics" 意义所在. 赛博意味着数据的流动和管控, 所以网络空间上的数据博弈沿用 "Cyber Games" 较为准确, 而 "Data Games" 显得过于单纯.

6.3.2 中美 "跨境流动" 数据博弈

近年来, 美国对中国数据出境的相关法律规制极为关切. 2017 年 9 月 26 日, 美国就中国已经颁布和即将实施的涉及网络安全的相关 "措施", 向世界贸易组织 (WTO) 服务贸易理事会提出了正式函告 (函告编号: S/C/W/374, 17-5101). 函告认为, 中国的上述措施将对全球尤其是美国的服务贸易提供者产生不利影响. 措施 (measures), 在 WTO 规则和实践中是非常重要的一个法律术语. 就该函告所涉内容而言, 美国质疑的 "措施" 主要指向是中国的 "《中华人民共和国国家安全法》(以下简称《国家安全法》)、《中华人民共和国网络安全法》(以下简称《网络安全法》)、《个人信息和重要数据出境安全评估办法 (征求意见稿)》(以下简称《数据出境安评办法》) 和《信息安全技术-数据出境安全评估指南 (征求意见稿)》". 美国这次函告 WTO 服务贸易理事会, 甚至后续向 WTO 起诉中国, 可能从 WTO 规则体系的以下方面寻找法律依据.

第一, 美方质疑的是《服务贸易总协定》(GATS) 项下的国民待遇. 关于国民待遇, 美国提到 "我们注意到, 中国在 GATS 下承担的市场准入和国民待遇的义务". 然而, 尽管《网络安全法》和《数据出境安评办法》等或许对外国服务提供者产生一定影响, 但上述法律并非是针对外商的立法. 现有法律、法规中对 "网络运营者" 的定义是 "网络的所有者、管理者和网络服务提供者", 其中并未进行内外资的区分, 因此违反 "国民待遇" 之说, 缺乏国际法依据. 当然, 在个案实施中, 中国执法机关仍然有必要根据 WTO 的非歧视 (non-discrimination) 原则进行具体评估、做出合法决定.

第二, 美方质疑的是市场准入下 "跨境提供" 和 "商业存在" 的义务. 在 "市场准入" 方面, 中国相应的承诺是: ① "跨境提供" 的承诺为 "没有限制"; ② "商业存在" 的承诺为 "允许设立外商独资企业", 总体而言都相对开放. 但比较而言, 如果将来出现争端, 中国在 "跨境提供" 方面的承诺或许更容易被美国利用. 在 "商业存在" 方面, 现有关于网络安全的立法并未新设限制外商在该领域的投资, 因此难说违反中国在 "商业存在" 方面的市场准入承诺. 通俗地讲, 外商仍然可以像以往一样, 在中国设立合资或独资企业提供数据服务.

第三, 美方质疑的是《技术性贸易壁垒协议》(TBT 协议) 中措施 (技术法规、标准和合格评定程序) 的必要性要求. 事实上, TBT 协议属于 WTO 货物贸易项下的规则, 美国的上述函告从属性上更倾向于服务贸易. 但是, 随着当前数字贸易 (digital trade) 的发展, 在最终产品的表现上却可能出现两者的交叉, 就如同一部手机, 涵盖 "软件和硬件" 两个部分. 就内容而言, WTO 技术贸易委员会

(TBT Committee) 协定主要是对 WTO 成员制定技术法规、标准和合格评定程序的约束. 例如, 第 2.2 条 "各缔约方应保证技术法规的制定、采用或实施在目的或效果上均不会对国际贸易造成不必要的障碍"; 第 5.1.2 条 "合格评定程序的制定、采用或实施在目的和效果上不应为国际贸易制造不必要的障碍" 等. 可见, 在 TBT 协议中, 措施的 "必要性" 是关键. 美国提出, 中国要求 "网络运营者" 在进行跨境数据传输时需要获得个人信息主体的同意, 这一规定对网络运营者而言义务繁重. 按照美国的函告, 当前存在降低义务要求的选择以实现隐私保护的目标. 例如, 亚太经济合作组织 (APEC) 跨境隐私规则体系规定的跨境传输的隐私保护制度是网络运营者与第三方订立协议并进行第三方评估等. 简言之, 目前在美国看来, 中国立法中, 对 "重要数据" 以及网络产品的审查似乎难以满足必要性要求.

第四, 美方质疑的是中国立法合规性在 WTO 框架下的依据. 目前, 中国已经建立了贸易政策合规体系. 中国加入 WTO, 由于在 WTO 框架下, 中国涉诉争端的不断涌现并且不少案例败诉, 这使得国家对贸易政策的合规性日益重视. 考虑到网络安全立法的重要性, 不难想象, 相关部门应该已经进行了 WTO 合规性审查, 或者说上述相关立法的出台是经过官方的深思熟虑和论证的. 当然, 任何成员单方面的自我合规审查, 并不等于当然地符合 WTO 国际规则, 为此仍然需要做好必要的应对准备. 实际上, 关于 "重要数据" 等概念, 亦有上位法依据. 包括美国企业等外界观点认为, 国家互联网办公室制定的《数据出境安评办法》中的 "重要数据" 等概念宽泛, 甚至超越此前《网络安全法》中的 "关键信息基础设施" 等概念. 但从该评估办法的上位法来看, 并非仅是《网络安全法》, 还包括《国家安全法》等. 其中《国家安全法》第二十五条规定 "国家建设网络与信息安全保障体系, 实现网络和信息核心技术、关键基础设施和重要领域信息系统及数据的安全可控, 加强网络管理, 防范、制止和依法惩治网络攻击、网络入侵、网络窃密、散布违法有害信息等网络犯罪行为, 维护国家网络空间主权、安全和发展利益", 这一规定可以看成该评估办法的上位法渊源之一. 将来, 如果中美就该议题形成争端, 关于 "GATS 一般例外、安全例外与 TBT 正当目标" 是中国可以援引进行抗辩的重要法律依据. GATS 第一十四条之一 (一般例外) 涵盖了 "保护与个人信息处理和传播有关的个人隐私及保护个人记录和账户的机密性" 等例外规定. 同时, 第一十四条之二 (安全例外) 亦规定 "本协定的任何规定不得解释为: (a) 要求任何成员提供其认为如披露则会违背其根本安全利益的任何信息". 这些是中国进行抗辩的重要国际法依据. 在 TBT 协定方面, 尽管 TBT 第 2.2 条规定了 "措施的必要性" 要求, 但同时规定成员在实施正当目标时存在例外, "这里所说的正当目标是指国家安全, 防止欺骗, 保护人身健康和安全, 保护动物植物的生命和健康, 保护环境". 这也是中国可以援引的一条重要国际法依据.

当前, 互联网和大数据催生了许多新兴行业的形成, 而 1995 年达成的 GATS 协定被有些学者称为 "前互联网时代的产物", 因此对于新行业面临的新问题, 不管对于谈判者还是裁判者而言都颇为棘手. 上一届美国总统特朗普在他的 "美国优先" 思维下要求对 WTO 进行改革, 甚至扬言退出该组织. 众所周知, 数字经济发展关键要素是数据. 近年来, 在经济全球化浪潮下, 数据在国际上大规模、高频率流动成为推动国际贸易和投资要素跨境流动的重要力量. 同时世界范围重大数据泄露事件频发和数据黑色产业链日益成熟引发广泛担忧. 数字跨境流动引发的安全风险促使包括中国在内的世界各国加快该领域立法步伐. 由于美国在信息产业和数据处理方面仍然具有很强的实力和优势, 其无疑希望该领域的限制越少越好. 美国在数据跨境流动领域的立法和其他领域的立法一样, 体现了内外不同的 "双重标准". 数据出境方面, 美国政府对敏感行业进行分散限制, 如《出口管制法案》要求受管制的科技信息出口需要取得许可,《1996 年健康保险流通与责任法案》要求医疗机构将电子医疗信息在海外云存储前需签署隐私安全保护协议. 数据入境方面, 美国国会 2018 年出台《澄清域外合法使用境外数据法案》赋予执法机构调取境外存储信息的权力, 即美国政府在一定条件下可要求美企或与美发生充分联系的外国企业提供在境外存储的数据. 美国立法现状反映了美国崇尚数据跨境自由流动理念, 背后是其数字经济巨大产业优势自然驱动. 数据作为企业经营的 "血液" 自然从产业竞争力弱的国家流向竞争力较强的国家, 而美企在社交媒体、云计算、电子商务、搜索引擎等领域处于全球主导地位. 此外, 美国凭借其国家实力不断扩大其境内法的域外适用范围以促进境外数据内流. 美国在国内建立了严密完整多层次的数据主权保障体系, 采取允许境外数据自由流入却限制国内数据流出的跨境数据流动政策体系. 在 APEC 跨境隐私保护条例 (CBPR) 代表的美国吸收全球数据进入其境内的数据体系下, 结合美国《澄清域外合法使用境外数据法案》(Clarifying Lawful Overseas Use of Data, 以下简称 CLOUD 法案) 确立的 "数据控制者标准", 凭借已有的技术经济优势和拥有的数据市场, 美国进一步实现对全球数据的扩展管辖. 根据该法案, 2020 年 8 月 5 日, 时任美国总统特朗普就签署了关于在美国的中国互联网公司 TikTok 和 WeChat 的两份行政令, 启动 "301 调查". 另一方面, 通过 "长臂管辖" 扩大国内法域外适用的范围. CLOUD 法案通过适用 "控制者原则", 打破 "服务器标准", 允许调取不在美国境内的电信服务或远程计算机服务的数据, 扩大了美国执法机关调取海外数据的权力, 同时其他国家要调取存储在美国的数据, 则必须通过美国 "适格外国政府" 的审查, 需满足美国所设定的人权、法治和数据自由流动标准, 甚至不惜退出美国奥巴马政府一手建立的跨太平洋伙伴关系协定 (TPP 协定). 美国作为数据自由流动的倡导者, 当前美国正致力将 CBPR 作为突破口, 将 APEC 以外的其他国家和地区都纳入到 CBPR 体系来, 建立以美国为核心的全球流动圈. 2020 年 8 月, 美国已经向 APEC 成员提出了修改有关个人数据规则的方案. 修改后的规则将独立于 APEC 框架之外, 目的是将中国排除在外. 这可能加速中美在互联网层面的分裂. 简单来说, CBPR 促进个人数据跨境流动的基本逻辑是, 如果位于不同国家的不同公司, 统一承诺并遵循 APEC 隐私框架提出的九大个人信息保护原则, 那么个人数据在这些公司之间流动就应该不受阻碍. 由于这些公司都通过同一套原则来保护个人信息, 参与 CBPR 的国家就不得再以保护个人信息为理由, 阻碍个人信息的跨境流动. 当然, 我们应该注意到, 所谓 "自由主义经济圈" 也并非铁板一块. 欧洲法院在 2017 年 7 月裁定, 禁止欧盟居民的个人信息资料大规模传输给美国公司, "欧盟-美国隐私盾牌" 协议无效. 为加强对个人隐私的保护, 欧盟在 2018 年开始实施严格限制个人数据跨境流动的《通用数据保护条例》.

为了应对美国在数据跨境流动领域的国家战略, 考虑到国内外数据立法的现实背景, 2021 年 6 月, 十三届全国人大常委会第二十九次会议通过并公布了《中华人民共和国数据安全法》(以下简称《数据安全法》), 其主要的特点是:

第一,《数据安全法》独特的立法定位, 与其他法律迥然不同. 此次《数据安全法》将数据和个人信息区分开来, 不再沿用此前征求意见时的立法思路.《数据安全法》与《中华人民共和国个人信息保护法》两者二分天下,《中华人民共和国个人信息保护法》也在立法进程中, 与《中华人民共和国民法典》对 "个人信息保护" 立法思路一脉相承, 与已有的《中华人民共和国网络安全法》(以下简称《网络安全法》) 也有立场和体系的不同安排. 这一立法思路更加科学清楚地划分了不同法律的规范对象, 相比较而言,《数据安全法》更加强调总体国家安全观, 对国家利益、公共利益和个人、组织合法权益给予全面保护, 而《中华人民共和国个人信息保护法》侧重于对个人信息、隐私等涉及公民自身安全的保护.

第二,《数据安全法》与《网络安全法》的保护内容及范围也各有差异. 前者更加强调数据对信息社会、赛博时代的基础性支持作用, 这与后者偏重互联网全网体系和设施安全形成鲜明对比; 前者将 "任何以电子或者非电子形式对信息的记录" 定义为数据, 并不局限于互联网和电子形式, 比后者规范的范围似乎更为广泛. 但是, 上述三部法律又有共同之处, 都是信息社会各主体行使权力或者权利、履行义务的最重要法律规范.

第三,《数据安全法》名为 "安全法", 实质上是 "促进法". "安全法" 是《数据安全法》之名称, 但其本质上是以安全为基础和起点, 根本目标或者终极目标是为数据作为生产要素能够顺畅加速流通, 提供底线规范. 无论是《数据安全法》第一条对立法目的的阐明, 还是第二章以 "数据安全与发展" 说明不仅仅是为了保护数据安全, 更重要的是为了保护数据安全与平衡发展.《数据安全法》通篇内容和具体条文上大量出现鼓励性表达, 都没有将追求 "绝对安全"、"完全无风险"、"封闭社会" 和 "保密文化" 作为目标, 而更多体现了以安全为基础, 为社会发展、产业勃兴提供坚实保障的思想. 从其立法目标和效果上来讲, 实为 "数据时代促进法". 正如第十二条所言, "国家坚持维护数据安全和促进数据开发利用并重, 以数据开发利用和产业发展促进数据安全, 以数据安全保障数据开发利用和产业发展."

第四,《数据安全法》是承上启下、承前启后最重要的数据时代立法. 在《数据安全法》之前, 已经有不少行政法规、部门规章和地方性法规、地方政府规章等对涉及数据安全问题有相应规定, 数据企业、社会主体和各类机构也探索出很多维护数据安全的经验做法, 有些做法作为探索性做法, 还缺乏法律依据,《数据安全法》在《中华人民共和国宪法》《中华人民共和国民法典》《中华人民共和国行政处罚法》等基本法律的基础上, 对一系列重要制度做出规定, 可谓 "承上启下", 为后续各类立法提供了法律依据. 而且, 还创设出一些新的制度安排, 有待进一步细化, 可谓 "承前启后".

第五,《数据安全法》主张在国际法框架内提倡数据跨境流动. 第三十六条规定, 中华人民共和国主管机关根据有关法律和中华人民共和国缔结或者参加的国际条约、协定, 或者按照平等互惠原则, 处理外国司法或者执法机构关于提供数据的请求. 非经中华人民共和国主管机关批准, 境内的组织、个人不得向国外司法或者执法机构提供存储于中华人民共和国境内的数据.

从立法和执法角度看, 中美 "跨境流动" 数据博弈是一个复杂的过程, 各自的数据跨境流动政策越来越受到地缘政治、国家安全、隐私保护、产业能力、市场准入等复杂因素的复杂影响. 在数据跨境流动领域, 中美事实上存在很多共同利益, 需要在竞争中有合作. 在 2019 网络安全生态峰会上, 上海社会科学院互联网研究中心发布的《全球数据跨境流动政策与中国战略研究报告》称, 全球数字产业规模分布呈现较强的不平衡状态, 中美两国在数字产业领域的规模优势凸显无疑, 数字产业总规模分别将达到 2.566990 万亿美元和 1.902037 万亿美元. 根据联合国发布的《2019 年数字经济报告》, 中国与美国占全球 70 个最大数字平台市值的 90%, 而欧洲的份额仅为 4%. 美国谷歌、亚马逊等电子平台以及推特、脸书等社交平台占据了欧洲国家绝大部分市场. 国际数字平台获取的数据越多, 创建增值产品的算法改进的速度就越快, 产品在世界市场的渗透率就越高, 也就能产生更多有价值的新数据, 从而形成良性循环. 从数字产业构成比例来看, 中美数字产业内部细分行业发展状况存在较强的异质性. 中国在电子商务和金融科技这两个细分行业领域规模位居全球第一, 电子服务行业规模仅次于美国, 且与美国保持极小差距, 但是其余五个细分行业规模得分相对较低, 其中数字媒体和智能家居两个细分行业规模则处于中下游水平. 美国在数字媒体、智能家居和联网汽车、电子服务、数字广告、数字旅游这六个细分行业规模居全球首位. 从中美数据跨境流动政策发展趋势看, 中美科技冷战背景下, 地缘政治因素对数据跨境流动政策的影响将进一步加大, 双方以 "国家安全" 关切为核心的 "重要敏感数据" 将成为跨境流动限制重心. 各自的数据跨境流动政策的选择极大地受制于本国数字经济产业竞争实力, 个人数据和重要敏感数据跨境流动规制基于不同的法益价值, 大国扩张性的数据主权战略加剧了管辖权冲突, 大国战略互信成为跨境数据流动的双边/多边合作体系建立的基础, 当前数据跨境流动的朋友圈主要围绕美国来划定.

　　总体而言, 在中美 "跨境流动" 数据博弈中, 美方处于攻势, 而中方处于守势. 但是, 对中方而言, 也存在各种机遇. 我们看到, 美国经济政策转向为中国参与构建数字经济贸易规则提供机遇窗口, 新一轮技术变革改变数据流动逻辑, 为我国提升在全球产业价值链中的地位并提供机遇, 我国进一步扩大开放与 "一带一路" 倡议推动了合作共赢的 "新型全球化战略" 形成. 以此为契机, 当前在联合国、WTO 等多边机制尚未提出各方可以接受的数据跨境流动规则的情形下, 中美两国的数据跨境流动双边谈判已经成为确保电子商务和数字贸易正常开展的主要选择. 目前对大数据的搜集、处理主要依赖于云计算, 而互联网是云计算产生和发展的基础, 网络空间提供了大数据搜集、存储、传输和处理的有效渠道, 因此, 互联网技术是大数据时代的核心科技. 大数据时代大国数据博弈的关键在于制网权, 当前各国对制网权的争夺日趋激烈, 美国在网络空间的实力优势和制度优势使其成为全球制网权的最有力争夺者, 而作为新兴互联网大国的中国在网络空间内的利益诉求与美国在网络空间内的既得利益形成了结构性矛盾. 虽然在网络领域内两国的权力角力与利益冲突日趋激烈, 但以合作求共赢将仍然是两国的主题.

6.3.3　中美基因数据博弈

　　基因组数据库 (GDB) 为人类基因组计划 (HGP) 保存和处理基因组图谱数据. 基因组数据库内容丰富、名目繁多、格式不一, 数据分布在世界各地的信息中心、测序中心以及与医学、生物学、农业等有关的研究机构和大学. 基因组数据库的主体是模式生物基因组数据库, 其中最主要的是由世界各国的人类基因组研究中心、测序中心构建的各种人类基因组数据库. 除人类基因组数据外, 小鼠、河豚、拟南芥、水稻、线虫、果蝇、酵母、大肠杆菌等各种模式生物基因组数据库或基因组信息资源都可以在网上找到. 随着生物资源基因组计划的普遍实施, 几十种动物、植物基因组数据库也纷纷上网, 如英国罗斯林研究所的 ArkDB 包括了猪、牛、绵羊、山羊、马等家畜以及鹿、狗、鸡等基因组数据库, 美国、英国、日本等国的基因组中心的斑马鱼、罗非鱼 (tilapia)、青鳉 (medaka)、鲑 (salmon) 等鱼类基因组数据库. 英国谷物网络组织 (CropNet) 建有玉米、大麦、高粱、菜豆等农作物以及苜蓿 (alfalfa)、牧草 (forage)、玫瑰等基因组数据库. 除了模式生物基因组数据外, 基因组数据资源还包括染色体、基因突变、遗传疾病、分类学、比较基因组、基因调控和表达、放射杂交、基因图谱等各种数据. GDB 是国际合作的成果, 其宗旨是为从事基因组研究的生物学家和医护人员提供人类基因组信息资源. 其数据来自世界各国基因组研究的成果, 经过注册的用户可以直接向 GDB 中添加和编辑数据. 中国于 1999 年正式加入国际人类基因组测序计划, 在全球合作与数据共享框架下, 中国已成为基因组数据产出大国, 为全球基因数据建设做出了积极贡献. 国家基因组科学数据中心是国家科技资源共享服务平台之一, 依托单位是中国科学院北京基因组研究所, 它所拥有的基因组学原始数据归档库 (GSA) 建设成绩斐然, 不仅数据量增长迅速, 且数据的可用性、标准化等方面均与国际接轨, 得到了国际权威杂志的认可. 例如, 2020 年 1 月 22 日, 国家基因组科学数据中心正式发布 2019 新冠病毒数据, 整合了世界卫生组织、中国疾病预防控制中心、美国国家生物技术信息中心、全球流感序列数据库等机构公开发布的冠状病毒基因组序列数据、元信息、学术文献、新闻动态、科普文章.

在第一个人类基因组被解密近 20 年后, 依赖开放的国际合作网络, 该领域成为生物医学研究最令人兴奋的领域之一. 但是, 以国家安全为由, 一些美国人发出保护美国经济重要行业的呼声, 美国联邦调查局 (FBI) 评估了这场数据争端可能对中美两个全球最大经济体的商业关系以及生物医学研究的未来产生影响. 据报道, 基因组研究有望带来精准靶向药物的新时代, 这种药物使传统的通用药物看起来就像是第二次世界大战时的傻瓜炸弹, 但针对病人个人基因组的定制治疗方案仍然处于早期阶段. 中国和美国都在积极研究癌症、囊性纤维化和阿尔茨海默病等疾病的个人化治疗. 中国公布了一项 90 亿美元的 15 年研究计划, 使奥巴马时代为美国国家卫生研究院 (NIH) 拨款 2.15 亿美元的计划相形见绌. 美国联邦调查局特工埃德·尤表示, 中国正在获取美国基因组数据, 即管理人体组织的生物软件. 他还认为, 最近几年, 中国投资者购入专门研究基因组的美国生物医学公司的股权或与它们合作. 他指认, 旨在把人工智能和大型基因数据库结合起来以打造个性化健康治疗方案的深圳碳云智能向位于马萨诸塞州的 Patients Like Me 投资逾 1 亿美元. Patients Like Me 自称是全球最大的个性化健康网, 逾 50 万人在此分享医疗细节, 其数据是匿名的, 服务器存放在美国境内. 这类数据可以用于研发新药物, 实验室收集海量此类数据, 之后把它们与详细的人口统计、饮食习惯、健康和生活方式等记录数据相结合, 用超级计算机寻找规律, 识别基因缺陷并提供新的治疗建议, 但同样的数据集也可以用于研发生物武器. 拥有生物化学和分子生物学硕士学位的尤建议, 收紧健康记录方面的法规, 使数据更难转移到海外. 美国联邦调查局还认为 2013 年美国政府外国投资委员会 (CFIUS) 批准的深圳华大基因 (BGI-Shenzhen) 收购位于加利福尼亚州的完整基因公司 (Complete Genomics) 存在潜在的国家安全风险, 因为华大基因对超过 2 万个人类基因组进行了测序. 美中经济与安全评估委员会认为这样的并购缺少互惠性, 指称中国法规不允许外国企业将基因数据带出中国. 美方认为, 跨境收购不是美国基因数据面临的唯一风险. 美方官员声称, 黑客潜入探索诊断公司 (Quest Diagnostics) 得到了 3.4 万份病人记录, 其中包括实验室成果, 指称代表中国政府的黑客于 2014 年攻入了 Anthem 的网络, 并且花了一年的时间翻遍了 7880 万客户的记录. 面对美国的各种指责和限制, 中国在基因数据共享领域一直持有积极态度. 2020 年 3 月, 深圳国家基因库 (以下简称 "国家基因库") 与全球共享流感数据倡议组织 (GISAID) 达成战略性合作, 国家基因库生命大数据平台 (CNGBdb) 成为 GISAID 的中国首个正式授权平台. GISAID 是目前全球最大的流感及新冠病毒数据平台, 总部位于德国慕尼黑, 于 2008 年 5 月第 61 届世界卫生大会期间启动, 是由全世界一组权威的医学科学家组建, 该组织致力于改善流感数据的共享. GISAID 的数据来源于全球 14000 名研究人员和 1500 个机构, 其独特的数据共享机制可以促进相关研究取得快速进展. 2020 年 1 月以来, 该组织的研究人员在网上发布了大量的新冠病毒基因组序列. 世界卫生组织首席科学家 Swaminathan 称, GISAID 是 COVID-19 大流行期间的 "游戏规则改变者". GISAID 针对新冠病毒开发的 EpiCoV™ 数据库, 数据聚集规模已大大超越传统的数据平台, 而且克服了传统数据平台 (比如公有领域的数据库) 因允许匿名访问而导致数据所有者权益不受保护、数据使用不透明的问题, 建立了良好的数据共享机制. 国家基因库是中国首个国家级综合性基因库, 也是国家重大科技基础设施之一. 2011 年, 由国家发展和改革委员会、财政部、工业和信息化部、卫生健康委员会 (原卫生部) 四部委批复建设, 并在以国家发展和改革委员会和深圳市政府为联合理事长单位的理事会指导下, 由深圳华大生命科学研究院 (原深圳华大基因研究院) 组建及运营. 作为国内最大的生物大数据中心之一, 国家基因库生命大数据平台汇集了国家基因库及全球其他重要数据源的公开数据, 在新冠疫情中, 该平台汇总了数百条国家基因库归档及 NCBI 的病毒序列数据资源, 助力全球研究人员快速发现、检索和分析新冠病毒, 为全球抗疫做出了积极贡献. 与之鲜明对照, 美国在疫情期间对中国进行无端指责, 甚至出于政治操弄, 将新冠病毒称为 "中国病毒" 以混淆视听. 在基因数据共享方面, 美国单方面退出世界卫生组织, 终止联合国框架内的数据共享机制. 就其国内抗疫而言, 美国政府公共卫生部门在疫情数据领域也表现欠佳, 对 COVID-19 在美国的大流行负有不可推卸的责任. 2021 年 1 月, 美国有线电视新闻网 (CNN) 指出, 美国在病毒基因测序上为人诟病, 并不仅仅是因为时间上的拖延. 考虑到病毒在美国的 "猖獗程度", 美国基因测序的案例实在太少. 根据 GISAID 数据, 虽然美国已经绘制并发布了近 7 万名感染新冠病毒的样本, 但从测序数量的比例来看, 美国出现了不足, 美国每 1000 例病例中只公布 2.8 个基因序列, 落后于 34 个国家. 从绝对比例来看, 美国基因测序的病例, 只占总病例的约 0.3%, 排名世界第 43 位. 在疫情期间, 美国漠视中国基因数据共享的积极贡献, 拒绝合作, 甚至无端指责中国. 2021 年 1 月 28 日, 美国国家反谍报与安全中心主任威廉·埃瓦尼纳在参加美国哥伦比亚广播公司的新闻节目时公然声称中国政府正在搜集美国人的 DNA 数据. 节目组称, 华大基因曾尝试在美国华盛顿地区开展新冠病毒核酸检测实验室的业务, 还向美国其他五个州政府推广过这项业务, 其中包括纽约以及加利福尼亚州. 埃瓦尼纳对此提出 "警告" 称, "外部势力可以借此搜集、储存和利用新冠病毒检测的生物特征信息", 并认为 "中国人正试图收集美国人的 DNA, 以赢得一场控制世界生物数据的竞赛".

在赛博时代, 世界各国、各行各业纷纷都将数据视为资源, 国家之间的战略博弈、科学研究、科技成果转化之路也需要及时更新手中的路线图, 将基因数据的权利、边界进行标注. 在互联网巨头纷纷选择通过诉讼扩大数据边界之时, 需要对中美数据之争保持足够的注意, 中美双方科学数据跨界流动限制的一些做法需要反思. 抛开商业考量, 或许更有助于我们找到数据主权的真谛.

第 7 章　公共数据博弈的信任一致性

7.1　信任一致性的研究背景及意义

中国公共数据库系统发展到一定阶段, 公共数据资源将成为国家战略资产. 有效的数据治理是数据资产形成和高效利用的必要条件[6]. 公共数据治理是指在公共部门、公民、企业和社会组织所提供的零散数据基础上形成统一的、可信的主数据, 并且依法有序地提供给公共部门、公众、企业和社会组织综合运用的过程.

随着计算机软硬件技术、互联网、物联网和无线通信技术的高速发展, 数据收集、传输、存储、管理技术日渐成熟, 催生了依赖公共数据资源的应用. 以公共数据资源的开发和利用为核心的新经济和公民社会管理已经成为世界主要国家竞相追逐的目标. 例如, 以存在于导航系统、地理信息系统、移动互联网中的公共数据资源为基础的位置服务 (location based services, LBS), 已经成为发达经济体先导产业, 为智慧城市、精准医疗、大健康、智能交通、智能安防等新经济增长提供公共数据资源保障. 数据驱动的科学研究、社会管理、信息安全、金融、商业、制造等各个领域和行业都迎来了新的机遇和挑战. 以公共产品供给和消费为事实背景的公共数据库规模日益庞大、边界不断延伸、品质要求更高, 使得公共数据治理成为当今各国政府最为急迫而重大的任务[89].

由于公共部门是公共数据库网络的控制者和公共数据库公共产品的提供者, 公共数据库中数据的可信性反映了公共部门的公信力和决策力, 从而影响与之相对应的公共产品的品质. 公众对公共部门的信任是公共部门公信力的基础, 公共数据库的可信性是公共部门公信力的重要组成部分, 也是政府主导的社会互信的基础之一. 在心理学中, 信任是一种稳定的信念, 维系着社会稳定和社会共同价值, 是个体对他人话语、承诺和声明可信赖的整体期望. 从博弈论的角度看, 信任体现为人们在博弈中做出合作性选择, 信任的前提是参与者有意愿将自己的弱点暴露在某种开放的环境中. 美国的心理学家 Deutsch 于 1958 年通过著名的囚徒困境实验将信任研究引入心理学领域. 信任他人意味着必须承受易受他人背叛行为伤害的风险. 在公共数据博弈中, 公共数据库的数据提供者愿意向公共数据库提供

注: 本章内容主要发表于 *International Journal of Machine Learning and Cybernetics*, 详见参考文献 [88].

真实可靠的数据的前提是他相信公共数据管理部门和其他数据参与者能够保护他的利益, 即数据提供者认可公共数据库网络存在完善的信任机制. 在网络环境下, 公共数据库的信任机制有三个类型, 即威慑型、技术型和了解型.

(1) 威慑型信任机制: 威慑型信任指的是数据博弈参与者由于害怕被惩罚, 会按照各自的承诺去完成自己的任务, 这种信任模式会使机会主义的成本高于其收益, 在整个博弈过程中都起作用, 如法律的约束、数据稽查中的行政惩罚和奖励等.

(2) 技术型信任机制: 在数据博弈演化进程中, 合作初期, 由于数据提供者对他人的资信信息了解不足, 相互猜疑或采取机会主义行为的现象在所难免. 若采取合作行为的数据提供者是理性的, 则他会谨慎考虑信任的收益与成本. 所以, 在公共数据库的数据交互中, 信任是一种市场化的经济计算, 其价值取决于源自信任的收益和保持维护信任的成本差, 正是这种收益阻止了失信行为的发生. 对公共数据库网络中的参与者的声誉进行实时而全面的评估是经济评估的基础.

(3) 了解型信任机制: 在数据博弈演化过程中, 有合作意愿的数据提供者通过正式、非正式的信息沟通交流, 增进了彼此之间的了解, 从而预测其他参与者的行为. 随着时间的推移, 各数据提供者根据他人的实际良好表现, 会不断增强信任感. 例如, 用户通过对公共数据库的消费行为逐渐形成对公共数据库的信任感.

在实际情况下, 上述三种信任机制是联合作用的, 文献 [63] 所提出的惩罚、激励、信息公开和媒体自由将促进威慑型信任机制和了解型信任机制的建立. 技术型信任机制的建立则需要针对公共数据库网络的结构进行设计, 其关键是通过技术手段建立公共数据库中数据参与者之间信任链. 很多情况下, 数据参与者之间难以建立起信任关系, 但是通过某个双方都信任的中介或多数合作者联合监督, 就可以形成一个信任链, 从而在公共数据库的参与者之间建立起间接的信任, 从而促进可信数据库的完成. 信任链能降低不确定性和机会主义行为所带来的利益诱惑. 基于经济计算的信任链的建立有赖于公共数据库网络的信任系统支持参与者对全局的声誉评估.

从政治学的视角看, 公共数据库的各级公共部门的数据管理者, 即数据当局, 形成一个完整的科层组织. 数据当局具备科层组织的各种特征, 所不同的是数据当局的权力等级制包括现实的等级制和虚拟的等级制. 虚拟的等级制既依附于现实的等级制又在数据信息不对称中处于优势地位, 特别在专业性很强的领域数据当局, 其数据管理岗位的这种技术角色优势更加明显. 例如, 像斯诺登那样的角色, 在现实的数据当局科层组织的行政体系中并不是显著角色, 但他们在数据管理中往往掌握着巨大数据资源或超级权限. 类似的角色在我国公共数据当局的组织中广泛存在, 其中甚至还包括公共部门的大量临时聘用人员, 他们有的掌握了公共数据库的高级管理权限, 造成公共数据安全的重大威胁或滥用公共数据资源的风险, 是公共数据泄露的主要源头. 这种公共数据当局科层组织的虚拟要角是公共数据信任危机的诱因之一. 在公共数据的科层组织中, 位于较底层的数据当局更多地接触底层数据, 更直接面对基础层的数据提供者. 基层的数据当局作为基层公共部门, 接近公共数据信任链的末端. 罗家德等关于政府信任的研究结果表明, 社会资本因素造成我国 "央强地弱" 的政府信任格局, 即公众对基层政府的信任度低于对高层政府的信任度[90]. 公共数据业务作为公共产品事务的虚拟映照, 这种 "央强地弱" 的特征也同样反映在公共数据当局的科层组织的信任结构中.

在信任的实验心理学研究方面, Brooks King-Casas 等通过核磁共振观察信任博弈参与者大脑背纹状体的神经响应镜像来研究经济博弈中信任行为. 该研究表明, 在经济博弈中一个参与者表现出来的互惠意愿强烈地预示了其他参与者对未来的信任[91]. 这一结论从脑科学角度揭示了社会群体在经济活动中声誉 (reputation) 和信任 (trust) 的密切关系. 在公共数据博弈中, 真实数据作为价值的信息载体, 是一种经济资源或社会资本, 数据在公共数据库网络中的交互本质上是一种经济交换, 交换的达成与否取决于参与者之间的信任. 根据 Brooks King-Casas 等的研究, 在公共数据库中, 参与者的声誉是影响数据提供者信任的要素之一. 这从另一个角度印证了罗家德等关于中国公众的政府信任 "央强地弱" 的格局[90]. 因此, 要提高中国公共数据库数据的可信度, 关键是建立完善的信任机制. 公共数据库的信任机制的重点是提高基层数据当局的声誉.

文献 [63] 的研究表明, 在复杂网络上的公共数据博弈中, 虽然可以通过惩罚、奖励、信息公开和媒体自由有效控制数据提供者的背叛动机, 但是完全消除数据造假或瞒报是不可能的. 因此, 一个可信的公共数据库系统必须足以应对一定数量的造假和瞒报行为. 除了传统计算机网络系统安全的威胁外, 对公共数据库系统的可信性的最主要威胁来自数据造假或瞒报等数据参与者的背叛行为. 数据博弈中的背叛者的造假和瞒报行为在公共数据库中有两种表现形式, 对应于两类数据造假行为. 一类是数据提供者针对同一实体向不同的数据接收者发出不同的数据或对接收到的真实数据做出错误反应, 从而导致公共数据库中相关的数据冲突, 即不一致性, 称为第一类造假行为; 另一类是为了获得某种利益向所有交互对象提供相同的且逻辑上经过伪装的假数据, 即 "真的" 假数据, 称为第二类造假行为. 正如在现实生活中, 撒谎的人表现为: ① 对不同的人讲不同的话, 即 "见人说人话, 见鬼说鬼话"; ② 圆一个谎会撒更多的谎. 例如, 在全国 GDP 调查数据中, 若有部分省份大面积数据造假将会导致各省地区生产总值之和远大于全国 GDP. 当然, 对后一类公共数据博弈的背叛者的行为而言, 经过伪装的数据可能在逻辑上不存在任何问题, 即有些造假数据或瞒报的数据未被数据稽查所发现或证伪. 此类威胁在公共数据库质量控制中是无法消除的, 就像传统的质量管理中不可避免地存在不合格产品一样. 我们已经在文献 [63] 中系统地讨论了复杂网络上的公共数据博弈中控制背叛行为的机制, 所得基本结论之一是全局上讲背叛行为是不可消除的. 文献 [34] 和文献 [63] 是迄今为止比较系统地研究公共数据博弈的主要成果. 而近年来研究分布式系统的信任—致性结构的文献都未提及公共数据库这一特殊公共产品. 但是, 文献 [34] 和文献 [63] 中没有研究公共数据博弈的信任—致性结构. 公共数据博弈—致性研究的关键问题是, 既然公共数据博弈中背叛行为无法消除, 那么我们能容忍多大比率的数据不一致等数据欺诈行为?

分布式系统的信任结构研究始于 1982 年, Lamport 等在研究计算机系统容错理论过程中, 发表了关于 Byzantine 将军问题的论文[92], 并以此获得 2013 年图灵奖. Lamport 将计算机系统中如何应对部分构件出现故障的问题描述为 "Byzantine 将军问题". Byzantine 将军问题是一个协议问题, 忠诚的将军们希望通过某种协议达成某个命令的一致 (比如一起进攻或者一起撤退). 问题是这些将军在地理上是分隔开来的, 并且将军中存在叛徒. 叛徒可以任意行动以达到以下三个目标: ① 欺骗某些忠诚的将军采取与其他忠诚的将军们不一致的行动; ② 促成一个不是所有忠诚的将军都同意的决定, 如当将军们不希望进攻时促成进攻行动; ③ 迷惑某些将军, 使他们无法做出决定. 如果叛徒达到了这些目标之一, 则任何行动的结果都是注定要失败的, 只有完全达成一致的协议才能获得胜利. Byzantine 将军问题是对背叛行为的模型化. Lamport 用此模型研究发生硬件错误、网络拥塞或断开以及系统遭到恶意攻击的情况下计算机和网络可能出现的行为[92,93]. 从模型的普适性来讲, Byzantine 将军问题可以刻画任一种网络上的背叛行为制约问题. 具体的应用包括目前流行的网络共识算法、区块链技术等.

在公共数据库网络中, 数据造假或瞒报本质上讲是数据博弈参与者的背叛行为, 而所谓的公共数据治理的信任机制就是采取合作行为的参与者联合起来制约背叛行为的模式. 运用 Byzantine 将军算法的基本思想来研究公共数据库网络上的数据治理的信任机制是一个有意义的课题.

在公共数据和商业数据领域中, 有多项研究表明, "廉价谈话" 是普遍存在的[94,95], 即数据共享过程中数据提供者总会给自己留一条后路. 比如, 文献 [94] 中研究表明市场化献血体制下献血者会因希望献血而夸大自己的健康指标 (数据造假), 而无偿献血体制下的献血者则没有健康指标造假动机; 而文献 [95] 则验证了制造商为了促使未来原料货源充足, 会向供货商夸大未来原料需求量 (数据造假). 在公共数据领域中, 尽管各级数据当局具有制度性要求, 但这种 "廉价谈话" 在各级数据提供者中仍然普遍存在, 特别在问卷类公共数据调查中尤为突出. 例如, 居民收入调查中, 较为普遍的是上报收入少于实际收入, 其中数据提供者有未来规避税收风险的考虑也有未来获取救助的考虑. 这种数据共享的理性预期将导致公共数据库数据提供者夸大或缩小某些指标值, 从而降低了数据的可信度, 即导致公共数据信任博弈的背叛行为. 这样的理性预期导致的背叛行为与传统的 Byzantine 将军问题中的背叛行为有着很大的区别, 其中最主要的区别就是叛徒的决定带有观望, 表现为叛徒的 "骑墙" 态度. 求解此类带有骑墙者的 Byzantine 将军问题对控制公共数据博弈中背叛行为发生的意义是显而易见的.

另一方面, 由于公共数据库中各级数据参与者及其数据交互关系网络构成一个多层多中心的分布式系统. 这一分布式的系统的信任覆盖网络本质上是一个多层复杂网络. 由于每项公共数据业务具有核心性, 除了基础层以外, 该覆盖网络的每一层都服从幂律分布 (power law distribution, PLD). 针对物理系统中单层的分布式多中心的信任覆盖网络, Kai Hwang 等已经取得较好的研究成果, 并构造了各类信任系统[96]. 关于底层的物联网数据终端的信任管理及信任动力学的讨论, 文献 [97] 作了概述. 为了关注公共数据库网络中信任机制人为因素, 在这里我们将忽略作为物理层的物联网信任机制, 并且将各层分布式网络中的节点视为数据参与者而不是单纯物理节点. 由于数据博弈参与者心理预期的干扰, 已有的分布式物理网络的信任机制并不完全符合公共数据库信任覆盖网络. 如何建构公共数据库网络上公共数据博弈的信任系统及其信任动力学模型是一个亟待解决的问题.

运用公共数据库的信任覆盖网络及其信任机制来保障优质公共数据库这一公共产品的供给. 为公众提供优质的公共数据库数据服务是公共数据当局的首要任务, 提供高可信度的电子数据是最重要的任务. 本章将公共数据库数据的可信性归结为公共数据库参与者网络上的信任一致性和数据造假行为控制. 从三个层面重点研究以下问题:

(1) 在公共数据博弈中, 如何判定上层数据当局的忠诚? 运用 "信任" 投票来界定忠诚者和叛徒, 并通过 Byzantine 将军算法说明, 只要公共数据博弈中忠诚的数据参与者的个数大于 $3m+1$ (m 为叛徒个数), 那么公共数据博弈的信任问题是可解的.

(2) 对具有科层组织结构的公共数据博弈, 在上层数据当局之间形成一个正则图并且 Byzantine 将军问题是可解的条件下, 是否可以产生制约带有 "廉价谈话" 签名数据的第一类造假行为的信任机制? 我们将用福利经济学分析方法获得带有 "廉价谈话" 的公共数据博弈的 Byzantine 将军问题有解的必要条件. 在此条件下可以通过调整社会福利政策的平衡建立数据当局之间的信任一致性, 从而控制因 "廉价谈话" 引起的数据造假行为.

(3) 对第二类数据造假行为, 仅靠建立上层数据当局之间的信任一致性是无法进行有效控制的, 而且公共数据库网络上的信任是动态的. 从数据博弈的演化来看, 如何构建公共数据库网络上数据博弈信任覆盖网络的信任动力学行为? 在公共数据库网络达到信任一致性的条件下, 通过上层数据当局之间充分的数据共享, 寻求针对某些数值型数据的造假行为检测方法.

7.2 公共数据治理的 Byzantine 信任机制

7.2.1 公共数据信任博弈的信任一致性

公共数据库数据的真实可信性取决于所有数据提供者的信任态度. 我们假定所有公共数据博弈参与者都至少有两套数据, 可以认为其中只有一套是真的. 如果参与者不提供数据而只审核数据并转发, 则假定他有合法审核和违法审核两种, 也可以视为他提交两种不同的审核结论 (一真一假). 在公共数据信任博弈中, 由于稽查权限或信息不对称, 任何一个参与者都无法证实其他参与者所提供的数据的真实性. 因此, 一个数据信任博弈参与者是否可信只能看他给所有与他进行数据交互的对象的数据是否一致. 也就是说, 一个公共数据博弈的参与者是可信的, 是指他给所有与其进行数据交互的对象相同的数据; 反之, 某个数据参与者给他的数据交互对象的数据存在不一致, 则这个数据博弈参与者是不可信的. 这样, 公共数据博弈中的合作行为就转化为数据一致, 背叛行为转化为数据不一致. 这种转化很方便地将数据真假 (是否可信) 的鉴别转化为一致性检验. 这在逻辑上讲是对的, 比较形象地说, 某个人对不同的人讲不同的话, 那其中肯定有假话. 另一方面, 如果他对所有人讲相同的话, 虽然其他人不能验证他的话是否为真, 但是可以选择相信他. 严格地讲, 真实和可信是两个密切相关而略有不同的概念, 可信性的鉴别具有更强的可操作性. 为了严格地定义公共数据信任博弈的信任一致性, 把 "可信定义为合作、把不可信定义为背叛", 这要比 "把提供真实数据定义为合作、把提供虚假数据或瞒报定义为背叛" 在技术上更加易于操作.

在公共数据信任博弈过程中, 每一个参与者所提供的数据由两部分构成, 一部分是自己的数据, 另一部分是转发他人的数据.

在本节中, 我们考虑单层的公共数据网络并且网络图是正则的. 或者说, 我们不考虑公共数据当局与基层数据提供者的身份差异, 并且每个数据参与者的交互对象个数相同.

在对整个公共数据库网络信任进行评估之后, 每个公共数据信任博弈的参与者根据自己的需求和收益决定采用何种策略. 公共数据库网络信任系统设计的目标是促成可信的数据博弈参与者必须获得相同的数据. 但是, 公共数据博弈参与者中存在不可信者 (即叛徒), 他们为了掩盖背叛行为会阻碍可信的参与者达成信任一致性. 这里公共数据信任博弈的信任一致性是指, 公共数据博弈的结果满足如下条件:

(A) 所有可信的数据博弈参与者得到相同的公共数据;

(B) 少数数据造假者无法使可信的数据博弈参与者提交不一致数据.

应该注意到, 这里公共数据博弈信任算法追求的目标和 Lamport 的 Byzantine 将军算法有着明显的差异. 在 Byzantine 将军算法中, 忠诚的将军仅仅根据司令官的命令而不考虑自己的敌情判断和其他将军的态度. 但是, 在公共数据信任博弈中, 可信的参与者有可能根据对全局的信任状态进行评估后改变主意. 也就是说, 全局的信任下降也会导致个体被 "逼良为娼", 即由于不相信全局的信任机制而给所有数据交互对象提交一致的假数据, 或者是 "真的" 假数据.

1. Byzantine 将军算法

我们先来回顾一下经典的 Byzantine 将军算法. Byzantine 将军算法的目标是: (1) 所有忠诚的将军达成相同的行动计划; (2) 少数叛徒无法使忠诚的将军们采取糟糕的行动计划. 这两个目标依次对应于上文中 (A) 和 (B).

考虑 Byzantine 将军们如何做出一个决定. 每个将军独立观察敌情并通报给其他将军. 设 $v(i)$ 是第 i 个将军通报的敌情, 每个将军依据某些方法综合全部敌情 $v(1), v(2), \cdots, v(n)$, 并归结为一个单一的行动计划, 其中 n 是将军的个数. 条件 (1) 是通过所有将军都用同一个方法综合观察到的敌情来达成, 而条件 (2) 的达成则允许将军们采用鲁棒性方法综合敌情. 例如, 假定所做的决定是 "进攻" (Attack) 或 "撤退" (Retreat), $v(i)$ 是第 i 个将军的最优选择, 并且最终的共同决定由这些选择采用多数票方式产生. 那么, 只有忠诚的将军几乎等可能地采取两种选择的情况下, 少数的叛徒能够对最后的决定产生影响, 我们把这种情形称之为决定是糟糕的. 将军们可以采用派信使的方式彼此通报各自的 $v(i)$. 但是这种机制是不可行的, 因为满足条件 (1) 要求每一个忠诚的将军获得相同的值 $v(1), v(2), \cdots, v(n)$, 而叛徒将军可以对不同的将军发送不同的值 $v(i)$. 为了满足条件 (1), 下列命题必须为真:

命题 1[92]　每个忠诚的将军必须获得相同的信息 $v(1), v(2), \cdots, v(n)$.

这意味着, 由于第 i 个叛徒将军可能给不同的将军发送不同的值, 一个将军未必直接从第 i 个将军处获取 $v(i)$. 换言之, 除非我们特别谨慎, 否则在满足条件 (1) 时, 可能会引入一种可能性, 即将军们使用的命令 $v(i)$ 与第 i 个将军发出的命令不相同, 哪怕发送情报的将军是忠诚的, 否则在条件 (2) 下我们不能指望忠诚的将军获得相同的 $v(1), v(2), \cdots, v(n)$. 例如, 如果每个忠诚的将军都发出了 "进攻" 的情报, 那么我们不能允许少数叛徒的 "撤退" 情报会导致忠诚的将军发出 "撤退" 信息. 因此, 我们要求将军满足下面命题为真.

命题 2[92]　如果第 i 个将军是忠诚的, 那么他发出的情报将被每个忠诚的将军认为是相同的值 $v(i)$.

我们也可以把命题 1 改写为:

命题 1′　任意两个忠诚的将军都使用同一个情报值 $v(i)$.

命题 1′ 和命题 2 都是基于第 i 个将军发送的情报是单一值. 因此, 我们把研究限制在一个将军如何给其他将军发送他的情报值. 我们将问题表达为司令官给他的尉官们下达命令. 即为下列问题: Byzantine 将军问题. 司令官必须给他的 $n-1$ 个尉官下达一个命令, 使得

(IC1) 所有忠诚的尉官都遵从同一个命令;

(IC2) 如果司令官是忠诚的, 那么所有忠诚的尉官都会遵从司令官所发出的命令.

条件 IC1 和 IC2 统称为互动一致性条件. 我们注意到, 如果司令官是忠诚的, 那么条件 IC1 可以从条件 IC2 导出, 但是司令官未必是忠诚的.

为了求解原问题, 通过求解 Byzantine 将军问题, 第 i 个将军发出情报值 $v(i)$ 的同时并把其他将军当作其尉官发出 "使用我的情报值" 的命令.

在口头消息下, 三个将军其中之一为叛徒时信任问题无解. 为简单起见, 我们仅考虑决定只 "进攻" 和 "撤退" 两种. 我们在这两种情况下加以说明.

(1) 司令官是忠诚将军的情形: 司令官发出 "进攻" 的命令, 尉官 2 是个叛徒, 并告诉尉官 1 说他收到 "撤退" 的命令. 由于满足条件 IC2, 因此, 尉官 1 必须遵从 "进攻" 命令.

(2) 司令官是叛徒的情形: 司令官给尉官 1 发送 "进攻" 命令, 给尉官 2 发送 "撤退" 命令. 而尉官 1 不知道谁是叛徒, 从而他不知道司令官给尉官 2 发送了什么命令. 对于尉官 1, 这两种情况确实相同, 如果叛徒一贯地撒谎, 那么他没有办法辨别这两种情况, 所以这两种情况他都必须遵守 "进攻" 命令. 然而尉官 2 必须服从 "撤退" 命令. 因此, 违反了条件 IC1.

关于在三个将军中有一个是叛徒的 Byzantine 将军问题无解的严格证明见参考文献 [93].

运用这个结果, 可以证明对少于 $3m+1$ 个将军的 Byzantine 将军问题是无解的 (其中 m 是叛徒个数). 运用反证法. 假定对将军个数为 $3m$ 或更少的 Byzantine 将军有解. 这将与只有三个将军且其中之一为叛徒的 Byzantine 将军问题无解相矛盾.

Lamport 给出了签名消息下的 Byzantine 将军问题求解的算法[92], 分为口头消息和签名消息两种情景.

2. 在口头消息情景下 Byzantine 将军问题求解算法

口头消息是指节点之间的通信满足:

(A1) 每条被发送的消息都能被正确地投递;

(A2) 信息接收者知道是谁发送的消息;

(A3) 能够检测到缺少的消息.

Lamport 以归纳的方式, 构造口头消息算法 OM(m). 对一切非负整数 m, 司

令官通过 OM(m) 算法发送命令给 $n-1$ 个尉官. 下面将说明 OM(m) 算法在最多有 m 个背叛者且总将军数为 $3m+1$ 或者更多的情况下可以解决 Byzantine 将军问题. 为了更方便地描述算法, 用尉官收到值来代替遵守命令. 该算法假设一个 majority 函数, 如果大部分的 $v_i = v$, 那么 majority($v_1, \cdots, v_{n-1}$) = v, 对于 majority($v_1, \cdots, v_{n-1}$) 的值, 有以下两个选择:

(1) 如果 majority($v_1, \cdots, v_{n-1}$) 的值存在, 则它一定在 v_i 左右, 否则即为撤退;

(2) 假设 majority($v_1, \cdots, v_{n-1}$) 来自同一个命令集, 则 majority($v_1, \cdots, v_{n-1}$) 的值是 v_i 的众数.

OM(0) 算法.

(1) 司令官将他的命令发送给每个尉官.

(2) 每个尉官使用他从司令官得到的命令, 或者如果没有收到任何命令就默认撤退命令.

OM(m) 算法, $m > 0$.

---

(1) 司令官将他的命令发送给每个尉官.

(2) 对每个 i, 令 v_i 是尉官 i 从司令官收到的命令, 若没有收到命令, 则默认为撤退命令. 尉官 i 在算法 OM(m) 中作为司令将 v_i 发送给另外 $n-2$ 个尉官.

(3) 对于每个 i, 且 $j \neq i$, 令 v_j 是尉官 i 在第 (2) 步中从尉官 j 那里得到的命令 (使用 OM($m-1$) 算法). 若没有收到第 (2) 步中尉官 j 的命令, 则默认为撤退命令, 尉官 i 使用 majority($v_1, \cdots, v_{n-1}$) 的值.

定理 7.1 对于任意 m, 如果有超过 $3m$ 个将军和最多 m 个背叛者, 算法 OM(m) 满足条件 IC1 和条件 IC2.

3. 在签名消息情景下 Byzantine 将军问题求解算法

签名消息是指节点之间的通信满足 (A1)—(A3) 之外, 还满足:

(A4) 签名不可被伪造, 一旦被篡改即可发现;

(A5) 任何人都可以验证将军签名的可靠性.

Lamport 通过定义一个 choice($\cdot$) 函数, 作用于一组命令最终得出一个命令, 对这个函数有如下要求:

(1) 当集合 V 只包含了一个元素, 那么 choice(V) = v;

(2) choice($\varnothing$) = RETREAT.

如果对 V 中的元素进行一个排序, 那么有可能 choice(V) 就是 V 的中位数. 接下来的算法, $x:i$ 表示 x 已被将军 i 标记, $v:j:i$ 表示 v 已被将军 j 标记且

$v : j$ 已被 i 标记, 并且令 0 号将军是司令官. 在这个算法中, 每个尉官 i 都有一个集合 V_i, 这个集合包括他目前收到的一系列已被正确标记的命令 (如果司令官是忠诚的, 那么这个集合最多只有一个元素). 随着尉官收到的一系列消息, 在同一个命令中可能有许多不同的消息.

SM(m) 算法.

初始化 $V_i = \varnothing$.

(1) 将军签署命令并发给每个尉官;

(2) 对于每个尉官 i:

    (A) 如果尉官 i 从司令官收到 $v : 0$ 的消息, 且还没有收到其他命令, 那么

        (i) 使 $V_i = v$;

        (ii) 发送 $v : 0 : i$ 给其他所有尉官.

    (B) 如果尉官 i 收到 $v : 0 : j_1 : \cdots : j_k$ 这样的消息, 且 v 不在集合 V_i 中, 那么

        (i) 添加 v 到 V_i 中;

        (ii) 如果 $k < m$, 那么他发送 $v : 0 : j_1 : \cdots : j_k : i$ 给每个不在 $j_1 : \cdots : j_k$ 中的尉官.

(3) 对于每个尉官 i, 当他不再收到消息时, 则遵守命令 $\text{choice}(V_i)$.

算法的几点说明:

算法在第 (3) 步并没有明确说明尉官如何判断有没有新的消息, 可以通过两个解决方法: 一是通过对 k 进行归纳, 每一个尉官 $j_1, \cdots, j_k$ 的序列, 且 $k < m$, 在第 (2) 步中, 一个尉官最多收到一条 $v : 0 : j_1 : \cdots : j_k$ 这样的消息, 收到消息后或者签名转发该消息, 或者发送一个他将不发送这个消息的通知, 所以很容易确定何时收到所有的消息; 二是设置一个超时时间, 如果在该时间段还没有收到消息, 则认为不再收到消息.

考虑前面在第二部分讨论过的一种情况 (共有三个将军, 其中司令官是叛徒), 执行算法 SM(1) (图 7.1), 司令官给一个尉官发送了 "进攻" 命令, 给另一个尉官发送了 "撤退" 命令, 这两个尉官收到司令官的命令之后, 分别签名然后发送给另一个尉官, 那么在第 (2) 步之后, 有 $V_1 = V_2 = \{$"进攻", "撤退"$\}$, 所以他们都遵守命令 choice ($\{$"进攻", "撤退"$\}$). 观察一下, 和第二部分不同的是, 由于司令官的签名出现了两个不同的命令, 并且 A4 保证了签名不可以被伪造, 因此尉官可以知道司令官是叛徒.

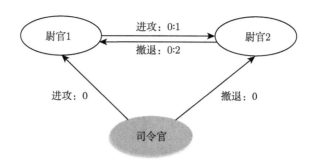

图 7.1 算法 SM(1): 将军为叛徒

在算法 SM(m) 中, 尉官签署他的名字承认他接收到了命令, 如果他是第 m 个将他的签名添加到命令中的尉官, 那么这个签名就不会被收件人转发给其他人, 所以这个签名是多余的 (精确地说, 假设 A2 使它不必要). 特别地, 在 SM(1) 中尉官收到消息就不需要签名了, 因为他不用转发给任何人. 下面的定理给出了算法 SM(m) 的正确性.

定理 7.2 对于任意 m, 最多只有 m 个背叛者情况下, 算法 SM(m) 能够解决 Byzantine 将军问题.

7.2.2 公共数据信任博弈的拟 Byzantine 将军算法

在公共数据博弈中, 每个参与者不知道整个网络中究竟有多少背叛者. 因此, 参与者必须先对网络的整体信任做出评估, 而且每个参与者对其邻居的信任可能不一样. 我们假定, 每个参与者对其邻居的评价结果只有两种, 即 "信任" 和 "不信任". 由于每个节点的度 (设为 p) 都是相同的, 因此邻居的信任评价可以由投票决定. 当某个参与者信任投票的 "信任" 得票率超过 2/3 时, 认定该参与者为 "合作的参与者" 或 "忠诚的参与者". 由于每个参与者只能评估自己邻居的信任值, 对全局并不了解, 而且全局中会有一定比例的背叛者.

假设已知在整个公共数据博弈的网络中存在 m 个参与者被认定为叛徒. 但是, 单个参与者并不知道哪些参与者被认定为背叛者, 而且即使在信任投票中他给其某个邻居投了 "信任" 票, 由于不了解该邻居的 "信任" 得票率, 他在提交数据时仍会不信任, 从而采用背叛策略. 在此假设之下, 若 m 个参与者在信任投票中被认定为叛徒, 那么, 根据 Byzantine 将军问题解法, 公共数据博弈的全局信任的基本条件是参与者个数大于 $3m$. 如果信任投票是有记名投票且提交数据都是签名数据, 设那么 SM(m) 算法可以给出公共数据博弈的信任解. 公共数据博弈的网络的每个节点的度为 p, 节点数为 n, 节点 i 的邻居集为 N_i, 他的投票集为 W_i $(W_i \subseteq N_i)$. $W_j(i)$ 为示性函数, 即当 $i \in W_j$ 时, $W_j(i)=1$, 否则 $W_j(i)=0$. 公共数据博弈信任一致性的拟 Byzantine 将军算法 (Quasi-SM(m)) 具体展现如下:

Quasi-SM(m) 算法.

初始化 $V_i = \varnothing$.

(1) 投票集 W_i.

(2) $I = \left\{ i \,\middle|\, \dfrac{\sum_{j \in N_i} W_j(i)}{p} \geq \dfrac{2}{3} \right\}$, $q = |I|$, $m = n - q$.

若 $n \geq 3m + 1$ 且 $q \geq p$, 则转入 (2).

否则, 不存在公共数据博弈信任一致性, 停止.

(3) 公共数据博弈发起者向他的邻居签署数据交互命令并提交数据.

(4) 对于每个参与者 i:

    (A) 如果数据参与者收到发起者 $v : 0$ 的消息, 且还没有收到其他参与者的数据, 那么

        (i) 使 $V_i = \{v\}$;

        (ii) 发送 $v : 0 : i$ 给他的所有邻居.

    (B) 如果参与者 i 收到 $v : 0 : j_1 : \cdots : j_k$ 这样的消息, 且 v 不在集合 V_i 中, 那么

        (i) 添加 v 到 V_i 中;

        (ii) 如果 $k < m$, 那么他发送 $v : 0 : j_1 : \cdots : j_k : i$ 给邻居中的每个不在 $j_1 : \cdots : j_k$ 中的参与者.

(5) 对于每个参与者 i, 当他不再收到消息, 则遵守命令 choice(V_i).

Quasi-SM(m) 算法中一个重要的创新环节是各个节点投票机制, 即每个节点选定邻居中值得信任的邻居. 信任一致性的条件要求每个节点邻居足够多且整个网络中值得信赖的数据博弈参与者占多数. 否则, 将无法形成稳定的信任一致性结构. 该算法的后面部分是典型的 Byzantine 将军算法 SM(m) 的另一种形式, 在这一部分要求同一数据的签名者足够多, 即大于等于不可信的数据博弈参与者的人数 m 时, 发送真实数据给他们.

7.3 科层组织公共数据治理的信任一致性

公共数据当局是一个典型的科层组织, 其网络结构要比 Byzantine 将军问题的网络结构更加复杂.

为了避开恶意数据对研究公共数据的信任机制的干扰, 我们假定, 在公共数据库网络中, 数据的提供者所提供的都是通过签名数据, 即数据通信满足如下要求:

(1) 每条被发送的数据都能被正确地传输;

(2) 数据接收者知道是谁发送的数据;

(3) 能够检测到数据漏报;

(4) 数据的签名不可被伪造, 一旦被篡改即可发现;

(5) 任何人都可以验证数据签名的可靠性.

为了建立公共数据库的信任机制, 我们将公共数据库参与者视作 Byzantine 将军, 那么公共数据库的信任条件描述为:

(1) 所有合作的数据参与者都收到数据并以相同的方式使用同一个数据;

(2) 如果下一级数据提供者提供了真实的数据 (合作), 那么所有合作的上级数据当局都会按流程处理下级提供的数据.

为了将信任机制简化, 我们先假定:

(1) 每个下级数据提供者都是独立向若干个指定的上级数据当局提供他的签名数据的. 也就是说, 当下级数据提供者向上级数据当局提供数据时不会发生同级之间的串谋, 上级数据当局也不会将下级的签名数据转发给另外的下级数据提供者.

(2) 上级数据当局之间有充足的数据共享途径.

这样, 可以将公共数据库网络简化为图 7.2 所示, 其中上级数据当局之间构成一个 k-正则图, 下级数据提供者与所有上级数据当局之间都有连边.

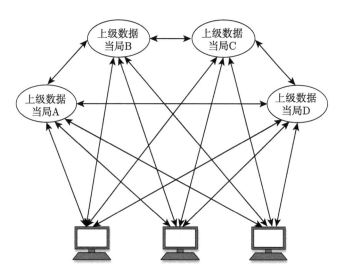

图 7.2 所有上级数据当局构成的 k-正则图 $(k = 2)$

在现实中, 不同公共数据当局收集下级数据的目的是不同的, 原因是不同的数据当局背后的实体业务对应不同的社会福利政策. 为了追求不同的社会福利和应对不同的数据需求导致下级数据提供者的动机不同. 比如, 教育行政部门要求辖区内主要制造业企业上报机械制造人才需求数据, 以此来确定未来招生指标计划, 由于制造业企业为了在未来机械制造人才招聘中赢得主动, 上报需求数据时会有夸大的动机; 相反, 工业与信息化委员会要求辖区内主要工业企业上报机械制造人才需求数据, 以此来确定未来工业机器人政府补助资金额度, 由于制造业企业为了获得更多的工业机器人补助资金, 上报需求数据时就会有缩小的动机.

事实上, 在商务信息领域, 供应商从制造商那里获取对原材料供应需求预测数据以确定备货投资规模时, 制造商为了未来原料货源充足, 会夸大未来原料需求量[98]. 制造商有动机以低成本、无约束力和不可验证的通信方式来提高他的预测, 称为 "廉价谈话"(cheap talk). 在非合作的信息博弈中, 双方都采用的信息缺失 (uninformative) 是 Nash 均衡. 也就是, 制造商的报告独立于他的预测, 而供应商没有使用制造商的报告来确定备货量. 然而, 根据 Özer 等的实验, 即使在缺乏声誉建立机制和复杂合同的情况下, 各方也进行合作. 合作的根本原因是信任和声誉. 关于预测共享和供应链协调的现有文献隐含地假设供应链成员之间要么绝对相互信任 (即在分享预测信息时进行合作), 要么完全不信任. 文献 [98] 认为这两个极端之间存在连续统一. 此外, Özer 等还研究了: ① 什么时候信任在预测信息共享中很重要? ② 信任如何受供应链环境变化的影响? ③ 信任如何影响相关的运营决策? 为了解释并且更好地了解观察到的行为规律, Özer 建立了一种信任分析模型, 将金融和非经济性激励纳入 "廉价谈话" 预测通信的博弈论分析. 该模型识别和量化信誉与信任如何在批发价格合同下引发有效的廉价预测共享, 并讨论了反复交互和信息反馈对预测共享的信任与合作的影响[98].

在公共数据博弈中, 基层数据提供者与上级数据当局之间也存在信任和信誉如何影响合作行为的问题. 在信任缺失的情况下, 如果撇开稽查、奖励和惩罚, 那么基层数据提供者纯粹以谋取各项社会福利为目的并通过上报数据不一致来多边获取最大收益. 此时, 就会引起基层数据提供者向不同的上级数据当局提供不同的数据, 这将必然造成数据造假, 至少有一个上报数据是假的. 这样的数据造假行为在公共数据库中是很普遍的, 最常见的是会计报表的造假, 大部分私营企业会存在三套账, 内部的一套 (真实的), 外部的两套 (一套利润高, 给证券部门; 一套利润低, 给税务部门).

为了反映公共数据治理结构中面临的这种下级数据提供者的多重造假动机, 我们将数据提供者的造假动机描述为上级数据当局的利益类型值, 分别对应于不同 "廉价谈话" 类型, 分为 "+1"、"0" 和 "−1". 类型值 "+1" 意指数据提供者向该部门提供数据时有夸大数据的动机, 例如企业向税务部门上报企业成本型数据时具有夸大成本数据的动机, 目的是减免所得税; 类型值 "−1" 意指数据提供者向该部门提供数据时有缩小数据的动机, 例如企业向环保部门上报企业污染物排放量数据时具有缩小污染物排放数据的动机, 目的是污染物排放达标或获取政府的环境保护补助资金; 数值类型 "0" 意指数据提供者向该部门提供数据时有夸大或缩小数据的动机, 即在上报数据时无论夸大或缩小所有数据都不会获得任何好处 (处罚). 设第 i 个数据提供者给予第 j 个数据当局的利益类型值记为 u_{ij}.

这样, 我们会得到一类新公共数据信任机制的 Byzantine 将军问题, 上级数据当局, 除了忠诚和背叛的差异, 还带有下级数据提供者所赋予的类型 "+1"、"0" 和 "−1" 的差异. 对给定的上级数据当局, 不同的下级数据提供者赋予类型值可能是不一样的, 类型值反映出下级数据提供者对上级数据当局如何使用他所提供的数据的倾向, 从而影响到下级数据提供者在数据博弈中的合作意愿. 我们再举公共卫生的 "公共物品困境" 的例子, 说明这种下级数据当局对上级数据当局赋予类型值的重要意义. 随着献血的商业化 (特别以美国为代表) 以及献血者性质的改变, 血液的质量已经在不知不觉地下降. 很明显, 与无偿献血相比, 在有偿献血中, 个人将更有动机谎报他们的健康状况及是否适合于献血[94]. 但是, 对义务献血者而言, 显然没有谎报健康状况的动机. Chen 等的研究表明, 消除诱导合作的因素后, 奖惩和道德呼吁是通过影响人们对他人合作的信任来影响合作水平的[94]. 另外, 在心理博弈论中, 信任博弈的参与者对后果的偏好取决于其内在的看法[95]. 但是, 在参与者是通过随机抽样获得的信任博弈中, 很难用心理效用函数表示参与者的偏好. 因此, 无法确定参与者采用 "信任" 策略的概率. 此类数据博弈中, 参与者只能根据对自己有利还是不利来决定是否信任他人.

对于公共数据库这一特殊的公共产品而言, 下级数据提供者提供真实数据的意愿不仅依赖于上级数据当局的合作行为而且依赖于上级数据当局的类型值. 如前所述, 下级数据提供者的合作水平受到上级数据当局的声誉和类型值影响. 当一个下级数据提供者赋予所有上级数据当局的类型值都为 0 时, 我们的模型退化为图 7.2 的类型. 当上级数据当局的类型值不全为 0 时, 模型为图 7.3 所示.

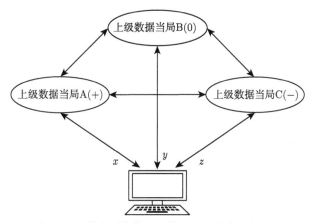

图 7.3 带类型值的上级数据当局的信任机制

定理 7.3 设所有 $3m+1$ 个上级数据当局构成 k-正则图, 上级数据当局中有不多于 m 个是叛徒, 且 p 个基层数据提供者分别独立向上级数据当局提供数据. 在基层数据提供者中存在 "廉价谈话" 的情况下, 若 $\sum_{j=p+1}^{p+3m+1} u_{ij} = 0$ ($\forall i = 1, 2, \cdots, p$), 那么具有科层组织的公共数据信任博弈的拟 Byzantine 将军问题有解.

证明 首先, 根据拟 Byzantine 将军问题, 上级数据当局的忠诚与否由网络信任投票决定, 所以下层数据提供者并不知道上级数据当局中谁是背叛者, 所以不可能出现通过行贿等手段联合某些上级数据当局欺骗其他上级数据当局的情况.

其次, 上级数据当局之间存在数据博弈的信任一致性结构, 从而保证基层数据提供者所提供数据的一致性. 当上级数据当局中有不多于 m 个是叛徒时, 根据定理 7.2, 在签名消息下 Byzantine 将军问题有解, 即上级数据当局之间能达成信任一致性. 因此, 上级数据当局之间保证可信的数据交互. 此时, 任何一个基层数据提供者上报的数据不一致都会被发现, 以致每个基层数据提供者必须提供一致数据.

最后, 由于社会福利政策的平衡性, 杜绝了基层数据提供者夸大或缩小数据的动机. 在存在 "廉价谈话" 的情况下, 若 $w_i = \sum_{j=1}^{3m+1} u_{ij} = 0$ ($\forall i = 1, 2, \cdots, p$) (社会福利政策的平衡性), 那么所有基层数据提供者将不存在背叛动机. 即基层数据提供者不可能向不同的部门提供不同的数据或瞒报, 也不可能存在夸大或缩小数据的动机. 这是由于一旦某个基层数据提供者为了利益向上级某个数据当局提供假数据获取利益类型值 $+1$, 意味着他将在另一个数据当局获取利益类型值 -1. 这样, 该基层数据提供者的背叛就没有意义了. □

需要说明的是:

(1) 为了说明关于利益类型值对数据博弈中参与者的合作行为的影响, 在这里我们将利益类型值的作用理想化. 类型变量 u_{ij} 本质上是一个指数型经济变量, 是社会福利政策优良性的度量, 它反映出各社会成员在某项社会福利政策中的综合收益效用, 其取值范围为 $[-1, 1]$. 在实际中, 可能除了利益类型值不同外还有利益程度的因素. 也就是说, 同样是类型值 $+1$ (或 -1) 的两个不同数据当局面对同一个基层数据提供者提供的同一个数据会给基层数据提供者带来不同的收益. 在这里, 我们的目的是说明 "廉价谈话" 对数据造假的影响, 故这样的理想化并不影响我们的讨论.

(2) 本定理中, 上级数据当局的信任一致性是必要的. 因为一致性将保证基层数据提供者的数据一致性. 比如, 某企业给税务部门少报销售收入和利润的目标是为了避税, 即给税务部门的数据当局的利益类型值是 -1; 同时, 该企业给证券部门多报销售和利润是为了上市或推高股价, 即证券部门的数据当局的利益类型值为 $+1$. 假设税务部门和证券部门的数据当局具有信任一致性且一旦发现企业数据造假将收回造假所得, 那么企业就没有必要数据造假了. 此时, 合作与背叛的结局是一样的.

(3) 按照公共部门经济学和福利经济学理论, 上述定理 7.3 中的条件, 简称社会福利平衡条件, 即 $w_i = \sum_{j=1}^{3m+1} u_{ij} = 0$ $(\forall i = 1, 2, \cdots, p)$ 是可以达到的. 中国社会经济是混合经济, 有众多私营企业、个人从事经济活动, 同时政府也从事一些经济活动. 除此之外, 公共部门还通过多种管制、税收和财政补贴来改变私营部门和个人的行为. 与此同时, 公共部门还提供了大量公共产品. 例如, 立法机构提供了一个个人和企业可以相互签约的框架, 并且当两方之间出现争执的时候可以诉诸法庭解决; 环境保护部门监测和保护大气、河流湖泊, 给公众维护良好的生存环境; 海关部门决定征缴关税的幅度和出口退税额度, 保护境内生产产品或提供服务以获取适当利润和就业机会; 等等. 每一种公共部门提供的公共产品都可视为一项福利政策. 为了维护社会稳定和良性发展, 这些社会福利政策之间必须达到平衡, 即总体上不能让某一个社会群体明显占用过多的社会福利. 换言之, 如果某个企业或公民过多占有某种公共产品, 那么他必然同当量在另一种公共产品上减少消费. 这是社会福利政策顶层设计的基本要求. 公共数据的产生和交互是伴随公共产品供给和消费产生的, 从本质上讲, 数据提供者的利益反映了他在现实中的经济福利. 因此, 数据提供者的利益类型值是追求对应种类的社会福利的表现形式, 利益类型值之和也就表现了社会福利综合的平衡性. 不等式 $w_i > 0$ 意味着第 i 个数据提供者在现实中可以享受到过多的社会福利; 反之, $w_i < 0$ 则反映出第 i 个数据提供者没有享受到应有的社会福利. 按此逻辑, 公共数据信任博弈中的 "廉价谈话" 行为的本质是数据提供者追求某种社会福利的行为. 这种行为有时具体体现为规避某种责罚或社会义务.

(4) 社会福利平衡的更一般条件是 $\sum_{i=1}^{p} w_i = \sum_{i=1}^{p} \sum_{j=1}^{3m+1} u_{ij} = 0$, 这是社会选择理论的 Arrow 不可能定理的另一种体现. Arrow 不可能定理证明了: 在至少有三个社会福利政策的社会选择中, 群体成员可以对其做任何排序都不可能产生非独裁或非加强的社会排序. 在公共数据库网络中, 每个数据当局代表了一个公共部门, 而每个公共部门可以看作一项社会福利政策的执行者, 利益类型值 u_{ij} 表示第 i 个数据提供者对第 j 个公共数据当局的社会福利选择优先表示. 在提供数据过程中的 "廉价谈话" 就是这种社会福利优先选择的公共数据博弈策略体现. 条件 $\sum_{i=1}^{p} w_i = \sum_{i=1}^{p} \sum_{j=1}^{3m+1} u_{ij} = 0$ 意味着在公共数据博弈中不同数据提供者 "廉价谈话" 的策略不同. 例如, 高收入阶层人士在给税务部门的数据当局提供个人收入假数据 (少报收入), 而低收入阶层人士在给税务部门的数据当局提供真实的收入 (真实数据); 高收入阶层人士在给社会救济部门的数据当局提供个人收入真实收入 (真实数据), 而低收入阶层人士在给社会救济部门的数据当局提供收入假数据 (少报收入). 那么, 如果公共数据当局之间具有严格的数据交互机制的话, 由于社会福利政策的平衡性 (不存在所有福利政策的社会排序), 可以有效遏制公共数据的背叛行为.

7.4 公共数据信任博弈信任动力学行为

在公共数据库信任机制中, 由于数据提供者的理性导致数据造假或瞒报 (背叛) 行为发生. 在科层组织的公共数据治理中, 为了鼓励所有数据提供者采用合作行为, 为公共数据库提供丰富且准确的数据资源, 数据信任和数据声誉管理对公共数据库网络的信任机制建立具有重要作用.

在公共数据库网络的数据提供者还没有实施数据提交之前, 由于其他数据提交者无法观察到他的行为, 故不能采用 Byzantine 将军算法解决信任一致性问题. 在很多情况下, 数据交互不是全局性的, 也未必能一次达成信任一致性. 但是, 就局部而言, 一个公共数据博弈的参与者对其邻居的局部信任是可以确定的. 这就类似于现实社会中, 可能某个人不了解全社会的信任状况, 但他可以相信 (或不相信) 身边的其他熟人. 为了较好地从局部信任出发获得全局的声誉评估, 从而识别出整个网络中可信的数据提供者, 必须建立公共数据库网络上的信任与声誉管理系统. 数据参与者的信任是指该数据参与者根据自己对其邻居参与者的直接经验而产生的信赖程度, 是一种本地化的感知. 声誉是指根据所有数据提供者推荐而产生的对数据提供者的信赖, 是一种全局性的感知.

为了建立数据提供者之间的信任关系, 信任系统通过一定的模型把合作者和背叛者区分开来. 信任系统由信任矩阵、声誉向量及其动力学系统构成. 由于公共数据库中一些参与者在公共数据库网络中度值比较大或重要性大, 公共数据库网络中必然存在强节点 (power peer or pool). 因此, 声誉分数 $D(t) = (d_1(t), d_2(t), \cdots, d_n(t))$ 将以 PowerTrust 信誉系统[96] 为基础来建构. 图 7.4 是一个可扩

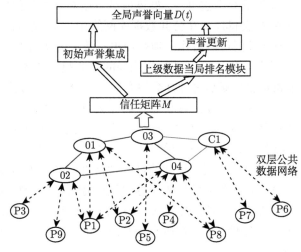

图 7.4　公共数据声誉系统的信任覆盖网络及信任动力学

展的双层声誉管理系统. 该公共数据库网络中数据参与者分为两层. 下层为基层数据提供者, 如企业、个人是弱节点; 上层为公共数据当局或其委托代理人 (第三方), 是强节点. 由于在公共管理事务中, 不同的事务进程中数据参与者可能不同, 公共事务流程的变更也会导致参与者增加或减少. 因此, 上述公共数据治理的声誉管理系统的信任覆盖网络 (trust overlay network, TON) 的下层是随机的.

在不同的公共数据库网络中, 上下层数据参与者之间的连接方式可能不同. 在信息公开的情况下, 我们假定, 所有下层数据参与者都可以根据查看到的数据来评估上层数据当局的本地信任评分, 而下层用户之间没有数据交换. 由于对特定的公共产品供给而言, 公共管理部门业务有较明确的分工, 故相应的公共数据交互相对集中. 也就是说, 就某类公共数据库而言, 产生数据交互的网络可能呈现幂律分布的特征. 事实上, 由于公共数据库的信任覆盖网络满足两个幂律分布的要素, 即: ① 覆盖网络规模动态增长; ② 优势节点是固定的.

复杂网络上的动力学行为总是与网络的结构密切相关[68,99]. 例如, 具有大量弱网元的物联网 (IoT), 需要考虑物联网场景中节点的信任、隐私、身份的需求和功能需求, 来建构其信任动力学模型[97]. 为了讨论信任动力学行为之便, 我们假定底层的个体数据提供者保持不变. 设有 n 个基层数据当局、p 个个体数据提供者. 基层数据当局可以给同级和下级进行本地信任评分, 而个体数据提供者只能给上层的数据当局进行本地信任评分.

公共数据库系统 t 时刻信任矩阵记作 $M(t)$, 声誉向量记作 $D(t)$.

$$M(t) = \begin{pmatrix} m_{11}(t) & m_{12}(t) & \cdots & m_{1,n+p}(t) \\ m_{21}(t) & m_{22}(t) & \cdots & m_{2,n+p}(t) \\ \vdots & \vdots & & \vdots \\ m_{n+p,1}(t) & m_{n+p,2}(t) & \cdots & m_{n+p,n+p}(t) \end{pmatrix}$$

$$D(t) = (D_1^{\mathrm{T}}(t), D_2^{\mathrm{T}}(t)) = (d_1(t), d_2(t), \cdots, d_p(t), d_{p+1}(t), \cdots, d_{p+n}(t))^{\mathrm{T}}$$

$$D_1(t) = (d_1(t), d_2(t), \cdots, d_p(t))^{\mathrm{T}}, \quad D_2(t) = (d_{p+1}(t), d_{p+2}(t), \cdots, d_{p+n}(t))^{\mathrm{T}}$$

M 分块表示为 $\begin{pmatrix} M_0 & M_1 \\ M_2 & M_3 \end{pmatrix}$, 其中

$$M_0 = \begin{pmatrix} m_{11} & m_{12} & \cdots & m_{1p} \\ m_{21} & m_{22} & \cdots & m_{2p} \\ \vdots & \vdots & & \vdots \\ m_{p1} & m_{p2} & \cdots & m_{pp} \end{pmatrix}, \quad M_1 = \begin{pmatrix} m_{1,p+1} & m_{1,p+2} & \cdots & m_{1,p+n} \\ m_{2,p+1} & m_{2,p+2} & \cdots & m_{2,p+n} \\ \vdots & \vdots & & \vdots \\ m_{p,p+1} & m_{p,p+2} & \cdots & m_{p,p+n} \end{pmatrix}$$

$$M_2 = \begin{pmatrix} m_{p+1,1} & m_{p+1,2} & \cdots & m_{p+1,p} \\ m_{p+2,1} & m_{p+2,2} & \cdots & m_{p+2,p} \\ \vdots & \vdots & & \vdots \\ m_{p+n,1} & m_{p+n,2} & \cdots & m_{p+n,p} \end{pmatrix}$$

$$M_3 = \begin{pmatrix} m_{p+1,p+1} & m_{p+1,p+2} & \cdots & m_{p+1,p+n} \\ m_{p+2,p+1} & m_{p+2,p+2} & \cdots & m_{p+2,p+n} \\ \vdots & \vdots & & \vdots \\ m_{p+n,p+1} & m_{p+n,p+2} & \cdots & m_{p+n,p+n} \end{pmatrix}$$

其中, M_1 表示底层数据提供者给予基层数据当局的本地信任评分, M_2 表示基层数据当局给底层数据提供者的本地信任评分, M_3 表示基层数据当局之间的本地信任评分. D_1 是底层数据提供者的全局声誉评分, D_2 是基层数据当局的全局声誉评分. 信任动力学方程组为

$$M(t+1) = \text{Row-normalized}(M(t) + (I-A) \cdot D(t))$$

$$D(t+1) = M(t+1) \cdot D(t) + A \cdot D(0)$$

即

$$\begin{cases} m_{ij}(t+1) = \dfrac{m_{ij}(t) + (1-a_{ii})d_j(t)}{\displaystyle\sum_{k=1}^{p+n}[m_{ik}(t) + (1-a_{ii})d_k(t)]}, \\ d_i(t+1) = \displaystyle\sum_{j=1}^{p+n} m_{ij}(t+1)d_j(t) + a_{ii}d_j(0) \end{cases} \tag{7.4.1}$$

这里 $i,j = 1,2,\cdots,p+n$, $m_{ij}(t)$ 是 t 时刻参与者 i 对参与者 j 的局部信任得分, d_i 是参与者 i 的全局声誉分数, $d(0)$ 和 $M(0)$ 为初值. I 是单位矩阵, A 表示权威影响矩阵, 且 $A = \text{diag}(a_{11}, a_{22}, \cdots, a_{p+n,p+n})$ $(0 \leqslant a_{ii} \leqslant 1)$ 是对角矩阵, a_{ii} 表示参与者 i 的权威影响因子, 如果 $a_{ii} = 1$ 表示参与者 i 完全不受他人影响.

为了更好地刻画公共数据库网络中基层数据当局的全局声誉形成过程, 我们考虑以下情况. 本例涉及 20 名参与者, 其中参与者 1—10 是底层数据提供者, 参与者 11—20 是基层数据当局, 即 $n=10, p=10$. 这里我们假设参与者的局部信任得分和全局声誉得分都在 1 到 10 之间. 由于基层数据提供者没有足够的影响力, 因此缺乏他人的信任, 他们的初始声誉分数介于 3 到 5 之间并且他们的权威影响因子很小, 在 0.4 到 0.5 之间, 这意味着其他人受到他们的感染相对较弱. 参

与者 11—20 为基层数据当局, 他们的影响力更大, 权威性更强, 所以他们更容易被相信. 基层数据当局的初始声誉也比较高, 从 7 分到 9 分不等, 且他们的权威影响因子相对较高, 介于 0.07 到 0.09 之间, 这表示其他人更容易受到他们的影响. 从动力学方程 (7.4.1) 来看, 每个阶段的信任值和声誉值都是前一阶段声誉值的增函数, 初始值的影响逐渐减弱. 在这个模型中, 每次迭代都是信任和声誉的交互作用. 经过 1000 次迭代后, 声誉值趋于稳定, 如图 7.5 所示. 声誉向量的最终值如表 7.1 所示.

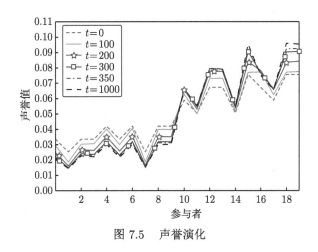

图 7.5 声誉演化

表 7.1 数值实验

参与者	初始 D	归一化 D	最终 D	参与者	初始 D	归一化 D	最终 D	参与者	初始 D	归一化 D	最终 D
1	4	0.03361	0.02059	8	3	0.02521	0.01526	15	6	0.05042	0.05508
2	3	0.02521	0.01453	9	5	0.04202	0.03028	16	9	0.07563	0.09591
3	4	0.03361	0.02269	10	5	0.04202	0.03028	17	8	0.06723	0.07557
4	4	0.03361	0.02219	11	7	0.05882	0.06655	18	7	0.05882	0.07557
5	5	0.04202	0.03028	12	6	0.05042	0.05559	19	9	0.07563	0.09645
6	4	0.03361	0.02180	13	8	0.06723	0.07993	20	9	0.07563	0.09264
7	5	0.04202	0.03028	14	8	0.06723	0.07896				

从图 7.5 中可以看出, 初始声誉和权威影响因子相对较低的参与者最终声誉值较低, 比如第二个参与者; 具有较高初始声誉和权威影响因子的参与者最终会获得较高的声誉, 如第 19 名参与者. 然而, 经过 350 次迭代后, 声誉值的变化越来越小, 这进一步表明声誉值逐渐趋于稳定. 因此, 数值实验很好地验证了我们的动态模型满足信任一致性.

7.5 结 论

公共数据的可信性影响到各种公共产品的质量, 是公共部门公信力和社会福利的技术基础. 中国公共数据库网络上的信任是由多种因素共同决定的, 其中有社会因素、经济因素、信息技术因素, 甚至还有心理因素. 从社会学角度看, 社会群体的信任是核心问题. 建立社会信任是公民社会的基础, 也是人类社会稳定发展的必由之路. 从经济学角度看, 社会互信是公共产品合作博弈中个体参与者采取合作策略的必要条件. 公共数据博弈是社会信任博弈的具体表现. 社会信任来自社会福利政策的公平性, 即某项社会福利政策照顾了一个利益群体, 那么另一项社会福利政策必然照顾另一个利益群体. 另外, 社会经济系统的结构包括社会组织结构和信息结构[100], 而且信息结构伴随着组织结构表现出社会经济网络的层次性. 从信息技术角度看, 完善的信任机制是分布式公共数据库网络稳定运行的基础, 是该信息网络实现其功能的整体性要求, 是复杂系统的信息结构演化的目标. 从心理学角度看, 信任是安全感的基础, 是个体对赖以生存的社会环境的总体评估, 撒谎、孤僻、暴躁等心理行为的产生是信任缺失的表现.

经过对公共数据博弈的社会网络的分析与研究, 本章获得了多个建设性成果.

第一, 对于复杂的公共数据博弈中信任一致性研究, 本章提出数据博弈领域的背叛行为 (即数据造假或漏报) 分为两种: 第一种造假行为存在不一致性; 第二种造假行为提供 "真的" 假数据.

第二, 针对第一类背叛行为, 本章提出了拟 Byzantine 将军算法, 以此证明了只要在公共数据博弈中有足够多的参与者信任其他参与者, 那么公共数据博弈存在稳定的信任一致性结构.

第三, 在科层组织的公共数据博弈中, 考虑到公共数据博弈过程中普遍存在的 "廉价谈话" 现象所导致的数据夸大或缩小行为, 提出了具有科层组织的公共数据信任博弈的拟 Byzantine 将军算法, 并以此证明了: 当基层数据当局中有足够多部门间存在可信的数据交互且社会福利政策处于平衡状态时, 具有科层组织的公共数据信任博弈的拟 Byzantine 将军问题有解, 即基层数据当局可以制约下层数据提供者的第一类造假行为, 并对信任一致性条件进行了经济学解释.

第四, 为了消除 "真的" 假数据, 提出了分层公共数据博弈的信任覆盖网络及其信任动力学方程组, 并用数值实验验证了该公共数据博弈信任覆盖网络上的信任动力学系统演化存在信任一致性结构, 即信任结构和参与者的声誉趋于稳定.

公共数据库是由公共部门主导的公共产品供给和消费过程的数据体现, 其核心内容是围绕公共产品供给和消费展开社会经济活动的时空、对象及关系的描述和反映. 公共数据库中数据的交互本身也是一种社会经济行为. 因此, 公共数据库网络上的信任机制是十分复杂的. 从我们的研究中可以看出, 在公共数据治理中, 信任机制起着决定性作用. 信任是公共数据库网络系统的涌现变量, 并非个体变量. 公共数据博弈的信任结构在数据参与者个体和单个数据中无法表达, 不符合还原论的那些原理, 属于系统科学的研究范畴, 是典型的复杂系统问题. 由于公共数据治理的复杂性, 在某些方面研究尚不充分. 其中, 开展信任结构的稳定性研究尤为迫切, 包括信任一致性保持稳定的条件和信任覆盖网络变化下信任一致性的重构.

第 8 章　公共数据电子证据区块链

8.1　区块链的研究背景与意义

为公众提供优质的公共数据库数据服务是公共数据当局的首要任务, 提供高可信度的电子数据是最重要的任务. 其中有一大类电子数据将用作相应的公共产品的证据要件, 如居民户籍证明、婚姻证明等, 乃至司法和仲裁等维护社会公平正义的一类公共产品中的电子证据. 与一般的商业数据治理相比, 公共数据治理更多地涉及法律适定性问题. 公共数据库数据的电子证据功能包含很多方面, 如电子证据的生命周期管理、电子证据存储和归档格式、电子证据与案件事实的关联性等. 这类具有电子证据性质的公共数据产品的基本要求是真实可信性及其与现实案件的高度关联性. 因此, 构造多层的、分布式且防篡改算法和安全的电子证据取证系统是基于公共数据库的电子证据的关键技术. 以求解 Byzantine 将军问题的算法为基础发展起来的区块链技术在去中心化安全技术领域已经取得一定成效, 如比特币区块链技术、能源互联网区块链技术等[101,102]. 特别在司法和公共安全信息技术领域, 分布式的电子证据广泛存在, 亟需建立更加严密的电子证据信任技术体系.

物证是指以外部特征、物质属性、所处位置以及状态证明案件情况的实物或痕迹, 如作案工具、现场遗留物、赃物、血迹、精斑、脚印、上网记录、视频监控录像等. 按物证说的观点, 相对于传统物证而言, 电子证据产生和存在的方式有很大的区别, 主要体现在电子证据的符号化、易篡改性、可删除性、可分离性、易复制性、易破坏性, 使得电子证据在收集和使用过程中真实性会发生改变. 狭义的电子证据是指以存储于介质载体中的电磁记录或光电记录并对司法案件审理、仲裁等事实起证明作用的电子数据 (含视听资料) 及其附属物. 除了具有证据的客观性和可知性之外, 电子证据还具有非直观性和多态性、电子物理和诉讼证据的多重属性. 电子证据的提取与固定包括两个环节: 首先, 对载有电子证据的物理实体进行扣押、封存; 其次, 采用专门的技术方法对物理实体中的电子数据进行提取和固定, 从而形成电子证据. 为了维系电子证据的客观真实性, 在获取电子证据时, 应采用取证专用的数据拷贝机和电子证据勘验取证技术, 附加上时间戳数据, 一次

注: 本章内容主要发表于《智能系统学报》, 详见参考文献 [1] 及 [103].

性提取和固定介质载体中的全部电子数据. 广义的电子证据是指, 用于公共管理、认证认可、司法、仲裁、公证等事务的电子数据及其附属物. 广义的电子证据与狭义的电子证据相比, 应用范围更宽, 取证过程相对简单.

传统的公共数据库中数据的应用需求主要包含公共产品供给和消费过程的记录. 但是随着网络和智能终端的日益普及, 公共数据的边界日益扩大, 大量的公共数据的电子化, 纳入了海量的机器数据, 这将带来公共数据库中的电子数据证据功能复杂化. 随着公共数据库数据边界的扩张, 公共数据库的电子证据功能将成为公共数据库主要功能之一, 如公共安全数据库中的涉案物品记录、消防数据、环境监测、宾馆饭店住宿记录、出租车定位记录以及医疗健康数据库中的电子病历、防疫检疫记录等.

公共数据库的电子证据系统的应用与法律密切相关, 可信性是必然要求. 在中国的法律框架之下, 数据必须满足: ① 及时性, 数据必须是及时收集的; ② 过程性, 过程的数据必须被记录; ③ 不可篡改性, 所收集及存储的数据必须证明没有被篡改过. 其中不可篡改性是电子证据的特性, 也是电子证据系统设计的关键技术难点. 不可篡改性有两个环节. 第一个环节是公共数据库内部的电子证据生成过程的不可篡改性, 即电子证据的保障品质, 或保质; 第二个环节是电子证据的外部转移与再现过程的不可篡改性, 即电子证据的保障安全, 或保全.

在中国的法律中, 电子数据、电子证据概念经常混合使用. 在司法、仲裁和行政案件处理实务中, 虽然可以作为证据使用 (电子证据、电子书证或视听电子材料), 但是单一的电子证据并不能够作为判定事实的依据, 电子证据需要跟其他证据一起使用, 并能够相互印证, 从而组成证据链条来证明案件事实. 电子证据有效的前提是电子数据本身是可信的. 例如, 某客户在法院起诉银行, 说他在银行存一万块钱, 但是现在只剩一百块钱了, 他认为是银行吞了他的钱, 要求银行返还剩余的钱, 而银行提供的交易记录表明是该客户在某年某月某日取出了这笔钱. 鉴于银行的交易记录是存在他们自己的计算机系统中的, 理论上银行是有能力篡改其中的数据的. 那么银行怎么证明这些数据是未经篡改的? 如果实践中银行不需要自证, 那么这种证据的效力又从何而来的呢? 因此, 银行不仅要出具交易记录, 还应该出具相应的证据证明其确实有取钱的行为, 如取钱的录像记录等. 另外, 可以申请对电子证据进行司法鉴定, 也可以对银行信息系统进行司法鉴定, 辨别是否有异常操作的行为. 在建立数据库参与者的信任机制之前, 对于银行内部来说, 查证员工是否有篡改行为也是非常困难的, 这不仅是制度问题也是技术问题.

公共数据库是公共产品, 公共部门是其供给者. 公共部门是指被国家授予公共权力, 并以社会的公共利益为组织目标, 管理各项社会公共事务, 向全体社会成员提供法定服务的组织. 公共部门有义务依法从其主导的公共数据库中提供公民和法人所需要的一切电子证据 (证明). 公民的出生证记载了我们的降临, 留下了公共记录; 大部分人会接受学校教育, 教育部门会存留他们的录取、学籍管理和毕业证 (学位证) 记录; 所有人在生命旅程中的某段时光会通过诸多项目得到政府的资助, 如助学贷款、失业救济、社会保障和医疗保障, 从而在公共部门留下相应的记录; 国外公司、个人到中国进行商务活动就会在海关、税务部门留下报关、缴税等记录; 环境监控将留下许多大城市污染物排放记录, 河流、湖泊的水质记录; 等等. 当公民和组织必须用公共数据库中的电子数据维护自身权益的时候, 公共部门必须向他们提供具有完整法律效力的电子证据. 这些电子证据的运用可能不仅限于司法事务. 例如, 求职者需要教育部门提供完整的学历认证以证明自己的求学经历; 在医疗纠纷处理过程中, 医患双方都需要提供电子医疗档案、医疗保险数据等; 在办理住房贷款过程中, 购房者需要税务部门提供纳税证明和住房公积金缴纳记录等. 在公共部门提供电子证据时, 必须保证数据的真实性和证明力, 同时要尽量保护当事人隐私和他人利益. 因此, 从公共数据库中提取电子数据并形成有效电子证据既是法律难题也是技术难题.

8.2 电子证据的可信性的影响因素分析

电子证据的不可篡改性包括数据的保质和保全, 它与传统证据的有效性与证据保全相对应, 具体体现在电子证据的数据攫取、固定、保管、转移等各个环节. 但是, 与传统证据相比, 电子证据的产生和存在的形式完全不同[104]. 由于电子数据科技含量高、易篡改、可分离等特点, 使之非常容易被修改、伪造和删除, 加大了电子证据的保质和保全难度, 仅仅通过法律措施和公证机关很难有效控制电子证据的法律效力. 从普通证据学的原理来说, 司法实践中对传统证据认定普遍采用正面认定法和侧面认定法, 其中正面认定法是主要方法. 参照传统证据的认定, 电子证据的正面认定须保证电子数据的可靠性, 在其运行的各个环节都有辅助证据 (如数据标签、时间戳) 加以证明, 形成电子数据保管锁链. 电子证据检验是关于识别、发现、提取、保存、恢复、展示、分析和鉴定电子设备中存在的电子数据 (电子证据) 的科学技术, 其检验结果可以作为案件侦查线索或法庭证据. 电子设备中的一些电子数据可以直接作为证据使用. 由于电子数据是潜在的并且通常与大量无关信息资料共同存在, 有时甚至数据已被删除, 因此, 在大多数情况下需要通过专门技术方法, 即电子证据检验技术, 发现和获得有证据价值的信息. 此外, 电子证据检验可以通过科学技术方法证明一些电子证据的真实性, 或为侦查或庭审提供被检电子设备的性能及特异性等检验结论意见.

电子证据的正面认定需要审查以下环节.

(1) 电子证据的生成环节, 即电子证据中数据是怎样生成的. 主要审查电子证据数据是设备采集的还是人工录入的. 如果是设备采集的则进一步确认是由人工使用设备采集还是设备自动采集. 如果是人工使用设备采集, 则需要确认采集者是否具备采集资格和设备是否正常. 如果是机器自动采集数据, 则需要认定设备是否正常. 采集人员和设备是否正常, 需要合法的第三方认定或检测机构相关电子文书.

(2) 获取的方式. 审查内容包括: 采集过程是否合法, 采集方法是否科学、可靠, 采集过程是否得到被采集方认可.

(3) 传输环节. 审查电子证据的数据形成过程和传输过程中使用的计算机网络或专用设备是否正常, 传输过程中电子证据的数据是否被修改, 传输过程中数据是否被非法复制、截取.

(4) 存储环节. 审查电子证据数据是如何存储的, 是否科学, 存储介质是否可靠, 存储过程是否安全, 是否以加密形式存储, 存储后是否有访问权限上的漏洞, 存储中是否有非法篡改和销毁的风险.

8.3 电子证据系统的区块链数据模型

关于电子证据系统的保质问题, 我国迄今为止没有法律规定, 也没有完整的行政规范. 为了解决公共数据库中可能用于电子证据的数据的可信性, 必须建立公共数据库的全局信任机制. 有效的解决办法是在公共数据库中建立区块链系统的 "智能合约" 层, 即建立一种无法被篡改和操控的 "代码合同"[105,106]. 智能合约并非法律所界定的合同, 而是执行在区块链上的代码, 故也称作 "链上代码". 为了实现中国公共数据库中用于提供电子证据的部分数据的法律效力, 这种链上代码必须遵从不可篡改性和法律上的可验证性. 电子证据系统在公共数据库数据生产过程中提取的数据在数据博弈参与者之间形成区块链, 其分布式账本将保证数据的一致性、不可篡改性和合法性. 在事务方式上, 电子证据系统区块链的每个节点上都有自己的本地数据库[107].

根据电子证据系统的上述要求, 我们构建一种基于区块链的数据安全共享网络体系, 如图 8.1 所示.

该体系依托于现有的数据仓库架构[34,63], 承载联盟链或私有链, 将数据作为资产进行统一标识, 利用区块链将数据进行分布式存储, 通过设计高效分发协议, 实现数据在参与者之间的自主对等的 P2P 电子证据网络 (peer to peer i-evidence network, P2PIEN). 该电子证据网络依托于公共数据库网络的物理系统和数据博弈覆盖网络, 在逻辑上遵从电子证据系统的法律要求, 并且将部分公共数据库系统事务流程去中心化. 本质上讲, 电子证据系统是将法规所要求部分公共电子数据本地备份并形成共识节点. P2PIEN 的具体内容如下.

(1) 根据去集中化数据统一命名技术及服务要求, 结合电子证据数据的法律规范和统一资源标识符 (URI) 规范, 运用共享信息数据模型 (shared information data model, SIDM) 建立开放式数据索引命名 (open data index naming, ODIN) 技术体系[108]. 该索引命名技术体系为网络环境下自主命名标识和交换数据内容索引提供一种开放性系统, 并且为自主开放、安全可信的数据内容管理和知识产权管理提供了一个可扩展的数据统一命名标识体系, 为数据提供者与消费者间共享信任奠定技术基础.

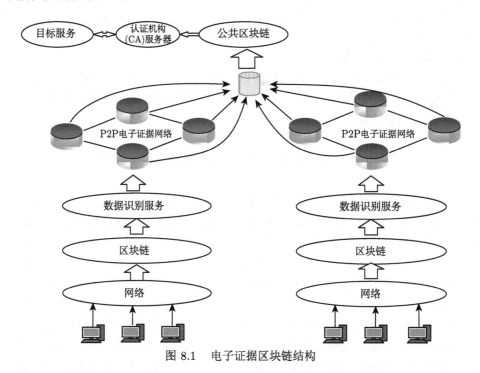

图 8.1　电子证据区块链结构

(2) 授权数据分布式高效存储以区块链为电子证据数据承载基础, 当证据数据接入时, 将其作为一种资产, 并对其进行授权加密实现控制访问权限的约束. 同时, 结合业务特征与需求, 在去中心化的公共数据库物理网络边缘进行分布式存储、数据缓存管理, 实现基于区块链的数据提供者之间的数据安全共享.

(3) 支持自主对等的数据高效分发协议. 基于区块链的数据共享本质上就是为了实现一种 P2P 的数据对等共享电子证据网络. 其中, 电子证据数据安全传输过程包括基于开放式数据索引命名的底层标识符解析过程、基于名字寻址过程与数据传输过程, 例如, 构建去中心化的域名解析服务 (DNS), 以实现数据的对等可信传输.

8.4 电子证据取证系统

8.4.1 电子证据取证系统的构成

电子证据包括取证任务生成、物理介质、取证认证、电子数据和电子证据提交. 电子证据本质上仍然是计算机产生的数据, 在传输和存储过程中表现为 0 和 1 构成的字符串. 在电子证据取证和保全过程中, 需要设置 CA 服务器. 通过运用信息安全技术生成对电子证据本身具有证明作用的辅助证据, 形成电子证据的链锁. 电子证据采集和保管系统由一个客户端/服务器 (C/S) 架构的软件系统和相应的硬件部署, 外加便携式 U 盘取证工具组成. 硬件部署包括 CA 服务器、数据库服务器、工作主机、U 盘取证工具端.

(1) CA 服务器: 提供对系统用户 (如法院、检察院等) 的注册和认证, 项目和任务的认证和授权, 任务证书的生成、签发, 电子证据加密密钥和签名密钥的生成和发放等服务, 如图 8.2 所示.

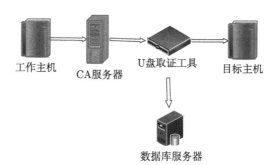

工作主机　　CA服务器　　U盘取证工具　　目标主机

数据库服务器

图 8.2　公共数据库电子证据取证流程图

(2) 数据库服务器: 提供对系统用户数据库、项目任务数据库和电子证据数据库的服务支持. 其中电子证据数据库是公共数据库中区块链的本地数据服务器, 负责相应各级数据提供者的数据变更和本地备份, 将受到智能合约的控制.

(3) 工作主机: 将安装系统客户端软件, 供用户登录系统, 也是 U 盘取证工具端与 CA 服务器之间交互的桥梁, 为二者提供通信和数据传输服务.

(4) U 盘取证工具端: 工具端是安装 WinPE 操作系统的导引 U 盘, 内置的 WinPE 操作系统镜像集成了为提取目标主机的计算机取证信息的数据采集软件, 同时以外部数据形式放置取证任务证书. 通过 U 盘取证终端提取到的电子证据经过签名和加密处理, 以 U 盘为载体将数据转移至目标主机.

WinPE 操作系统是一个组件精简版的操作系统内核镜像, 其工作原理是将镜像加载至内存后以解压的方式将操作系统安装在内存中, 而不用启动主机自身的操作系统. 目标主机的硬盘对于 WinPE 操作系统来说就是一块完整的外部硬盘. 因此, WinPE 操作系统启动过程中并不使用主机的任何硬盘数据, 从而保持了目标主机硬盘的完整性, 避免了一些高科技犯罪行为利用程序设置非本人进入的使用销毁程序毁灭关键证据. 同时, 目标主机中的病毒、木马无法影响到取证工具端中的 WinPE 操作系统和文件, 从而在一定程度上保证了整个电子证据取证系统的安全性.

8.4.2 电子证据数据的生命周期管理

随着公共数据库数据规模的急速膨胀, 公共部门数据资产的持有成本也迅速增长, 导致公共财政中信息技术和管理预算压力持续增加. 一方面, 与其他公共产品供给一样可以通过适度市场化来缓解财政预算压力. 另一方面, 过度收集和囤积数据造成的财政资源浪费则需要制定合理的公共数据生命周期政策, 从而降低法律风险和信息技术成本. 公共数据生命周期政策的基本目标包括:

(1) 基于法律和制度要求, 明确公共数据保留时间表. 国家必须出台有关数据保留时间的法规. 例如, 电信数据包含有关人际关系和位置的丰富知识, 对执法和反恐等公共产品具有极大作用, 很多国家和地区对电信用户姓名、出生日期、计费地址、绑定银行卡号、电话号码、国际移动设备识别码、主叫号码、被叫号码、通话时长、地理位置、登录时间、下线时间、IP 地址、发件地址、访问的 URLs 等有明确的电信保留时间. 但是, 大多数中国公共数据库的数据保留时间并无明确的规定, 更无完善的法律和制度.

(2) 提供法律和制度保留区, 并支持电子数据显示. 随着公民意识的增强, 大多数公共部门和非政府组织将面临要求保存证据的起诉和调查. 在公共数据周期管理中心, 为了应对证据收集和分析, 公共数据治理计划必须控制法律风险, 提供必要的电子证据展示. 例如, 2015 年 8 月 12 日, 位于天津市天津港的瑞海公司危险品仓库发生火灾爆炸事故, 造成 165 人遇难. 该事故的调查报告显示, 通过调取分析位于瑞海公司北侧的环发讯通公司监控视频、提取比对现场痕迹证据、分析集装箱毁坏和位移特征, 认定事故最初起火部位为瑞海公司危险品仓库运抵区南侧集装箱区的中部. 这个案件调查过程中, 需要公安部门提交视频监控设备和消防设备的传感数据的法律效力展示.

(3) 压缩公共数据并将其存档, 降低信息技术成本和提高公共数据资源应用绩效. 公共数据当局需要压缩静态公共数据, 并将其归档, 以降低存储成本, 提高应用绩效. 这些静态数据可能存在于数据仓库的某个环节, 或分布式数据库的某个节点, 包括文件系统、NoSQL 数据库, 甚至包括 Hadoop 中的智能电表读数、传感器数据、RFID 数据和网络日志. 在数据周期管理中, 公共数据当局必须考虑数据归档适用于所有属地法规. 例如, 税务部门的数据当局在进行数据压缩和存档过程中, 必须以电子表单生成在存档过程中保留原有格式, 而不是将结构化数据转为 PDF 格式, 其目的是在涉税案件中方便税务审计员确定某家公司是否有偷税漏税行为. 否则, 税务审计员必须从头到尾查看成千上万的 PDF 文档. 在公共数据库生命周期管理中, 对一大类分布式监测数据, 如环境监测、道路视频监控、消防、特种设备运行监测等, 数据当局在 Hadoop 和非 Hadoop 环境下对其数据归档时必须考虑可达到的压缩程度. 就目前而言, LZO, Gzip 和 RainStor 是较流行的高效数据压缩技术.

(4) 管理实时数据流的生命周期. 对公共数据库中的高速实时数据流, 数据当局必须明确其保存价值, 即是否需要永久保存这些数据流. 这种高速数据流往往由机器 (含传感器) 自动产生, 当机器数据产生异常行为时需要存储该异常事件发生前后的每一个读数. 例如, 网络监测系统异常事件的数据流获取中公安局网监大队需要确定保存在内存中的数据应该是多少, 可供选择的方案为内存中保存 2 小时的 NetFlow 记录并每隔一分钟将记录保存于硬盘一次, 以备历史分析之用.

(5) 保留适量社会团体和商业机构数据交互记录, 并支持电子证据展示. 随着公民社会的日益临近, 公共部门将逐步退出某些领域, 如科学技术奖励评审、职称评审、信用管理、社会公证等, 这些领域的公共数据管理也将伴随公共事务移交给社团组织, 如工会、政党、行业协会、公众企业 (如大学、医院、BAT①、华为技术公司、国家电网公司等), 相应的公共数据资源也将转移到这些社团组织和商业机构. 但是, 法律仍然赋予了这些组织一定的公共管理职能, 如邮政公司有义务承担偏远农村地区物流、信函投递等. 伴随这些非政府组织的公共服务职能的公共数据管理也必须支持电子证据展示. 例如, 中国人民银行数据当局要求商业金融机构保留通过社交网站与顾客的交流记录, 这些数据有的还涉及数据业务承包商的控制. 因此, 公共数据生命周期管理必须考虑到司法、仲裁等公共事务对这些外围数据的电子证据需求, 并制定相应的政策或法律.

(6) 按照法律和制度要求, 定期处置不再需要的公共数据. 很多公共部门认为永久保留公共数据是对法律和公众质询最好的应对之策. 但是, 任何一项数据资源的持有都将产生财务成本, 而且法律对违法案件都有一定的追溯期限, 实际上已经将一部分公共数据确定为负资产. 按照法规, 对这部分丧失电子证据作用的公共数据资源做出适当处置是公共数据生命周期管理的重要环节.

8.5 电子证据的关联

电子证据是寓存于虚拟空间的证据. 电子证据离不开由电子设备和信息技术营造的特殊环境, 该环境的特殊性决定了它与传统人证、物证相比具有明显的不

---

① 中国互联网公司三巨头简称 BAT, 是百度公司 (Baidu)、阿里巴巴集团 (Alibaba)、腾讯公司 (Tencent) 三大巨头首字母缩写.

同. 不同之处首先表现为电子证据的虚拟空间性, 即它通常不是实实在在的物, 而是以某种信号量 (包括模拟信号量和数字信号量) 的方式存储信息[109]. 电子证据所存在的虚拟空间表现繁杂, 无论是网络、云盘、单机, 还是硬盘、光盘、U 盘等电子信息空间, 都是人们不能亲临之处. 这些虚拟空间同案件事实通常所存在的物理空间并无法形成一一对应的关系, 必须经过某种转换才能建立相应的联系. 这种关联性包含内容关联性和载体关联性. 内容关联性是电子证据的数据信息同案件事实之间的关联性, 载体关联性是电子证据的信息载体同当事人或其他诉讼参与人之间的关联性. 具体来说, 内容关联性影响案件事实存在或不存在认定, 载体关联性确定电子证据所蕴含的信息同案件当事人等主体有无关联; 内容关联性属于一种经验上的关联性, 载体关联性属于一种法律上的关联性; 内容关联性等同于对传统证据提出的一致要求, 载体关联性体现出对电子证据关联性的特殊要求; 内容关联性主要涉及物理空间, 即判断电子证据的内容是否对证明物理空间的案件事实产生了实质性影响, 载体关联性则主要涉及虚拟空间, 即借助电子证据的形式确立虚拟空间的案件事实并建立两个空间的对应关系. 这些内容共同构成了电子证据双联性原理的丰富内涵.

双联性原理决定了法庭必须对电子证据做出双重的关联性评断. 无论是缺少了对内容关联性的认定, 还是缺少了对载体关联性的认定, 抑或是上述任一种认定的结论是否定的, 都会导致法庭做出不采纳电子证据的裁判. 例如, 在一起纠纷案件审理中, 某日张三以李四欠款为由诉诸法院. 张三在举证中提交了一份公证书. 该公证书系对张三所持手机中接收短信现状及内容进行的证据保全. 其记录发出短信的手机号为 1369999****, 张三称系李四本人的手机. 涉及钱财内容的短信为: "卡号我记住了, 我想办法给你还吧! 看年底有没有我们的奖金, 要是有的话估计有四五千吧先给你, 剩下的我尽快可以吧." 在案审中, 经过公证的手机短信能否通过关联性标准的检验呢? 首先, 短信的内容必须能够证明借款事实存在或借款的金额等, 即具有内容关联性. 其次, 还必须确立载体关联性, 这就包括该手机号的使用是否与被告人相关等. 庭审中, 承办法官为了查清 1369999**** 机主的身份, 在法庭上亲自拨号核对. 这就是尝试确立该证据的载体关联性. 从本案可以看出, 在判断电子证据关联性时, 内容关联性的认识规律同传统证据是一致的, 主要是审查评断数据信息是直接关联还是间接关联; 而载体关联性的认识规律则不同于传统证据, 它具有明显的特质.

8.5.1 载体关联性

关于载体关联性, 司法实践中几乎找不到两起完全相同的案件, 但从结构上看, 任何案件都是由人、事、物、时、空构成的. 虚拟空间的人、事、物、时、空任一项出现争议的, 都需要通过电子证据的信息载体呈现出当事人或其他诉讼参与人同虚拟空间的人、事、物、时、空的联系. 换言之, 法庭要通过确认信息载体的关联性, 将物理空间与虚拟空间这两个空间的案件事实关联起来.

其一, 人的关联性, 即身份关联性. 在虚拟空间, 人的行事身份主要表现为各种电子账号, 包括电子邮箱、手机号、微信号、钉钉号、QQ 号、陌陌号、旺旺号、宽带账号、网络电话账号、微博号、脸书账号、网游账号、银行卡号、支付宝账号、云账号、域名以及其他网络用户名 /号等等. 这就存在一个身份关联的问题, 需要有证据证明涉案的电子账号归当事人或其他诉讼参与人所有或所用. 如果不能排除共有、共用或者案外人使用、冒用的情况, 这种关联性就无法构建起来. 这实际上是虚拟空间 "如何证明你我他" 的问题, 即证明当事人或其他诉讼参与人就是虚拟空间中以某个特定身份行事之人.

其二, 事的关联性, 即行为关联性. 案件事实涉及当事人或其他诉讼参与人的各种法律责任, 它们主要发生在物理空间, 不过虚拟空间的案件事实, 也不容漠视, 如: 当事人或其他诉讼参与人是否收发了一封邮件、一条短信, 是否制作或者修改了某个文档, 是否下载了某个网页, 等等. 此时当事人或其他诉讼参与人的身份问题并无争议, 需要确认的是其有无实施相关行为, 正是这些行为将影响对当事人等主体法律责任的最终认定.

其三, 物的关联性, 即介质关联性. 承载电子证据的物是硬盘之类的电子介质, 这时就需要确认电子介质同当事人或其他诉讼参与人的关系, 如: 有关电子介质是否为当事人或其他诉讼参与人所有或所用; 是否存在共有或共用的情况; 如果存在, 如何确立电子介质中的数据同当事人或其他诉讼参与人间的对应关系; 等等. 这仅仅依靠类型化的信息 (如介质的外观、品牌、型号等) 是不够的. 还需要借助一些特定化的信息 (如介质序列号、其上的指印痕迹、领用清单、使用记录等) 来提供更加有力的支撑.

其四, 时的关联性, 即时间关联性. 虚拟空间的时间通常就是机器时间, 同物理空间的时间具有一定的对应关系, 但又不完全一致. 有些没有差别或差别不大, 有些差别却是实质性的. 时间关联性就是要确定机器时间同物理时间是否一致, 或者其对应关系如何, 进而确定在涉案时间谁的行为产生了相应的电子证据. 在司法实务中, 诸如电子日志的形成时间、数码照片的拍摄时间、办公文档的修改时间、电子邮件的发送时间等, 可能对定案至关重要, 此时一旦出现了机器时间与物理时间不同的情况, 就会引发时间关联性之争.

其五, 空的关联性, 即地址关联性. 虚拟空间有着独特的地址概念, 如 IP 地址、介质访问控制 (MAC) 地址、GPS 地址、手机基站定位以及文件存储位置等. 许多电子证据产生后都带有内置或外置的地址信息. 这就需要确认这些地址信息同当事人或其他诉讼参与人之间的关系, 即这些地址是否归他们所有或所用, 是否存在着共有、共用或者被冒用的情况.

前述人、事、物、时、空的关联性均立足于虚拟空间, 它们共同构成了电子证据的载体关联性. 当然, 在具体案件中, 这五项内容并不都会成为争点, 通常只有成为争点的关联性问题才具有实际意义. 这也是电子证据关联性的特色所在. 实践表明, 电子证据载体关联性的审查评断还遵循两个规律: 一是五项关联性之间存在一定的交叉, 但凡当事人有争议的都需要在法庭上解决; 二是确立这些关联性, 既可以依靠当事人自认、证人证言、书证、情况说明之类的传统证据, 也可以依靠电子证据的附属信息部分、关联痕迹部分.

8.5.2 内容关联性

在公共数据库的电子证据的关联性研究方面可供借鉴的成果还很少, 问题也更加复杂, 而且具有很强的实务性. 从电子证据的内容关联方面讲, 就涉及高度复杂的数据智能串并分析. 例如, 在公共安全数据库中, 为了提高破案的成功率, 必须要对案件库进行智能案件串并分析, 即以人、事件、物、机构、地点等要素对各业务部门综合应用加以涵盖和抽象, 在此基础上提出数据的关联串并要求, 并最终形成数据链, 作为证据提供给检察院、法庭和仲裁庭等. 由于这些电子数据将作为证据的一部分, 其本身也涉及法律适定性. 因此, 作为电子证据的公共数据链必须遵从严格的逻辑关系, 包括要素逻辑和时序逻辑. 我们以公安数据库为例, 阐述公共数据库的电子证据的串并逻辑. 该逻辑体系主要有以下几个方面:

(1) 人员要素串并逻辑: 人员要素信息是公共安全工作的基础, 它涉及公安业务的方方面面. 各业务部门数据几乎都涉及人员信息, 包括常住人口、暂住人口、流动人口、关押人员、犯罪嫌疑人等等, 总计 40 多种, 涉及的部门众多, 包括治安、交管、刑侦、禁毒、监管、外管等.

(2) 物品要素串并逻辑: 在公安业务处理过程中, 凡涉及物品的业务数据, 都是物品要素关联的范围, 包括证件、枪支、爆炸物品、机动车、涉案物品等等.

(3) 事件要素串并逻辑: 事件要素关联的范畴包括公安业务中凡是跟案件有关的处理过程和数据, 如治安案件、案事件笔录等.

(4) 机构要素串并逻辑: 组织要素包含范围涵盖公安日常业务管理涉及的机构和涉案机构, 包括旅馆、特业机构、涉枪机构、涉爆机构、房屋出租机构、单位犯罪等.

(5) 地点要素串并逻辑: 地点要素是快速反应、快速定位的关键, 凡是涉及地点或地址的数据都是地点要素关联的范畴.

(6) 时序逻辑: 公共安全案件必须反映整个作案过程, 时间是整个演化过程必不可少的参量, 故电子证据数据之间必须具备严格的时序逻辑关联.

8.6 公安执法电子证据区块链系统案例

我们以公安执法电子证据区块链系统为例, 将区块链技术与电子证据结合应用于公安执法. 通过区块链技术的不可篡改特性, 能够避免在公安执法过程中可能出现的警务人员滥用职权等问题, 去中心化特性又可消除现有公安数据库的中心化存储方式和加密方式的各种弊端, 从而降低电子证据采信带来的司法风险. 在数字化的时代, 通过公安执法电子证据区块链系统的使用, 使公安执法过程更加透明, 电子证据的可信度和办案效率得到提高, 有利于提升公安执法的公信力, 为公安行业反腐倡廉提供新的技术措施, 从而推动我国公安事业的技术进步.

8.6.1 公安执法电子证据区块链系统的研究方法

公安执法电子证据是公安民警从接警、处警、结案到法院判决整个过程中提供的具有法律效力的电子材料的总称. 公安执法电子证据不仅包括了在处警过程中的数据采集系统获得的电子数据、警用执法记录仪及相关执法系统中获取的电子数据等, 还包括警员在执法过程中取得的人证、物证等相关执法数据. 公安执法电子证据区块链是把公安部门在执法过程中的电子证据记录保存在区块链上, 并结合相应的 Hash 算法、共识算法和时间戳等技术, 搭建基于区块链的执法数据子系统. 公安执法电子证据区块链采用 P2P 网络来组织和部署系统中所有要参与验证的数据节点[110], 从而实现系统的去中心化. 为了保证系统内数据的法律效力, 上链的代码也必须要在法律上进行有效验证, 同时系统内区块链上的每个节点都保存着自己的本地数据, 基于此, 我们构建了基于公安执法电子证据区块链系统的服务子系统, 其结构如图 8.3 所示.

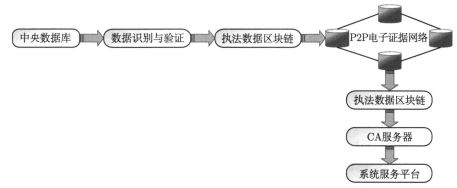

图 8.3　公安执法电子证据区块链系统的服务子系统结构图

在公安执法电子证据区块链系统的服务子系统中, 由市公安局数据当局作为服务中心来进行统一部署, 区县局 (县级市局) 及所属各派出所机构的数据业务部门应以统一的方式服务于各级领导、警务人员、公安执法办案人员、场所管理员和辅警等,并将各级公安局内的执法数据进行统一的管理,从而实现市、区/县、派出所三级监管和应用,为执法办案中心提供系统总体呈现. 具体如图 8.4 所示.

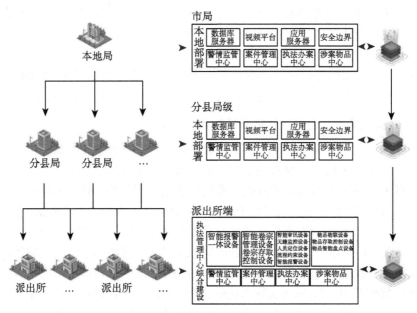

图 8.4　公安执法电子证据区块链系统的服务子系统总体部署

8.6.2　公安执法电子证据区块链系统的数据模型概述

公安执法电子证据区块链 (blockchain of electronic evidences of law enforcement police, BELEP) 模型设计的目标是: ① 防范在执法办案中可能出现的刑讯逼供、伪造和篡改电子证据等行为; ② 保证办案过程的电子记录得以真实、完整地保留; ③ 保证数据备份和证据链的完整性、电子证据记录发生改变的可溯源性.

在此模型下, 每个节点都是整个系统的一部分, 通过 P2P 网络对区块中各节点完成数据的传输, 使新区块追加到原有区块中, 完成区块的确认工作, 如图 8.5 所示.

在数据模型架构中, 不同的区块可以由不同的计算机或服务器独立构成, 且区块间的节点具备其以下特点:

(1) 根据联盟链半私密性、控制性强和容易达成共识等优势, 故区块间的节点采用联盟链, 每次新节点加入, 都须先得到授权;

(2) 区块间的节点角色应当由市公安局、区县局 (县级市局) 及所属各派出机构信用度极高的警官以及各地公证协会、网络安全协会等具有高度可信性的机关

和组织构成;

(3) 区块间的节点根据区块链共识机制, 每个节点的生成都由全部预节点共同认定, 同时备份来面对可能遇到的宕机问题, 保障数据安全及完整, 保证系统高并发稳步进行.

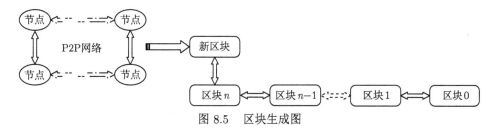

图 8.5 区块生成图

在数据模型中, 存证人员需向中央数据库上传数据, 输入 ID 号、执法的案件名称 (casename) 和电子证据 (electronic evidence) 进行权限验证, 一旦通过系统中的校验, 就可以直接与公安执法电子证据系统服务平台进行交互, 系统服务平台向各节点提供由存证人员上传的出警任务序号 (task-number)、警用车牌号 (car-number)、执法记录仪编号 (record-number) 和执法人员姓名 (police-name) 这四类信息. 一方面, 存证人员和中央数据库之间的操作须由系统服务平台提供的权限认证; 另一方面, 公安人员向系统平台提供执法信息的 ID 号、执法的案件名称 (casename) 和现实证据 (reality evidence), 经权限验证, 通过后即可上传至系统服务平台, 同时管理员也可以进行相应的取证, 存储到中央数据库中. 具体模型如图 8.6 所示.

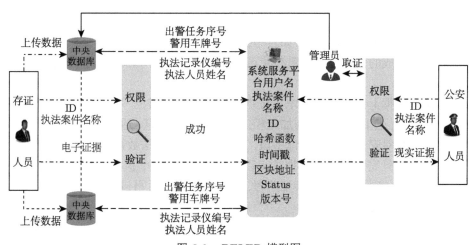

图 8.6 BELEP 模型图

253

8.6.3 公安执法电子证据区块链系统的时间戳

在分布式系统中, 不同节点间的物理时钟有时候会出现偏差, 这样就会导致无法对两个事件发生的先后顺序做出准确的判断. Lamport 在发表的经典论文 [111] 中提出了用逻辑时钟设计一种全序系统的方法, 并通过时间戳在分布式系统中生成一个全序的逻辑关系, 这样可以很好地解决在分布式系统中存在的节点顺序问题. 文献 [112] 利用区块链技术的账户匿名性和不可篡改性, 采用了单向加密函数来保护信息中的隐私, 有利于加强信息的安全保护工作.

为了确保在执法过程中证据链的完整性与可追溯性, 需要通过时间戳将案件中的电子证据记录串联起来, 形成链式结构存储到区块链中. 只有执法数据在某一时刻存在才可获得相应的 Hash 值, 所以时间戳可以证实区块上的数据必然是存在于某个特定时间节点上的. 区块上的每一个时间戳都会给前一个时间戳附上自己的 Hash 值, 这样就形成了一个环环相扣的时间戳链条[112], 形成的链条长度越长, 安全系数也就越高. 具体如图 8.7 所示.

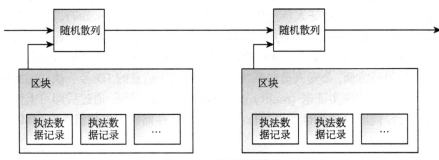

图 8.7　时间戳流程图

由图 8.7 时间戳链条可知, 如若想篡改区块中的执法数据记录, 那就必须要对该区块之后生成的全部时间戳进行更改, 困难系数极大, 因此, 想篡改记录是几乎不可能实现的.

将执法证据上链是区块链电子证据系统中较为关键的一步. 首先对存证人员进行身份校验, 若真实有效, 则加上相应的电子证据信息, 通过 Merkle 大型的数据结构提供相对安全高效的验证手段, 只需将每一个执法数据封装进区块内即可. 只有未经篡改且完整的电子证据才得以上传到数据库中, 执法证据的摘要信息成功上链, 否则, 将返回至身份验证阶段, 直至身份通过后再进行后续的流程. 具体如图 8.8 所示.

进入系统中, 先确定需要读取哪一级的公安数据库, 把全部信息都加载进区块链内, 通过 Hash 函数来验证是否上链成功. 接着在系统中输入相应的出警任务号、警用车牌号和其他执法信息, 系统会自动进行逐块检验, 如验证成功, 则直接将数据信息传至上链, 载入区块中, 最终写入服务器, 完成对此执法信息的加载. 具体流程如图 8.9 所示.

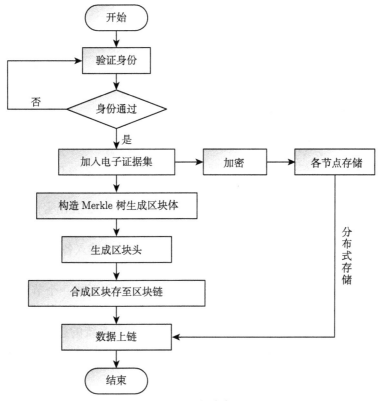

图 8.8　证据上链流程图

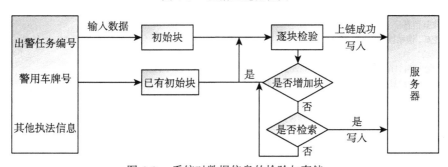

图 8.9　系统对数据信息的检验与存储

8.6.4　系统功能测试与结果分析

为了验证基于区块链电子证据公安执法模型设计的可行性, 整个系统体系将依赖于公安数据库和现有的数据仓库架构, 且遵从电子证据在法律上的要求和规

255

定, 再利用区块链技术对数据进行分布式存储.

现从数据库中截取八位公安执法人员的信息为例, 来进行模拟实验的验证及展示系统的运行效果. 截取人员的信息整理如表 8.1 所示.

表 8.1 数据库信息表

出警任务编号	警用车牌号	执法记录仪编号	执法人姓名	执法地
2021******1	云 A****1	1	王 *	云南省昆明市呈贡区
2021******2	云 A****2	2	李 *	云南省昆明市西山区
2021******3	云 A****3	3	赵 *	云南省昆明市呈贡区
2021******4	云 A****4	4	王 * 泽	云南省昆明市五华区
2021******5	云 A****5	5	张 *	云南省昆明市西山区
2021******6	云 A****6	6	赵 * 芳	云南省昆明市五华区
2021******7	云 A****7	7	秦 * 源	云南省昆明市呈贡区
2021******2	云 A****8	8	李 * 明	云南省昆明市呈贡区

以系统中对市、县、派出所这三级公安数据库端来说, 在出警前, 执法人员把各自对应的出警任务编号输入到系统中, 系统会自动对出警人员的执法记录号进行取模运算, 由此来判断调用的是哪一级的数据库. 警员输入各自的姓名与账户密码, 待验证通过后, 进入系统的登录界面, 进行身份的验证.

首先, 将截取的八位公安执法人员的每条信息分别形成一个节点区块, 数据库中的其他人员信息 (节点区块) 会对其进行共识认证及校验, 待通过验证后, 会自动将此节点添加至链的尾端, 形成新的最长链. 按照系统的总体部署, 从公安各级派出所端、分县局端和市局端, 将数据库中现有的数据上链, 加载进区块链中.

从派出所端加入区块链的过程如表 8.2 所示.

表 8.2 派出所端证据区块链

开始从派出所端数据库将执法数据加载进区块链内!
已经收到信息!
正在挖矿, 请稍候!
校验成功!
Hash:00000451fe82d10a0b738fad688262f7ddf3eff5d8e8120835cecc7a8af19ab4
出警任务号:2021******1 的执法信息已经加载成功!
(2021******1, '云 A****1', 1, '王 *', '云南省昆明市呈贡区')
已经收到信息!
正在挖矿, 请稍候!
校验成功!
Hash:000042708fb8e47797d66cea5cf304ab3e604b4244cfc8eb7ca40ca1170e34af
出警任务号:2021******2 的执法信息已经加载成功!
(2021******2, '云 A****2', 2, '李 *', '云南省昆明市西山区')
已经收到信息!
正在挖矿, 请稍候!
校验成功!
Hash:0000f699fa6a4f5d2f01bff3c4d0dce24d9782d1c2ec240710555cd08e14838d

出警任务号:2021******3 的执法信息已经加载成功!
(2021******3, ' 云 A****3', 3, ' 赵 *', ' 云南省昆明市呈贡区')
已经收到信息!
正在挖矿, 请稍候!
校验成功!
Hash:0000a91bd4f885b83bf0385ef298b04fa714672b2da082e181d69799eef8cf6e
出警任务号:2021******4 的执法信息已经加载成功!
(2021******4, ' 云 A****4', 4, ' 王 * 泽', ' 云南省昆明市五华区')
已经收到信息!
正在挖矿, 请稍候!
校验成功!
Hash:0000819476d71a5d295fc28db4502ce3cc37859523971dfd4cd721b88ea8283a
出警任务号:2021******5 的执法信息已经加载成功!
(2021******5, ' 云 A****5', 5, ' 张 *', ' 云南省昆明市西山区')
已经收到信息!
正在挖矿, 请稍候!
校验成功!
Hash:000065a130b305942247731cfb56fe14dfc67fb66f13a015f9ccdd67493f78a1
出警任务号:2021******6 的执法信息已经加载成功!
(2021******6, ' 云 A****6', 6, ' 赵 * 芳', ' 云南省昆明市五华区')
已经收到信息!
正在挖矿, 请稍候!
校验成功!
Hash:000040256b3fdc7dcaac1844aaa551a1fb57adc02460f4e7dcda00744ec91801
出警任务号:2021******7 的执法信息已经加载成功
(2021******7, ' 云 A****7', 7, ' 秦 * 源', ' 云南省昆明市呈贡区')
已经收到信息!
正在挖矿, 请稍候!
校验成功!
Hash:00004f6786d0aeaf7f607af4b147dea9d9aa76c464af46e5d24b7f34d3e645ad
出警任务号:2021******2 的执法信息已经加载成功!
(2021******2, ' 云 A****8', 8, ' 李 * 明', ' 云南省昆明市呈贡区')

从分县局端加入区块链的过程如表 8.3 所示.

表 8.3 分县局端证据区块链

开始从分县局端数据库将执法数据加载进区块链内!
已经收到信息!
正在挖矿, 请稍候!
校验成功!
Hash:0000a06035f1519c4a3c37fd9ee64ef13e9a906c474fbe619fb541bba3dd6525
出警任务号:2021******1 的执法信息已经加载成功!
(2021******1, ' 云 A****1', 1, ' 王 *', ' 云南省昆明市呈贡区')
已经收到信息!
正在挖矿, 请稍候!
校验成功!
Hash:000030ad43aff4d42ad15cbf576dc9ec386ef33b8016d3a52639ffb4bfd90209

出警任务号:2021******2 的执法信息已经加载成功!

(2021******2, '云 A****2', 2, '李 *', '云南省昆明市西山区')

已经收到信息!

正在挖矿, 请稍候!

校验成功!

Hash:0000068a7a5037ba26d98e5f3de9f7a1b894bd1eba1cd31fab077262262dc785

出警任务号:2021******3 的执法信息已经加载成功!

(2021******3, '云 A****3', 3, '赵 *', '云南省昆明市呈贡区')

已经收到信息!

正在挖矿, 请稍候!

校验成功!

Hash:0000aaacf51c23ac6c23db45605cf27035abd46eea2658428db7d4d9400d944d

出警任务号:2021******4 的执法信息已经加载成功!

(2021******4, '云 A****4', 4, '王 * 泽', '云南省昆明市五华区')

已经收到信息!

正在挖矿, 请稍候!

校验成功!

Hash:00007ebf55568a961c9e671735176a8c28235a7bba3ebf4fcfb9c4d12db32d5b

出警任务号:2021******5 的执法信息已经加载成功!

(2021******5, '云 A****5', 5, '张 *', '云南省昆明市西山区')

已经收到信息!

正在挖矿, 请稍候!

校验成功!

Hash:00004c0dcabf85484626d01022fb6cdf62d62737444ba8eb114573e50913dc8d

出警任务号:2021******6 的执法信息已经加载成功!

(2021******6, '云 A****6', 6, '赵 * 芳', '云南省昆明市五华区')

已经收到信息!

正在挖矿, 请稍候!

校验成功!

Hash:00005f979ba909ec66c1da7a1b20be85716eabae7fa64e9d745636c93ecacc84

出警任务号:2021******7 的执法信息已经加载成功!

(2021******7, '云 A****7', 7, '秦 * 源', '云南省昆明市呈贡区')

已经收到信息!

正在挖矿, 请稍候!

校验成功!

Hash:00005f8066e2cd6dd0e1b76b398706e042d39fe6c5e06c934094ce489ee7629b

出警任务号:2021******2 的执法信息已经加载成功!

(2021******2, '云 A****8', 8, '李 * 明', '云南省昆明市呈贡区')

从市局端加入区块链如表 8.4 所示.

表 8.4　市局端证据区块链

开始从市局端数据库将执法数据加载进区块链内!

已经收到信息!

正在挖矿, 请稍候!

校验成功!

Hash:0000eba6154b7b2b2304cab48e3c47389a858d4993ece73e375b3ab39c685df8

出警任务号:2021******1 的执法信息已经加载成功!
(2021******1,'云 A****1', 1,'王 *','云南省昆明市呈贡区')
已经收到信息!
正在挖矿,请稍候!
校验成功!
Hash:0000c161c805d0e7eefd63ba521a446c257b2d706e5cab90c581f3bfbe14b6ee
出警任务号:2021******2 的执法信息已经加载成功!
(2021******2,'云 A****2', 2,'李 *','云南省昆明市西山区')
已经收到信息!
正在挖矿,请稍候!
校验成功!
Hash:0000256e923a4c4c0d25963a8542e45ff0151bdb7a5fc8923196c1b148db2701
出警任务号:2021******3 的执法信息已经加载成功!
(2021******3,'云 A****3', 3,'赵 *','云南省昆明市呈贡区')
已经收到信息!
正在挖矿,请稍候!
校验成功!
Hash:00002d5a87242fa2d2acab7b7df81ce769b721e58f76f2552ef6e43d3539ee42
出警任务号:2021******4 的执法信息已经加载成功!
(2021******4,'云 A****4', 4,'王 * 泽','云南省昆明市五华区')
已经收到信息!
正在挖矿,请稍候!
校验成功!
Hash:0000337503e24d2b835feb5234295e175a4c9d3f8432dedb8f5fe439993f988e
出警任务号:2021******5 的执法信息已经加载成功!
(2021******5,'云 A****5', 5,'张 *','云南省昆明市西山区')
已经收到信息!
正在挖矿,请稍候!
校验成功!
Hash:000009d800241a2784358d3bc3941400b33feebb3efc7e26fa95137f496f9504
出警任务号:2021******6 的执法信息已经加载成功!
(2021******6,'云 A****6', 6,'赵 * 芳','云南省昆明市五华区')
已经收到信息!
正在挖矿,请稍候!
校验成功!
Hash:0000177e778aff28599e86c6bd0244fe14e8ff46e7949258d1842a676236b182
出警任务号:2021******7 的执法信息已经加载成功!
(2021******7,'云 A****7', 7,'秦 * 源','云南省昆明市呈贡区')
已经收到信息!
正在挖矿,请稍候!
校验成功!
Hash:0000dabbfbb5606d0f5ac39593b1435c20087d30dfa374f09d07d9586b56e6c2
出警任务号:2021******2 的执法信息已经加载成功!
(2021******2,'云 A****8', 8,'李 * 明','云南省昆明市呈贡区')

    各级公安局端的数据库信息将执法人员在工作中的数据加载进区块链后,进行数据的查看与读取,再次保证数据的完整与一致性,如表 8.5 所示.

表 8.5 链上数据的查看与读取

查看区块链中的数据!

时间:2021-03-24 11:37:46; 来自派出所系统: 执法信息:(2021******1, '云 A****1', 1, '王 *', '云南省昆明市呈贡区')

时间:2021-03-24 11:37:47; 来自派出所系统: 执法信息:(2021******2, '云 A****2', 2, '李 *', '云南省昆明市西山区')

时间:2021-03-24 11:37:47; 来自派出所系统: 执法信息:(2021******3, '云 A****3', 3, '赵 *', '云南省昆明市呈贡区')

时间:2021-03-24 11:37:47; 来自派出所系统: 执法信息:(2021******4, '云 A****4', 4, '王 * 泽', '云南省昆明市五华区')

时间:2021-03-24 11:37:47; 来自派出所系统: 执法信息:(2021******5, '云 A****5', 5, '张 *', '云南省昆明市西山区')

时间:2021-03-24 11:37:47; 来自派出所系统: 执法信息:(2021******6, '云 A****6', 6, '赵 * 芳', '云南省昆明市五华区')

时间:2021-03-24 11:37:47; 来自派出所系统: 执法信息:(2021******7, '云 A****7', 7, '秦 * 源', '云南省昆明市呈贡区')

时间:2021-03-24 11:37:48; 来自派出所系统: 执法信息:(2021******2, '云 A****8', 8, '李 * 明', '云南省昆明市呈贡区')

时间:2021-03-24 11:37:49; 来自分县局系统: 执法信息:(2021******1, '云 A****1', 1, '王 *', '云南省昆明市呈贡区')

时间:2021-03-24 11:37:50; 来自分县局系统: 执法信息:(2021******2, '云 A****2', 2, '李 *', '云南省昆明市西山区')

时间:2021-03-24 11:37:50; 来自分县局系统: 执法信息:(2021******3, '云 A****3', 3, '赵 *', '云南省昆明市呈贡区')

时间:2021-03-24 11:37:50; 来自分县局系统: 执法信息:(2021******4, '云 A****4', 4, '王 * 泽', '云南省昆明市五华区')

时间:2021-03-24 11:37:50; 来自分县局系统: 执法信息:(2021******5, '云 A****5', 5, '张 *', '云南省昆明市西山区')

时间:2021-03-24 11:37:51; 来自分县局系统: 执法信息:(2021******6, '云 A****6', 6, '赵 * 芳', '云南省昆明市五华区')

时间:2021-03-24 11:37:51; 来自分县局系统: 执法信息:(2021******7, '云 A****7', 7, '秦 * 源', '云南省昆明市呈贡区')

时间:2021-03-24 11:37:51; 来自分县局系统: 执法信息:(2021******2, '云 A****8', 8, '李 * 明', '云南省昆明市呈贡区')

时间:2021-03-24 11:37:51; 来自市局系统: 执法信息:(2021******1, '云 A****1', 1, '王 *', '云南省昆明市呈贡区')

时间:2021-03-24 11:37:52; 来自市局系统: 执法信息:(2021******2, '云 A****2', 2, '李 *', '云南省昆明市西山区')

时间:2021-03-24 11:37:52; 来自市局系统: 执法信息:(2021******3, '云 A****3', 3, '赵 *', '云南省昆明市呈贡区')

时间:2021-03-24 11:37:52; 来自市局系统: 执法信息:(2021******4, '云 A****4', 4, '王 * 泽', '云南省昆明市五华区')

时间:2021-03-24 11:37:52; 来自市局系统: 执法信息:(2021******5, '云 A****5', 5, '张 *', '云南省昆明市西山区')

时间:2021-03-24 11:37:53; 来自市局系统: 执法信息:(2021******6, '云 A****6', 6, '赵 * 芳', '云南省昆明市五华区')

时间:2021-03-24 11:37:53; 来自市局系统: 执法信息:(2021******7, '云 A****7', 7, '秦 * 源', '云南省昆明市呈贡区')

续表

时间:2021-03-24 11:37:53; 来自市局系统: 执法信息:(2021******2, '云 A****8', 8, '李 * 明', '云南省昆明市呈贡区')

根据区块链不可篡改特性, 无论是哪一级数据库中的数据信息, 管理员都无权进行增删, 若想试图尝试对链上的数据进行修改, 则 Hash 函数会立马发生变化, 校验不通过, 修改信息失败, 如表 8.6 所示.

表 8.6 信息不可篡改

修改信息!
请输入你所要进行修改的执法信息的出警任务号:2021******2
原信息为:(2021******2, '云 A****8', 8, '李 * 明', '云南省昆明市呈贡区')
欲修改信息为:(2021******2, '云 A****1', '1', '赵 *')
正在校验!
修改信息失败!

此外, BELEP 模型还支持自定义存储数据库, 即可以在链上添加新数据, 数据库会进行同步跟进. 现加入单条数据来进行测试, 将韩 * 警员的数据上链后, 数据库中会自动更新新添加的数据, 如表 8.7 所示.

表 8.7 新增数据上链

请输入出警任务号:2021******4
请输入警用车牌号: 云 A****9
请输入执法记录仪编号:9
请输入办案警察姓名: 韩 *
请输入执法地点: 云南省昆明市西山区
正在将数据导入数据库中, 请稍候!
数据已成功导入到数据库中!
已经收到信息!
正在挖矿, 请稍候!
校验成功!
Hash:0000866b30b89769ed134707f6b19a47851f3edd12311f91ced0eba4dda9e0ae
已经收到信息!
正在挖矿, 请稍候!
校验成功!
Hash:0000866b30b89769ed134707f6b19a47851f3edd12311f91ced0eba4dda9e0ae
正在上链, 请稍候!
出警任务号:2021******4 的执法信息已经加载成功!
新增加的执法信息为:
TaskChains<1 Blocks, Head: 535a81e336644e31bf48e8a230d0e919>

在系统中新增数据后, 再次查看区块链中的全部数据, 如表 8.8 所示.

261

表 8.8　区块链中全部数据

时间:2021-03-24 11:37:46; 来自派出所系统: 执法信息:(2021******1,
' 云 A****1', 1, ' 王 *', ' 云南省昆明市呈贡区')

时间:2021-03-24 11:37:47; 来自派出所系统: 执法信息:(2021******2,
' 云 A****2', 2, ' 李 *', ' 云南省昆明市西山区')

时间:2021-03-24 11:37:47; 来自派出所系统: 执法信息:(2021******3,
' 云 A****3', 3, ' 赵 *', ' 云南省昆明市呈贡区')

时间:2021-03-24 11:37:47; 来自派出所系统: 执法信息:(2021******4,
' 云 A****4', 4, ' 王 * 泽', ' 云南省昆明市五华区')

时间:2021-03-24 11:37:47; 来自派出所系统: 执法信息:(2021******5,
' 云 A****5', 5, ' 张 *', ' 云南省昆明市西山区')

时间:2021-03-24 11:37:47; 来自派出所系统: 执法信息:(2021******6,
' 云 A****6', 6, ' 赵 * 芳', ' 云南省昆明市五华区')

时间:2021-03-24 11:37:47; 来自派出所系统: 执法信息:(2021******7,
' 云 A****7', 7, ' 秦 * 源', ' 云南省昆明市呈贡区')

时间:2021-03-24 11:37:48; 来自派出所系统: 执法信息:(2021******2,
' 云 A****8', 8, ' 李 * 明', ' 云南省昆明市呈贡区')

时间:2021-03-24 11:37:49; 来自分县局系统: 执法信息:(2021******1,
' 云 A****1', 1, ' 王 *', ' 云南省昆明市呈贡区')

时间:2021-03-24 11:37:50; 来自分县局系统: 执法信息:(2021******2,
' 云 A****2', 2, ' 李 *', ' 云南省昆明市西山区')

时间:2021-03-24 11:37:50; 来自分县局系统: 执法信息:(2021******3,
' 云 A****3', 3, ' 赵 *', ' 云南省昆明市呈贡区')

时间:2021-03-24 11:37:50; 来自分县局系统: 执法信息:(2021******4,
' 云 A****4', 4, ' 王 * 泽', ' 云南省昆明市五华区')

时间:2021-03-24 11:37:50; 来自分县局系统: 执法信息:(2021******5,
' 云 A****5', 5, ' 张 *', ' 云南省昆明市西山区')

时间:2021-03-24 11:37:51; 来自分县局系统: 执法信息:(2021******6,
' 云 A****6', 6, ' 赵 * 芳', ' 云南省昆明市五华区')

时间:2021-03-24 11:37:51; 来自分县局系统: 执法信息:(2021******7,
' 云 A****7', 7, ' 秦 * 源', ' 云南省昆明市呈贡区')

时间:2021-03-24 11:37:51; 来自分县局系统: 执法信息:(2021******2,
' 云 A****8', 8, ' 李 * 明', ' 云南省昆明市呈贡区')

时间:2021-03-24 11:37:51; 来自市局系统: 执法信息:(2021******1,
' 云 A****1', 1, ' 王 *', ' 云南省昆明市呈贡区')

时间:2021-03-24 11:37:52; 来自市局系统: 执法信息:(2021******2,
' 云 A****2', 2, ' 李 *', ' 云南省昆明市西山区')

时间:2021-03-24 11:37:52; 来自市局系统: 执法信息:(2021******3,
' 云 A****3', 3, ' 赵 *', ' 云南省昆明市呈贡区')

时间:2021-03-24 11:37:52; 来自市局系统: 执法信息:(2021******4,
' 云 A****4', 4, ' 王 * 泽', ' 云南省昆明市五华区')

时间:2021-03-24 11:37:52; 来自市局系统: 执法信息:(2021******5,
' 云 A****5', 5, ' 张 *', ' 云南省昆明市西山区')

时间:2021-03-24 11:37:53; 来自市局系统: 执法信息:(202******6,
' 云 A****6', 6, ' 赵 * 芳', ' 云南省昆明市五华区')

时间:2021-03-24 11:37:53; 来自市局系统: 执法信息:(2021******7,
' 云 A****7', 7, ' 秦 * 源', ' 云南省昆明市呈贡区')

时间:2021-03-24 11:37:53; 来自市局系统: 执法信息:(2021******2,

'云 A****8', 8, '李 * 明', '云南省昆明市呈贡区')
时间:2021-03-24 11:42:59; 来自用户输入: 执法信息:(2021******4,
'云 A****9', 9, '韩 *', '云南省昆明市西山区')

8.7 公安执法电子证据区块链系统的共识算法

8.7.1 PBFT 算法分析

在区块链的应用中, 都要考虑 Byzantine 将军问题[92], 即如何在不可信的通道上采用通信来达成一致共识. 实用 Byzantine 容错 (practical Byzantine fault tolerance, PBFT) 算法[113] 重点研究了在异步分布式网络中的一致性问题, 该算法主要解决了在系统中存在作恶/故障节点的条件下, 怎样达成共识的问题, 从而避免被其误导、迷惑, 做出错误的决定. 该算法在保证了安全和可用性的情况下, 提供了 $(n-1)/3$ 容错性, 也就是说在台计算机的情况下, 系统最多可以容忍的故障节点为 $(n-1)/3$ 个, 如果超出此值则会导致系统崩溃.

在联盟链网络中, 设节点集合为 N (含有 n 个), 共识节点的集合为 N_c (含有 m 个), 非共识节点的集合为 N_u (含有 $n-m$ 个), 则满足

$$N = N_c \cup N_u, \quad N_c \cap N_u = \varnothing \tag{8.7.1}$$

文献 [113] 中也已经证明出在节点总数量 n 和故障节点数量 f 的情况下, 必须满足

$$n \geqslant 3f+1 \tag{8.7.2}$$

该表达式说明了在 PBFT 共识算法中, 如若有 f 个错误节点, 那么当共识节点不少于 $3f+1$ 个时, Byzantine 将军问题可以得到有效解决, 且容错率为 33%.

在 PBFT 共识算法中, 需要经过三步通信与五个阶段最终达成共识, 算法的流程如图 8.10 所示.

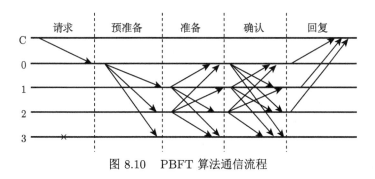

图 8.10 PBFT 算法通信流程

下面对 PBFT 算法在实际场景应用的具体步骤如下:

(1) 客户端先发起请求.

客户端将操作发送到主节点, 消息记作

$$\langle \text{REQUEST}, o, t, c \rangle \tag{8.7.3}$$

其中, o 为请求的操作, t 是时间戳, c 是客户端编号.

(2) 预准备 (pre-prepare) 阶段.

主节点会分配一个序号为 n 的节点编号, 随后将消息广播给所有从节点, 消息记作

$$\langle \langle \text{PRE-PREPARE}, v, n, d \rangle, m \rangle \tag{8.7.4}$$

其中, v 为视图号, d 为信息摘要, m 为请求的信息.

节点收到预准备消息后便开始进行验证, 若验证不通过, 那么从节点什么都不需要做; 若通过, 那么从节点会接受预准备的消息, 进入准备阶段.

(3) 准备 (prepare) 阶段.

在该阶段, 主节点向所有从节点发送准备消息, 消息记作

$$\langle \text{PREPARE}, v, n, d, i \rangle \tag{8.7.5}$$

如若有 $2f$ 个来自不同从节点与预准备消息一样的消息, 则验证通过.

(4) 确认 (commit) 阶段.

准备完毕后, 节点将进入确认阶段, 广播确认消息如下

$$\langle \text{COMMIT}, v, n, D(m), i \rangle \tag{8.7.6}$$

其中 $D(m)$ 为从节点的签名集合.

所有的从节点会对自己所收到的消息进行相互验证, 如果有 $f+1$ 个好节点进入到 prepare(m, v, n, i) 状态, 则记为 commit(m, v, n) 状态, 当节点 i 在 prepare(m, v, n, i) 的状态下接收到了 $2f+1$ 个来自不同节点的 commit 消息后, 则代表

$$\text{committed\_local}(m, v, n, i) \tag{8.7.7}$$

成立, 即将进入回复阶段

(5) 回复 (reply) 阶段.

该阶段开始执行操作, 并把最终一致结果反馈给客户端. 若客户端接收到这个来自不同节点的相同回复后, 则说明系统内达成共识, 将此消息作为操作的结果, 进行提交.

8.7.2 基于 PBFT 算法在实际应用场景的设计与实现

本节主要结合区块链 PBFT 共识算法对公安执法做应用, 比如对警员出警记录的真伪进行验证, 防止有警员增删执法记录仪内容的风险, 实现对执法记录仪的进一步追溯与高效管控. 警员出警回办案大厅后, 将涉案警员与相应人证同时分隔在不同的房间内 (为了避嫌, 禁止找与该警员有关的人证), 利用共识算法, 对该警员的出警内容进行校验, 若大于 2/3 的人证赞同此警员的出警记录, 系统将自动对其进行容错, 说明该记录无问题, 提交该内容; 若低于 2/3 的人证对此记录进行否认, 根据共识算法, 系统将不再运行, 该记录不被通过, 投入新一轮的验证. 此外还将设计执法数据上传, 结合时间戳与 Hash 算法, 有效保证执法记录仪从使用到上传数据过程中的透明性与完整性, 使可篡改几乎成为不可能. 整体流程如图 8.11 所示.

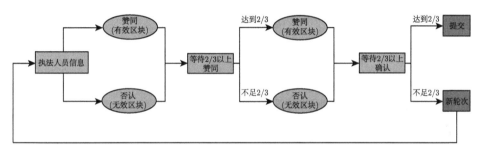

图 8.11 共识投票流程

本节基于 PBFT 算法以实验 Go 语言实现, 在单机环境下模拟了 1 个主节点和 3 个从节点进行加入和离开. 分别进行了节点可以正常运行、存在一个故障节点和两个故障节点这三组实验.

实验一. 当节点全部正常运行时. 即客户端发送王 * 警员的执法信息记录后, 让其他警员及各人证先对王 * 的数据进行存储和记录, 随后再对其进行投票 (赞同或否认). 客户端运行效果如表 8.9 所示.

表 8.9 客户端运行效果

客户端开启监听, 地址:127.0.0.1:8888
已进入 PBFT 公安执法客户端, 请启动全部节点后再上传信息!
请在下方依次输入执法任务号, 执法人员姓名, 执法车辆编号, 执法记录仪编号,
执法地点:
'2021******1', ' 王 *', ' 云 ****1', '001', ' 云南省昆明市呈贡区'
{"Content":'2021******1', ' 王 *', ' 云 ****1', '001', ' 云南省昆明市呈贡区',
"ID": 8142179935, "Timestamp":1615697972628699700, "ClientAddr":"127.0.0.1:
8888"}
N1 节点已将 msgid: 8142179935 存入本地消息池中, 消息内容为:'2021******1',
' 王 *', ' 云 ****1', '001', ' 云南省昆明市呈贡区'

N3 节点已将 msgid: 8142179935 存入本地消息池中, 消息内容为:'2021******1',
' 王 *', ' 云 ****1', '001', ' 云南省昆明市呈贡区'
N2 节点已将 msgid: 8142179935 存入本地消息池中, 消息内容为:'2021******1',
' 王 *', ' 云 ****1', '001', ' 云南省昆明市呈贡区'
N0 节点已将 msgid: 8142179935 存入本地消息池中, 消息内容为:'2021******1',
' 王 *', ' 云 ****1', '001', ' 云南省昆明市呈贡区'

　　各人证自接收到王 * 警员的出警记录后, 开始对其进行相应验证. 经过各人证的消息同步, 且全部赞同王 * 警员执法的数据内容, 节点全部通过, 系统共识成功, 证明了王 * 警员所提供的执法记录信息是真实的, 系统将自动进行确认并提交该判定结果. 主、从节点运行效果分别如表 8.10、表 8.11 所示.

表 8.10　主节点运行效果

主节点已接收到客户端发来的 request ...
已将 request 存入临时消息池
正在向其他节点进行 PrePrepare 广播...
PrePrepare 广播完成
本节点已接收到 N2 节点发来的 Prepare ...
本节点已接收到 N3 节点发来的 Prepare ...
本节点已收到至少 2f 个节点 (包括本地节点) 发来的 Prepare 信息...
正在进行 commit 广播
commit 广播完成
本节点已接收到 N1 节点发来的 Prepare ...
本节点已接收到 N1 节点发来的 Commit ...
本节点已接收到 N2 节点发来的 Commit ...
本节点已收到至少 2f + 1 个节点 (包括本地节点) 发来的 Commit 信息...
N0 节点已将 msgid:9713166729 存入本地消息池中, 消息内容为:'2021******1',
' 王 *', ' 云 A****1', '001', ' 云南省昆明市呈贡区'
正在 reply 客户端...
reply 完毕
本节点已接收到 N3 节点发来的 Commit ...

表 8.11　从节点运行效果

节点开启监听, 地址:127.0.0.1:8001
本节点已接收到主节点发来的 PrePrepare ...
已将消息存入临时节点池
正在进行 Prepare 广播...
Prepare 广播完成
本节点已接收到 N3 节点发来的 Prepare ...
本节点已收到至少 2f 个节点 (包括本地节点) 发来的 Prepare 信息...
正在进行 commit 广播
commit 广播完成
本节点已接收到 N2 节点发来的 Prepare ...
本节点已接收到 N2 节点发来的 Commit ...
本节点已接收到 N3 节点发来的 Commit ...

续表

本节点已收到至少 2f + 1 个节点 (包括本地节点) 发来的 Commit 信息...
N1 节点已将 msgid:9713166729 存入本地消息池中, 消息内容为:'2021******1',
' 王 *', ' 云 A****1', '001', ' 云南省昆明市呈贡区'
正在 reply 客户端...
reply 完毕
本节点已接收到 N0 节点发来的 Commit ...

实验二. 当存在一个故障节点 (N1) 时. 客户端发送警员赵 * 清的执法数据信息, 这时有一个人证对赵 * 清的执法信息给出了否认意见, 根据表 8.12 客户端的运行效果, 且由公式 $n \geqslant 3f + 1$ 可以得知, 就算存在一个人证想试图改变该警员数据的真伪, 根据 PBFT 算法的容错性, 会直接显示故障节点 N1 连接失败, 但系统仍然会保持顺利运行, 具体如表 8.13、表 8.14 所示.

表 8.12　客户端运行效果

'2021******2', ' 赵 * 清', ' 云 A****2', '002', ' 云南省昆明市西山区'
{"Content":"'2021******2', ' 赵 * 清', ' 云 A****2', '002', ' 云南省昆明市西山区'",
"ID":6897843394, "Timestamp": 1616532562497820400, "ClientAddr":"127.0.0.1:
8888"}
N3 节点已将 msgid:6897843394 存入本地消息池中, 消息内容为:'2021******2',
' 赵 * 清', ' 云 A****2', '002', ' 云南省昆明市西山区'
N2 节点已将 msgid:6897843394 存入本地消息池中, 消息内容为:'2021******2',
' 赵 * 清', ' 云 A****2', '002', ' 云南省昆明市西山区'
N0 节点已将 msgid:6897843394 存入本地消息池中, 消息内容为:'2021******2',
' 赵 * 清', ' 云 A****2', '002', ' 云南省昆明市西山区'

表 8.13　主节点运行效果, 且故障节点连接失败

主节点已接收到客户端发来的 request ...
已将 request 存入临时消息池
正在向其他节点进行 PrePrepare 广播...
PrePrepare 广播完成
本节点已接收到 N3 节点发来的 Prepare ...
本节点已接收到 N2 节点发来的 Prepare ...
本节点已收到至少 2f 个节点 (包括本地节点) 发来的 Prepare 信息...
正在进行 commit 广播
commit 广播完成
本节点已接收到 N3 节点发来的 Commit ...
本节点已接收到 N2 节点发来的 Commit ...
本节点已收到至少 2f + 1 个节点 (包括本地节点) 发来的 Commit 信息...
N0 节点已将 msgid:6897843394 存入本地消息池中, 消息内容为:'2021******2',
' 赵 * 清', ' 云 A****2', '002', ' 云南省昆明市西山区'
正在 reply 客户端...
reply 完毕
2021/03/24 04:49:24 connect error dial tcp 127.0.0.1:8001: connectex:
No connection could be made because the target machine actively refused it.

2021/03/24 04:49:24 connect error dial tcp 127.0.0.1:8001: connectex:
No connection could be made because the target machine actively refused it.

表 8.14　故障节点存在下从节点效果

本节点已接收到主节点发来的 PrePrepare ...
已将消息存入临时节点池
正在进行 Prepare 广播...
Prepare 广播完成
本节点已接收到 N3 节点发来的 Prepare ...
本节点已收到至少 2f 个节点 (包括本地节点) 发来的 Prepare 信息...
正在进行 commit 广播
commit 广播完成
本节点已接收到 N3 节点发来的 Commit ...
本节点已接收到 N0 节点发来的 Commit ...
本节点已收到至少 2f + 1 个节点 (包括本地节点) 发来的 Commit 信息...
N2 节点将 msgid:6897843394 存入本地消息池中, 消息内容为:'2021******2', ' 赵 * 清', ' 云 A****2', '002', ' 云南省昆明市西山区'
正在 reply 客户端...
reply 完毕
2021/03/24 04:49:24 connect error dial tcp 127.0.0.1:8001: connectex: No connection could be made because the target machine actively refused it.
2021/03/24 04:49:24 connect error dial tcp 127.0.0.1:8001: connectex: No connection could be made because the target machine actively refused it.

实验三. 当存在两个故障节点 (N2, N3) 时, 即客户端发送警员赵 * 清的执法信息记录, 有两个人证对赵 * 清的执法信息数据持有否定意见, 根据共识算法, 这时客户端会直接显示未接收到相应的返回数据, 主节点也会显示连接失败的两个故障节点. 不难看出, 如果有大于 2/3 的人对其信息内容持有怀疑态度, 在 PBFT 共识算法中就会超出节点的数量, 消息进行到准备阶段后, 不会再接收到满足数量的节点信息, 系统内不再将对此信息进行确认, 客户端也接收不到回复, 故达不成一致, 证明赵 * 清警员的执法记录信息是有问题的, 具体如表 8.15—表 8.17 所示.

表 8.15　客户端未收到返回数据

'2021******2', ' 赵 * 清', ' 云 A****2', '002', ' 云南省昆明市西山区'
{"Content": '2021******2', ' 赵 * 清', ' 云 A****2', '002', ' 云南省昆明市西山区', "ID": 7673464616, "Timestamp": 1616532691772369500, "ClientAddr": "127.0.0.1: 8888"}

表 8.16　主节点效果且显示连接失败的两个故障节点

主节点已接收到客户端发来的 request ...
已将 request 存入临时消息池
正在向其他节点进行 PrePrepare 广播...
PrePrepare 广播完成

续表

本节点已接收到 N2 节点发来的 Prepare ...

2021/03/24 04:51:33 connect error dial tcp 127.0.0.1:8001: connectex:

No connection could be made because the target machine actively refused it.

2021/03/24 04:51:33 connect error dial tcp 127.0.0.1:8003: connectex:

No connection could be made because the target machine actively refused it.

表 8.17　其中一个从节点运行效果

本节点已接收到主节点发来的 PrePrepare ...

已将消息存入临时节点池

正在进行 Prepare 广播...

Prepare 广播完成

2021/03/24 04:51:33 connect error dial tcp 127.0.0.1:8003: connectex:

No connection could be made because the target machine actively refused it.

2021/03/24 04:51:33 connect error dial tcp 127.0.0.1:8001: connectex:

No connection could be made because the target machine actively refused it.

8.8　基于 IPFS 的电子大数据上链实验

星际文件系统 (InterPlanetary File System, IPFS) 是一个旨在创建持久且分布式存储和共享文件的网络传输协议. 该技术是一种内容可寻址的对等超媒体分发协议. 在 IPFS 网络中的节点将构成一个分布式文件系统, 它尝试为所有计算设备 (IPFS 矿机) 连接同一个文件系统. 在某些方面, IPFS 类似于万维网, 但它也可以被视作一个独立的 BitTorrent 群、在同一个 Git 仓库中交换对象. 换种说法, IPFS 提供了一个高吞吐量、按内容寻址的块存储模型, 以及与内容相关的超链接. 这形成了一个广义的 Merkle 有向无环图 (DAG). IPFS 结合了分布式散列表、鼓励块交换和一个自我认证的命名空间. IPFS 没有单点故障, 并且节点不需要相互信任. 分布式内容传递可以节约带宽, 防止超文本传送协议 (HTTP) 方案可能会遇到的分布式拒绝服务 (DDoS) 攻击.

该文件系统可以通过多种方式访问, 包括用户空间文件系统 (FUSE) 与 HTTP. 将本地文件添加到 IPFS 文件系统可使其面向全世界可用. 文件表示基于其 Hash 值, 因此有利于缓存. 文件的分发采用一个基于 BitTorrent 的协议. 也有助于其他查看内容的用户将内容提供给网络上的其他人. 在本次实验中我们构建了一个私有的 IPFS 网络, 仅针对授权的各级别警务人员使用.

8.8.1　系统设计与实现

在派出所、分县局、市局搭建专属 IPFS 后进行 ipfs init 初始化本地仓库并获取唯一 ID 认证, 如表 8.18 所示.

表 8.18   派出所端初始化后得到的唯一 CID

H:\-ipfs>ipfs init
generating ED25519 keypair...done
peer identity: 12D3KooWPtCrq2RWkuuHDcMMFdWP2qgR1A1ZUy8L79m8
dEcehXfU
initializing IPFS node at C:\Users\61786\.ipfs
to get started, enter:
ipfs cat /ipfs/QmQPeNsJPyVWPFDVHb77w8G42Fvo15z4bG2X8D2GhfbSXc/
readme

得到唯一 CID 为 QmQPeNsJPyVWPFDVHb77w8G42Fvo15z4bG2X8D2Gh
fbSXc. 通过唯一 CID, 各级人员可以通过 ipfs cat/ipfs/CID 的形式启动 IPFS 服
务, 然后再运行 ipfs daemon 进行 IPFS 服务级别的监听, 至此各级别 IPFS 服务
就已打通实行, 如表 8.19、表 8.20 所示.

表 8.19   通过唯一 CID 开启服务实例

H:\go-ipfs>ipfs cat /ipfs/QmQPeNsJPyVWPFDVHb77w8G42Fvo15z4
bG2X8
D2GhfbSXc/readme
Hello and Welcome to IPFS!
If you're seeing this, you have successfully installed
IPFS and are now interfacing with the ipfs merkledag!

| Warning: |
| This is alpha software. Use at your own discretion! |
| Much is missing or lacking polish. There are bugs. |
| Not yet secure. Read the security notes for more. |

Check out some of the other files in this directory:
./about
./help
./quick-start <- usage examples
./readme <- this file
./security-notes

表 8.20   启动监听实例打通各级别服务

Initializing daemon...
go-ipfs version: 0.9.0
Repo version: 11
System version: amd64/windows
Golang version: go1.16.5
Swarm listening on /ip4/127.0.0.1/tcp/4001
Swarm listening on /ip4/127.0.0.1/udp/4001/quic
Swarm listening on /ip4/169.254.145.155/tcp/4001

续表

Swarm listening on /ip4/169.254.145.155/udp/4001/quic
Swarm listening on /ip4/169.254.155.56/tcp/4001
Swarm listening on /ip4/169.254.155.56/udp/4001/quic
Swarm listening on /ip4/169.254.157.232/tcp/4001
Swarm listening on /ip4/169.254.157.232/udp/4001/quic
Swarm listening on /ip4/169.254.38.66/tcp/4001
Swarm listening on /ip4/169.254.38.66/udp/4001/quic
Swarm listening on /ip4/169.254.81.120/tcp/4001
Swarm listening on /ip4/169.254.81.120/udp/4001/quic
Swarm listening on /ip4/192.168.10.1/tcp/4001
Swarm listening on /ip4/192.168.10.1/udp/4001/quic
Swarm listening on /ip4/192.168.188.1/tcp/4001
Swarm listening on /ip4/192.168.188.1/udp/4001/quic
Swarm listening on /ip4/192.168.31.21/tcp/4001
Swarm listening on /ip4/192.168.31.21/udp/4001/quic
Swarm listening on /ip6/::1/tcp/4001
Swarm listening on /ip6/::1/udp/4001/quic
Swarm listening on /p2p-circuit
Swarm announcing /ip4/127.0.0.1/tcp/4001
Swarm announcing /ip4/127.0.0.1/udp/4001/quic
Swarm announcing /ip4/192.168.31.21/tcp/4001
Swarm announcing /ip4/192.168.31.21/udp/4001/quic
Swarm announcing /ip6/::1/tcp/4001
Swarm announcing /ip6/::1/udp/4001/quic
API server listening on /ip4/127.0.0.1/tcp/5001
WebUI: http://127.0.0.1:5001/webui
Gateway (readonly) server listening on /ip4/127.0.0.1/tcp/8080
Daemon is ready

8.8.2 实验数据集

本次实验涉及相对规模从小、中、大的大型数据记录文件作为实验集, 分别将大小为 275MB 的派出所端电子存证信息、844MB 的分县局级电子存证信息以及 1.2GB 的市局电子存证信息上传至 IPFS 端, 可以得到如下信息, 如表 8.21 所示.

表 8.21　上传派出所端电子存证信息获取唯一标识

ipfs add 派出所端电子存证信息.sql
275 MiB / 275 MiB [============================] 100.00%
added QmUg6oJjNDQccgFVwpw1eUvEAUM4PU5LyLc8K7VL2qe3j6 派出所端电子存证信息.sql
275 MiB / 275 MiB [============================] 100.00%

派出所端电子存证信息的唯一标识符为 QmUg6oJjNDQccgFVwpw1eUvEA UM4PU5LyLc8K7VL2qe3j6, 在 IPFS 系统中检查可以看到 links 等更多信息, 如图 8.12 所示. 我们可以看到唯一标识 CID 与文件的大小, 最重要的是可以看到文

271

件的分支信息, 以对象里键值对的形式呈现出文件类型以及块链接信息, 有点类似于区块链中 Merkle 树的形式, 右侧的聚合 Hash 则是在 IPFS 中特定的算法形式——SHA2-256 算法, 在系统中对任意长度的内容, 生成的 Hash 值长度固定, 都是 32B. 在 LINUX 下, 直接用 sha256sum 可以计算 SHA2-256 格式的 Hash 值. 目前用的是 SHA-256, 但是可以支持多种 Hash 算法, 可以升级算法, 但是不会有大的架构改动. 于是, IPFS 采用了 multihash 这种简单的 Hash 表示方法, 支持多种 Hash 算法. 如果未来修改算法, 用的仍然是 multihash, 保证了表达方式的持续性.

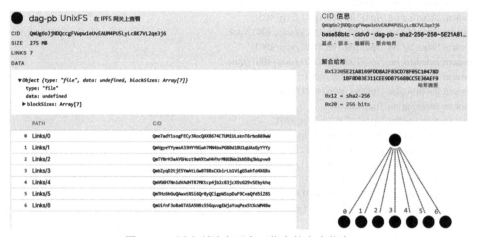

图 8.12　派出所端电子存证信息的审查信息

分县局级电子存证信息的唯一标识符为 QmU2Dh1BG5WfACAzRAyXa6WR5CjJrLmb39gkVaAQhW87j9, 在 IPFS 系统中检查可以看到在 IPFS 系统中检查可以看到 links 等更多信息, 如图 8.13、表 8.22 所示.

市级电子存证信息的唯一标识符为 Qmdz3n6fCAZznybVpvaPzEpUpQUY9aafDNXM1JaZYd9sCd, 在 IPFS 系统中检查可以看到 links 等更多信息, 如图 8.14、表 8.23 所示.

由图 8.14 我们可以得到每份数据上传后即可获得唯一标识 CID, 这个 CID 值的 Hash 值不是我们想要的 Hash 值, 这是由于原本的 Hash 太长, 长数字读起来不容易, 所以需要再进行编码, 压缩其长度使其容易传播, 为此, IPFS 采用了 Base58 编码, 其数据经历了 IPFS 文件 → 计算 SHA2-256→ 封装成 multihash→转化为 Base58 的过程.

IPFS 实验分块原理:

(1) 把单个文件拆分成若干个 256KB 大小的块 (block);

(2) 逐块 (block) 计算 blockhash, hashn = hash(blockn);

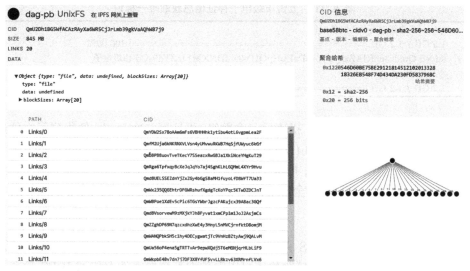

图 8.13　分县局级电子存证信息的审查信息

表 8.22　上传分县局级电子存证信息获取唯一标识

```
ipfs add 分县局级电子存证信息.sql
844.59 MiB / 844.59 MiB [========================] 100.00%
added QmU2Dh1BG5WfACAzRAyXa6WR5CjJrLmb39gkVaAQhW87j9 分县局
级电子存证信息.sql
844.59 MiB / 844.59 MiB [========================] 100.00%
```

图 8.14　市级电子存证信息的审查信息

273

表 8.23   上传市级电子存证信息获取唯一标识

ipfs add 市级电子存证信息.sql
1.2 GB / 1.2 GB [==============================] 100.00%
added Qmdz3n6fCAZznybVpvaPzEpUpQUY9aafDNXM1JaZYd9sCd 市级电子
存证信息.sql
1.2 GB / 1.2 GB [==============================] 100.00%

(3) 把所有的 blockhash 拼凑成一个数组, 再计算一次 hash, 便得到了文件最终的 hash, hash(file) = hash(hash1…n), 并将这个 hash(file) 和 blockhash 数组 "捆绑" 起来, 组成一个对象, 把这个对象当作一个索引结构;

(4) 把 block、索引结构全部上传给 IPFS 节点, 文件便同步到 IPFS 网络.

8.8.3   系统运行效果分析

各级别警务人员在 IPFS 系统中上传执法信息后, 得到对应数据的唯一标识 CID, 对唯一标识 CID 进行校验检查可以看到大型数据文件上传到 IPFS 后会被分成多个 links, links 下还会有更多子集, 直到数据被分为 250KB 的小块进行分布式存储. 而数据存证的安全性是通过聚合 Hash 来加以保障, 各级部门需要对某一数据进行取证时仅需通过对应的标识 CID 即可进行下载查询, 并且分布式存储的天然优势可以抵御单点攻击带来的破坏.

此实验根据上述性质将 IPFS 和区块链完美结合, 用户可以使用 IPFS 来处理大量警务数据信息, 把对应的加密 Hash 存储到区块链中并打上时间戳. 这样就无需将数据本身放在链上, 不但可以节省区块链的网络带宽, 还可以对其进行有效保护. 关于文件的安全性, 一方面可以加密后存入 IPFS, 另一方面也可以利用 IPFS 实现文件分布式共享. IPFS 弥补了现有区块链系统在文件存储方面的短板, 将 IPFS 的永久文件存储和区块链的不可篡改、时间戳证明特性结合, 非常适合在版权保护、身份及来源证明等方面加以应用.

8.9   结   论

本章建立了中国公共数据库电子证据系统的区块链模型, 较好地解决了公共部门运用公共数据库自动提取数据并生成不可更改或删除的电子证据的关键技术, 并通过电子证据取证系统有效防范取证过程及证据转移过程中可能发生的电子证据改变, 提出运用数据生命周期管理持续改进公共数据库电子证据的证据效力. 更进一步, 从法律的角度, 讨论了电子证据运用环节的电子证据关联性, 初步给出了载体关联、内容关联、案件串并的一般原则. 同时还将区块链技术与电子证据相结合, 应用到公安的执法办案中. 根据公安执法的环境和业务流程, 提出了一种数据模型, 即 BELEP 模型, 并设计了公安执法电子证据区块链应用系统原型. 通过技术创新, 在公安执法场景中充分发挥了区块链技术的优势.

由于公共数据治理的复杂性, 在某些方面研究尚不充分. 在基于中国公共数据库的电子证据关联性分析中, 必须把司法实务中的专业领域知识与电子证据信息相结合, 构成 "人-机" 结合的时空关联、载体关联和内容关联的知识自动化系统模型.

第 9 章　宗族数据博弈与生成对抗网络

9.1　研究背景及意义

国家自然科学基金委员会、中国科学院编撰的《未来 10 年中国学科发展战略: 脑与认知科学》中指出, 面对极为复杂的认知过程, 脑与认知科学不仅强调脑的生物学研究, 而且注重认知功能研究、心理与行为研究和计算理论分析. 人类的脑与认知系统的发展也推动了信息科学等其他学科的发展. 面对信息爆炸时代所产生的通信、计算、控制、识别、推理、判断和决策等重大问题, 社会对新的计算模型和信息技术提出了更高的要求, 在揭示智力本质的同时研制具有更高智能水平的机器和信息处理系统是人类历史发展的必然. 脑与认知科学在总体上通过交叉学科研究, 揭示神经环路的形成及功能调控、感知觉信息处理与整合、认知的神经基础、社会行为的心理机制和神经机制等等[114]. 经过近十年的发展, 脑与认知科学在各分支上都取得了一些进展. 在充分运用脑与认知科学研究成果基础上, 以机器学习和分布式集群协同运动智能控制为代表的人工智能迅速兴起. 其间, 以认知神经科学成果为基础, 发展了大量的认知模型、智能控制模型、认知演化动力学模型和技术. 这些认知模型与技术的发展也反过来推动了计算神经科学的发展, 产生了脑与认知科学新的研究范式.

人类活动广泛具备群体特征, 极端依赖群体文化传播的信息, 认知活动也不例外. 2011 年, 诺贝尔化学奖得主达尼埃尔·谢赫特曼 (Danielle Shechtman) 认为在群体中学习是获得知识最有效的方法之一. 在参考文献 [115] 中, Morgan 等以形式理论为基础建立了理论模型, 并通过一系列试验检验了理论模型的 9 个假设的合理性, 且筛选出了影响人类何时、如何使用社交信息的重要因素, 从而验证了认知主体的认知行为具有对多个社会成员信息交互的自适应性. 他们的模型分析和试验结果表明, 社会群体中成员的数量、成员之间的共识、受试者 (即认知主体) 的信心、任务的难度、会议 (集智) 次数、社会学习成本、受试者的表现和其他成员的表现都影响受试者对社交信息的使用, 并且这些因素对认知主体的认知行为的影响具有广泛的适应性. 换言之, 人类的社会学习受适应性学习规则的调节, 认知主体通过个体与社会之间复杂的信息交互融合产生有效的学习和决策能力, 从而建立了社会认知学习的演化动力学基础[115]. 在文献 [116] 中, Mesoudi 等运用

注: 本章内容主要发表于 *IEEE Transactions on Cybernetics*, 详见参考文献 [117].

模型分析和实验确定了一组社会学习策略, 而且分析结果表明这些策略对于个体认知学习行为具有适应性. 在他们的研究中, 所有社会成员从事某种多属性人工生态景观设计任务, 并且都有机会选择参与一系列社会学习策略, 包括回报偏差、整合、平均和随机复制, 最终通过社会认知学习共同产生了一个复杂的、多峰的、自适应的人工生态景观设计方案, 反映了认知个体在生态环境概念认知过程中对文化多样性环境的适应性. 但是, 在他们的试验中, 受试者表现出了个体学习和回报偏差的社会学习的混合, 而基本忽略其他社会学习策略. 他们的研究还表明, 这种偏重收益预测误差的社会学习的影响是由少数顽固的社会成员推动的, 这些顽固成员在超过一半的试验中都较高程度地抄袭了最好的小组成员, 并且他们的收益水平也高于所有个体学习者的平均水平, 说明个体学习能力与社会学习能力之间存在联系[116]. 与收益型社会学习不同, 在如何规避风险的社会学习场景, 如医疗、司法和安全领域方案设计、筛选方法的改进研究中, 如何规避潜在威胁是首要的. 在单一主体的认知决策中, 只有以增加假阳性为代价, 才可能增加真阳性. 相反, 假阳性的减少与真阳性的减少相关. 但是, Wolf 等的研究表明, 在多认知主体的群体中, 一个简单的仲裁决策规则使组中的个体可以在增加真实肯定率 (真阳性率) 的同时减少错误肯定率 (假阳性率)[118]. 这些研究从不同角度证明了, 无论是收益型认知场景还是风险型认知场景, 社会认知学习的效率和精度都高于个体认知学习的效率和精度; 验证了 "三个臭皮匠赛过诸葛亮" 这一俗语, 表明了通过成员间的社会学习可以弥补认知过程中个体的样本量和知识的不足.

概念认知是人类认知的基本形式, 是人类逻辑思维的基础. 概念认知是人们在观察和理解过程中, 认知主体把对事物所感知到的本质特征不断抽象出来, 逐渐形成概念的内涵和外延, 是一个动态演化过程. 概念认知学习的目的是模拟人脑的概念认知过程, 以设计有效的概念认知系统, 从而揭示人脑进行概念认知的系统性规律[119]. 鉴于概念认知的模式本身存在多样化, 近几年, 一些学者从具体的问题背景或应用场景出发, 提出各种不同的概念认知学习方法[120-123], 建立了多种概念认知学习模型, 有的模型已经在人工智能领域取得一定的应用效果. 在这些已有的概念认知模型中, 应用场景均为单一主体基于大样本数据的概念认知学习[124-128], 而且关注的重点在于概念认知结果的代数结构、属性约简的方法和数据流中的概念漂移检测等[129-132].

但是, 在实际的概念认知学习过程中, 很多场景下样本是稀缺的. 因此, 基于小样本的概念认知学习具有重要的现实意义. 事实上, 学习新概念的人们通常可以仅通过一个示例就能成功地进行概括, 而传统的机器学习算法通常需要数十或数百个示例以相似的精度进行概括. 例如, 人们可能只需要看一个新型两轮车的例子便能掌握新车概念的边界, 甚至小孩也可以通过 "一次学习" 就能做出有意义的概括. 为了模拟人类基于小样本的概念认知能力, Lake 等提出了一个基于概率性程序归纳的人类概念学习算法[133]. 在人脑科学研究领域, 由于人类大脑是一个庞大的黑箱系统且研究受限于医学伦理, 研究者不可能获得大量样本数据, 甚至只能从偶发事件或个别案例中获得小样本数据并从中分析得出有用的结论 (例如, 病人 H.M. 在手术中被意外切除海马结构而无法形成记忆, Phineas Gage 被铁棒穿过前额叶导致性格大变, "裂脑人" 在手术中被切断胼胝体而导致大脑两个半球无法协作等事件中人们发现了一些人类大脑功能认识). 在医疗健康领域, 会遇到各种罕见的病例, 在短期内很难再现, 或同一病例在不同时期会出现不可预见的并发症. 在自然灾害防灾减灾研究领域, 极端天气与环境、地质变化的耦合造成的重大洪涝灾害事件, 虽然由于条件的差异灾情数据很难再现, 但是人们仍然能够利用小样本数据对灾害成因做出一些科学的分析. 对基于小样本的概念认知学习情景, 主要有两种研究途径: ① 着眼于单一认知主体对小样本数据建模, 并适当进行训练达到认知学习的目的; ② 引入多个认知主体, 形成分布式的社会学习环境, 对小样本数据进行社会认知学习, 经过反复的社会化训练最终达成对概念的共识. 对于第一种途径, 即小样本数据建模, 近年来已经发展了多种方法和技术, 其中有代表性的有模型求解与范例学习相结合 (CSEL) 方法[134]、强化学习 (RL) 方法[135]、生成对抗网络 (GAN) 方法[136]. 虽然这些方法与技术有效, 但是都有明显的缺陷, 其中最主要的缺陷是数据建模中不仅忽略了充分发挥社会群体智慧, 而且忽略了社会关系网络结构对概念认知主体的影响. 事实上, 对小样本数据而言, 多个不同认知主体从不同角度加以观察和数据建模会得出不同的理解, 若加以综合, 会形成比单一个体更加深刻的概念认知, 如医院的专家会诊能加深医生对病人疾病、治疗方案和治疗效果的认知. 根据社会学习理论, 实际中个体的认知行为受到其他社会成员及其网络结构的影响, 概念认知也不例外[115,116,118,137]. 在社会学习环境下, 多个认知主体通过感知、信息交互和博弈从而建立彼此之间的相互关联, 形成各种各样的复杂网络. 复杂网络与传统数据分析理论与技术的交叉与融合, 形成了一些非常有意义的研究领域, 并已经取得了一些重要的研究成果[138]. 由此可见, 多个认知主体在复杂网络中进行的概念认知学习是社会认知学习和人工智能领域研究的前沿.

从理论研究内容上讲, 发展分布式多主体概念认知这一人工智能领域的数学理论, 包括复杂网络下随机动态合作博弈论与量子随机动力学基础, 特别发展能够刻画社会学习网络中结构节点的作用的随机动态宗族博弈理论; 在数学理论基础之上, 建立分布式的多主体概念认知学习系统的理论模型, 获得模型的解的条件, 使认知主体能够借助社会群体智能提高他们基于小样本的概念认知精度和效率, 并最终达成社会成员对概念认知的共识和容错的目的.

从研究方法上讲, 传统的生成对抗网络方法或强化学习方法, 以二人零和博弈或单一主体的收益预测误差最小化理论为数学基础, 只能模仿单个或两个认知主体的认知学习. 考虑两个认知主体的信息不对称性, 博弈中信息占优一方是领导者 (或自主的认知主体), 信息居劣的一方是跟随者 (或受控的认知主体). 在生成对抗网络中, 将领导者抽象为判别器, 将跟随者抽象为生成器. 在强化学习中, 将领导者综合为环境因素. 也就是说, 已有的生成对抗网络模型和强化学习模型只能模拟 "1 对 1" 的概念认知学习过程, 判别器顶多是个概念认知中的 "私塾老师". 根据渗流理论研究结果, 复杂网络中的整个互连框架取决于一组特定的结构节点, 这些结构节点的规模远小于整个网络节点规模, 他们对应于社会认知中自主的学习者. 如果这些节点都被激活, 则信息将传播到整个网络; 如果某个结构节点被去除 (故障), 则会阻止信息的大规模扩散. 通过多认知主体系统的能量函数的最小化, 可以将多认知主体网络中领导者选择问题映射为随机网络中的最佳渗流问题, 从而识别领导者的最小集合[138]. 对社会概念认知而言, 在分布式的多认知主体网络中, 结构节点处于社会概念认知的关键位置, 它们对社会概念认知学习的结果影响最大. 在概念的社会认知学习过程中, 生成器 (跟随者) 通过结构节点间接地获得其概念认知与真实情况的差异, 并根据判别器反馈的社会认知价值评估来改进其学习策略, 从而进一步实现自己的收益预测误差最小化. 与此同时, 跟随者也可以通过自由选择结盟或模仿邻居的认知行为来实现联盟的收益预测误差最小化. 另外, 在多层的复杂网络中, 领导者的地位是相对的, 下层网络的领导者可能是上层网络的追随者, 他们之间也存在结盟和交互学习的行为. 因此, 为了模拟大规模分布式网络中概念认知主体的认知过程, 需要发展出大规模的分布式生成对抗网络方法, 以建立多层的、多对多的概念认知学习模型.

　　长期以来, 自主和被控的社会认知之间的区分是社会心理学理论的核心, 两者在控制社会认知的神经区域上是可分开的. 此外, 内部关注 (即关注自我和他人的心理 "腹地") 与外部关注 (即关注自我和他人的外在表现) 之间的区分, 则来自社会认知神经科学研究, 而不是来自现有的心理学理论[139]. 计算神经科学是国际上近 20 年迅速发展起来的有关神经系统功能研究的一个新的交叉学科, 计算认知神经科学是其主要分支之一[140]. 在自然科学与工程领域, 科学的发展都遵循由定性到定量、由描述到实验、由实验到理论的发展道路. 对任何一门自然科学的发展, 最初提出理论上假设和猜想, 然后进行设计和实验, 从中获得数据和分析结果, 并将分析结果与初步推断和假设进行比较, 若有不符, 再对假设或实验方案进行修改和调整. 在很多自然科学与工程领域, 建模分析是最为有效的研究方法. 模型的作用有两个方面: ① 如果原始假设和猜想能用理论模型表达, 就可以进行数值预测和推论; ② 如果实验结果可以用一组数学模型来拟合, 就可以深入到事物的本质, 理论上就可以达到更高的境界. 计算认知神经科学正是运用实验驱动和模型驱动相结合而发展起来的认知神经科学的一个分支. 运用脑与神经科学实验、数学模型方法和最新的计算机技术相结合开展社会认知学习研究是计算认知神经科学的重要研究领域, 而社会概念认知学习的数学建模及计算是这一领域的基础.

概念认知过程是获取概念的内涵和外延的过程, 由属性的选择和样本的分布 (即划分方式) 构成. 在概念认知学习过程中, 由于主观和客观的因素影响, 认知具有各种不确定性, 包括: ① 随机性, 即外延确定但内涵不确定; ② 模糊性, 即内涵确定但外延不确定; ③ 可拓性, 即认知主体的社会角色、情绪和认知的环境等因素造成不确定性. 基于样本的概念认知学习就是解决概念认知的随机性, 即从数据中获得样本的分布函数, 面向对象获得概念的内涵 (本质特征). 作为计算概念认知的重要方法, 深度学习是基于大样本的概念认知方法. 强化学习则是在样本基础上考虑环境影响的概念认知学习方法[135]. 以联结主义的神经网络为代表的深度学习毫无疑问是 21 世纪初人工智能领域的最重要、最具实用的计算认知技术之一. 以联结主义和行为主义相融合为基础发展起来的强化学习, 则将基于静态样本数据和标签、数据产生与模型优化相互独立的 "开环学习", 转变为与环境动态交互的、在线试错的、数据产生与模型优化紧密耦合在一起的 "闭环学习". 在技术表现上, 以深度学习为核心的 AlphaGo 战胜李世石后, 以强化学习为核心的 AlphaZero 以其完全凭借自我学习超越了在各种棋类游戏中人类数千年经验的能力, 再次刷新了人们对人工智能的认识, 也使得强化学习与深度学习的结合受到了学术界和产业界的前所未有的关注. 但是, 强化学习把认知主体以外的要素综合为环境, 而环境不是智能体, 故它不能被看作概念认知的另一个认知主体. 如前所述, 考虑到认知主体的社会角色带来的概念认知的不确定性, 仅仅用强化学习解决 "开环学习" 是不够的. 为了充分体现社会群体中认知主体之间在认知过程中的交互影响, 考虑模拟两个认知主体的交互学习行为, 需要发展出新的概念认知学习模型和技术. 为了适应这样的技术发展要求, Ian Goodfellow 等 2014 年首次提出了以二人零和博弈理论为基础的生成对抗网络 (generative adversarial networks, GAN)[136], 这一技术突破引起了学术界和工业界的广泛关注. 发展至今, 已成为当下热门的人工智能技术之一.

生成对抗网络的主要目的是通过社会学习用小样本数据训练出一个生成器使之能够生成真假难辨的数据, 同时判别器自身的鉴别能力也在训练过程中得以提高. 整个生成对抗网络的训练过程是一个演化博弈过程, 即把生成器和判别器都视为博弈的局中人, 经过多轮博弈使各方趋于均衡状态. 经典的生成对抗网络只有一个生成器和一个判别器, 对应的概念认知学习过程是一种 "自主-受控" 的非合作博弈, 即一方收益必然意味着另一方损失, 在博弈的每阶段双方的收益总和均为零. 此二人零和博弈模型的 Nash 均衡解的含义是: 寻找一个生成器 G^* 与判别器 D^*, 使得各自的代价函数最小. 经过理论分析和计算表明: 当且仅当生成器学习到的数据概率分布 P_{model} 逼近判别器的数据概率分布 P_{data}, 即 $P_{\text{model}} = P_{\text{data}}$

时, 生成器和判别器的二人非合作博弈达到 Nash 均衡[136].

近几年, 众多学者发展了各种生成对抗网络模型. 例如, Radford 等提出了一个重要的结构, 来解决训练不稳定、模式崩溃等问题[141]; Karras 等建构了 Style-GAN, 在面部生成任务中创造了新纪录, 是 GAN 研究领域的另一重大突破[142]. Yang 等为了有效地解决具有挑战性的时间链预测任务, 提出了一种新的深度生成框架 NetworkGAN, 该框架通过深度学习技术, 同时对动态网络的时空特征进行建模[143]. Zhong 等针对高光谱图像的分类问题, 提出了一种基于生成对抗网络和条件随机域的分类方法[144]. 在合成生物学中, Gupta 等构造了 Feedback GAN(FBGAN) 用以生成具有理想生物物理特性的 DNA 序列[145]. 为方便心脏病的诊断, Zhu 等提出 BiLSTM-CNN, 用来合成保留心脏病患者特征的心电图, 以训练模型使计算机可以进行自动医疗诊断[146]. 在解决 SAR 目标识别问题中, WGAN-GP 构架用来增加训练数据集中的样本数量, 以提高识别率, 有效地解决了小样本识别问题[147]. 迄今为止, 生成对抗网络已经在对应身份信息的人脸图像合成[148,149]、数据扩充以及图像分割[150] 等方面获得广泛应用, 为解决小样本识别以及合成生物学研究提供了新思路. 理论研究中, Tembine 等利用博弈论中战略学习算法的最新发展, 提出了一种基于 Bregman 的快速学习算法, 为深度学习网络中越来越复杂的体系结构提供新的训练算法[151]. 从根本上讲, 只要判别器判定生成数据分布为真实数据, 那么 $P_{\text{model}} = P_{\text{data}}$ 就成立. 但是, 在整个训练过程中, 生成器和判别器有可能不能同时达到均衡, 甚至生成器无法控制生成图像的语义信息, 而导致训练失败. 针对这两个基本问题, 三元生成对抗网络 (TripleGAN) 在传统生成器和判别器的对抗框架中增加了一个分类器, 优化的最终目标是使三者的概率分布趋于一致[152]. 此外, Yi 等提出了一种新的双 GAN 机制, 它可以通过来自两个域的两组未标记图像对图像转换器进行训练, 解决复杂任务中对图像标签需求量大且标签价格昂贵的现实问题[153]. 这些研究已经显示出在社会概念认知学习中反映多主体协同与合作的必要性.

作为一个数据分析领域的新技术, 在基于二人零和博弈的生成对抗网络中, 生成器与判别器接近 Nash 均衡的过程, 本质上就是博弈的双方 (即生成器和判别器) 以损失函数最小化为目标就样本数据的分布函数 (观念) 达成共识的过程. 然而, 在实际的生成对抗网络中, 事实上来自真实的、不变的小样本的数据分布函数可能是不存在的 (或者说自主的认知主体未必能获得真实数据分布的所有特征或参数), 即判别器所给出的数据分布 P_{data} 可能不是真实的分布而仅仅是它基于真实数据的一个概念认知, 带有主观性. 生成器所获得的模型分布 P_{model} 则是从各种噪声信息与判别器的反馈信息相融合而来的、用以模仿真实数据分布的一个概念认知. 因此, 最优生成器的分布是生成器和判别器之间彼此互相训练的结果, 它同时也给出了判别器最终认可的数据分布, 即概念. 这个结果是双方经过概念认知演化博弈达成的共识, 是带有一定主观色彩的社会概念认知学习结果. 各方围绕概念认知进行博弈的过程, 也是一个相互训练且最终形成共识的过程, 所达到的均衡解也就是双方认可的、真假难辨的概念认知共识. 关于社会概念认知结果的主观性的描述, 可以引用《红楼梦》里的一副对联来说, 就是 "假作真时真亦假, 无为有处有还无", 当你把假的当作真的时候真的就像是假的了, 无变为有的地方有也就无了. 或者说, 把不存在的东西 (生成器获得的概念) 说成是存在的事实 (判别器获得的概念) 时, 捏造的东西和存在的事实显得一样真实. "指鹿为马""皇帝的新装" 等典故所指的就是这样的认知主体双方就虚假概念认知达成共识的典型案例. 社会学习理论认为, 受控的认知主体仅通过观察他人或模仿榜样 (自主的认知主体), 就可以进行认知学习; 认知主体获得什么样的认知有赖于榜样的作用, 即榜样拥有什么样的奖赏、榜样示范的复杂程度如何、榜样行为的结果和榜样与观察者的人际关系 (社会网络) 都将影响观察者的认知表现. 在两个认知主体的社会认知学习中, 如果其中一方是自主的, 而另一方是受控的, 那么生成对抗网络方法很好地描述了社会认知学习的过程. 如前所述, 在经典的生成对抗网络系统中, 所谓 "真实" 的数据分布, 本质上是一种生成器和判别器的共识, 即数据分布的一致性. 在社会概念认知学习过程中, 拥有真实样本数据的一方占有信息上的优势, 是自主的认知主体, 他可以根据自己的认知能力或主观倾向获得概念认知 (即他从真实的样本获得的数据分布 P_{data}), 在模型上表示为判别器. 社会概念认知学习的另一个认知主体并不掌握真实数据, 在信息上居于劣势地位, 是受控的认知主体, 只能根据各种噪声或主观猜测获取一个初始概念认知 (用生成的数据分布 P_{model} 表示), 并且根据判别器反馈回来的信息 (如损失函数) 更新自己的概念认知. 值得注意的是, 主动和受控只是相对的, 即所谓魔道相生, 如稽查者和假币制造者经过多轮博弈后形成真假难辨的局面. 在社会认知学习过程中, 自主的认知主体 (判别器) 的概念认知也不断被更新.

然而, 在绝大多数社会概念认知情境中, 认知主体的个数远多于两个. 这些认知主体的社会角色不同所造成的信息不对称性, 使得概念认知主体的社会网络中节点角色多样化. 在社会概念认知过程中, 信息占优的自主认知主体构成社会网络中的结构节点, 他们在社会认知过程中具有判别的功能, 而另一些居于信息劣势的节点成为受控的认知主体, 充当生成器的角色. 更为复杂的情形是, 在社会概念认知过程中, 社会网络的节点及其社会角色、关联关系还会随机变化, 包括节点随机增减、连接关系随机变化、社会角色随机转换等, 从而使概念认知的社会网络表现为复杂的分布式随机网络. 虽然强化学习方法将特定认知主体之外的社会角色与不可知要素综合成 "环境", 一定程度上弥补了以往认知主体的 "开环学习" 缺陷, 但不能真正体现出社会概念认知学习过程的复杂性. 计算认知神经科学的最新研究成果表明, 神经递质多巴胺在认知活动中表示收益预测误差 (RPE),

而且生产多巴胺的神经元的相位活动会传递时序差分误差 (TDE). 以此为依据, 引申出强化学习和生成对抗网络等人工智能建模基础的 "多巴胺神经元活动的收益预测误差假说". 该假说认为, 生产多巴胺的神经元会向涉及认知学习和动机的多个大脑区域广播收益信号, 其相位反应表示的是收益预测误差, 而不是收益本身[135]. 虽然计算神经科学仍然距离完全理解认知神经回路、分子机制和多巴胺神经元的相位活动的功能十分遥远, 但是支持收益预测误差的证据和支持多巴胺相位反应作为认知学习强化信号的证据暗示了大脑可能实施类似的 "生成器-判别器" 算法. 为了进一步体现人类认知行为的社会性, Dabney 等最近提出了一种基于多巴胺的分布强化学习的方法, 他们假设大脑不是以均值的方式代表未来可能的回报, 而是以集值的方式有效且并行地代表多个未来的回报, 并用来自小鼠腹侧被盖区的单位测试记录进行了验证, 他们的这一发现为神经网络上的分布强化学习提供了有力的证据[154]. 他们在论文中还声称他们的假设来自人工智能中强化学习方法的启发. 但是, 这种基于多巴胺的分布式强化学习本质上并不是真正意义上的社会认知学习, 而是单个认知主体强化学习的集值价值函数形式, 只是反映了认知主体对收益或损失的不确定性评价, 既不能反映认知主体之间交互学习行为也不能反映认知主体的社会角色差异和学习倾向. 因此, 作为一种社会背景下的概念认知的强化学习方法, 研究基于分布式生成对抗网络的复杂多主体社会概念认知理论和方法是发展人工智能的迫切需要. 多主体社会概念认知学习系统是多认知主体的信息生物物理融合复杂系统 (cyber-biophysics complex system, CBPCS), 受到 Dabney 等工作中收益多值性的启发, 我们认为, 运用分布式生成对抗网络方法研究社会概念认知学习已经具有一定的认知神经科学基础, 但仍缺乏数学基础和模型描述.

分布式系统的一致性研究已经有了很长的研究历史, 其中观念动力学理论和 Byzantine 将军算法[92] 是最为重要的理论成果, 已经成为分布式系统研究的理论基础[155]. 观念动力学在自然科学与社会科学的交叉领域迅速发展, 成为研究复杂网络系统中观念或行为的产生、扩散和聚合的主要工具[99]. Degroot 模型是观念动力学的基本模型, 用以描述对同一对象 (样本) 有不同认知的人通过交互作用最终达成共识的过程[156]. 但是在社会认知学习研究中还未见报道运用观念动力学研究概念认知一致性的研究成果, 更没有分布式生成对抗网络的研究成果见诸文献.

作为研究社会认知学习潜在的数学基础, 合作博弈论研究是当今博弈论发展的主流, 尤其复杂网络上的演化合作博弈发展由来已久且成果丰富. 研究表明, 在人类的群体活动中合作精神是与生俱来的, 特别在社会学习中表现出很强的合作倾向[70,157,158]. 因此, 在多认知主体的概念认知行为研究中, 以合作博弈理论作为其数学基础是必然的. 特别地, 考虑到网络中认知主体的信息差异和网络结构节点的变化对网络的影响, 发展宗族合作博弈论将有助于建立社会概念认知研究的数学基础. 但是, 随机动态合作博弈的数学研究成果还比较少, 而且难度较大、进展缓慢[158-160]. 尤其在复杂网络上的随机动态合作博弈的研究方面, 迄今为止主要以基于蒙特卡罗方法的计算机模拟为主, 尚无严格的数学研究成果报道. 另一方面, 随着网络技术的发展和普及, 认知主体个数不断增加而且他们之间的联系日益密切、角色转换更为频繁, 概念认知行为会受到更多用户随机变化的影响, 表现出复杂的量子随机动力学行为, 传统的蒙特卡罗方法本身也需要发展, 以适应网络切片和大规模边缘计算环境下社会概念认知研究的需要, 但这方面的研究才刚刚起步, 有待重要的理论突破和方法创新.

9.2 生成对抗网络简介

9.2.1 生成对抗网络基本模型

GAN 包含生成器 G 和判别器 D, 生成器 G 是一个神经网络, 也可以看成一个函数, 其意义是将输入噪声 z 经过一系列处理生成模拟样本 $x = G(z)$. 判别器 D 也是一个神经网络 (特殊情况也可以是给定分布函数), 用它来判断输入样本是真实样本还是生成样本. GAN 的基本结构如图 9.1 所示.

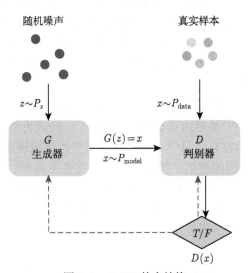

图 9.1　GAN 基本结构

在理想的情况下, 真实训练数据集会有一个固定的数据分布 $P_{data}(x)$, 简记为 P_{data}, 其中 x 是真实数据集中的样本点. 但是, 在实际的判别器中, 往往并不能完全知道真实的分布 $P_{data}(x)$, 甚至不能确定样本空间的全部特征. 当已知样本空间的全部特征时, 也只能知道其参数分布, 其中参数为 $\theta^{(D)}$. 对生成器而言, z 是输入噪声, 假定 $P_z(z)$ 为生成模型输入噪声变量的先验分布, 它可以是任意的简单分布, 比如正态分布、均匀分布等. 生成模型的数据分布是由噪声分布导出的数据 x 的分布, 记为 $P_{model}(x; \theta^{(G)})$, 简记为 P_{model}, 由一组参数 $\theta^{(G)}$ 来确定, 训练生成器 G 就是通过改变参数 $\theta^{(G)}$ 使生成数据分布 $P_{model}(x; \theta^{(G)})$ 不断逼近真实模型数据分布 $P_{data}(x)$. 例如, 若生成数据分布 $P_{model}(x; \theta^{(G)})$ 为高斯混合模型 (指多个高斯函数的线性组合), 参数 $\theta^{(G)}$ 就是高斯函数的均值和方差. 通过调整均值和方差使 $P_{model}(x; \theta^{(G)})$ 和真实的数据分布 $P_{data}(x)$ 越接近越好. 我们用 $D(x)$ 表示数据 x 来自真实数据集的概率. 训练得到一个最优的判别器 D 的目标是: 当 x 来自真实数据分布 $P_{data}(x)$ 时, $D(x)$ 越大越好; 当 x 来自生成数据分布 $P_{model}(x; \theta^{(G)})$ 时, $D(x) = D(G(z))$ 越小越好.

在整个训练过程中, 几乎不可能知道真实数据分布 P_{data} 的具体形式, 所以当生成数据分布逼近判别器所认为的真实数据分布时, 就认为生成数据分布逼近了真实数据分布, 即 $P_{model} = P_{data}$. 从而训练出能够产生真实样本的生成器 G.

9.2.2 生成对抗网络基本博弈模型

在经典的神经网络理论中, 任何一个连续函数都可以用一个神经网络来逼近. 因此, 生成对抗网络中, 假设生成器 G 和判别器 D 都是多层感知器 (具有单层或多层隐藏层的神经网络), $\theta^{(G)}$ 是生成器 G 的参数, $\theta^{(D)}$ 是判别器 D 的参数, 训练过程中通过反向传播算法 (分为前向和反向两个阶段, 前向传递输入信号直至输出产生误差, 反向传播误差信息更新参数) 分别更新参数 $\theta^{(G)}$ 和 $\theta^{(D)}$.

更进一步, 为了建立生成对抗网络的数学基础, 我们忽略生成器和判别器的网络属性及对应参数的训练过程, 而是将判别器 D 视为一个二分器, 其样本标签为 $\{0, 1\}$, 0 表示负类, 1 表示正类. 当 x 来自真实数据时, 根据正类的对数损失函数构建 $E_{x \sim P_{data}}[\log D(x)]$, 其中 E 表示期望, 最大化这一项主要是为了 x 服从于真实数据分布时能准确预测 $D(x) = 1$. 当 x 来自生成数据时, 根据负类的对数损失函数构造 $E_{z \sim P_z}[\log(1 - D(G(z)))]$, 最大化这一项主要是为了 x 服从生成数据分布时能准确预测出 $D(G(z)) = 0$. 将两种情况合在一起, 判别器的代价函数

$$J^{(D)}(\theta^{(D)}, \theta^{(G)}) = -\frac{1}{2} E_{x \sim P_{data}}[\log D(x)] - \frac{1}{2} E_{z \sim P_z}[\log(1 - D(G(z)))] \quad (9.2.1)$$

其中, 右边第一项表示判别器 D 判别 x 是真实数据的期望, 右边第二项表示判别器 D 判别 $G(z)$ 是生成数据的期望. 从分类器角度看, 生成器 G 和判别器 D 是一个整体的两个组成部分, 二者紧密相关, 可以看作一个零和博弈的两个局中人, 它们的代价总和为零. 所以, 生成器的代价函数 (损失函数)

$$J^{(G)} = -J^{(D)} \quad (9.2.2)$$

引入价值函数 $V(D, G)$ 来表示 $J^{(D)}$ 和 $J^{(G)}$, 即

$$V(D, G) = E_{x \sim P_{\text{data}}}[\log D(x)] + E_{z \sim P_z}[\log(1 - D(G(z)))] \tag{9.2.3}$$

则 $J^{(D)} = -\frac{1}{2}V(D, G), J^{(G)} = \frac{1}{2}V(D, G)$.

在生成器和判别器都是理性的假设下, 现在需要找到合适的 $V(D, G)$ 使得 $J^{(D)}$ 和 $J^{(G)}$ 达到平衡, 即其目标函数

$$V(D, G) = E_{x \sim P_{\text{data}}}[\log D(x)] + E_{z \sim P_z}[\log(1 - D(G(z)))] \tag{9.2.4}$$

达到鞍点 (D^*, G^*), 亦即

$$V(D^*, G^*) = \min_G \max_D V(D, G) \tag{9.2.5}$$

对生成器而言就是求解一个极大极小值的问题

$$\min_G \max_D V(D, G) = E_{x \sim P_{\text{data}}}[\log D(x)] + E_{z \sim P_z}[\log(1 - D(G(z)))] \tag{9.2.6}$$

此零和博弈的 Nash 均衡点 (D^*, G^*) 即为符合下列条件的判别器 D^* 和生成器 G^* 的逆向归纳解, 即

$$D^* = \arg\max_D V(D, \arg\min_G V(D, G)), G^* = \arg\min_G V(\arg\max_D V(D, G), G) \tag{9.2.7}$$

固定 G^* 先求满足 (9.2.7) 式的 D^*. 解得

$$D^*(x) = \frac{P_{\text{data}}(x)}{P_{\text{data}}(x) + P_{\text{model}}(x)} \tag{9.2.8}$$

所以 $D^*(x) = \arg\max_D V(D, G^*)$, 显然它的值域为 $[0, 1]$.

在求生成器 G^* 之前, 先介绍一下 Jensen-Shannon (JS) 散度. JS 散度用来测量两个概率分布之间的相似程度并具有对称性. 计算 G^* 时, 会发现 $\min_G V(D^*, G)$ 可以转换成 JS 散度的形式, 根据 JS 散度的非负性可以求得最优解. 从而求得

$$G^* = \arg\min_G \max_D V(D, G)$$

$$= \arg\min_G V(D^*, G)$$

$$= \arg\min_G \text{JS}(P_{\text{data}} \| P_{\text{model}}) \tag{9.2.9}$$

所以, 当且仅当 $P_{\text{model}} = P_{\text{data}}$ 时, 可以求得 G^*. 从而可以求得此零和博弈的 Nash 均衡点 (D^*, G^*).

9.3 生成对抗网络的多主体宗族博弈

实际过程中, 代价函数既为损失函数, 用来计算样本误差. 在本节中, 我们将忽略生成器作为一个神经网络的参数训练过程, 而是直接将生成器和判别器视为两个互相学习的智能体, 通过更新两者的损失实现修改各自分布的目的, 而它们各自的损失将作为多智能体系统[156] 的两个输入, 通过相互借鉴学习形成新的分布的损失作为多智能体系统的输出. 生成对抗网络的训练过程就是智能体之间观念状态转移的过程, 具体结构如图 9.2 所示.

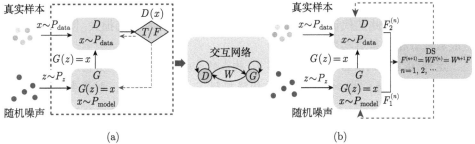

图 9.2 (a) 为一个判别器 (D) 和一个生成器 (G) 构成的分布式生成对抗网络; (b) 为两个主体之间交互影响网络图, D, G 以邻接矩阵 W 交互学习

在证明生成对抗网络存在一致性之前, 先简单介绍一下马尔可夫链的相关知识. 马尔可夫链状态空间 $I = \{1, 2, \cdots, m\}$, w_{ij} 表示从状态 i 到状态 j 的一步转移概率, $w_{ij}^{(n)}$ 表示从状态 i 到状态 j 的 n 步转移概率. 若集合 $\{n : n \geqslant 1, w_{ij}^{(n)} > 0\}$ 非空, 则称该集合的最大公约数 d 为状态 i 的周期, $d = 1$ 就称 i 为非周期. 若状态 i 和状态 j 互通, 即 $i \leftrightarrow j$, 那么状态 i 和状态 j 具有相同的周期. 若状态空间 $I = \{1, 2, \cdots, m\}$ 的非空子集中所有状态互通, 则称该子集为不可约闭集. 有限状态不可约非周期马尔可夫链必存在唯一的平稳分布 $\{\pi_j, j \in I\}$, 并且此时的平稳分布就是极限分布[161], 即 $\lim\limits_{n \to \infty} w_{ij}^{(n)} = \pi_j, j \in I$.

如前所述, 生成对抗网络本质上是一个极大极小博弈问题, 当且仅当 $P_{\text{model}} = P_{\text{data}}$ 时达到 Nash 均衡, 也就是说, 当且仅当生成数据分布逼近判别器所判定的真实数据分布时可以达到 Nash 均衡. 这种逼近可以理解为生成器与判别器对真实数据分布的认识形成了一致. 由于实际过程中我们并不知道真实数据的具体分布, 所以我们通过使某些变量 F 相互逼近来实现生成数据分布与真实数据分布的近似. 在这里, F 代表可以决定数据分布的变量, 比如损失函数、梯度下降方向等. 下面给出两者就变量 F 可以达成一致的条件.

假设变量 F 表示主体的损失, 考虑生成对抗网络中的两个主体——生成器 G

和判别器 D. 令 $F_1^{(0)}$ 为生成器的初始值, 简记为 F_1, $F_2^{(0)}$ 为判别器的初始值, 简记为 F_2. 判别器 D 虽然掌握了真实样本数据, 但它不清楚真实数据分布的具体形式, 所以判别器的初始值 F_2 只代表判别器的经验. 也就是说, 训练过程是生成器和判别器互相学习并逐步达成一致的过程, 其中参数的训练最终表现为生成器和判别器彼此借鉴对方观念的过程. 生成器 G 将生成样本 (不是参数) 传输给判别器 D, 并以判别器 D 输出的误差信号作为指导 (通过比较生成样本和误差信号), 更新自身的参数, 从而更新损失, 其更新规则为 $F_1^{(1)} = (1 - \lambda)F_1 + \lambda F_2$, 其中 λ 代表生成器受判别器影响的程度, 参数 $\theta^{(G)}$ 被参数 λ 所取代. 而判别器 D 也会根据误差信号和生成器 G 提供的生成数据更新自身参数以更新损失, 其更新规则为 $F_2^{(1)} = \mu F_1 + (1 - \mu)F_2$, 其中 μ 代表判别器受生成器影响的程度, 参数 $\theta^{(D)}$ 被参数 μ 所取代. 如此迭代训练, 直到生成器的损失逼近判别器的损失, 即判别器断定生成数据分布就是真实数据分布.

定理 9.1 判别器 D 和生成器 G 构成的生成对抗网络中, 若网络满足: ① 网络中主体信息互通; ② 加权平均邻接矩阵极限 $\lim\limits_{n \to \infty} W^n$ 存在. 则称生成器与判别器就变量 F 达成一致, 从而有 $P_{\text{model}} = P_{\text{data}}$. 此时生成对抗网络模型可以达到 Nash 均衡.

证明 设生成对抗网络的加权邻接矩阵为

$$W = \begin{pmatrix} 1 - \lambda & \lambda \\ \mu & 1 - \mu \end{pmatrix} \tag{9.3.1}$$

其中 $0 \leqslant \lambda \leqslant 1, 0 \leqslant \mu \leqslant 1$, 且 W 为随机矩阵, 即行和等于 1 的非负矩阵. w_{ij} 为加权邻接矩阵 W 的元素, 且 $w_{ij}\,(i = 1, 2; j = 1, 2)$ 表示 i 可以接收到来自 j 的信息或被其所影响的程度. 根据两个主体的影响程度在训练之前设定好 W 的值, 整个迭代过程中 W 保持不变.

假设变量 F 表示损失. 初始状态生成器 G 与判别器 D 的损失具有较大的差异, 生成器 G 的损失为 F_1, 判别器 D 的损失为 F_2. 生成对抗网络中, 生成器和判别器的信息更新方式为自身与其邻居主体上一时刻信息状态的加权平均. 现进行第一次训练, 即

$$F_i^{(1)} = w_{i1}F_1 + w_{i2}F_2, \quad i = 1, 2 \tag{9.3.2}$$

令 $F = (F_1, F_2)$, $F^{(1)} = (F_1^{(1)}, F_2^{(1)})$, 由 (9.3.2) 式可得

$$F^{(1)} = WF \tag{9.3.3}$$

判别器 D 和生成器 G 根据公式 (9.3.3) 更新自己的损失, 然后再进行第二次训练,
即

$$F^{(2)} = WF^{(1)} = W^2 F \tag{9.3.4}$$

由于生成器要使自身损失不断地逼近判别器的损失, 而判别器也在不断地降低自身的损失, 因此, 其中一个改进必然也会导致另一个的更新.

以同样的方式继续下去, 设 $F_i^{(n)}(i = 1, 2; n = 1, 2, \cdots)$ 为 i 经过 n 次迭代后的损失, 所以有 $F_i^{(n)} = w_{i1}F_1^{(n-1)} + w_{i2}F_2^{(n-1)}, i = 1, 2$, 令 $F^{(n)} = (F_1^{(n)}, F_2^{(n)})$, 由式 (9.3.4) 可得

$$F^{(n)} = WF^{(n-1)} = W^n F, \quad n = 2, 3, \cdots \tag{9.3.5}$$

由于 W 是随机矩阵, 所以它可以被视为 2 个状态的马尔可夫链的一步转移概率矩阵. 已知生成对抗网络中的状态互通, 加权平均邻接矩阵极限 $\lim\limits_{n \to \infty} W^n$ 存在, 根据马尔可夫链的极限定理[135] 以及 Degroot 模型相关定理可知存在唯一的平稳分布

$$\pi = (\pi_1, \pi_2), \quad \pi_1 + \pi_2 = 1 \tag{9.3.6}$$

并且此时极限分布就是平稳分布, 即 $\lim\limits_{n \to \infty} W_{ij}^n = \pi_j, i = 1, 2; j = 1, 2.$

由平稳分布的定义, 通过计算 $\pi W = \pi$ 和 $\pi_1 + \pi_2 = 1$ 可求得唯一平稳分布为 $\pi = \left(\dfrac{\mu}{\lambda + \mu}, \dfrac{\lambda}{\lambda + \mu} \right)$, 所以最终生成器和判别器对变量 F 形成了共识为 $\dfrac{\mu}{\lambda + \mu}F_1 + \dfrac{\lambda}{\lambda + \mu}F_2$, 此时生成器的损失与判别器的损失达成一致, 判别器判定生成数据分布 P_{model} 就是真实数据分布 P_{data}. □

生成器的损失逼近判别器的损失等价于生成数据分布逼近判别器所判定的真实数据分布, 即 $P_{\text{model}} = P_{\text{data}}$, 从而达到 Nash 均衡, 训练出以假乱真的生成器.

推论 9.1 若生成对抗网络满足互通非周期, 则生成器与判别器就变量 F 可以达成一致, 从而可以达到 Nash 均衡.

证明 根据定理 9.1, 将加权平均邻接矩阵 W 视为 2 个状态的马尔可夫链的一步转移概率矩阵, 由马尔可夫链存在平稳分布的相关定理可知有限状态非周期互通的马尔可夫链存在平稳分布. 生成对抗网络满足互通非周期, 所以存在平稳分布使得生成器与判别器对变量 F 的认识达成一致. □

基于上述分析可知, 生成器模拟出的样本是否是真实样本完全由一个判别器来判定, 但是如果判别器达不到最优, 那么就训练不出理想的生成器. 三元生成

对抗网络 (TripleGAN) 增加了一个分类器, 也可以认为是具有特定功能的判别器, 整个过程使三种联合概率分布趋于一致, 确保训练出符合 Nash 均衡的生成器. 从多智能体系统遏制控制 (containment control)[162] 的角度来理解, 生成对抗网络的问题有点像遏制问题, 判别器可以被虚拟为固定的领导者, 而生成器就是追随者. 在领导者的引领下, 两者通过不断的信息传递, 最终就某个变量 F 达成一致. 下面就带有领导者的多主体分布式生成对抗网络的一致性展开讨论.

9.4　基于领导者宗族博弈的分布式生成对抗网络

考虑一组需要就某个未知变量达成一致的 m 个主体 (物理的或抽象的实体, $m \geqslant 3$), 主体可以在有限的范围内与周围个体进行信息的接收与传递. 带有领导者的多主体分布式生成对抗网络中, 判别器会判断生成数据的真假, 并且不会轻易被生成器影响, 而生成器在不断向判别器学习的同时生成器之间也互相学习, 以实现每个判别器判定其下所有生成分布逼近共同的真实数据分布, 再进一步实现所有生成器逼近一个共同的数据分布.

假设存在 m 个主体构成一个 m 阶加权有向图 $H = (V, E, W)$, 其中 $V = \{1, 2, \cdots, m\}$ 为节点集, 是所有主体构成的一个集合. $E = \{e_{ij} | i, j \in V\}$ 为边集, 在网络中代表主体之间的信息交互或观念影响关系. 边 e_{ij} 表示主体 j 可以接收到主体 i 的信息或被其所影响. 加权邻接矩阵 $W = [w_{ij}]_{m \times m}$, 并且 w_{ij} 代表边 e_{ji} 对应的权值, 若 $w_{ij} > 0$ 当且仅当 $e_{ji} \in E$, 否则, $w_{ij} = 0$. 此外, 如果 $w_{ii} > 0$ 说明节点存在自环. $N_i = \{j \in V : w_{ij} > 0\}$ 为包含节点 i 以及其邻居节点的集合, 若任意节点 $k \in N_i$, 满足 $w_{ik} = \max\limits_{j \in N_i} w_{ij}$, 即在节点集 N_i 中, 节点 i 接收节点 k 的信息最多或受其影响最大, 那么称节点 k 为节点 i 的领导者, 节点 i 为节点 k 的追随者. 需要说明的是, 如果存在节点 $l \in N_i$ 且 $l \neq k$, 满足 $w_{il} = w_{ik}$, 那么节点 l 也是节点 i 的领导者, 所以每个主体的领导者不唯一. 下面就网络中领导者的个数将网络分为单个领导者多主体分布式生成对抗网络和多个领导者多主体分布式生成对抗网络, 并分别展开讨论.

9.4.1　单个领导者多主体分布式生成对抗网络的一致性

包含单个领导者的多主体分布式生成对抗网络中, 假设主体个数为 m. 当 $m = 2$ 时, 构成包含一个领导者和一个追随者的简单网络, 即经典的生成对抗网络 (GAN). 当 $m > 2$ 时, 多主体分布式生成对抗网络就会构成一个包含单个领导者和 $m - 1$ 个追随者的 m 阶加权有向图 $H = (V, E, W)$. 图 9.3 所示为单个领导者和两个追随者构成的分布式示意图.

定理 9.2　单个领导者和有限个追随者构成的多主体分布式生成对抗网络中,

若领导者 i, 对于任意的追随者 j, 加权邻接矩阵 W 均满足

$$w_{ij} > 0, \quad w_{ji} > 0, \quad j = 1, 2, \cdots, m \qquad (9.4.1)$$

即领导者 i 所在的行和列都为正数, 则称所有主体可以形成某种一致.

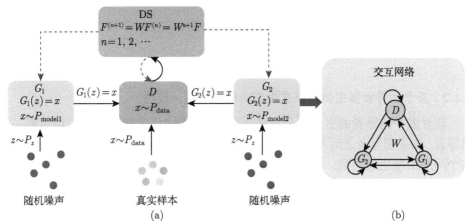

图 9.3 (a) 为一个判别器 (D) 和两个生成器 (G_1, G_2) 构成的多主体分布式生成对抗网络;
(b) 为三个主体之间交互影响网络图, D, G_1, G_2 以邻接矩阵 W 交互学习

证明 考虑一组需要达成某种一致的 m 个主体, $H = (V, E, W)$ 为单个领导者与 $m - 1$ 个追随者构成的加权有向图. 令 F_j 为主体 j 初始状态掌握的信息, $F_j^{(n)}, j \in V$ 表示主体 j 在时刻 n 掌握的信息. 邻接矩阵 W 的值在工作前设定, 迭代过程中 W 保持不变. 在 $n + 1$ 时刻, 主体 j 的信息状态更新为自身与其邻居主体在时刻 n 的信息状态的加权平均, 具体形式为 $F_j^{(n+1)} = \sum_{l=1}^m w_{jl} F_l^{(n)}$, 写成矩阵的形式为 $F^{(n+1)} = W F^{(n)} = W^{n+1} F, n = 2, 3, \cdots$, 其中 W 为随机矩阵, 它可以被视为 m 个状态的马尔可夫链的一步转移概率矩阵. 由于领导者 i 对任意的主体 j, 都满足 $w_{ij} > 0, w_{ji} > 0$, 那么节点 i 存在自环, 并且有向图 $H = (V, E, W)$ 是连通图, 根据马尔可夫链的极限定理以及平稳分布存在定理可知, 该马尔可夫链存在平稳分布 π, 并且此时极限分布就是平稳分布, 即 $\lim\limits_{n \to \infty} w_{ij}^{(n)} = \pi_j; i, j = 1, 2, \cdots, m$. 换言之, 经过 n 次迭代后, 即所有主体就掌握的信息达成一致. □

推论 9.2 单个领导者构成的多主体分布式生成对抗网络中, 若网络图属于存在自环的连通图, 那么整个网络会形成某种一致.

举例来说, 由 1 个领导者和 6 个追随者构成的网络图中, 只要存在图 9.4 所示基本结构, 那么该网络的所有主体就可以达成某种一致.

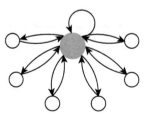

图 9.4 存在自环的连通图

9.4.2 多个领导者多主体分布式生成对抗网络的一致性

包含多个领导者的多主体分布式生成对抗网络中, 追随者至少可以追随一个领导者. 如果领导者之间不能互通, 那么领导者之间可能存在信息差异, 从而导致整个网络很难达成一致. 显然, 领导者之间信息不能充分的扩散是整个网络最终无法达成一致的原因. 如果领导者之间信息可以互通, 使得所有信息在整个网络中充分地扩散, 那么带有多个领导者的多主体网络也可以达成一致. 以两个判别器和四个生成器为例, 多个领导者分布式网络图如图 9.5 所示.

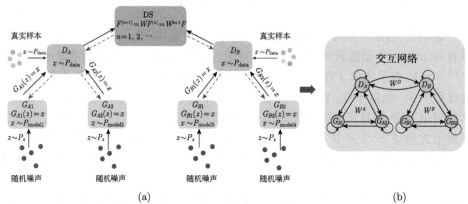

(a)   (b)

图 9.5 (a) 为两个判别器 (D_A, D_B) 和四个生成器 $(G_{A1}, G_{A2}, G_{B1}, G_{B2})$ 构成的多主体分布式生成对抗网络; (b) 为六个主体之间交互影响网络图, D_A, G_{A1}, G_{A2} 以邻接矩阵 W^A 交互学习, D_B, G_{B1}, G_{B2} 以邻接矩阵 W^B 交互学习, D_A, D_B 以邻接矩阵 W^D 交互学习

定理 9.3 拥有多个领导者的 m 阶加权有向图 $H = (V, E, W)$, 若满足: ① 包含单个领导者的子图中, 存在一点 $i \in V$, 对子图内的任意节点 j 都满足 $w_{ij} > 0$, $w_{ji} > 0$, 即节点 i 所在的行和列都为正数; ② 存在一个领导节点, 该节点与其余所有领导节点互通. 则称所有多主体可以达成一致.

证明 拥有多个领导者的 m 阶加权有向图 $H = (V, E, W)$ 的邻接矩阵 W 是提前给定的一个随机矩阵. 每个多主体信息更新方式依然为自身与其邻居主体在上一时刻的信息状态的加权平均, 即 $F^{(n+1)} = WF^{(n)} = W^{n+1}F$. 同样地, 随机矩阵 W 可以被视为 m 个状态的马尔可夫链的一步转移概率矩阵. 拥有多个领导者的有向图 $H = (V, E, W)$ 满足条件①和条件②, 说明有向图 $H = (V, E, W)$ 是连通图, 并且部分节点存在自环, 所以该有限状态的马尔可夫链满足不可约并且非周期, 从而存在平稳分布使得整个网络形成一致. □

多个领导者构成的多主体分布式生成对抗网络中, 若多个领导者之间不能互通那么整个网络很难达成一致. 由此看来, 网络的连通性是形成一致的必要条件之一.

推论 9.3 多个领导者构成的多主体分布式生成对抗网络中, 若网络为连通图, 并且至少存在一个节点为非周期, 那么整个网络中存在一致.

例如图 9.6 (4 个领导者与 9 个追随者) 所示.

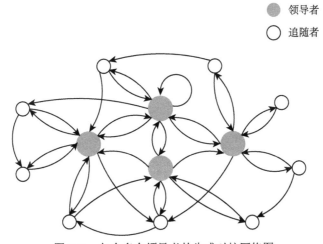

图 9.6 包含多个领导者的生成对抗网络图

9.5 实 验

9.5.1 数据集及参数设置

使用 MNIST 手写数字数据集[163] 验证多主体分布式 GAN 的有效性. MNIST 手写数字数据库的训练集为 60000 个示例, 测试集为 10000 个示例. 为了检验多个生成器的一致性, 在训练过程中会给多主体分布式 GAN 加一个约束条件, 同时也会用 CGAN (conditional generative adversarial nets)[164] 的训练结果与其进行比较. 为了进行公平比较, 网络中的所有判别器和生成器分别采用相同的模型结构, 批量大小设置为 64, 并使用学习率为 0.001 的 Adam[165] 优化算法对其参数进行优化. 生成器的输入数据为 100 维的随机数据, 服从范围在 $[-1, 1]$ 内的均匀分布. 为防止过拟合, 标签平滑 (label smoothing) 设置为 0.1. 生成器和判别器分别设置两个隐藏层, 并使用激活函数 LeakyReLU, 其中 Leaky 的斜率设置为 0.01, 生成器的输出层使用 Tanh 激活函数, 判别器的输出层使用 Sigmoid 激活函数.

9.5.2 二元主体分布式生成对抗网络

一个判别器和一个生成器构成的网络中, 由定理 9.1 设定网络状态空间为 $I = \{1, 2\}$, 假定初始状态损失为 $F = (F_1, F_2) = (0.1, 0.9)$, 加权邻接矩阵为 $W = \begin{pmatrix} 0.3 & 0.7 \\ 0.2 & 0.8 \end{pmatrix}$, 迭代次数 $n = 10$, 更新规则为 $F_i^{(n)} = w_{i1} F_1^{(n-1)} + w_{i2} F_2^{(n-1)}, i = 1, 2$.

理论实验结果如图 9.7 所示, 说明二者最终可以达成一致. 图 9.7 说明该马尔可夫链存在平稳分布, 图 9.8 展现了两个状态形成一致的过程.

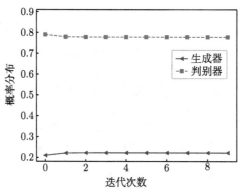

图 9.7 GAN 各状态平稳分布

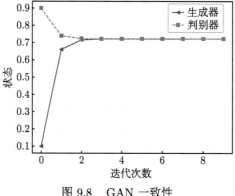

图 9.8 GAN 一致性

实际过程中, 使用 MNIST 手写数字数据集分别训练 GAN 和分布式 GAN, 结果发现分布式 GAN 可以得到和 GAN 相同的生成效果, 并且从损失图可以看出分布式 GAN 比 GAN 收敛更稳定. 实验结果对比图如图 9.9—图 9.13 所示.

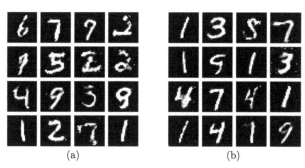

(a)   (b)

图 9.9   (a) 为 GAN 训练结果图; (b) 为分布式 GAN 训练结果图 (epoch = 300)

epoch 代表迭代轮次, 下同

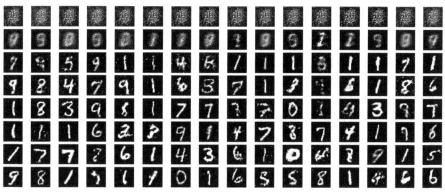

图 9.10   GAN 训练过程图 (epoch = 300)

图 9.11   分布式 GAN 训练过程图 (epoch = 300)

295

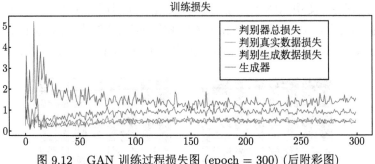

图 9.12　GAN 训练过程损失图 (epoch = 300) (后附彩图)

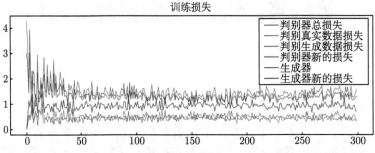

图 9.13　分布式 GAN 训练过程损失图 (epoch = 300) (后附彩图)

9.5.3　单个领导者多主体分布式生成对抗网络

由 1 个领导者和 6 个追随者构成的多主体分布式生成对抗网络, 状态空间为 $I = \{1, 2, \cdots, 7\}$, 其中状态 2 为领导者, 其他的为追随者. 根据定理 9.2 设定初始状态损失 $F = (0.1, 0.2, 0.1, 0.1, 0.2, 0.1, 0.2)$, 加权邻接矩阵 W 的值见表 9.1. 迭代次数 $n = 10$, $F_i^{(n)} = \sum_{j=1}^{7} w_{ij} F_j^{(n-1)}$, $i, j = 1, 2, \cdots, 7$. 图 9.14 和图 9.15 分别展现了 7 个状态构成的马尔可夫链存在平稳分布, 并且 7 个主体经过迭代后, 每个主体的损失可以形成一致.

表 9.1　加权邻接矩阵 W 赋值表

智能体的编号	1	2	3	4	5	6	7
1	0.25	0.35	0.05	0.1	0.05	0.1	0.1
2	0.1	0.3	0.1	0.1	0.2	0.1	0.1
3	0.1	0.4	0.15	0.11	0.1	0.09	0.05
4	0.14	0.36	0.1	0.2	0.1	0.1	0
5	0.1	0.5	0	0.1	0.05	0.15	0.1
6	0	0.45	0	0.1	0.15	0.2	0.1
7	0	0.7	0	0	0	0.1	0.2

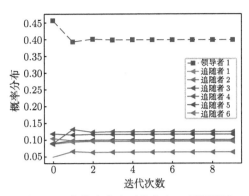

图 9.14   各状态存在平稳分布 (后附彩图)

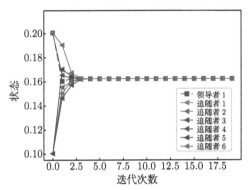

图 9.15   单个领导者多主体生成对抗网络一致性 (后附彩图)

以一个判别器和两个生成器为例, 使用 MNIST 手写数字数据集分别训练 GAN、CGAN、分布式 GAN 以及带有约束条件的分布式 GAN, 约束条件为训练手写数字 9, 结果发现分布式 GAN 训练的两个生成器可以达到和 GAN 相同的生成效果. 进而通过带有约束条件的分布式 GAN 验证了两个生成器既可以达成一致, 又使收敛效果比 CGAN 更好更稳定. 实验结果对比图如图 9.16—图 9.19 所示.

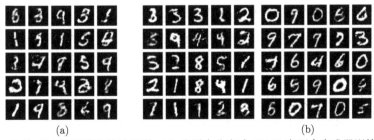

(a)   (b)

图 9.16   (a) 为 GAN 训练出的结果图; (b) 分别为分布式 GAN 中两个生成器训练出的结果图 (epoch = 200)

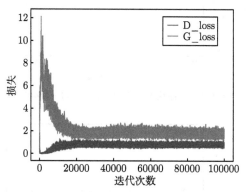

图 9.17 (a) 为 CGAN 训练出的结果图; (b) 为带有约束条件的分布式 GAN 中两个生成器
训练出的结果图 (epoch = 100)

图 9.18 CGAN 训练过程损失图 (epoch = 100) (后附彩图)

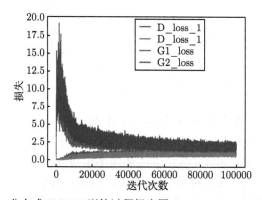

图 9.19 分布式 CGAN 训练过程损失图 (epoch = 100) (后附彩图)

9.5.4 多个领导者多主体分布式生成对抗网络

假定由 4 个领导者和 9 个追随者构成的多主体生成对抗网络中, 状态空间为
$I = \{1, 2, \cdots, 13\}$, 其中状态 1, 2, 3, 4 为领导者, 其余的为追随者. 根据定理 9.3 设
定初始状态损失为 $F = (0.3, 0.2, 0.1, 0.1, 0.1, 0, 0.1, 0, 0.05, 0, 0.05, 0, 0)$, 加权邻接
矩阵 W 的值见表 9.2. 迭代次数 $n = 10$, 更新规则为 $F_i^{(n)} = \sum_{j=1}^{13} w_{ij} F_j^{(n-1)}, i, j =$
$1, 2, \cdots, 13$. 由加权邻接矩阵可以看出某些主体追随 1 个领导者, 而某些主体追
随 2 个领导者. 实验结果如图 9.20 和图 9.21 所示, 从图中可以看出, 在整个迭代
过程中存在平稳分布, 最终 13 个主体掌握的信息可以形成一致.

298

表 9.2 加权邻接矩阵 W 赋值表

主体	1	2	3	4	5	6	7	8	9	10	11	12	13
1	0.15	0.1	0.2	0.1	0.1	0.05	0.05	0.1	0.05	0.05	0.05	0	0
2	0.3	0.1	0.1	0.05	0.1	0.1	0.1	0.05	0	0.05	0	0.05	0
3	0.2	0.1	0.1	0.05	0.05	0.05	0	0.1	0.1	0.1	0.05	0.05	0.05
4	0.45	0.05	0.05	0.1	0.05	0	0.05	0	0.05	0	0.1	0.05	0.05
5	0.1	0.2	0.2	0	0.1	0.1	0.05	0.1	0	0.05	0.05	0.05	0
6	0.1	0.25	0.1	0.05	0.05	0.05	0.15	0	0.05	0.05	0.05	0.1	0
7	0	0.3	0.05	0.05	0.1	0.1	0.1	0.05	0.15	0	0.05	0	0.05
8	0.1	0	0.38	0.02	0	0	0.1	0.05	0.1	0.04	0.1	0.05	0.06
9	0.1	0.1	0.26	0	0.04	0.03	0.07	0.1	0.1	0.1	0.05	0.05	0
10	0.19	0.1	0.31	0	0.07	0	0.03	0	0.1	0.1	0.05	0	0.05
11	0.1	0.15	0.2	0.2	0	0	0.05	0.05	0.05	0.1	0.05	0.05	0
12	0.1	0	0.03	0.37	0.04	0.06	0.1	0	0.05	0	0.05	0.1	0.1
13	0.1	0	0.1	0.3	0.05	0	0.06	0	0.04	0.05	0.1	0.1	0.1

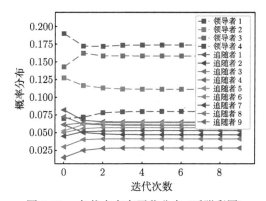

图 9.20 各状态存在平稳分布 (后附彩图)

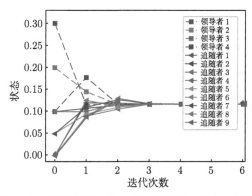

图 9.21 多个领导者多主体生成对抗网络一致性 (后附彩图)

由两个判别器 (A, B) 和四个生成器 $(A1, A2, B1, B2)$ 构造多主体分布式网络, 以添加数字 9 的标签为约束条件为例, 使用 MNIST 手写数字数据集分别训练 CGAN 和带有约束条件的分布式 GAN, 实验结果如图 9.22—图 9.24 所示. 带有约束条件的分布式 GAN 中四个生成器训练结果一致, 并且可以达到和 CGAN 相同的生成效果.

9 99999
(a)   (b)

图 9.22   (a) 为 CGAN 训练结果图; (b) 分别是带有约束条件的多主体分布式 GAN 中四个生成器训练的结果图 (epoch = 75)

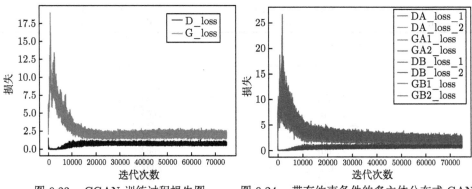

图 9.23   CGAN 训练过程损失图 (epoch = 75) (后附彩图)

图 9.24   带有约束条件的多主体分布式 GAN 训练过程损失图 (epoch = 75) (后附彩图)

9.5.5   其他实验

使用动漫人物头像数据集以及人脸图片数据集在包含两个生成器的 MADGAN 网络中训练, 结果显示 MADGAN 训练出的两个生成器对数据的认知达成共识, 都可以生成逼近真实图片的生成图片. 结果如图 9.25 和图 9.26.

图 9.25   动漫人物头像训练结果 (epoch = 700)

图 9.26 人脸图片数据训练结果 (epoch = 700)

9.6 结 论

通过分析生成对抗网络的数学原理, 发现当且仅当 $P_{\mathrm{model}} = P_{\mathrm{data}}$ 时可以求解 Nash 均衡, 由于不清楚真实数据的具体形式, 所以通过生成器的损失逼近判别器的损失来实现两者数据分布的逼近. 运用观念动力学中 Degroot 模型证明了生成器与判别器最终就损失可以达成一致, 从而实现 $P_{\mathrm{model}} = P_{\mathrm{data}}$. 一致性问题是多智能体系统中的基本问题, 结合多主体分布式系统, 将判别器比作领导者, 生成器比作追随者, 进一步探讨了带有领导者的多主体分布式生成对抗网络的一致性. 在包含单个领导者的多主体分布式生成对抗网络中, 领导者掌握整体发展方向并且不轻易受其他多主体影响, 若领导者与追随者之间存在有向路径, 那么该网络存在某种一致. 多主体分布式生成对抗网络中包含多个领导者, 那每个追随者就至少可以追随一个领导者, 假定每个追随者都至少追随一个领导者, 并且存在一个领导者与其他领导者之间存在有向路径, 那么该多主体分布式生成对抗网络存在某种一致. 根据所得定理构建包含一个判别器和两个生成器的分布式生成对抗网络, 并使用 MNIST 手写数字数据集进行训练, 结果发现分布式 GAN 可以得到和 GAN 相同的生成效果. 更进一步, 构建包含两个判别器和四个生成器的多主体分布式 GAN, 并使用 MNIST 手写数字数据集同时训练 GAN, CGAN 以及带有约束条件的多主体分布式 GAN, 结果表明多主体分布式 GAN 可以使得多个生成器形成某种一致, 并且训练效果比 GAN 和 CGAN 更好更稳定.

一致性的出现必定伴随着非一致性, 如果主体出现故障使得传递的信息有误或者通信中断, 就可能导致整个网络不能达成一致. 比如说, 如果与其余领导者之间都存在有向路径的领导者出现故障或者传输信息中断, 此时该多主体网络无法使信息在网络中充分地扩散, 从而就很难实现信息的融合.

参 考 文 献

[1] 李萌, 刘文奇, 米允龙. 基于区块链的公共数据电子证据系统及关联性分析[J]. 智能系统学报, 2019, 14(6): 1127-1137.

[2] 庄颖, 刘文奇, 范敏, 等. 集值信息系统上的多粒度优势关系与信息融合[J]. 模式识别与人工智能, 2015, 28(8): 741-749.

[3] Zumel N, Mount J. Practical Data Science with R[M]. 2nd ed. Greenwich: Manning Publications, 2019.

[4] 杨旭, 汤海京, 丁刚毅. 数据科学导论[M]. 北京: 北京理工大学出版社, 2014.

[5] 涂子沛. 大数据[M]. 2 版. 桂林: 广西师范大学出版社, 2013.

[6] Lee Y W, Pipino L L, Funk J D, et al. Journey to Data Quality[M]. Combridge, Massachusetts: The MIT Press, 2006.

[7] 王宏志. 大数据算法[M]. 北京: 机械工业出版社, 2015.

[8] 杨正洪. 智慧城市: 大数据、物联网和云计算之应用[M]. 北京: 清华大学出版社, 2014.

[9] 爱德华·阿什福德·李, 等. 信息物理融合系统 (CPS) 设计、建模与仿真: 基于 Ptolemy II 平台[M]. 吴迪, 李仁发, 译. 北京: 机械工业出版社, 2017.

[10] 张维迎. 博弈论与信息经济学[M]. 上海: 格致出版社, 2012.

[11] 刘文奇. 高等运筹学[M]. 北京: 科学出版社, 2016.

[12] 管晓宏, 赵千川, 贾庆山, 等. 信息物理融合能源系统[M]. 北京: 科学出版社, 2016.

[13] 李顺, 徐富春. 国家环境数据共享与服务体系研究与实践[M]. 北京: 中国环境出版社, 2013.

[14] Crawford V P, Sobel J. Strategic information transmission[J]. Econometrica: Journal of the Econometric Society, 1982, 50(6): 1431-1451.

[15] Rousseau D M, Sitkin S B, Burt R S, et al. Not so different after all: A cross-discipline view of trust[J]. Academy of Management Review, 1998, 23(3): 393-404.

[16] Kollock P. The emergence of exchange structures: An experimental study of uncertainty, commitment, and trust[J]. American Journal of Sociology, 1994, 100(2): 313-345.

[17] Yamagishi T, Cook K S, Watabe M. Uncertainty, trust, and commitment formation in the United States and Japan[J]. American Journal of Sociology, 1998, 104(1): 165-194.

[18] Gneezy U. Deception: The role of consequences[J]. American Economic Review, 2005, 95(1): 384-394.

[19] Greene W H. Econometric Analysis[M]. 5th ed. Upper Saddle River, NJ: Pearson Prentice Hall, 2003.

[20] Keppel G, Wickens T D. Design and Analysis: A researcher's Handbook[M]. 4th ed. Upper Saddle River, NJ: Pearson Prentice Hall, 2004.

[21] Brehm J, Rahn W. Individual-level evidence for the causes and consequences of social capital[J]. American Journal of Political Science, 1997, 41(3): 999-1023.

[22] Hardin R. Trust and Trustworthiness[M]. New York: Russell Sage Foundation, 2002.

[23] Doney P M, Cannon J P. An examination of the nature of trust in buyer-seller relationships[J]. Journal of Marketing, 1997, 61(2): 35-51.

[24] Andreoni J, Miller J H. Rational cooperation in the finitely repeated prisoner's dilemma: Experimental evidence[J]. The Economic Journal, 1993, 103(418): 570-585.

[25] 刘希龙, 季建华. 基于多供应商的供应链契约效率研究[J]. 组合机床与自动化加工技术, 2006 (12): 84-86, 90.

[26] Lee H L, So K C, Tang C S. The value of information sharing in a two-level supply chain[J]. Management Science, 2000, 46(5): 626-643.

[27] Liu C C, Xiang X, Zheng L. Value of information sharing in a multiple producers-distributor supply chain[J]. Annals of Operations Research, 2020, 285(1): 121-148.

[28] Teunter R H, Babai M Z, Bokhorst J A C, et al. Revisiting the value of information sharing in two-stage supply chains[J]. European Journal of Operational Research, 2018, 270(3): 1044-1052.

[29] 但斌, 丁松, 伏红勇. 信息不对称下销地批发市场的生鲜供应链协调[J]. 管理科学学报, 2013, 16(10): 40-50.

[30] 沈厚才, 陶青, 陈煜波. 供应链管理理论与方法[J]. 中国管理科学, 2000, 8(1): 1-9.

[31] 马鹏, 崔家飘, 刘勇. 企业社会责任下考虑促销投入的供应链优化决策[J]. 南京信息工程大学学报 (自然科学版), 2021, 13(5): 596-604.

[32] 王夫冬, 周梅华. 基于价格规制的两级供应链协调机制探讨[J]. 统计与决策, 2018, 34(1): 55-58.

[33] 张欣, 马士华. 信息共享与协同合作对两级供应链的收益影响[J]. 管理学报, 2007, 4(1): 32-39.

[34] 刘文奇. 中国公共数据库数据质量控制模型体系及实证[J]. 中国科学: 信息科学, 2014, 44(7): 836-856.

[35] 许国志. 系统科学[M]. 上海: 上海科技教育出版社, 2000: 249-260.

[36] 李慧. 公共产品供给过程中的市场机制[D]. 天津: 南开大学, 2010.

[37] 陈其林, 韩晓婷. 准公共产品的性质: 定义、分类依据及其类别[J]. 经济学家, 2010, 10(7): 13-21.

[38] Wang R Y, Strong D M. Beyond accuracy: What data quality means to data consumers[J]. Journal of Management Information Systems, 1996, 12(4): 5-33.

[39] Knight S A, Burn J. Developing a framework for assessing information quality on the world wide web[J]. Informing Science, 2005, 8: 159-172.

[40] 宋敏, 覃正. 国外数据质量管理研究综述[J]. 情报杂志, 2007, 26(2): 7-9.

[41] 韩京宇, 徐立臻, 董逸生. 数据质量研究综述[J]. 计算机科学, 2008, 35(2): 1-5.

[42] 郭志懋, 周傲英. 数据质量和数据清洗研究综述[J]. 软件学报, 2002, 13(11): 2076-2082.

[43] 韩京宇, 宋爱波, 董逸生. 数据质量维度量化方法[J]. 计算机工程与应用, 2008, 44(36): 1-6.

[44] 冯舟, 胡文江, 高永兵. CRM 系统数据质量管理方案研究[J]. 电力学报, 2010, 25(2): 171-173.

[45] 王宏志, 樊文飞. 复杂数据上的实体识别技术研究[J]. 计算机学报, 2011, 34(10): 1843-1852.

[46] Ballou D, Wang R, Pazer H, et al. Modeling information manufacturing systems to determine information product quality[J]. Management Science, 1998, 44(4): 462-484.

[47] Rahm E, Do H H. Data cleaning: Problems and current approaches[J]. IEEE Data Engineering Bulletin, 2000, 23(4): 3-13.

[48] 张根保, 任显林, 李明, 等. 基于 MES 和 CAPP 的动态质量可追溯系统[J]. 计算机集成制造系统, 2010, 16(2): 349-355.

[49] 王芸. 提高省级企业信用基础数据库数据质量方法研究[J]. 电子政务, 2012, 9(4): 85-90.

[50] 耿彦斌, 于雷, 赵慧. ITS 数据质量控制技术及应用研究[J]. 中国安全科学学报, 2005, 15(1): 82-87.

[51] 王宏志, 李建中, 高宏. 一种非清洁数据库的数据模型[J]. 软件学报, 2012, 23(3): 539-549.

[52] 王珊, 王会举, 覃雄派, 等. 架构大数据: 挑战、现状与展望[J]. 计算机学报, 2011, 34(10): 1741-1752.

[53] 潘全, 郭鸣, 林鹏. 基于 MapReduce 的最大团算法[J]. 系统工程理论与实践, 2011, 31(S2): 150-153.

[54] 黄龙涛, 邓水光, 戴康, 等. 基于 MapReduce 的并行 Web 服务自动组合[J]. 电子学报, 2012, 40(7): 1397-1403.

[55] 方大春. 统计数据质量可靠性的博弈分析[J]. 统计与决策, 2009, 25(15): 30-31.

[56] 刘文奇. 一般变权原理与多目标决策[J]. 系统工程理论与实践, 2000, 20(3): 1-11.

[57] 李德清, 谷云东, 李洪兴. 关于状态变权向量公理化定义的若干结果[J]. 系统工程理论与实践, 2004, 24(5): 97-102.

[58] 王洪伟, 周曼, 何绍义. 影响个人在线提供隐私信息意愿的实证研究[J]. 系统工程理论与实践, 2012, 32(10): 2186-2197.

[59] Meinert D B, Peterson D K, Criswell J R, et al. Privacy policy statements and consumer willingness to provide personal information[J]. Journal of Electronic Commerce in Organizations, 2006, 4(1): 1-17

[60] 张仕念, 刘文奇. 一种基于粗集理论的动态近似规则挖掘推理方法[J]. 控制理论与应用, 2003, 20(1): 93-96.

[61] 丁德琼, 刘文奇. 基于粗糙集理论与变权综合的企业质量技术信用评价[J]. 海南大学学报 (自然科学版), 2010, 28(4): 343-347.

[62] 唐晓青, 段桂江, 杜福洲. 制造企业质量信息管理系统实施技术[M]. 北京: 国防工业出版社, 2009.

[63] 刘文奇. 复杂网络上的公共数据演化博弈与数据质量控制[J]. 中国科学: 信息科学, 2016, 46(11): 1569-1590.

[64] 马华东, 宋宇宁, 于帅洋. 物联网体系结构模型与互连机理[J]. 中国科学: 信息科学, 2013, 43(10): 1183-1197.

[65] Smith J M, Price G R. The logic of animal conflict[J]. Nature, 1973, 246(5427): 15-18.

[66] Nowak M A, May R M. Evolutionary games and spatial chaos[J]. Nature, 1992, 359: 826-829.

[67] Nowak M A. Five rules for the evolution of cooperation[J]. Science, 2006, 314(5805): 1560-1563.

[68] Chen G R, Wang X F, Li X. Introduction to Complex Networks: Models, Structures and Dynamics [M]. Beijing: Higher Education Press, 2015.

[69] Santos F C, Pacheco J M. Scale-free networks provide a unifying framework for the emergence of cooperation[J]. Phys. Rev. Lett., 2005, 95(9): 98-104.

[70] Apicella C L, Marlowe F W, Fowler J H, et al. Social networks and cooperation in hunter-gatherers[J]. Nature, 2012, 481(7382): 497-501.

[71] 王龙, 丛睿, 李昆. 合作演化中的反馈机制[J]. 中国科学: 信息科学, 2014, 44(12): 1495-1514.

[72] Clutton-Brock T H, Parker G A. Punishment in animal societies[J]. Nature, 1995, 373(6511): 209-216.

[73] Ostrom E, Walker J, Gardner R. Covenants with and without a sword: Self-governance is possible [J]. American Polit. Sci. Rev., 1992, 86(2): 404-417.

[74] Fehr E, Gächter S. Cooperation and punishment in public goods experiments[J]. American Econ. Rev., 2000, 90(4): 980-994.

[75] Fehr E, Gächter S. Altruistic punishment in humans[J]. Nature, 2002, 415: 137-140.

[76] Masclet D, Noussair C, Tucker S, et al. Monetary and nonmonetary punishment in the voluntary contributions mechanism[J]. American Econ. Rev., 2003, 93(1): 366-380.

[77] Gürerk O, Irlenbusch B, Rockenbach B. The competitive advantage of sanctioning institutions [J]. Science, 2006, 312(5770): 108-111.

[78] Nowak M A, Sigmund K. Tit for tat in heterogeneous populations [J]. Nature, 1992, 355: 250-253.

[79] Milinski M, Semmann D, Krambeck H J. Reputation helps solve the 'tragedy of the commons'[J]. Nature, 2002, 415: 424-426.

[80] Sigmund K, De Silva H, Traulsen A, et al. Social learning promotes institutions for governing the commons[J]. Nature, 2010, 466: 861-863.

[81] Zhang B Y, Li C, De Silva H, et al. The evolution of sanctioning institutions: An experimental approach to the social contract[J]. Exp. Econ., 2014, 17: 285-303.

[82] Schoenmakers S, Hilbe C, Blasius B, et al. Sanctions as honest signals: The evolution of pool punishment by public sanctioning institutions[J]. Journal of Theoretical Biology, 2014, 356: 36-46.

[83] 方滨兴. 论网络空间主权[M]. 北京: 科学出版社, 2017.

[84] 中华人民共和国全国人民代表大会常务委员会. 中华人民共和国数据安全法[M]. 北京: 法律出版社, 2021.

[85] 中华人民共和国全国人民代表大会常务委员会. 中华人民共和国网络安全法[M]. 北京: 法律出版社, 2016.

[86] Sánchez-Cartas J M. Intellectual property and taxation of digital platforms[J]. Journal of Economics, 2021, 132(3): 197-221.

[87] 范一大. 重大自然灾害应急空间数据共享机制研究[M]. 北京: 科学出版社, 2014.

[88] Li M, Di Z R, Liu W Q. Trust consistency in public data games on complex networks[J]. International Journal of Machine Learning and Cybernetics, doi: 10.1007/s13042-021-01378-6.

[89] Soares S. Big Data Governance: An Emerging Imperative[M]. Singapore: MC Press, 2012.

[90] 罗家德, 帅满, 杨鲲昊. "央强地弱" 政府信任格局的社会学分析: 基于汶川震后三期追踪数据[J]. 中国社会科学, 2017(2): 84-101, 207.

[91] King-Casas B, Tomlin D, Anen C, et al. Getting to know you: Reputation and trust in a two-person economic exchange[J]. Science, 2005, 308(5718): 78-83.

[92] Lamport L, Shostak R, Pease M. The Byzantine generals problem[J]. ACM Transactions on Programming Languages and Systems, 1982, 4(3): 382-401.

[93] Pease M, Shostak R, Lamport L. Reaching agreement in the presence of faults[J]. Journal of the ACM, 1980, 27(2): 228-234.

[94] Chen X P, Pillutla M M, Yao X. Unintended consequences of cooperation inducing and maintaining mechanisms in public goods dilemmas: Sanctions and moral appeals[J]. Group Processes & Intergroup Relations, 2009, 12(2): 241-255.

[95] Attanasi G, Battigalli P, Manzoni E. Incomplete-information models of guilt aversion in the trust game[J]. Management Science, 2016, 62(3): 648-667.

[96] Zhou R F, Hwang K. Powertrust: A robust and scalable reputation system for trusted peer-to-peer computing[J]. IEEE Transactions on Parallel and Distributed Systems, 2007, 18(4): 460-473.

[97] Fernandez-Gago C, Moyano F, Lopez J. Modelling trust dynamics in the internet of things[J]. Information Sciences, 2017, 396: 72-82.

[98] Özer Ö, Zheng Y C, Chen K Y. Trust in forecast information sharing[J]. Management Science, 2011, 57(6): 1111-1137.

[99] 王龙, 田野, 杜金铭. 社会网络上的观念动力学[J]. 中国科学: 信息科学, 2018, 48(1): 3-23.

[100] 郭雷. 系统学是什么[J]. 系统科学与数学, 2016, 36(3): 291-301.

[101] 袁勇, 王飞跃. 区块链技术发展现状与展望[J]. 自动化学报, 2016, 42(4): 481-494.

[102] 张宁, 王毅, 康重庆, 等. 能源互联网中的区块链技术: 研究框架与典型应用初探[J]. 中国电机工程学报, 2016, 36(15): 4011-4023.

[103] 王琪, 张嘉政, 刘文奇. 一种基于区块链技术的公安执法电子证据系统的设计与实现[J]. 智能系统学报, 2022, 17(6): 1182-1193.

[104] Yuan H, Zhang S B. Study on design and application of electronic evidence preservation program[C]//2011 International Conference on Internet Technology and Applications, Wuhan, China. IEEE, 2011: 1-4.

[105] 蔡维德, 郁莲, 王荣, 等. 基于区块链的应用系统开发方法研究[J]. 软件学报, 2017, 28(6):1474-1487.

[106] 欧阳丽炜, 王帅, 袁勇, 等. 智能合约: 架构及进展[J]. 自动化学报, 2019, 45(3): 445-457.

[107] 于戈, 聂铁铮, 李晓华, 等. 区块链系统中的分布式数据管理技术: 挑战与展望[J]. 计算机学报, 2021, 44(1): 28-54.

[108] 王继业, 高灵超, 董爱强, 等. 基于区块链的数据安全共享网络体系研究[J]. 计算机研究与发展, 2017, 54(4): 742-749.

[109] 刘品新. 电子证据的关联性[J]. 法学研究, 2016, 38(6): 175-190.

[110] 袁勇, 倪晓春, 曾帅等. 区块链共识算法的发展现状与展望[J]. 自动化学报, 2018, 44(11): 2011-2022.

[111] Lamport L. Time, clocks, and the ordering of events in a distributed system[J]. Communications of the ACM, 1978, 21(7): 558-565.

[112] 黄克振, 连一峰, 冯登国, 等. 基于区块链的网络安全威胁情报共享模型[J]. 计算机研究与发展, 2020, 57(4): 836-846.

[113] Castro M, Liskov B. Practical Byzantine fault tolerance[C]. Proceedings of the Third Symposium on Operating Systems Design and Implementation, 1999, 99(1999): 173-186.

[114] 国家自然科学基金委员会, 中国科学院编. 未来 10 年中国学科发展战略: 脑与认知科学[M]. 北京: 科学出版社, 2012.

[115] Morgan T J H, Rendell L E, Ehn M, et al. The evolutionary basis of human social learning[J]. Proceedings of the Royal Society B: Biological Sciences, 2012, 279(1729): 653-662.

[116] Mesoudi A. An experimental comparison of human social learning strategies: Payoff-biased social learning is adaptive but underused[J]. Evolution and Human Behavior, 2011, 32(5): 334-342.

[117] Ke S Y, Liu W Q. Consistency of multiagent distributed generative adversarial networks[J]. IEEE Transactions on Cybernetics, 2022, 52(6): 4886-4896.

[118] Wolf M, Kurvers R H J M, Ward A J W, et al. Accurate decisions in an uncertain world: Collective cognition increases true positives while decreasing false positives[J]. Proceedings of the Royal Society B: Biological Sciences, 2013, 280(1756): 20122777.

[119] Bourne L E. Knowing and using concepts[J]. Psychological Review, 1970, 77(6): 546-556.

[120] Yao Y Y. Interpreting concept learning in cognitive informatics and granular computing[J]. IEEE Transactions on Systems, Man, and Cybernetics, Part B: Cybernetics, 2009, 39(4): 855-866.

[121] 李金海, 米允龙, 刘文奇. 概念的渐进式认知理论与方法[J]. 计算机学报, 2019, 42(10): 2233-2250.

[122] Xu W H, Li W T. Granular computing approach to two-way learning based on formal concept analysis in fuzzy datasets[J]. IEEE Transactions on Cybernetics, 2016, 46(2): 366-379.

[123] Wang G Y, Xu J. Granular computing with multiple granular layers for brain big data processing[J]. Brain Informatics, 2014, 1(1-4): 1-10.

[124] 梁吉业, 钱宇华, 李德玉, 等. 大数据挖掘的粒计算理论与方法[J]. 中国科学: 信息科学, 2015, 45(11): 1355-1369.

[125] Susnjak T, Barczak A, Reyes N, et al. Coarse-to-fine multiclass learning and classification for time-critical domains[J]. Pattern Recognition Letters, 2013, 34(8): 884-894.

[126] Belohlavek R, Vychodil V. Formal concept analysis with background knowledge: Attribute priorities[J]. IEEE Transactions on Systems, Man, and Cybernetics, Part C, 2009, 39(4): 399-409.

[127] 王志海, 胡可云, 胡学钢, 等. 概念格上规则提取的一般算法与渐进式算法[J]. 计算机学报, 1999, 22(1): 66-70.

[128] 邹丽, 冯凯华, 刘新. 语言值直觉模糊概念格及其应用[J]. 计算机研究与发展, 2018, 55(8): 1726-1734.

[129] 李进金, 张燕兰, 吴伟志, 等. 形式背景与协调决策形式背景属性约简与概念格生成[J]. 计算机学报, 2014, 37(8): 1768-1774.

[130] 魏玲, 祁建军, 张文修. 决策形式背景的概念格属性约简[J]. 中国科学: 信息科学, 2008, 38(2): 195-208.

[131] Chen H M, Li T R, Ruan D, et al. A rough-set-based incremental approach for updating approximations under dynamic maintenance environments[J]. IEEE Transactions on Knowledge and Data Engineering, 2013, 25(2): 274-284.

[132] 杜航原, 王文剑, 白亮. 一种基于优化模型的演化数据流聚类方法[J]. 中国科学: 信息科学, 2017, 47(11): 1464-1482.

[133] Lake B M, Salakhutdinov R, Tenenbaum J B. Human-level concept learning through probabilistic program induction[J]. Science, 2015, 350(6266): 1332-1338.

[134] 徐宗本, 杨燕, 孙剑. 求解反问题的一个新方法: 模型求解与范例学习结合[J]. 中国科学: 数学, 2017, 47(10): 1345-1354.

[135] Sutton R S, Barto A G. Reinforcement Learning: An Introduction[M]. 2nd ed. Cambridge: MIT Press, 2018.

[136] Goodfellow I J, Pouget-Abadie J, Mirza M, et al., Generative adversarial nets [C]. Proc. NIPS, 2014: 2672-2680.

[137] 马娜, 范敏, 李金海. 复杂网络下的概念认知学习[J]. 南京大学学报 (自然科学), 2019, 55(4): 609-623.

[138] Morone F, Makse H A. Influence maximization in complex networks through optimal percolation[J]. Nature, 2015, 524: 65-68.

[139] Lieberman M D. Social cognitive neuroscience: A review of core processes [J]. Annu. Rev. Psychol, 2007, 58: 259-289.

[140] Wu S, Liang P J. Computational neuroscience in China[J]. Science China Life Sciences, 2010, 53(3): 385-397.

[141] Radford A, Metz L, Chintala S. Unsupervised representation learning with deep convolutional generative adversarial networks[EB/OL]. 2015. arXiv preprint arXiv:1511.06434. http://arxiv.org/abs/1511.06434.pdf.

[142] Karras T, Laine S, Aila T. A style-based generator architecture for generative adversarial networks[C]//Proceedings of the IEEE/CVF Conference on Computer Vision and Pattern Recognition. 2019: 4401-4410.

[143] Yang M, Liu J H, Chen L, et al. An advanced deep generative framework for temporal link prediction in dynamic networks[J]. IEEE Transactions on Cybernetics, 2020, 50(12): 4946-4957.

[144] Zhong Z L, Li J, Clausi D A, et al. Generative adversarial networks and conditional random fields for hyperspectral image classification[J]. IEEE Transactions on Cybernetics, 2020, 50(7): 3318-3329.

[145] Gupta A, Zou J. Feedback GAN for DNA optimizes protein functions[J]. Nature Machine Intelligence, 2019, 1(2): 105-111.

[146] Zhu F, Ye F, Fu Y C, et al. Electrocardiogram generation with a bidirectional LSTM-CNN generative adversarial network[J]. Scientific Reports, 2019, 9(1): 1-11.

[147] Cui Z Y, Zhang M R, Cao Z J, et al. Image data augmentation for SAR sensor via generative adversarial nets[J]. IEEE Access, 2019, 7: 42255-42268.

[148] Ye L B, Zhang B, Yang M, et al. Triple-translation GAN with multi-layer sparse representation for face image synthesis[J]. Neurocomputing, 2019, 358: 294-308.

[149] VanRullen R, Reddy L. Reconstructing faces from fMRI patterns using deep generative neural networks[J]. Communications Biology, 2019, 2(1): 1-10.

[150] Sandfort V, Yan K, Pickhardt P J, et al. Data augmentation using generative adversarial networks (CycleGAN) to improve generalizability in CT segmentation tasks[J]. Scientific Reports, 2019, 9(1): 1-9.

309

[151] Tembine H. Deep learning meets game theory: Bregman-based algorithms for inter-
active deep generative adversarial networks[J]. IEEE Transactions on Cybernetics,
2020, 50(3): 1132-1145.

[152] Li C X, Xu K, Zhu J, et al. Triple generative adversarial nets[EB/OL]. 2017. arXiv
preprint arXiv:1703.02291. http://arxiv.org/abs/1703.02291.

[153] Yi Z, Zhang H, Tan P, et al. DualGAN: Unsupervised dual learning for image-to-image
translation[C]//Proceedings of the IEEE International Conference on Computer Vi-
sion. 2017: 2849-2857.

[154] Dabney W, Kurth-Nelson Z, Uchida N, et al. A distributional code for value in
dopamine-based reinforcement learning[J]. Nature, 2020, 577(7792): 671-675.

[155] Lynch N A. Distributed Algorithms[M]. California: Morgan Kaufmann Publishers,
1996.

[156] DeGroot M H. Reaching a consensus[J]. Journal of the American Statistical Associa-
tion, 1974, 69(345): 118-121.

[157] 陈杰, 方浩, 辛斌. 多智能体系统的协同群集运动控制[M]. 北京: 科学出版社, 2017.

[158] 袁硕, 郭雷. 随机自适应动态博弈[J]. 中国科学: 数学, 2016, 46(10): 1367-1382.

[159] Branzei R, Dimitrov D, Tijs S. Models in Cooperative Game Theory[M]. Berling,
Heidelberg: Springer, 2005.

[160] Turmunkh U, van den Assem M J, van Dolder D. Malleable lies: Communication and
cooperation in a high stakes TV game show[J]. Management Science, 2019, 65(10):
4795-4812.

[161] Parzen E. Stochastic Processes[M]. Philadelphia: Society for Industrial and Applied
Mathematics, 1999.

[162] Liu H Y, Xie G M, Wang L. Necessary and sufficient conditions for containment
control of networked multi-agent systems[J]. Automatica, 2012, 48(7): 1415-1422.

[163] LeCun Y, Bottou L, Bengio Y, et al. Gradient-based learning applied to document
recognition[J]. Proceedings of the IEEE, 1998, 86(11): 2278-2324.

[164] Mirza M, Osindero S. Conditional generative adversarial nets[EB/OL]. 2014. arXiv
preprint arXiv:1411.1784. http://arxiv.org/abs/1411.1784.pdf.

[165] Kingma D P, Ba J. Adam: A method for stochastic optimization[EB/OL]. 2014. arXiv
preprint arXiv:1412.6980. http://arxiv.org/abs/1412.6980.pdf.

[166] Hwang K, Fox G C, Dongarra J J. Distributed and Cloud Computing: From Parallel
Processing to the Internet of Things[M]. Amsterdam: Elsevier/Morgan Kaufmann.
2012.

[167] 朱·弗登博格, 让·梯若尔. 博弈论[M]. 黄涛, 等译. 北京: 中国人民大学出版社, 2010.

[168] 弗里德里希·奥古斯特·哈耶克. 通往奴役之路[M]. 王明毅, 冯兴元, 等译. 北京: 中国
社会科学出版社, 1997.